国家出版基金项目
NATIONAL PUBLICATION FOUNDATION

"十四五"时期
国家重点出版物出版专项规划项目

工业和信息化部"十四五"规划教材建设
重点研究基地精品出版工程

高效毁伤系统丛书

PERSONNEL TARGET VULNERABILITY EQUIVALENCE
MATERIALS AND SIMULATED TARGETS

人员目标易损性等效材料及模拟靶标

柴春鹏　李彤华　陈国晶●编著

U0268190

北京理工大学出版社
BEIJING INSTITUTE OF TECHNOLOGY PRESS

内 容 简 介

本书从人员目标易损性主要研究的等效材料和模拟靶标出发，阐述了人员目标易损性等效材料及模拟靶标的概念内涵、发展需求、国内外研究进展及应用。介绍了人员目标标准体模、仿真人体体模和虚拟人体体模的种类和发展状况。全面分析了人员目标易损性等效模拟方法，包括等效模拟要素、等效模拟类型和等效原则，并阐述如何利用计算机数值仿真技术模拟人员目标易损性等效效果。在等效材料方面，分别对皮肤、肌肉、骨骼和脏器的等效材料从材料制备到成型工艺再到测试评估方法进行详细论述。在模拟靶标方面，介绍了简易模拟靶标的结构设计，靶标的材料要求、技术要求和制作方法等；总结了高逼真模拟靶标的建立原则，包括模型结构设计和参数优化，结合先进的3D打印技术，阐述了高逼真人体靶标组织器官的制作方法。

本书可供人员目标易损性领域的设计和研究人员、毁伤评估领域研究人员、高等院校相关专业教师和学生使用，亦可为材料、靶标、力学、测试评估等领域的研究人员提供有益的参考。

版权专有　侵权必究

图书在版编目（CIP）数据

人员目标易损性等效材料及模拟靶标 / 柴春鹏，李彤华，陈国晶编著. -- 北京：北京理工大学出版社，2023.1

ISBN 978 - 7 - 5763 - 2085 - 5

Ⅰ.①人… Ⅱ.①柴… ②李… ③陈… Ⅲ.①人体模型 - 靶具 - 计算机仿真 - 研究 Ⅳ.①TJ58

中国国家版本馆 CIP 数据核字（2023）第 013095 号

责任编辑：封　雪		**文案编辑**：封　雪	
责任校对：周瑞红		**责任印制**：李志强	

出版发行 / 北京理工大学出版社有限责任公司
社　　址 / 北京市丰台区四合庄路 6 号
邮　　编 / 100070
电　　话 / （010）68944439（学术售后服务热线）
网　　址 / http://www.bitpress.com.cn

版 印 次 / 2023 年 1 月第 1 版第 1 次印刷
印　　刷 / 三河市华骏印务包装有限公司
开　　本 / 710 mm × 1000 mm　1/16
印　　张 / 28.25
字　　数 / 489 千字
定　　价 / 98.00 元

图书出现印装质量问题，请拨打售后服务热线，负责调换

《高效毁伤系统丛书》
编 委 会

名誉主编：朵英贤　王泽山　王晓锋
主　　编：陈鹏万
顾　　问：焦清介　黄风雷
副 主 编：刘　彦　黄广炎

编　　委（按姓氏笔画排序）

王亚斌　牛少华　冯　跃　任　慧
李向东　李国平　吴　成　汪德武
张　奇　张锡祥　邵自强　罗运军
周遵宁　庞思平　娄文忠　聂建新
柴春鹏　徐克虎　徐豫新　郭泽荣
隋　丽　谢　侃　薛　琨

丛书序

　　国防与国家的安全、民族的尊严和社会的发展息息相关。拥有前沿国防科技和尖端武器装备优势，是实现强军梦、强国梦、中国梦的基石。近年来，我国的国防科技和武器装备取得了跨越式发展，一批具有完全自主知识产权的原创性前沿国防科技成果，对我国乃至世界先进武器装备的研发产生了前所未有的战略性影响。

　　高效毁伤系统是以提高武器弹药对目标毁伤效能为宗旨的多学科综合性技术体系，是实施高效火力打击的关键技术。我国在含能材料、先进战斗部、智能探测、毁伤效应数值模拟与计算、毁伤效能评估技术等高效毁伤领域均取得了突破性进展。但目前国内该领域的理论体系相对薄弱，不利于高效毁伤技术的持续发展。因此，构建完整的理论体系逐渐成为开展国防学科建设、人才培养和武器装备研制与使用的共识。

　　"高效毁伤系统丛书"是一项服务于国防和军队现代化建设的大型科技出版工程，也是国内首套系统论述高效毁伤技术的学术丛书。本项目瞄准高效毁伤技术领域国家战略需求和学科发展方向，围绕武器系统智能化、高能火炸药、常规战斗部高效毁伤等领域的基础性、共性关键科学与技术问题进行学术成果转化。

　　丛书共分三辑，其中，第二辑共 26 分册，涉及武器系统设计与应用、高能火炸药与火工烟火、智能感知与控制、毁伤技术与弹药工程、爆炸冲击与安全防护等兵器学科方向。武器系统设计与应用方向主要涉及武器系统设计理论与方法，武器系统总体设计与技术集成，武器系统分析、仿真、试验与评估等；高能火炸药与火工烟火方向主要涉及高能化合物设计方法与合成化学、高能固体推进剂技术、火炸药安全性等；智能感知与控制方向主要涉及环境、目标信息感知与目标识别，武器的精确定位、导引与控制，瞬态信息处理与信息对抗，新原理、新体制探测与控制技术；毁伤技术与弹药工程方向主要涉及毁伤理论与方法，弹道理论与技术，弹药及战斗部技术，灵巧与智能弹药技术，新型毁伤理论与技术，毁伤效应及评估，毁伤威力仿真与试验；爆炸冲击与安全防护方向主要涉及爆轰理论，炸药能量输出结构，武器系统安全性评估与测试技术，安全事故数值模拟与仿真技术等。

　　本项目是高效毁伤领域的重要知识载体，代表了我国国防科技自主创新能力的发展水平，对促进我国乃至全世界的国防科技工业应用、提升科技创新能力、"两个强国"建设具有重要意义；愿丛书出版能为我国高效毁伤技术的发展提供有力的理论支撑和技术支持，进一步推动高效毁伤技术领域科技协同创新，为促进高效毁伤技术的探索、推动尖端技术的驱动创新、推进高效毁伤技术的发展起到引领和指导作用。

"高效毁伤系统丛书"
编委会

前　言

在现代战争中，战场人员是毁伤目标中最为脆弱的被攻击对象之一，会受到各种枪弹及典型破片的袭击与杀伤，导致作战人员丧失作战能力。人员目标的易损性分析，对战场人员的防护和各类武器杀伤力评估至关重要。通过研究战场人员目标易损性等效材料，设计不同的模拟靶标，可为战场中人员目标的杀伤效果和防护效果的测试与评估提供实践支撑。人员目标等效材料及模拟靶标技术是武器装备试验鉴定领域国防科技工作者关注和研究的重点。

本书总结了人员目标易损性等效材料及模拟靶标的基本概念、发展进程及研究方法，主要内容有人员目标标准体模、人员目标易损性等效模拟方法、人员目标等效材料、人员目标简易靶标及人员目标高逼真靶标等方面的基础知识和研究方法。本书适合作为易损性人员目标的知识手册，也可作为相关技术人员的自学、参考用书。

本书共6章，第1、3、4章由柴春鹏编写，第2、5章由李彤华编写，第6章由陈国晶编写，全书由柴春鹏统稿。程安仁、代培、吴文婷、刘旸、酒永斌、矫阳、宋斌、陈斌、韩旭辉、黄钰菲等在资料收集、图表和校对方面给予了帮助。本书的出版得到了国家出版基金项目、"十四五"时期国家重点出版物出版专项规划项目、工业和信息化部"十四五"规划教材建设重点研究基地精品出版工程项目的支持，在此深表谢意。

由于编者水平及时间有限，书中不足或不妥之处在所难免，敬请读者批评指正。

编　者
2022 年 12 月

目 录

第 1 章

绪　论

现代战争中，目标类型繁多，如人员、坦克、车辆、建筑物、工程设施等地面和地下目标，各种船只、潜艇等水面和水下目标，以及各种飞机、导弹等空中目标，其中战场人员是最为脆弱的毁伤目标之一，会受到各种枪弹及典型破片的袭击与杀伤，导致作战人员丧失作战能力或即刻死亡。

战场人员是战争的指挥官和武器装备的操控者，也是命令的执行者，在战争中扮演着重要角色，因此成为战争中的主要保护对象。通过设计不同的模拟靶标来研究战场人员目标易损性防护材料，可为战场中人员目标的防护效果提供实践支撑。传统的战场人员模拟靶标多为非生物靶标，主要包括木质靶标和金属靶板。木质靶标一致性差，易吸水，四季更替时材料的状态和性能变化较大，与人体本身性能参数有较大的差别；金属靶板则只关注材料阻止子弹侵彻的关键物理特性。因此，非生物靶标具有很大的应用局限性，限制了其进一步发展。随着科技的发展和战事的升级，国内外对于人员目标易损性等效材料及模拟靶标的研究越来越深入，使其逐渐成为国防科技工作者的研究重点。

|1.1　人员目标易损性等效材料及模拟靶标的概念内涵|

人员目标易损性等效材料是针对特定战争环境中，根据战场中存在的各种因素来设计模拟易损性人员目标的一种等效材料。依据武器类型及毁伤级别，采用模拟靶标来研究武器系统的毁伤效应及作用机理。目前，根据工程应用背景及现有研究基础，业界对于人员目标易损性等效材料及模拟靶标的概念给出了较为明确的定义。

1.1.1　人员目标易损性

易损性（vulnerability）是在 20 世纪六七十年代提出的一种新概念，联合国人道主义事务部 1992 年给出的易损性定义为：由于潜在损害现象导致的损失程度（0~100%），也就是指受打击体受到打击破坏机会的多少与发生损毁的难易程度。易损性这一概念暗含了人类社会和经济技术发展水平应对正在发生的打击灾害性事件的能力。

战场上弹药攻击的对象称为"目标"。常见的典型目标有：飞机、车辆、战术导弹、舰船、野战工事、地下硬目标等。其中，飞机、车辆、舰船等目标的易损性评估方法有毁伤树图法、马尔可夫链法以及降阶态易损性分析法等。对于复杂系统目标，其各个组成系统以及子系统功能之间的耦合作用比较明显，常考虑用贝叶斯网络法或神经网络法等评估方法。战场目标的易损性是目标对给定毁伤作用下的敏感性的定量度量。

"目标易损性"一词，是兵器科学领域和毁伤评估领域的重要概念，广义上是指在战斗状态下，目标受到攻击而损伤的难易程度。"损伤"通常指目标作战效能的降低，可用易损面积、毁伤概率等进行表征和度量。结合不同领域对易损性的定义，比较易损性概念的异同点，可归纳出目标易损性的特征为：

（1）易损性的研究是基于一个具体的研究对象的，这个"研究对象"小到一个构件，大到一个系统，且对于一个系统来说，可以单独研究它的子系统的易损性。在这里我们称之为"目标的易损性"。

（2）研究目标易损性时，一般是目标对某种或多种毁伤因素的易损性，将这种毁伤元素定义为"毁伤元"。

（3）目标易损性体现的是目标对外界毁伤元的敏感性，这种敏感性体现在对于同一毁伤元作用下的两个不同的系统，能力的损失比例较高的系统更敏感，也即更易损。

（4）易损性是所研究对象自身的属性，是由所研究对象本身特性所决定的，是产生潜在破坏的根源，与任何灾害或极端事件的出现概率无关，只是当灾害事件发生时，这种属性才显现出来。

在战斗状态下的目标易损性是指，目标被发现且受到攻击后损伤的难易程度，包括了战术易损性和结构易损性。战术易损性：目标被探测器（红外线、雷达等）探测到、被威胁物体（动能弹丸、冲击波、高能激光束、破片等）命中的可能性，或称为目标的敏感性。结构易损性：目标在被探测到的情况下，在弹药的毁伤元素（冲击波、破片金属射流、直接命中等）作用下被毁的可能性。

人员目标易损性是人员作为接受打击灾害的目标承载体，易于受到外界打击灾害因素作用而受到伤害、损伤的可能性，即人员在打击灾害不同等级下的失能概率。

失能是指由于意外伤害、身体疾病或精神上的损伤，造成某人部分或全部工作能力受限，无法执行与其教育、训练、经验相当的本行业或任何其他行业的工作。对参战人员而言，失能就是指在战场上由于身体某部位受伤，导致参战人员暂时失去部分或全部正常功能，从而失去一定程度的战斗力。根据参战人员所执行的任务不同，可分为进攻失能或防御失能。采用国际通用的失能等级对人员失能的等级进行划分，在 ICIDH（国际残损、残疾与残障分类）中，将各个不同领域的失能状况都分为 5 个级别，按相同的量度统一描述如下：0 级或无失能：是指身体无任何功能丧失，或者仅有微不足道的机体功能丧失；1 级或轻度失能：是指身体有轻度功能丧失，或者机体功能略低于正常状态；2 级或中度失能：是指身体有中度功能丧失，或者机体具有中等程度的功能丧失或机体的功能状态一般；3 级或重度失能：是指身体功能重度丧失，或者机体功能丧失很高；4 级或完全失能：是指身体功能完全丧失，或机体某部分功能已全部丧失。作战人员无论执行何种战斗任务，保持战斗力的条件是：

（1）意识正常，能思考，面对危机情况能及时应对。

（2）视力正常，能观察周围情况。

（3）能执行预定战术动作。

（4）具有和战友交换信息的能力。

丧失这四种能力之一，则认为丧失战斗力。另外，参战人员执行的作战任务不同，失能的判定原则也略有差异：对作战进攻人员而言，如果单侧上肢或双侧下肢功能丧失，则应判定为丧失战斗力；对作战防御人员而言，如果单上肢或单下肢功能丧失，则应判定为丧失战斗力。失能的等级是根据身体某个器官受损后出现的功能丧失程度进行划分的，因此对失能的评价应以解剖结构的损伤严重度为基础，根据器官的损伤严重程度决定失能等级。失能评估重点关注的是器官损伤后的功能丧失程度。

失能评估是根据身体某个器官受损后出现的功能丧失程度，再结合伤者所承担的工作任务及一定的时限性进行评价。对战斗人员而言，是否失能不仅取决于伤情严重程度及机体功能丧失程度，而且取决于所承担的战斗战术任务和规定的丧失战斗力时间。在判断是否丧失战斗力时，通常考虑 4 种战术情况，即进攻、防御、预备队和后勤供应队。在判断是否丧失战斗力时，对作战人员而言，丧失战斗力的时间是指参战人员被杀伤元击中到失去执行既定战斗任务能力的时间。人员被击中后立即丧失战斗力的情况是非常少见的，大多数是经过一定时间机体出现明显的功能障碍后才出现战斗力的丧失。为了便于比较，需要规定一个时间，规定的这个时间一般要求对我方作战有利，而且在技术上能被接受。士兵的使命多种多样，既取决于他们的军事责任，也取决于不同的战术情况，当士兵丧失了战斗力便失去了执行作战任务的能力。

1.1.2　等效材料

等效材料（equivalent material）通常是指在工程试验中用于模拟实际物体、单位的特定材料。为了节约试验成本，通常采用等效靶标设计方法，设计出与实际物体毁伤模式与毁伤效果相似的等效靶标。

舰船、坦克等重型武器装备多采用高强度特种钢制造，钢材价格昂贵，如仍采用特种钢制作舰船、坦克靶标，则造价过高，使得试验成本过高。因此，有必要开发采用普通钢替代特种钢的靶标设计技术。目前国内对于普通钢代替特种钢的材料等效方法主要为强度等效方法。对于平板而言，此种方法保证原型与模型的板厚与屈服强度的乘积相等。此方法虽在工程中得到一定应用，但尚有缺陷，通过此方法计算出的等效板厚偏大。且此方法缺乏理论证明，不能保证侵彻毁伤效应的相似性。此外，加筋板侵彻与侵彻平板靶板的动力学响应存在差异，板架结构加强筋的存在会影响弹体的弹道特性。在传统的靶标设计方法中，依据质量等效法将舰船板架等效为一定厚度的光板结构，将此作为舰船实际板架结构的等效设计方法。常用的等效方法包括基于强度的等效方法与基于剩余速度的等效方法。

1）已有材料等效方法

国内外针对普通钢材代替船用特种合金钢材的材料等效方法，一般采取基于材料屈服强度和基于弹体剩余速度的两种材料等效的方法分别为：

$$\sigma_m h_m = \sigma_s h_s \qquad (1-1)$$

$$\sigma_m^{0.5} h_m^{0.7} = \sigma_s^{0.5} h_s^{0.7} \qquad (1-2)$$

式中，σ_s 为原型靶板材料屈服强度；σ_m 为模型靶板材料屈服强度；h_s 为原型靶板厚度；h_m 为模型靶板厚度。

2）基于弹体侵彻毁伤模式相似的材料等效设计方法

（1）针对弹体和板架结构的具体情况，确定弹体质量 m、速度 v 以及弹体板架结构的几何尺寸和材料。

（2）将原型板架结构采用极限弯矩方法等效为光板结构，其中极限弯矩为

$$M_0 = \sigma_m (S_1 + S_2) \qquad (1-3)$$

式中，M_0 为梁的极限弯矩；S_1 为中性轴以上的面积对中性轴静矩；S_2 为中性轴以下的面积对中性轴静矩。

（3）根据式（1-3），将原型材料平板厚度等效为替代平板材料等效厚度。

（4）根据梁极限弯矩计算式（1-3）将材料等效厚度平板转化为等效材料的板架结构。本书的舰船结构统计规律是指板架结构的具体参数应该符合的统计规律，包括靶板板厚和加强筋型材尺寸等。对我国主流驱逐舰进行了板架结构参数统计，并给出了板厚和型材尺寸的统计规律。等效靶标材料设计流程如图 1.1 所示。

"组织等效材料"这一化学名词于 2016 年公

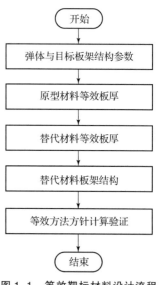

图 1.1 等效靶标材料设计流程

开始

弹体与目标板架结构参数

原型材料等效板厚

替代材料等效板厚

替代材料板架结构

等效方法方针计算验证

结束

布，是指对给定辐射、刺激具有与某些生物组织（如软组织、肌肉、骨骼或脂肪）相近的吸收、抵抗和散射特性的材料。仿生皮肤是一种针对战场人员目标易损性的重要等效材料，用于在人员目标易损性试验中模拟人体皮肤肌肉，其生物力学特性在人员目标易损性试验时直接影响碰撞、冲击能量的吸收，进而影响碰撞、冲击响应加速度和冲击载荷的作用时间，导致模拟人体内的传感器所获取信号幅值、相位发生变化，干扰冲击、碰撞测试对人体损伤程度判定的准确性。因此，要求仿生皮肤等效材料能够等效真人的皮肤肌肉的力学性能（包括硬度、弹性模量、阻尼性能等）。同时仿生皮肤等效材料与骨架等支持结构配合应能够表现出符合人体力学响应的特性。

仿生皮肤等效材料是一种高分子聚合物复合材料，由于各向异性的存在，材料在不同方向上表现出不同的力学性质。但考虑到仿生皮肤等效材料的实际使用情况，多数试验仅评估单一轴方向的受力，且其受力截面积半径远大于厚度，对其力学性能进行分析时，参照对均匀性和各向同性材料的测算方法进行。并且在仿生材料截面直径远大于其厚度的条件下，忽略边界对超声波的影响，可以认为超声波是在无限大介质中传播的。在无限大固体介质中，当不存在边界影响时，根据应力和应变满足的胡克定律，求得超声波传播的特征方程为

$$\nabla^2 \varnothing = \frac{1}{c^2} \frac{\partial^2 \varnothing}{\partial^2 t^2} \tag{1-4}$$

式中，$\varnothing$ 为势函数；c 为超声波传播速度；在固体介质内部，超声波可以按纵波或横波两种波形传播。无论是材料中的纵波还是横波，其速度可表示为

$$c = \frac{d}{t} \tag{1-5}$$

式中，d 为声波传播距离；t 为声波传播时间。

针对仿生皮肤等效材料的特点，研究仿生皮肤等效材料常使用超声波检测方法，即通过测试仿生皮肤等效材料对超声波声速、衰减、散射和吸收率的变化，建立仿生皮肤等效材料力学性质与超声回波信号频率之间的关系模型，对仿生皮肤等效材料的弹性模量、组织特性、黏弹性和松弛模量进行等效性分析与评定，为仿生皮肤等效材料设计合成、制备提供力学参数，对仿生材料力学等效性能的评价有着重要的参考价值。

仿生皮肤等效材料超声测试系统由超声换能器、超声波发生电路、回波信号接收电路、A/D 转换电路以及数据测量通道与计算机之间的接口电路等硬件组成。考虑到仿生皮肤等效材料对超声波有很强的衰减作用，探头接收到的回

波信号幅值一般为毫伏级，采用高精度、低噪声、宽带运算放大器，对回波信号进行前置放大，用锗二极管对回波中的直流信号进行隔离并限幅在 ±2 V 范围内，利用截止频率为 16 kHz 的无源滤波器滤除信号中混杂的低频谐波。数据采集卡对回波的模拟信号进行采集并转换为数字信号，经由 PCI 总线送入计算机完成各种运算和分析处理。为了提取并分析超声回波信号中包含生物力学等效材料力学性质的关键信息，建立了基于 LabWindows/CVI 8.0 的超声检测软件系统，实现数据采集与处理功能。

1.1.3　模拟靶标

模拟靶标（simulated target）是指各种武器系统所要攻击目标的一种动态实物模拟器。靶标外形、动力等像飞机时称之为靶机，像导弹时称之为靶弹。靶标包括靶机、靶弹、浮靶、伞靶、拖靶等。

模拟靶标按性质可分为：作战部队训练用靶和防空兵器试验、鉴定用靶。作用是检验整个武器系统的战术技术性能，包括武器本身及其主要分系统，如导弹、雷达、光学跟踪器、发射控制系统等的综合性能。

靶场作为武器装备试验和鉴定的主要场所，其靶标的建设水平对靶场建设和武器装备鉴定有着十分重要的地位和意义。军队高度重视靶标特别是具备真实战场对抗能力靶标装备的发展建设，认为靶标模拟威胁目标的逼真程度，从根本上决定了靶场的试验鉴定水平，决定了靶场效果和战场效果的一致程度，进而决定了武器装备的最终作战效能。在武器系统试验中，任何所需靶标的缺乏或性能不足，对试验的逼真性和充分性将产生十分不利的影响，极大地增加了武器系统日后的作战使用风险。

模拟靶标可用于研究杀伤元在靶体内的运动规律、杀伤效应及作用机理，对于武器弹药的设计、效能评估、创伤鉴定及治疗处理等方面都具有重要意义。模拟靶标的创伤弹道试验研究通常选用结构、力学性能、物理效应与人体目标相似的模拟材料来代替人体，以获取科学稳定、可重复的杀伤效应。在创伤弹道研究中，非生物靶标的选择是进行创伤研究的关键，由于人体的杀伤状况只能从战场上人员的伤亡统计中得到详尽的了解，且大量的生物实验也较难做到，此外还存在着诸如生物的具体结构组织与人体存在差异等问题，所以通常选用非生物靶标进行模拟。非生物靶标的选择应遵循的原则为：与人体组织的力学特性相近，创伤状况基本相同且便于观测，能方便地利用已有的研究成果。

常用的模拟人体靶标材料有动物、肥皂、明胶、胶泥等，其中明胶的密度与人体肌肉的接近，且明胶呈透明态并具有一定弹性，具有与生物组织相似的力学性能，在反映杀伤元与肌肉组织之间的能量传递方面具有直观、易测等优点。因此，明胶材料可以模拟生物的肌肉组织，在杀伤元侵彻下产生与肌肉相近的物理效应（如瞬时空腔效应，压力波传递效应，杀伤元翻滚、破碎效应等），是目前最常用的靶标材料，且常被用于轻武器杀伤效应试验。明胶主要用来模拟人体肌肉，而对于反恐防暴用非致命动能弹，其速度一般低于300 m/s，通常打击作用于生物皮肤表面和皮下脂肪，生物皮肤的存在对其侵彻与否、速度衰减与反弹状态等影响非常显著。因此，皮肤靶标材料的研究对建立完善的模拟人体靶标结构和非致命杀伤效能评估十分重要。

有关资料显示，主动防护系统可显著提高坦克或作战人员等易损性目标在作战中的生存概率。目前，主动防护靶标的关键技术包括：

1）探测技术

主动防护技术是在探测技术基础上发展起来的，探测技术水平的高低直接影响主动防护系统的防护效能。考虑到靶标本身的特点和所执行的试验任务以及实战化的相关要求，主动防护系统探测器组由多频谱光学探测器、车载微型雷达等组成。多频谱光学探测器主要用来探测对靶车有威胁的光源。主要威胁的光谱为：可见光、近红外、中红外及远红外。雷达探测器要求雷达体积小、测角和测距精度高，所以一般采用毫米波雷达。

2）数据融合技术

主动防护系统探测器组是由多个探测器（传感器）组成的，其探测频谱范围几乎可以覆盖从可见光到毫米波的全部波段。数据融合通过对来自不同传感器的信息或数据进行分析、识别、推理、判断，综合各类传感器的采样信息及其他信息源提供的信息与有关实体的位置、特点及身份的决策或推理做出正确响应。

3）烟幕技术

烟幕技术包括热烟幕、抛射式烟幕等，其频谱覆盖范围也由原来的可见光、近红外，到现在的可覆盖可见光、近红外、中远红外及远红外，通过控制烟幕形成时间、有效作用时间等来控制主动防护系统的干扰范围。图 1.2 示出了烟幕发射设备的连接结构。

4）红外干扰技术

红外干扰技术最早在空军应用，设备结构组成如图 1.3 所示。其基本原理是：利用宽谱红外光源发射带有编码信息的红外光，诱使敌方主动或半主动制导导弹偏离目标，从而达到保护自己的目的。俄罗斯的"窗帘"主动防护系统就是这一技术的典型代表。

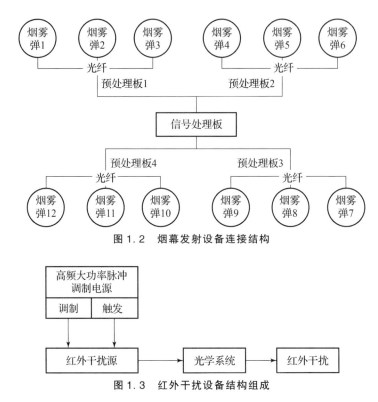

图 1.2　烟幕发射设备连接结构

图 1.3　红外干扰设备结构组成

5）激光干扰/诱偏技术

激光干扰/诱偏技术是通过对接收到的激光告警脉冲进行识别和预测，再控制激光诱饵机产生激光脉冲来欺骗敌方激光制导设备，使其攻击到其他方向，达到诱偏的目的。其主要关键技术包括威胁脉冲码识别技术和干扰/诱偏激光同步技术。激光诱偏系统要能够将收到的激光威胁脉冲进行信号处理，以识别出敌方的激光制导脉冲特征，从而发射出预测后的诱偏脉冲，达到干扰的目的；激光诱偏系统对整个系统的时钟要求非常严格，在处理过程中，要求系统各部分的时间能够严格同步，才能够对敌方的波门技术及波门录取技术等进行有效干扰。

6）系统总体集成技术

系统总体集成技术也可称为系统总体优化设计技术，主动防护系统包含多个分系统，所采用的技术措施也很广很复杂，必须采取总体集成技术，采用模块化设计思想，充分利用已有的主动防护手段，根据不同类型试验任务对新型靶标的不同要求，采用合适的主动防护技术。

随着精确制导武器在现代战争中的地位不断提高，红外制导技术的开发与运用越来越受到国内外的重视。红外导引头在装配和调试时，需要对导引头的目标识别、自动跟踪能力等性能参数进行仿真测试。红外目标模拟器是红外导引头半实物仿真系统中的重要组成部分，能够提供给导引头足够逼真的红外目标和场景的物理特性，包括光谱范围、辐照度大小、运动特性等。目前多数红外动态目标模拟器采用 DMD 或电阻阵进行红外场景模拟，这两种方法能够很好地实现红外动态目标建模和仿真，但是这两种系统复杂，造价高昂，且用于考核动态目标位置测量时受视场角、分辨率以及光学系统畸变等影响，测量精度不如直接将静态模拟器置于动态平台上，目标靶相对模拟器静止，由平台带动模拟器运动，且后者操作更为简单、便捷。

　　红外动态模拟靶标主要由红外光学准直系统、红外辐射光源、多目标靶标、方位转动机构、稳定基座以及综合控制器组成，如图 1.4 所示。根据导引头光学系统参数，工作时红外动态模拟靶标在方位转动机构上进行转动，旋转角度必须与红外导引头光学系统最大视场匹配；且红外靶标光学系统的出瞳参数必须与红外成像装置的入瞳参数匹配才能达到最好的测试效果。

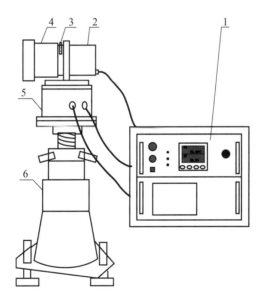

图 1.4　红外动态模拟靶标

1—综合控制器；2—红外辐射光源；3—多目标靶标；4—红外光学准直系统；

5—方位转动机构；6—稳定基座

　　多目标靶标（图 1.5）采用金属靶板设计，金属靶板的成像面是一层发射率很高的黑色涂层，保持与环境温度相同。金属靶板背面是一层反射率很高的金属涂层（镀金），以减小黑体辐射对靶板温度的影响。因此金属靶板实体的温度相当于环境温度，镂空部分的温度相当于目标温度。靶标形状的加工采用慢走丝电火花线切割技术，通过电极丝和靶板之间产生的电火花电蚀靶板来完成复杂形状的镂空切割。在结构上，根据使用需要可更换不同图案靶标的要求，采用专门设计的靶标快速更换装置，使靶标组件成为独立的模块，采取拔插的方式装入系统中，并采取了螺钉固定措施，保证使用过程中靶标部分的稳定。在靶标调校环节，可以通过装配过程中调节定位每组模块的靶标位置，准确控制系统的出瞳距离，保证更换不同靶标后系统的使用效果。

图 1.5　多目标靶标示意图

|1.2　人员目标易损性等效材料及模拟靶标的发展需求与研究意义 |

随着杀爆弹在战场上的使用日益广泛，传统非生物靶标已不能满足毁伤效能等效评估的应用要求，步枪弹、手枪弹、典型破片等侵彻条件下的人体靶标等效性评估方法已不适用于杀爆弹毁伤条件下的人体靶标等效性评估，迫切需要针对地面战场人员目标建立破片与冲击波两种作用条件下综合毁伤评估方法。靶标模型作为模拟军事装备的第一批"参战人员"，在检验武器的杀伤能力和防护器材的防护能力方面扮演着重要的角色，对于减少部队作战人员和执行任务警察的伤亡以及武器装备的进阶，起到非常重要的作用。如何将人体靶标与真实战场人员目标有效地等效起来，是决定靶标试验有效性的关键，关系到各类武器装备作战效果的评估和防护用具防护效果的判断。

1.2.1　发展需求

陆军是负责地面作战的主要军种，各类坦克、装甲车辆等先进现代化武器是陆军人员面临的主要威胁，也是各类反坦克武器、坦克炮、直升机机载武器、无人机等攻击的主要目标。现代战争中，坦克装甲车辆作为陆军的主战装备，受到陆地和空中各种智能化反装甲武器立体攻击的威胁，传统装甲防护面临严峻挑战。在不断提升装甲车辆火力、机动性和防护性能以抵御各种威胁的同时，对已暴露目标的坦克装甲车辆实施有效的主动防护已成为增强坦克装甲车辆防护能力的重要手段。

目标易损性不仅是目标设计者和使用者所关心的问题，同样也是武器研制人员和使用者所关心的问题。它是同一事物两个不同的方面，对于武器研制者来说，如果不知道所对付目标的易损性，不仅无法评定武器的杀伤威力，更重要的是迷失了发展的方向。各军事强国，从攻防战略的需要出发，基于不断发展的现代科学技术的成就，都在积极从事着目标易损性的理论及实验研究。如1990 年美国陆军在技术基础总计划修改版中，重申了多项关键技术以及把这些技术应用于现代和未来的武器系统的打算，其中就有关于目标易损性的研究技术。海湾战争后，美国陆军又制定了 10 项技术推动领域，在 20 世纪 90 年代以后予以优先发展，以便做好在未来复杂环境中作战的必要准备，其中第三项即易损性和杀伤力的评估。

随着目标易损性研究的不断深入，其研究成果已在很多领域得到广泛应用，如弹药的研制和毁伤评论、目标生存力的设计与评估、目标防护的设计与改进等。而且，目标易损性的研究对战场的指挥、战场目标的保护和操控等都具有很重要的意义。弹药的设计与使用者所关心的是弹药在攻击目标后，使原有的性能损失和这种损失对它完成其他作战任务造成的影响，这就是目标易损性研究要解决的主要问题。随着目标易损性研究的深入，其成果在诸多方面（弹药论证、效能评估、靶场校验等）都得到广泛的应用。人员在战场上操作并使用各种武器装备，几乎无处不在，人员伤亡直接决定了战争的结果，因此，人员不仅仅是战场上的一个重要目标，也是主要目标。人员在战场上容易被大量的破坏元素所破坏，主要损害元素有破片、子弹、冲击波、化学制剂、生物制剂、热辐射和核辐射，每个元素损伤对人体损伤机制是不同的。影响目标易损性的因素包括：在结构构件布置上，如果某个构件的破坏比较容易引起结构大范围的破坏，则该构件在结构中过分重要，其存在就增加了结构的易损性；从功能角度考虑，如果某个部件的毁伤会造成整体目标系统功能的严重下降，在功能上该部件的存在也会增加系统的易损性。这类构件或部件所在区域的毁伤，会对整个系统造成较大影响，我们称之为"关键部位"。如果在外部力的作用下，某构件自身更容易破坏，则称这样的构件为"薄弱点"。结构表现为易损性的实质是结构内部存在这些"关键部位"和"薄弱点"。当结构遭受的毁伤因素不同时，其"关键部位"和"薄弱点"可能不同，其在对应的毁伤因素下的易损性也不相同。

例如破片对有生目标的毁伤标准是评价杀伤型弹药威力的基本依据，同时也是指导杀伤弹药设计的基础。破片对有生命目标的毁伤是一个极为复杂的问题，主要表现在下列三个方面：一是由于人体的结构十分复杂，同一破片命中人体的不同部位，所形成的创伤效果差别很大；二是不同形状和速度的破片在命中人体时，表现出的毁伤形式和结果也明显不同；三是人体各易损部位的防护装置具有不同的防弹性能，也直接关系到毁伤效果。因此，破片对人员的毁伤需要考虑诸多因素。目前，关于单一破片对人体尤其是生物软组织的毁伤研究国内外都进行了大量的工作，通过破片对生物软组织及其模拟物的侵彻试验得到了许多有意义的结果，"球形破片对人员的杀伤判据"即将形成国家军用标准。但是，随着战场形式的变化，越来越多的士兵装备了防护装置，从几次战争统计结果看，单兵防护材料对保护士兵，减少战场伤亡人数起到良好的作用。因此，研究分析单兵防护材料的防弹性能，破片对甲胄防护下人员的毁伤特点，对弹药设计、防护材料的研究以及创伤弹道学都具有十分重要的意义。

国内目前在人员目标易损性评估软件方面与国外还存在一定差距，包括毁伤评估建模、软件集成、软件的通用性等。国内目前的研究工作主要针对特定目标和特定的毁伤机理进行评估软件开发，造成软件的通用性、扩展性和一致性等受到制约；此外关于人员目标易损性等效材料及模拟靶标的开发和模拟尚未成熟，因此针对特定人员目标急需设计、研发大量的等效材料及模拟靶标来满足工程实际应用。

1.2.2 研究意义

目标易损性最早研究的主要目的是提高目标在弹药作用下的抗毁伤和生存能力。随着现代科技的不断进步、局部地区的战事不断升级，战场上的军事目标也发生了日新月异的变化，军队在不断加强各兵种作战"硬实力"的同时，也在积极地推进兵棋推演、毁伤评估等"软实力"的发展。在这样的背景下，目标易损性的研究变得越来越重要和迫切，在武器弹药的开发、优化设计以及不同目标的抗毁伤特性研究等领域都有着十分重大的实际意义。

人员丧失战斗力是指失去了执行作战任务的能力。士兵的使命多种多样，取决于他的军事责任，也取决于不同的战术情况。战场上，士兵主要执行特定的任务，当其受伤或死亡时，其完成作战任务的能力不同程度地减弱或丧失，因此，人员作为战场上的目标是否被破坏的主要依据是是否失去战斗力。人员失去战斗力的影响因素主要包括：创伤的程度及位置、作战任务、时间因素、心理和气候因素等。

1. 创伤的程度及位置

人体并非简单的均质目标，各部分结构复杂、功能各异，毁伤元素命中人员的部位不同，伤情差别很大；同一部位创伤程度不同，对战斗力的影响程度也很大。如命中颅脑或其他主要脏器，则伤情严重，甚至导致死亡；如果命中四肢肌肉组织，则一般伤情较轻，基本上不会丧失继续作战的能力。如图 1.6 所示，人体主要组织器官创伤类型大致为：

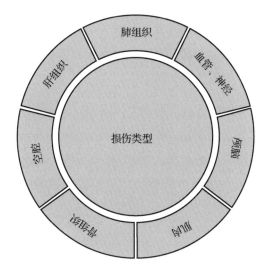

图 1.6　人体主要组织器官损伤类型

1）肌肉损伤

现代小口径枪弹致伤的伤口呈现缺损性损伤。在动物试验中，5.56M193 弹头致伤时，见有较多的碎肌肉块从伤腔内抛出，有的可能抛掷 6～7 m 远。伤道内寄存有肌肉碎末和肌渣，能够清除的组织反而不多。肌膜下广泛出血，有的整块肌肉出血，在伤道的径路上，组织损伤呈不均匀分布，正常组织区常有散在的坏死灶，在坏死区域内亦可见到有正常组织的参差交错，以致难以区分坏死与正常组织的边界线。

2）骨组织损伤

火器伤性骨折的临界速度约为 60.9 m/s。致伤弹头在近距离或中距离直接击中骨组织，呈粉碎性骨折，并沿骨纵轴劈裂，可长达 10 cm。骨碎片可接受部分动能形成继发性致伤物，对周围的组织形成严重的附加损伤。故火器性骨折是由致伤弹动能引起的广泛性骨破裂或骨碎片机器移位所致的复杂损伤。小质量破片或钢球所致的四肢骨折形态可分为：单纯洞型骨折、洞型劈裂骨折、粉碎劈裂型骨折和粉碎性骨折。

3）颅脑损伤

脑组织含水量大，黏滞性较大，易传导动能。当致伤弹头击中颅脑时，常伴有颅骨破碎和脑组织的广泛损伤。射击已取出脑组织的颅壳，仅致颅骨穿孔，而射击有脑组织的头颅，会导致颅骨粉碎性骨折，脑组织飞溅外溢。

4）血管、神经损伤

火器伤时，大口径的血管多为洞形或破碎、撕裂伤；较小口径的血管以断裂伤为多见。血管的损伤程度与弹头的速度和能量有密切关系。低速投射物穿过血管前，将血管轻轻向前推动并拉紧或推向一旁，不形成空腔或只有小的空腔。较高速度投射物击中血管时，可整齐地切断血管，并形成瞬时空腔，此空腔的爆炸效应可压挫动脉断端。

5）肝组织损伤

肝组织由弹头致伤时，在瞬时空腔区域内常发生裂缝，可分为两种：放射形和圆形裂缝。前者多与伤道相同，深达 4 ~ 5 cm 及以上，但通常不是贯通性的。裂缝的数量和长度可随致伤弹的动能增加而增加。肾脏和脾脏也属于实质性器官，如直接损伤均可呈破裂或断裂；如投射物从其旁侧或更远的距离经过，则可见包膜下出血、血肿。

6）肺组织损伤

肺组织结构对投射物动能可产生缓冲作用，形成的瞬时空腔也小。但致伤弹头通过支气管时，飞行中产生的冲击波可沿着支气管扩散，当其传至末梢分支时，可致肺泡中隔大量破裂，引起整个肺小叶的破裂，形成各种大小不等的空泡。

7）空腔损伤

投射物集中胃肠等空腔器官时，在瞬时空腔作用下，其中的气体膨胀（压力作用）或液体传导可致远隔部位破裂或内膜损伤。

2. 作战任务

在判断是否丧失战斗力时，通常考虑 4 种战术情况，即进攻、防御、预备队和后勤供应队。不同的战术任务条件下，人员必须具备的功能不同。步兵在进攻时需要利用手臂和双腿的功能，能够奔跑，并灵活地使用双臂，这是理想条件，能向四周移动，且至少能使用一只手臂，这是必要条件。若士兵不能移动其身体，或不能用手操纵武器，也就不能有效地参加进攻，这是进攻条件下丧失战斗力的判据。防御中，只要士兵能够用手操纵武器就行，至于有无移动能力是无关紧要的。能够转移阵地固然很理想，但不是执行某些重要防御使命所必不可少的。第三种情况是在靠近战场的地区充当随时准备投入进攻或防御的预备队。一般认为，预备队比已投入战斗的部队更易丧失战斗力，因为他们可能由于受伤（即使伤势较轻）而不能投入战斗。最后一种情况是后勤部队，包括车辆驾驶员、弹药搬运人员及其他远离战斗的各类人员，他们可能因为一只手或一条腿失去功能而住进医院，故被认为很容易丧失战斗力。无论在哪种情况下，看、听、想、说能力均被认为是必须具备的最基本的条件，失去了这些能力，也就丧失了战斗力。

3. 时间因素

丧失战斗力判据中采用的时间是指自受伤起直到肌体功能失调程度达到不能有效执行战斗使命为止的时间。为了说明时间因素的必要性，现在来考虑一名处在防御条件下不一定要求到处走动的士兵的情况。假定他的腿部受了伤，弹片穿进肌肉，切断了一条微动脉血管。虽然他的行动能力受到限制，却不能认为他已经丧失了战斗力。但是，如果不采取医疗措施，任由腿部出血，他最后将不能有效地进行战斗，至此，就必须将他看成已经丧失了战斗力。

4. 心理和气候因素

各种心理因素对丧失战力也具有很大的影响，甚至能够瓦解整个部队的士气。这些因素包括：新兵常常会经历的不可名状的临阵恐惧，受敌方宣传的影响，个人问题带来的忧虑，由于长期置身于危险、酷热、严寒、潮湿的战斗环境中而导致的理智过度丧失、情绪变化无常等。但是，当前缺乏相应的测量标准，在判断是否丧失战斗力时不考虑这些因素。

因此研究人员目标易损性等效材料及模拟靶标对战场易损性人员的安全保障、增加战争取得胜利的有利因素具有重要意义。

|1.3 人员目标易损性等效材料及模拟
靶标的国内外发展状况|

目前，国内外各研究单位均开展过手枪弹、步枪弹、典型破片对人员目标易损性等效材料以及多种生物靶标（人体尸体、猪、羊）、非生物靶标（明胶、肥皂）的致伤机理研究。其中，人体尸体试验是与真实场景最为贴近的模拟方法，但是试验尸体来源较少，并且会受限于社会道德伦理。试验动物体的生理构造与人体的生理构造有一定的相似性，并且动物体来源广泛、成本低廉，可以进行大规模试验，但是试验动物之间个体差异较大，动物体活组织具有不均匀性。因此针对与人员目标贴近的等效材料及模拟靶标的研究工作对世界各国来说都是一项重要的科研攻关，也是一个较大的技术挑战。

1.3.1　人员目标易损性等效材料发展状况

国外很早就开始了对目标易损性的研究，其中美军开展目标易损性研究已有近70年的历史，相关实弹试验最早可追溯到1904年美军用0.45 in（约合11.43 mm）口径手枪对公牛、马等目标进行的射击试验。美国在这方面的研究已经经历了三个阶段：第二次世界大战结束前是初级阶段；第二次世界大战结束到20世纪60年代是第二阶段；20世纪70年代至今是第三阶段，这个阶段主要应用计算机进行模拟和计算。经过六七十年的发展，如今美军的目标易损性研究机构、体制和模式已相对完整、健全，可有效调用、新增各种目标的易损性数据，用于支撑美军在各种作战环境下的毁伤评估工作。国外非常重视战斗部威力/目标易损性数据相关信息的管理和战斗部威力/目标易损性评估软件的研发。欧洲国家已成立专门负责收集、分析、评价、汇总、保存并传播易损性领域所有信息的部门，即全军性战斗损伤数据分析中心（生存性和易损性信息分析中心）。此外，国外很多国家战斗部威力/目标易损性评估软件研究已广泛开展并得到大量应用，相继出现了大量的战斗部威力/目标易损性评估软件编码。

相比之下，我国贴近实战需求的目标易损性研究刚刚起步，从20世纪80年代开始对目标易损性的研究工作，并逐步建立完善了目标易损性的评估理论，提出了一些如神经网络技术易损性分析方法、随机模拟方法、射击线技术等易损性评估的新方法，进行了装甲目标、巡航导弹、舰船、飞机等目标易损性的研究和评估。

人员是战场上各种武器装备的操纵者和使用者，几乎无处不在，人员的伤亡情况直接决定着战争的胜负。因此，人员目标既是战场上的主要目标，也是重要目标。国外于20世纪60年代就开始了人体易损性方面的研究，从杀伤人员目标的杀伤元、杀伤机理、杀伤人员目标判据等各方面做了大量的研究工作。国外研究者研究了枪弹或破片侵彻体的能量密度与人体皮肤的关系，认为侵彻体侵彻皮肤时，存在一个临界能量密度值，若侵彻体能量密度大于该临界值，皮肤被撕裂，侵彻体进入体内。结果表明，穿透皮肤的临界能量密度为 0.1 J/mm^2。大量学者研究了枪弹或破片侵彻皮肤时的临界速度，枪弹或破片侵彻人体肌肉组织及其替代材料时的伤道几何形状和侵彻深度和速度、能量等关系。通过研究破片或枪弹侵彻骨骼时临界速度和能量的关系，得到了不同枪弹侵彻骨骼的临界能量和能量密度，而相对比冲量、冲量与人员杀伤之间的关系则是相对压力和冲量越大，人员的生存概率就越小，并提出了一种冲击波对人员伤害评价方法。欧美学者在动物实验的基础上，建立了鼓膜破裂百分比和冲击波超压的关系，实验结果显示当冲击波超压达到 0.1 MPa 时，鼓膜破裂的百分比为 50%，超压 0.034 MPa 是鼓膜破裂的临界值。当超压较低时，虽然不能使鼓膜破裂，但是可能使人员临时丧失听觉，并建立了临时听觉丧失（TTS）与超压和作用时间的关系。

含能材料是新型高效毁伤材料，体现在材料构成和毁伤机理上。它是在高聚物中填充金属、合金、金属间化合物等含能粉体，经特殊工艺制备而成，具有良好的力学性能。当含能战斗部撞击目标时，首先依靠自身动能侵彻目标，在强冲击载荷的作用下，内部材料被激活并发生爆炸/爆燃反应。进入目标内部后，战斗部依靠自身释放的化学能毁伤目标，在动能和化学能的共同作用下，实现对目标的高效毁伤，使战斗部的终端毁伤效能获得跳跃式提高。随着导弹目标在战争中的广泛应用，它已成为战场上的主要目标之一。为了应对各类导弹的快速发展，国内外对反导弹的含能战斗部的研究愈加重视。李婷婷、袁慎坡等对 Ni – Fe – Al 化合物作为黏结剂的易碎材料进行了研究。赵红梅、胡兴军等将粉末冶金工艺与塑料成型工艺相结合，减小了材料的变形，使材料性能有了大幅提高。曹兵利用弹道枪加速进行了不同尺寸的球形破片对模拟巡航导弹油箱的冲击毁伤作用试验，研究了模拟油箱在不同打击条件下的毁伤情况，给出了模拟油箱的冲击引燃判据。谢长友等制备了两种不同配方的新型复合式反应破片，并进行了该反应破片对装有柴油的油箱的毁伤试验，得到复合式反应破片具有更强的侵彻能力的结论。王海福等研究活性破片和钨合金破片作用于模拟油箱和引燃航空煤油的问题。含能破片及其弹药战斗部技术，作为当前高效毁伤领域的热点研究方向，受到世界各国的广泛关注，特别是在毁伤元配方设计、制造工艺等方面，取得了显著研究进展。目前研究多以金属粉末和高分子氟化物混合制成的裸反应破片为主，其优点是结构简单，较容易实现，但破片密度小且易碎，侵彻能力较差。

南京理工大学使用牛皮模拟人体皮肤、明胶模拟人体肌肉组织，研究牛皮模拟靶标与人体皮肤的相似性，开展离体牛皮和活体动物的弹道冲击试验（图 1.7）以及离体牛皮的力学性能试验。

1.3.2 模拟靶标发展状况

伪装靶标是模拟靶标中的一种，大量应用于"发现即摧毁"的现代信息化战场，当战场上真假目标比例为 1 : 1 时，可为己方增加 40% 的作战力量。伪装靶标在武器装备科研试验、削弱敌人侦察监视能力、隐真示假、破坏敌人战场态势感知能力、打赢信息化战争方面发挥了巨大作用。为准确掌握伪装靶标目标特性，实现"扮真演像"，科学鉴定武器装备性能，必须建设一种机动

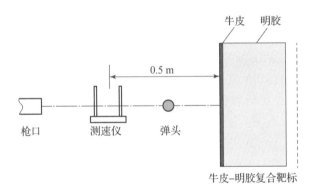

图 1.7　弹道试验

高效的伪装靶标目标特性监测系统。现代伪装靶标（图 1.8）采用复合型模拟材料，灵活塑造各种真实目标形态模拟材料的光学特性（可见光/红外特性），主要表现在材料的表面性质和状态方面，可通过反射率、发射率、表面温度、表面粗糙度等参数表征。因为雷达波具有一定的穿透能力，所以一般用电导率、磁导率、复介电常数等参数表征材料的雷达反射特性。通过调节模拟材料外表面参数，模拟真实目标的光学特性，调节模拟材料里层和内表面参数，模拟真实目标的雷达波反射特性，从而在可见光、红外、雷达波三个波段都具有模拟真实目标特性的能力，并具有很高的逼真度，而且成本远低于真实目标，使武器装备的研制和考核近似实战状态。模拟材料制成后，其雷达波目标特性经实验室测定后不会随环境改变，而其可见光/红外目标特性，特别是红外目标特性则受环境参数（温度、湿度、光照等）影响较大。因此，确定模拟材料的红外目标特性是重点。由于红外热像仪根据目标与背景温差成像，物体的发射率是决定其红外图像亮度的重要参数，因此通过适当调节模拟材料和背景

图 1.8　现代伪装靶标

的发射率，可以得到高对比度的红外图像。一般确定模拟材料发射率的方法如下：首先使用红外热像仪在一段时间内连续观测真实目标，得出目标与背景形成高对比度红外图像时的温差值；然后据此确定模拟材料的红外发射率取值范围；最后采用内外场试验，适当调节模拟材料的吸收率、发射率、吸收发射比、密度、厚度等参数来灵活调控模拟材料的表面温度，实现逼真模拟真实目标红外特性的功能。

Jussila 等在开展模拟皮肤靶标材料研究时，选用天然橡胶、合成橡胶和不同处理方式的鹿皮、牛皮与猪皮，进行拉伸和极限穿透试验，发现一种铬鞣牛皮与 30 岁成年男性前胸皮肤力学性能较接近，厚 0.9~1.1 mm，4.5 mm 铅丸射击的极限穿透速度为 90.7 m/s，拉伸强度为 (20.89±4.11) MPa，断裂伸长率为 (61±9)%。Bir 等进行非致命弹评估模拟皮肤材料研究，开展麂皮、麂皮-泡沫、聚乙烯、聚乙烯醇等模拟皮肤靶标带尾翼橡皮弹的极限穿透试验，最终确定的模拟皮肤靶标为天然麂皮加 0.6 cm 的闭孔泡沫，其 50% 侵彻的比动能与人体死尸 (PMHS) 前胸区域 50% 侵彻的比动能 (23.99 J/cm^2) 接近。另外，模拟颅脑靶标研究中，Thali 等构建了一种硅橡胶/人造纤维/聚氨酯中空球/明胶头部靶标模型，并以 1.6 mm 厚硅橡胶和 1 mm 厚 Lorica 皮革 (外层包裹聚氨酯的聚酰胺织物) 模拟头皮，5 mm 厚含血液模拟物的开孔聚氨酯泡沫模拟皮下软组织。

北大西洋公约组织标准 AEP-94 规定非致命动能弹评估用模拟皮肤靶标为 1.39 mm 羊皮加 6 mm 封闭的蜂窝状泡沫塑料，而天然皮革的性能一致性和可重复性差，且闭孔泡沫材料无法准确定义描述，认为可以用 400 μm 热塑性聚氨酯替代北大西洋公约组织标准中规定的模拟人体皮肤结构，但热塑性聚氨酯为高弹高韧的高分子材料，失效应变高达 5~8，与人体皮肤相差较远，目前国际上关于皮肤靶标无一致性结论和使用标准。

国内针对模拟皮肤靶标的研究较少，通常采用国家军用标准 GJB 4380—2002 枪用防暴橡皮弹检验验收规则和 GJB/Z 20262—1995 防暴动能弹威力标准中规定的 25 mm 厚松木板、120 g/m^2 牛皮纸作为考核非致命防暴弹药威力效能的靶标，但其应力-应变特性与损伤失效方式与真实皮肤差距较大，且不能反映作用的全过程特性。Xiong 等在进行非致命动能弹效能评估时，以 2 mm 厚牛皮为皮肤模拟靶标开展弹道试验，结果表明模拟皮肤与人体典型部位皮肤具有相近的弹道极限，且表现出与生物表皮相近的"水波效应"。以往研究主要以极限穿透速度或比动能为表征量来评估模拟皮肤靶标与人体皮肤的相似性，认为牛皮是较为合适的模拟皮肤靶标材料，但牛皮的力学性能和弹道损伤特点与人体皮肤是否也相似还存在疑问。

    聂伟晓等为了研究低速破片对于佩戴防弹头盔的人体头部靶标的杀伤效应开展了破片从正面、侧面和顶部三个方向的侵彻效应数值模拟，构建了钢球破片侵彻戴防弹头盔人体头部靶标的数值模型，试验和数值模拟中头盔内部鼓包形态变化历程如图 1.9 所示，变形区域的位置和面积均与仿真模拟结果相吻合。

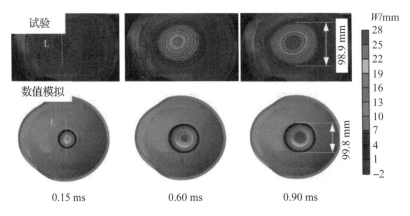

图 1.9　试验结果和有限元仿真比较

    国内，解放军第三军医大学赖西南教授、王建民教授等利用动物试验，从医学角度研究了爆炸伤和冲击波对动物的杀伤效应及其救治方法。康建毅等进行了投射物钝挫伤的研究。赵欣等研究了高速投射物对组织器官的损伤研究，发现了远达效应，研究了各组织器官的损伤特性。任常群等研究了颌面部高速投射物伤，进行了致伤机理的分析。为了研究战场中手枪弹对易损性人员目标肩部软组织和肩胛骨的损伤效应，温垚珂等以 50 百分位人体几何特征为参考，构建了"肌肉 – 肩胛骨"人体肩部模拟靶标简化模型。接着对其进行有限元网格划分，并对 92 式 9 mm 钢芯弹侵彻该模拟靶标的过程进行了仿真计算。通过与相关试验结果对比验证了仿真模型的准确性。结果显示，当手枪弹以 330 m/s 速度、1° 攻角从正面侵彻靶标时，进入靶标后 6 mm 内的运动较为稳定，没有明显的失稳现象；随着侵彻深度增加到 12 cm，弹丸出现明显翻滚并释放大量动能；当子弹翻滚了约 90° 时刚好侵彻到肩胛骨，并在肩胛骨上留下 1 个近似长方形的弹孔；随后弹丸以 124 m/s 速度飞出靶标，但软组织中的瞬时空腔继续膨胀，且肩胛骨前后的软组织与骨骼发生了分离。600 μs 时，子弹还未接触肩胛骨，但骨骼上已经产生了 30 ~ 80 MPa 应力，约 1 150 μs 时肩胛骨上的应力最大达到了 102 MPa，集中在弹孔周围。软组织各典型时刻的应力云图表明，最大应主要集中在瞬时空腔内壁附近，750 μs 时软组织中的最大应力达到了 0.23 MPa。表明手枪弹以 330 m/s 速度正面射入人体肩部模拟靶标时可贯穿靶标，并在肩胛骨上产生一个近似长方形的弹孔，靶标内的瞬时空腔在子弹穿出靶标后继续膨胀，并与肩胛骨产生分离。

|1.4 人员目标易损性等效材料及模拟靶标的应用|

战场易损性人员目标等效材料与人体同时具有冲击力学等效和毁伤等效。基于此，战场人员目标等效靶标采用人体等效材料以人体测量数据为基础制作，各部位可灵活拆卸，可用于研究武器破片与人体组织的相互作用，研究影响杀伤元致伤程度的因素及致死率分布，可用于评估单人舱室内杀伤效果，还可对集团杀伤进行评价。此外，可应用于某型弹药杀伤能力的测试、防护器材防护能力的检验以及武器试验基地、靶场和作战部队。对于减少部队作战人员和执行任务警察的伤亡以及武器装备的进阶，起到非常重要的作用。

1.4.1 人员目标易损性评估

人员是战争中各种武器装备的使用和操作者，每个战场上都有士兵的身影，他们的伤亡情况直接影响整个战争的结果，所以人员的杀伤对战争有着决定性的影响。人员目标易损性研究成果可以在战争中得以应用，以最小的代价取得最大的胜利。目标易损性的主要应用领域是：武器的发展论证与研制；武器效能评价；武器的防护与生存能力的提高；武器的模拟试验与靶场试验设计；攻防策略的制定。

从系统的观点看，目标与武器系统的对抗就是一方要阻止另一方完成其规定的作战任务，而杀伤目标，只是阻止目标完成它的任务的一种方式。以防空系统为例，该系统的任务就是要使被保护对象免遭空中袭击。而杀伤空中目标，对空中目标实施干扰，都是防空系统完成其任务的一种手段。只要使来袭的空中目标不能发挥其原有的作战效能，完不成其作战任务，就达到了防空作战的目的。所以从广义上讲，目标易损性应该与其作战效能有关。典型的战场目标易损性评估步骤包括：①目标物理特性与功能特性分析；②目标可能遭受的武器效应和相关的毁伤机理分析；③定义目标关键部件；④根据关键部件的杀伤类别确定部件的破坏状态；⑤计算部件的毁伤概率；⑥根据部件的毁伤对目标整体性能的影响及部件的毁伤概率，计算整体目标的易损性。可见，不同领域所用的易损性分析方法是不相同的，对不同目标的分析角度也不同。考虑到每个领域自身的特性，这些方法都有其特定的适用对象。

国内许多单位已开展了目标易损性评估软件研究，如北京理工大学、南京理工大学、中国工程物理研究院等。中国工程物理研究院先后开展了战斗部威力描述软件、战斗部威力/目标易损性评估软件的研究和开发。破片战斗部威力仿真软件将数值方法和分析方法相结合，建立了战斗部威力仿真模型，适用于多种类型的破片战斗部，实现了对破片场形成、破片场飞散和破片作用目标的全过程描述。该软件侧重于破片战斗部的威力描述，在防空战斗部威力评定方法研究中，开发了防空战斗部引战配合仿真程序和基于射击迹线（shotline）的破片战斗部威力评估软件，为防空战斗部引战配合研究和战斗部威力评定提供帮助。

战斗部威力/目标易损性评估软件（WLTVAS）不仅能评价战斗部的作战效能，从而指导战斗部的威力设计，而且从目标角度，评价目标的易损性及其生存力以及防护水平，具有很广的应用范围和重要意义，它是武器毁伤效能评估和目标生存能力分析的重要工具。目标易损性描述是 WLTVAS 的基础工作，目标描述的准确与详细程度直接影响仿真结果的准确性。在进行战斗部威力/目标易损性评估建模时，要求目标易损性件子系统尽可能采用相同的描述方法，建立统一的目标模型，实现目标模型的共享。目前由于计算机技术发展，易损性评估软件大都采用高分辨率模型，也出现了专门进行目标描述的软件，典型代表是美国的 BRL – CAD，它不仅提供了建模软件，而且提供了与多数 CAD 软件的接口。由于战斗部的杀伤效应多种多样，为了更好地描述战斗部的威力，要求能够描述战斗部的几何和材料参数，以及不同杀伤元素的特性参数，如全预制破片战斗部的破片散布模型（位置分布、弹道特性、速度分布等）。

弹目交会反映战斗部与目标的交会条件，从弹药研究出发，评估软件应包括常用的制导方式与误差模型和常用的弹药引信。如重点研究战斗部威力特性对目标的毁伤分析，可以采用蒙特卡罗方法随机模拟交会战斗部与目标的交会情况，从而根据不同交会情况进行毁伤评估分析，确定毁伤概率。目前弹目交会模拟常采用试验数据统计法、图解法、概率密度积分法和蒙特卡罗仿真模拟法。目前常采用的毁伤评估方法包括命中杀伤评估法、毁伤树评估法、毁伤表评估法和降阶态评估法。毁伤评估应包括结构毁伤（结构态）和功能毁伤（功能态、系统态、运行态）。结构毁伤模型主要是在给定的弹目交会条件下，评估战斗部与目标的作用效果，确定组件的物理态。根据组件的物理态，确定组件的功能态，根据组件的功能态，确定系统态，最后确定系统的运行态及毁伤情况。根据系统的运行态，计算目标的毁伤概率，完成毁伤评估。WLTVAS 建立在易损性分析方法的基础上，构建 WLTVAS 的总体方案时，所采用的方法应与已有的易损性方法一致，包括战斗部威力描述方法（经验公式、理论分析、数值模拟）、目标描述方法（点目标模型、易损面积模型、高分辨率模型）、弹目交会模型（蒙特卡罗方法、图解法等）和毁伤评估方法（命中杀伤评估法、毁伤树评估法、毁伤表评估法、降阶态评估法）。

　　扩充性是 WLTVAS 发展的客观要求，模块化结构是保证软件扩充性的基础。模块化结构要求把系统中的每个功能封装成模块，模块提供输入和输出接口，模块间的数据流保持独立，通过统一的格式交换数据。易损性评估的准确性主要取决于评估模型与相关数据的客观性。应采用模型校验与确认技术，对已建立评估模型进行校验和确认。同时在软件开发方面，应采用软件工程思想，尽可能排除软件开发方面的错误对评估结果的影响，特别是注重软件测试，通过试验数据验证评估软件的准确性。同时由于易损性评估需要较长的运行时间，因此在仿真模型、算法、仿真精度和仿真硬件平台的选择方面，应考虑时间与效率的关系问题。评估软件应提供仿真精度、仿真算法等的选择，让用户可根据仿真目的来选择相应的方案。WLTVAS 的使用对象包括多种人员（软件开发者、该领域的技术人员等），因此应考虑软件易用性，让用户不需要培训就能应用。同时应考虑与相关专业软件的接口，如与 CAD 和 CAE 等的接口。

　　子系统主要完成目标的易损性描述，包括目标几何模型、结构毁伤和功能毁伤模型等，用于描述目标几何、结构等相关特性，为毁伤评估提供所需的目标信息。在目标几何模型的计算机实现上，常采用两种方法：一是根据目标几何结构，利用离散面元的曲面生成算法实现目标几何结构的数据自动生成，并保存到数据库中；二是根据现有目标描述软件（如 ARL 的 BRL-CAD）绘制目标几何模型，生成相应的格式文件，读取文件把数据保存到数据库中。主要完成战斗部的威力描述，建立相应的数学模型，如冲击波模型和破片场威力仿真模型等。战斗部威力实际包括静爆威力和实战威力两方面。静爆威力指战斗部客观拥有的技术指标，包括冲击波超压、比冲，破片的质量、初速、飞散密度、方向角等，而实战威力由于与战斗部作用的目标对象的易损性相关，具有相对性，如单发战斗部对人员的毁伤半径肯定会大于对装甲目标的杀伤半径。因此，基于战斗部静爆威力参数建立的战斗部威力模型更具有客观性。该子系统反映弹目的交会关系，决定战斗部与目标交会时刻相对关系的主要参数，包括导弹速度、目标速度、目标方向角、交会方位角、交会方向角、弹目相对俯仰角、弹目相对偏航角等。弹目交会坐标系的选择及设置对进一步的目标毁伤求解有重要影响，它涉及多个坐标系，正确设置坐标系可以简化弹目位置参数及坐标变换，降低数学推导过程的复杂程度和提高求解速度。

毁伤评估子系统：在 WLTVAS 中，毁伤评估子系统是软件的核心部分，也是实现难度最大的环节。在毁伤评估时，把毁伤评估子系统分为两大模块，即结构毁伤评估模块和功能毁伤评估模块。在功能毁伤评估中，可分为功能态计算、系统态计算和运行态计算。结构毁伤评估模块用于评估战斗部与目标的作用结果，计算目标/组件的物理态，涉及内容包括弹目交会空间关系、杀伤元素与目标交会关系、终点毁伤机理（冲击波、破片、二次破片、引燃、引爆）、部件毁伤准则等。在确定目标/组件的物理态后，进行系统的功能毁伤评估，其评估流程如图 1.10 所示。

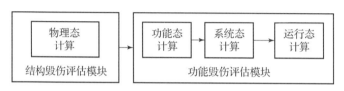

图 1.10　毁伤评估子系统评估流程

这里基于 WLTVAS 的基本原则和总体框架，开发了反导战斗部毁伤评估软件。该软件采用蒙特卡罗方法建立了基于面元检测方法的毁伤评估模型，能够完成杀伤元素对目标面元作用效果的定量计算，同时采用数据库技术和 VRML 技术相结合的方法，实现了 TBM 目标几何信息的提取和 TBM 目标描述，并实现了战斗部和目标的组件级、部件级结构和毁伤效果的可视化。利用该软件，对某一破片战斗部反 TBM 进行毁伤分析，分析结果如图 1.11 所示。图 1.11（a）是 TBM 总体结构的实体。图 1.11（b）是破片射线场的静态、动态分布示意图，图中最左边是静态射线场，中间是合成导弹速度的动态射线场，最右边是合成导弹和目标速度的动态射线场。图 1.11（c）是破片战斗部对 TBM 的结构组件中突防舱的毁伤效果示意图，黑色部分代表被毁伤的面元。

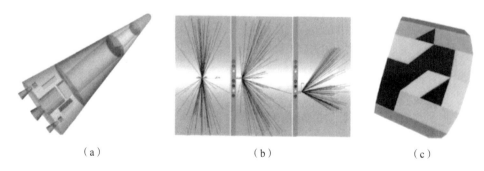

（a）　　　　　　　　　　（b）　　　　　　　　　　（c）

图 1.11　反导战斗部毁伤评估软件应用示例

（a）TBM 的目标描述；（b）战斗部射线场对比图；（c）突防舱的毁伤效果

1.4.2　人员目标安全防护

现代战场枪弹与破片对士兵的威胁最大，由硬质防弹插板和软质防弹衣组成的软硬复合防护成为最主要的单兵防护具。一般情况下，步枪弹的速度达到700～980 m/s，在该速度段内针对步枪弹对带软硬复合防护的有生目标作用效应的研究具有重要的现实意义和工程应用价值。

关于步枪弹撞击软硬复合防护的研究，主要集中在步枪弹直接侵彻陶瓷及侵彻陶瓷面板与背板组成的复合防护层，研究侵彻全过程动态响应和防护层防护能力。当前，国内外通过数值模拟手段对陶瓷/高聚乙烯（UHMWPE）复合板的抗弹性能进行了分析，对比了弹道穿深试验以验证有限元网格的精细程度对计算结果的影响，进一步分析了弹头对陶瓷/高聚乙烯复合板的侵彻过程，为单兵防弹衣的毁伤预测提供了参考。此外，关于枪弹侵彻陶瓷-纤维复合材料过程也有较为科学的试验结果，认为弹头初始速度的减小可使陶瓷锥最大角度增大，同时随着初始速度的增加，纤维凹面层数增多，顶部复合板的变形减小。目前的研究内容较少直接涉及步枪弹对软硬复合防护后的"有生目标"作用效应。由于有生目标的特殊性和复杂性，对其作用效应的研究难以直接进行，国内外通常采用明胶靶标来模拟。带软硬复合防护的明胶靶标是弹道试验和评估步枪弹对带防护有生目标的作用效应的主要靶标，目前国内建立了与之对应的有限元数值计算模型，利用显式有限元方法进行数值模拟，再现了7.62 mm步枪弹对带软硬复合防护的明胶靶标的侵彻过程。数值计算结果与试验结果吻合较好，验证了所建立的有限元模型的正确性。

虽然易损性是目标自身的一种属性，但是当目标受到不同的毁伤元作用时，目标表现的易损性是不相同的。例如，美国世贸大厦在最初设计时已经考虑到大型飞机撞击的可能性，在被撞击后并未马上倒塌或发生倾斜，而是自上而下垂直垮塌，这是因为飞机上30 t的航空煤油爆炸燃烧，产生上千摄氏度的高温，使得钢材软化，结构承重作用大大降低，从而导致整个建筑在两小时之内垮塌。世贸大厦在这里表现的即其抗撞不抗火的特性，表明目标对不同毁伤元的易损性是有差别的。

同一毁伤元下，目标不同位置的易损性不尽相同。以人体为例，在质量与形状相同的弹片垂直入射下，身体各个部位的物理毁伤会有差别，肌肉等软组织物理受损程度更严重，骨骼组织相对耐打击。从人体机能受损角度考虑，作用在心脏、头部等要害部位的危害更大，更致命，作用在四肢等非要害部位的危害相对较小，非致命。因此，目标不同位置的易损性可能不同。

首先，通过对人员目标易损性等效材料及靶标的模拟可以分析材料内部的关键部位和薄弱点，以便对现有结构薄弱点进行合理加固和冗余布置。对关键部位进行重点防护，降低人员目标在遭受外部损毁后的伤亡情况，从而总体提高目标人员的作战能力。其次，分析人员目标及其模拟靶标的特性，可为优化目标的生存力设计和防护设计提供理论依据，对结构可能发生的事故灾害进行预测，或对已经发生的事故灾害进行评估与论证。

第 2 章

人员目标标准体模

人员目标标准体模（personnel target standard phantom）是以人体参数为基础建立的，它可以用来准确描述人体形态特征和力学特征，是研究、分析、设计、试验和评价人机体系非常重要的一种辅助工具。

|2.1 概述|

生命是世界上最宝贵的财富，在研究人－机－环境系统相互关系时，如果危及人类的健康和生命，人是不可能也不允许成为试验品的。这时，各种类型的仿真人员目标标准体模（图2.1），如暖体人体体模、汽车碰撞人体体模、仿真辐照人体体模、高速运载工具仿真人体体模、医学训练仿真人体体模等，就会以真人替身身份在研究过程中起到重要的桥梁和工具作用。目前，国内外已经有很多关于人体体模的建立和应用实例的研究。

图2.1 人员目标标准体模

2021年，全球人体体模市场价值约为12亿美元，到2026年年底将达到14.25亿美元，在2021年和2026年的复合年增长率为2.61%，尤其是在服装、职业健康、环境、消防、石油、交通安全、航空航天、建筑等领域应用广泛。

2.1.1　人员目标标准体模发展

早期的人员目标标准体模（以下简称"人体体模""体模"），一般分为两类，一类是用布料包覆起来体现人体形态的模架，作为服装立体裁剪、设计用的人体体模，又名人台、胸架；另一类是全身型的供服装试穿、展示用的人台，也称为假人。常用的人体物理体模在总体上属于人体测量学模型。这种模型只考虑人的姿态控制而不考虑人的力量控制，注重将现代多刚体力学的分析方法引入人的运动研究中，而不考虑人在特定环境中的生理和运动功能的特点，总的来说缺乏真实人群的人体体型特点。

随着科学技术的发展，普通的人体体模已经满足不了人们日益增长的工作和生活需要，所以逐渐演化出仿真人体体模，简单来说就是仿真度极高的人体体模。仿真人体体模是以人体体型及脏器参数为基础，用与活体组织对 X、γ 射线吸收、散射相似的多种复合高分子材料制成的具有骨骼、肌肉、内部脏器及皮肤的人体体模。仿真人体体模的外部形态与人体非常相似，它的头、躯干、四肢等每一部分的质量、形状与真人基本一致，且整个体模的重心与真人也基本一致，材料组织辐射与人体等效，内部结构仿真人体构造。

人员目标标准体模更多的应用是代替真人去承受一些真人无法承受的环境，以研究真人在此环境中会产生的反应。最常用的是暖体人体体模、碰撞人体体模和仿真辐照人体体模等仿真人体体模。暖体人体体模是一种模拟人体与环境间热交换过程的仪器设备，根据人体各个部位的散热特点，一般分为头、胸、背、上肢、手、腹、腿和脚等部位，用于综合考虑测试服装的保暖性能、服装材料、服装层次配套、服装的适体性、服装款式等性能，可对服装进行全面的评价。碰撞人体体模就是将人体体模放置在汽车中进行碰撞试验，以此来测试出在汽车被撞击翻滚的情况下，驾驶员和乘客的生命安全参数，让汽车设计更安全舒适。仿真辐照人体体模可以作为医院每天的第一个病人进行仪器的性能检验，作为新医疗法的第一批受试者，检验其科学性、安全性和实用性。高速运载工具仿真人体体模可以作为高速运载工具的第一批乘客，检验其安全性、舒适性和生命保障系统。此外，人员目标标准体模也可以作为军事装备的第一批参战人员，检验武器的杀伤能力和防护器材的防护能力；还可以作为旅游区、新建筑的第一批游客和住户，以对其辐射水平、安全性进行客观评价。

我国发射成功的"神舟四号"宇宙飞船中就有这样一位特殊的"乘客"——宇航员仿生人体体模（图 2.2）。他的头、躯干、四肢等每一部分的质量、形状与真人基本一致，且整个人体体模的重心与真人也基本一致。同时形体人体体模还满足航天服的穿脱要求，当安装在飞船座椅上时，其姿态和重心与载人状态基本一致，满足飞船飞行试验的需要。他全身上下布满了传感器和电线，便于地面医学监督人员通过监测心电、呼吸、体温、血压等参数来判断航天员的健康状况。不仅如此，"神舟四号"上的仿生人还能模拟人体代谢和人体生理信号。模拟人体代谢装置就是模拟真人的耗氧速率和耗氧量，消耗座舱内的氧气；同时能够模拟真人的产热率，向座舱内辐射热量，通过环控生保系统动态地把座舱内的氧分压和温度控制在医学要求的范围内。这类信号将作为舱载医学监督设备主机的数据源，使得医学监督系统在飞船无人飞行试验中得到充分考核，以保证载人飞行时航天员生理信号的正确采集、处理和传输。

图2.2　宇航员仿生人体体模

　　人体体模的桥梁、稳定受体、替身和工具作用，决定了其拥有广泛的市场需求。为了获得最佳的安全性、舒适性及各种保障人体安全的评价参数，人体体模必须具有高度的仿生性。仿生绝不是简单的仿生，而是要在仿生中创新。因为在研制仿真人体模型时，很多情况下不可能获得和人体完全一样的材料和结构。例如，为了得到高速运载工具的评价参数，在仿真人体模型中必须安装传感器，而人体没有传感器，这就决定了必须在仿生中创新。这样最终完成的仿真人体体模才能广泛应用于医学工程、安全工程、环境工程、军事工程和人机工程等领域，造福人类。

　　随着仿生技术的发展，未来我国的仿真人体模型将朝着更强的仿生性、多用化和智能化等方向发展。仿真人体体模和虚拟人体计划（virtual human project，VHP）是以传统医学、现代制造技术、现代信息技术为基础的新兴学科。生物信息的获取有不同的层次：第一层次是形态和解剖参数的几何"形态假人"；第二层次是仿生材料制作的真实的"物理假人"；第三层次是具有人体结构和生理功能的"生物假人"；第四层次是具有形态参数、组织等效参数、结构功能参数、遗传参数且对外界有反应特性的数字化、信息化、智能化的"仿生假人"，其是虚拟人体和仿真人体的结合和发展。两者具有同源性和互补性，具有虚拟和真实的映射性。

"数字化虚拟人体体模"是通过先进的信息技术与生物技术相结合的方式，在计算机上操作可视的模型，包括人体的各器官和细胞等，最终建成生物网络化的流程，其始终是一个存在于电脑中的数字化仿真人体体模；而仿真人体体模则是通过用接近于人体质地的仿生材料来制造出接近真人的人体各部分器官，从而创造出一个非常接近真人的仿生人。两者在用途上也存在着一定的差异。有了数字化仿真人体模型，如果要培养宇航员，只需输入候选宇航员的生理数据，将其置于太空环境中，就能知道其将产生的太空反应。因为虚拟人体模型可以将一个人的所有人体信息收集储存在电脑里，所以我们只需要输入目标信息，电脑里的虚拟人体体模就会做出相应的反应来模拟真人效应。

拿与百姓生活最密切相关的医疗来说，有了虚拟人体体模，"他"就可以替我们"吃药挨刀"。开处方前，医生先将药物影响数据输入电脑，电脑里的"虚拟病人"就会显示服药后的生理反应，从而协助医生对症下药。在动手术之前，也可以在虚拟人体体模身上"开刀"，电脑上会显示刀口断层及组织断面，为医生制订术前计划做科学参考。此外，虚拟人体体模在航空、汽车、建筑、国防等许多领域都有非常重要的应用价值。

假人最早应用于军用领域，经过十多年的发展，逐渐应用于汽车、航空、体育和医用领域，由企业主导转为由政府主导。同时假人在不断发展，更强调地区的适用性，如美国人现在肥胖化、老龄化比较严重，其逐步开始研发肥胖假人和老年假人。

根据人体体模的发展历程及应用领域，未来人体体模的发展有 4 种趋势：一是简单化，二是复杂化，三是智能化，四是高仿真化。虽然目前已经研究出仿真人体体模和虚拟人体体模，并且其功能越来越仿真，越来越智能，但是目前的人体体模，无论是实体人体体模还是虚拟人体体模，都无法精确反映人体的各项生理参数，特别是瞬态变化环境中人体的生理反应参数。5G 网络具有高传输速率、低时延、海量终端连接容量以及在移动中保持稳定连接的特点，在医疗健康行业有其独特价值，并且 5G 技术已经应用在应急救援、远程监护、远程查房、远程探视、远程指导、远程会诊等场景中。未来，基于 5G 的新型终端和低时延网络特性的场景，如远程超声/远程手术以及 AR/VR（增强现实/虚拟现实）辅助诊疗更值得产业关注。在进行超声检查时，超声设备操作人员的手感、操作力度等对检查结果的影响非常大，同时超声影像的实时数据量也相对较大。5G 网络的高带宽、低时延特点，结合远程超声检查手术臂等器械，可以为超声设备操作人员带来本地操作的效果体验，使远程超声普及成为可能。5G 技术也使 AR/VR 辅助诊疗普及成为可能。利用 AR 技术分析病患，能将病人病变位置、血管、神经与组织结构以 3D 图像方式呈现在医生面前，极大地提高手术的精准度与安全性。在医疗培训过程中，医生借助 VR 技术可以反复对虚拟假人进行手术而不必担心病人的人身安全问题。5G 应用延伸到数字化病房、数字化 ICU、智慧手术室、智慧后勤等更广泛的应用场景中成为数字化医院网络基础设施。我们相信，随着科学的飞速发展，高智能化、高仿真的人体体模一定能够变为现实。

2.1.2　人员目标标准体模分类

人员目标标准体模，按照形式可以分为仿真人体体模和数字化虚拟人体体模等。按照用途来分，可以分为分析用人体体模，用于研究和分析人体动作范围、作业姿态和作业区域；设计用人体体模，即利用人体结构和尺度关系，将人体尺度用各种模拟人来代替，通过"机"与人体模型相关位置的分析，直观地求出人机相对位置的有关设计参数，为合理布置人机系统提供可靠条件；试验用人体体模，要求与真实人体有相似的动力学模型，测试其质量分布、各肢体受负荷时变形特征、加速度等，一般用于汽车碰撞、弹射座、降落伞等试验；还有工作姿态用的人体体模、匹配人机界面用的人体体模等。

现有人体体模模型有：

（1）SAMMIE：20 世纪 60 年代由诺丁翰大学建立，可用于工作范围测试、干涉检查、视域检测、姿态评估和平衡计算。

（2）CYBERMAN 系统：20 世纪 70 年代末由 Chrysler 公司用 FORTRAN 开发。人体模型的尺寸可根据 11 种比例因子来调节。该系统不具有关节约束功能。

（3）COMBIMAN：由 Dayton 大学开发，主要用于客机、直升机座椅的设计。COMBIMAN 提供陆、海、空男女性人体测量数据库。它的人体模型对人体关节活动进行限制，同时考虑了空军飞行员服装对关节的限制。COMBIMAN 能够对腿、胳膊进行可达域判断、操作控制能力分析等。

（4）英国人体数据公司研制的 PeopleSize 系统，包括详细的人体尺寸数据，静态平面线框。

（5）JACK：由宾夕法尼亚大学建立，基于 SGI 工作站的 3D CAD 系统，针对大型机械系统开发，具有人体测量数据库，能够进行作业姿态控制与运动仿真。

（6）BOEMAN：由波音公司开发，用于飞机座舱布局评价。人体几何建模允许用户建立任意尺寸和比例的人体，并采用了美国空军男女性人体数据库，其人体模型是用实体造型方法生成的。该软件具有手的可达性判断、构造可达域的包络面、视域的计算和显示以及人机干涉检查功能等。

（7）SAFEWORK：由加拿大蒙特利尔 Ecole 理工大学工业工程系开发。该软件可以完成姿态舒适性评估、运动和姿态匹配性检查、可视域和控制器可达性判定，并具有动态显示功能。

人体体模按材料分类，可分为木质模型、水晶模型、ABS 树脂模型、金属模型等，主要品牌有寿屋（KOTOBUKIYA）、小号手（TRUMPETER）、正德福（Kitech）等。另外，还有凸体型、特胖型等部分特殊体型的人体体模。服装行业立体化设计专用的人体体模有两大类型：工业生产用体模和裸体型体模。工业生产用人体体模在胸、腰、臀部位都增加了一定的放松量，其他一些部位也相应增加了丰满感。这种体模本身含有一定的放松量，这样的服装更符合人体的实际穿着状态。裸体型体模各部位的形态和尺寸都接近于真实人体的形态和尺寸，这种模型比较适用于贴身型服装的立体化设计。立体化设计成衣时，要根据不同的款式来选择相应的人体体模，尤其是设计一些特殊体型的成衣如设计孕妇装，要选择符合孕妇体型的人体体模，或者对常规的女体标准体模进行修正（用棉花或其他材料在人体体模的腹部增加垫，修正其造型）。在成衣设计中运用立体化设计，常使用的是工业生产用体模，但根据性别、年龄的不同又可分为多种类型，如全身、半身（用于上衣）、下肢（用于裙裤）、男性、女性、童体模型等。正确地选择人体模型十分重要，它对成衣的最终造型效果及穿着的舒适度有最直接的影响。服装测试人体体模如图 2.3 所示。

图 2.3　服装测试人体体模

2.1.3 人员目标标准体模测量方法

人体尺寸是人机系统或产品设计的基本资料。通过人体测量可获取人体的静态尺寸和动态尺寸。人体的静态尺寸是结构尺寸，而人体的动态尺寸是功能尺寸，后者包括操作者在工作姿势或某种操作活动状态下测量的尺寸。人体测量学通过测量人体各部位尺寸确定个体之间和群体之间在人体尺寸上的差别，用来研究人的形态，为工业产品造型设计和人机环境系统工程设计提供人体测量数据。

人体模型的研究基础是对于人体基本造型和尺寸的研究，但由于地域的不同，人的体型也存在差异，如中国人与欧洲人。因体型差别，我国在使用人体模型时，首先需要选择与中国人基本体型一致的人体模型。

人体体模往往被用于作业域的设计与评价。作业域，顾名思义指的是单个和多个作业人员作业的领域和范围。对作业域进行设计与评价是为了营造适宜人工作的各种环境，提高人的作业效率等。以冰箱设计为例，为了适应现代社会高节奏发展的需要，大容量、抽屉式分段温控的冰箱受到部分消费者的青睐。在设计各段抽屉的容量、高度时必须从人机工效的角度考虑人的用力和弯腰等因素。

图2.4所示为人机系统动态仿真的典型案例。它首先形象地说明了人体尺寸和人体体模的关系。这里，舱室反映了人的操作对象（在人机系统中代表机），可通过计算机图形学对其进行生成和修改。仿真软件将人和机结合，可动态显示人的运动及进行人的受力分析或姿态评估等。通过改变机的形状、大小和操作空间并配合人体运动和受力分析等，最终将营造出适宜人操作的人机系统。下面将具体介绍人体测量与人体模型的相关内容。

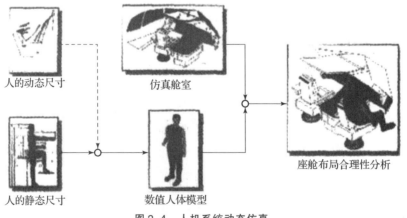

图2.4 人机系统动态仿真

1. 人体测量

1）人体静态尺寸

静止的人体可有不同的姿势，统称为静态姿势。主要可分为立姿、坐姿、跪姿和卧姿 4 种基本形态，每种基本姿势又可细分为各种姿势。如立姿可分为跷足立、正立、前俯、躬腰、半蹲前俯 5 种；坐姿包括后靠、高身坐姿（座面高 60 cm）、低身坐姿（座面高 20 cm）、作业坐姿、休息坐姿和斜躺坐姿 6 种；跪姿可分为 9 种，卧姿分为 3 种，总共 23 种。

静态，是指被测者静止地站着或坐着进行的一种测量方式。静态测量的人体尺寸用以设计工作区间的大小。目前我国国家标准中规定的成年人静态测量项目立姿有 40 项，坐姿有 20 项，详细内容可见 GB 3975—1983《人体测量术语》和 GB 5703—1985《人体测量方法》。

2）人体动态尺寸

人体动态尺寸是以人的生活行动和作业空间为测量依据的，它包括人的自我活动空间和人机系统的组合空间。人体动态尺寸分为四肢活动尺寸和身体移动尺寸两类：四肢活动尺寸是指人体在原姿势下只活动上肢或下肢，而身躯位置并没有变化，这又可分为手的动作和脚的动作两种；身体移动包括姿势改换、行走和作业等。

人体动态尺寸测量是指被测者处于动作状态下所进行的人体尺寸测量。人体动态尺寸测量的重点是人在执行某种动作时的身体特征。人体动态尺寸测量的特点是，在任何一种身体活动中，身体各部位的动作并不是独立无关而是协调一致的，具有连贯性和活动性。例如手臂可及的极限并非唯一由手臂长度决定，它还受到肩部运动、躯干的扭转、背部的屈曲以及操作本身特性的影响。

3）人体静态参数测量

人体静态参数测量内容应根据实际需要确定。如确定座椅尺寸，则需测定坐姿小腿加足高、坐深、臀宽，并测定人体两种坐姿——端坐（最大限度地挺直）与松坐（背部肌肉放松）的尺寸，以便确定靠背的倾斜度。常用测量项目有：

（1）身高：从头顶点至地面的垂距。

（2）眼高：从眼内角点至地面的垂距。

（3）肩高：从肩峰点至地面的垂距。

（4）坐高：从头顶点至椅面的垂距。

（5）坐姿颈椎点高：从颈椎点至椅面的垂距。

（6）肩宽：左、右肩峰点之间的直线距离。

（7）两肘间宽：上臂下垂，前臂水平前伸，手掌朝向内侧时，左、右肘部向外最突出部位间的横向水平直线距离。

（8）肘高：上肢自然下垂，前臂水平前伸，手掌朝向内侧时，从肘部的最下点至地面的垂距。

（9）上肢长：上肢自然下垂时，从肩峰点至中指指尖点的直线距离。

（10）上肢最大前伸长：上肢向前方最大限度地水平伸展时，从背部后缘至中指指尖点的水平直线距离。

（11）坐深（臀突腘窝距）：从臀部后缘至腘窝的水平直线距离。

（12）臀膝距（膝背距）：从臀部后缘至髌骨前缘的水平直线距离。

（13）大腿长：从髂前上棘点至胫骨点的直线距离。

（14）小腿长：从胫骨点至内踝点的直线距离。

（15）胸围：镜乳头点的胸部水平围长。

（16）体重：裸体或穿着已知质量的工作衣称量得到的身体质量。

人体静态参数测量可确定人体主要形态的数据，常用人体测高仪、直脚规、弯脚规、三脚平行规、量足仪、附着式量角器、软卷尺、测径仪等，可以测到人体立姿 40 个点，坐姿 13 个点。

测量应取基本姿势立姿或坐姿，在呼气与吸气的中间进行。其次序为从头向下到脚；从身体的前面，经过侧面，再到后面。测量时只许轻触测点，不可紧压皮肤，以免影响测量值的正确性。

体部某些长度的测量，既可用直接测量法，也可用间接测量法——两种尺寸相减。但测量时必须注意，涉及各个测量点之间的相对位置，在测量中不得移动。各测量项目的具体测量方法，详见 GB 5703—1985《人体测量方法》的有关规定。测量记录时应注明测量时间和地点。

4）人体动态参数测量

静态参数测量可以解决产品造型设计中有关人体尺寸的问题，但人们在操纵设备或从事某种作业时，并不是静止不动的，大部分时间是处于活动状态。因此，人们以不同的姿势工作时，手、脚所能活动的范围以及人体出力情况等方面对于机器与环境的协调设计也非常重要。动态测量的主要内容包括动作范围和人体出力等。这里主要介绍人体动作范围的测量内容。

从解剖学角度看，人体运动系统由骨、骨连接和骨骼肌组成。在神经系统的调节和其他各系统的配合下，运动系统能使肢体在空间内移动位置以及使各肢体间的相互位置发生变动。人体运动系统的器官约占成人体重的 60%。骨骼构成了人体的支架，并赋予人体的基本形态，起着保护、支持和运动的作用。骨骼肌附着于骨，收缩时以关节为支点牵引骨骼改变位置，产生运动。在运动过程中，骨骼起着杠杆的作用，关节是运动的枢纽，骨骼肌则是运动的动力器官。所以骨骼肌是运动的主动部分，而骨和骨连接是运动的被动部分，而运动的支配器官是中枢神经系统。

骨与骨之间借纤维结缔组织、软骨或骨相连，形成骨连接。骨连接的形式可分为直接连接和间接连接。直接连接起固定作用，骨与骨之间不活动或仅有少许活动。关节的间接连接是骨连接的最高分化形式。关节可按其关节面的形态、运动轴的多少和运动方式分为以下三类。

（1）单轴关节——只能绕一个轴做一组运动，包括屈戎关节和车轴关节两种形式。

（2）双轴关节——能绕两个互相垂直的轴进行两组运动，也可进行环绕运动。

（3）多轴关节——具有三个互相垂直的运动轴，可做多方向的运动，是运动最多样的关节。

关节面的形态、运动轴的数目和方向，决定着关节的运动形式和范围，其运动形式基本上可分为以下三类。

（1）屈和伸——通常是关节绕额状轴进行的运动。运动时相关关节的两骨互相靠拢，角度减少称屈，角度加大称伸。

（2）内收和外展——通常是关节绕额状轴进行的运动。运动时骨向身体正中矢状面靠拢者，称为内收（或收）；远离身体正中矢状面者，称为外展（或展）。但手指的运动是以中指中轴为准，中趾则以第二趾中轴为准。

（3）旋内和旋外——骨环绕其本身的垂直轴进行运动，称旋转。骨的前面向内侧旋转时称旋内；反之，向外侧旋转时称旋外。前臂的桡骨是通过桡骨头和尺骨头的轴线旋转，将手背转向前方的运动称旋前，将手掌恢复到向前而手背转向后方的运动称为旋后。

二轴（如腕关节）或三轴关节（如肩关节）可做环转运动，即关节头在原位转动，骨的远端可做圆周运动，运动时全骨描绘成一个圆锥形的轨迹，它与旋转运动构成的圆柱形轨迹不同。环转运动实为屈、展、收的依次连续运动。肩关节是人体关节中最复杂、最灵活的关节，可做三轴向运动，即额状轴上做屈、伸，矢状轴上做收、展，垂直轴上做旋内、旋外及环转运动。

肘关节是由肱骨下端与尺、桡骨上端构成的复关节，包括三个关节：肱尺关节、肱桡关节和桡尺近侧关节。肱尺关节属滑车关节，可在冠状轴上做屈伸运动，屈、伸范围为 140°。肱桡关节形态上虽属球窝关节，但因受肱尺关节的限制，故只能屈、伸和旋前、旋后运动。桡尺近侧关节属于车轴关节，只能做旋转运动。

5）人体形状测量

在人机工程中，为了设计适合人体的环境、道具和机械等，人体形状是首先要考虑的因素。前述的人体计测是以人体的点、线计测为核心，对人体形状的计测要求进行三维立体测量。其主要测定方法如下：

（1）滑动测量——使用滑动测量法可测出人体的任一水平断面和垂直断面。图 2.5 所示为垂直断面测量用滑动测量装置和测量示例。由图示可知，在一垂直平板上密布有很多根同直径、同长短、能自由抽动的很细的短棒。测定时将短棒前端依次触到人体皮肤表面，短棒前端形成的曲线或曲面即人体在某一垂直面上的体形。滑动测量装置四周框架除了安装测量件外，还起到固定被测人员，使其在测量过程中保持不动的作用。

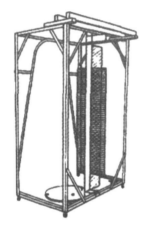

图 2.5　滑动测量装置和测量示例

（2）照相计测结合计算机技术的立体照相计测不仅可获取人体形状，也可用于医学诊断如人体的脊柱检测中。我国有关科研部门也在开展这方面的应用研究。

（3）激光计测，图 2.6 所示为三维人体计测装置和测量示例。将人体立于圆桶形膜盒中，用激光从周围对人体全身进行计测，对获得的人体表面各点的三维数据进行拟合，可得到人体的形状。

（4）全身扫描仪（WBX）（图 2.7）、头部扫描仪（PX）（图 2.8）和足部扫描仪（图 2.9）都是低功率激光系统，对人类使用是完全安全的。每台扫描仪都记录身体的表面图像，以捕捉参与者的整体形态。每个扫描仪的扫描需要 15～20 s 才能完成。扫描软件，在 Windows XP 操作系统上运行。每个扫描仪都有一台独立的计算机，专门负责收集该扫描仪的数据。

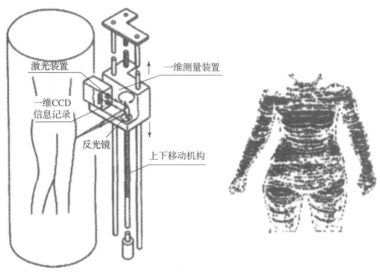

图 2.6　三维人体计测装置和测量示例

图 2.7　全身扫描仪（WBX）

图 2.8　头部扫描仪（PX）

图 2.9　足部扫描仪

2. 人体体模

工效研究用人体体模必须有精确而有效的人体测量学数据。对数据可以采用数据库系统管理，以满足人机工程学分析的需要。

人体建模时，首先按研究需要将人体分成合理的节段；对骨骼形状、关节接触面进行简化时，必须能保证躯体之间、各节段之间相互作用的正确性。利用计算机仿真及信息处理功能有效地显示人体体模的运动和操作等，并与真实人体的反应数据做对比，以提高人机工效分析能力，为人体体模的使用者提供良好的人机界面。操作过程应该直观，易于记忆，与习惯性作业经验一致。

1）人体几何模型

人体几何模型就是所建立的适合研究需要的人体可视化几何模型，它是其他人体模型的载体。通常采用棒模型、实体模型和曲面模型来表示人体几何模型。棒模型是将人体用棒图形和关节表示，如图2.10所示。该模型真实感较差，但容易表示人体的动作。如以确定坐姿的近身操作空间舒适域为例，其操作范围是一个三维空间。随着手偏离身体中线的距离及手举高度的不同，其舒适的操作范围也在发生变化。图2.11所示为通过仿真给出的第五十百分位人体手的舒适活动范围。

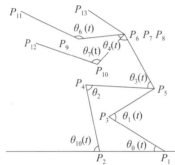 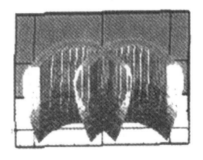

图2.10　人体侧面数学模型构成　　图2.11　第五十百分位人体手的舒适活动范围

2）人体实体模型

实体模型由基本体素（柱体、球体、锥体等）组合来表示人体的外形。该方法无法表示人体表面的局部变化，逼真度不够。

3）人体曲面模型

曲面模型是将人体分成数个节段，每个节段采用NURBS曲面片表示，相邻节段用过渡面光滑地连接起来。曲面模型真实感较强，但所需数据量大，有时生成过渡面不够理想。

3. 人体的运动学和动力学模型

通过求解人体的运动学和动力学模型可进行人体姿态评估、人体受力及疲劳分析等。建立运动学模型考虑的问题包括躯体活动关节的简化、关节运动方式的说明、关节运动范围的限定、运动学参数的描述方法等。人体模型的运动学参数包括躯体各节段的空间位置，位移的距离，运动的速度、加速度和轨迹等。人体模型各节段可以看作一个多刚体系统，一般采用矩阵法作为数学描述手段，表示躯体节段的运动、旋转及空间姿态，采用正向运动学和逆向运动学方法解决运动方程的建立及虚拟人体位姿的求解问题。

对于运动方程的求解而言，一般分为运动学的正解和运动学的逆解。运动学的正解是指给定相关运动关节的相对位置，要求确定其末端的位形。如设基坐标系下标为 0，其人体相应部分编号分别为 $1 \sim n$，则第 i 部分位形在基坐标系中可由下式计算：

$$T_2 = A_1 A_2$$
$$T_i = T_{i-1} A_i$$

式中，A_i 是按照某种旋转序列旋转或平移变换的矩阵。

运动学的逆解是指给定其末端所期望的位形，要求找出得到该位形的关节转角。其表达形式为

$$A_1^{-1} T_n = {}^1 T_n$$
$$A_{i-1}^{i-1} T_n = {}^i T_n$$

式中，${}^i T_n$ 表示第 n 个连杆在以第 i 个固接坐标系为基坐标系中的 T 矩阵。

建立动力学模型要考虑人体的质量、力、力矩、动量、动量矩、动能、惯量等特性。对质量的描述包括质量大小、质心位置的确定和表示。人体所受外力可用力的大小、作用点和作用力方向来表示。可把人体骨骼视为刚体，质量定义于质心，而导致人体运动和保持躯体姿态的力可以用相应的每个关节肌肉群上的力来描述。动量、动量矩、转动惯量是描述人体运动的物理量，应提供相应的计算和显示功能。已知人体的关节运动学参数，人体运动过程中关节力及力矩的计算称为反向动力学。

建立系统的动力学方程常采用拉格朗日法。假定描述系统位形的独立参数称为广义坐标，将人体各节段视作刚体连杆固接而成时，这些广义坐标通常取为关节角度，由角度唯一确定所有质点的位置。所以可以利用广义坐标来建立系统的动力学方程。用广义坐标表示的作用于系统的外力称为广义力，对于关节转角为广义坐标的人体模型，广义力就是作用于关节的力矩。

拉格朗日函数 L 定义为系统的动能 E_k 和位能 E_p 之差，即：

$$L = E_k - E_p$$

式中，E_k 和 E_p 分别是以广义坐标表示的系统动能和位能。

拉格朗日方程及系统动力学方程由下式表示：

$$Q_i = \frac{\mathrm{d}}{\mathrm{d}t}\left(\frac{\partial L}{\partial \dot{q}_i}\right) - \frac{\partial L}{\partial q_i} \quad i = 1, 2, \cdots, n$$

式中，q_i 为表示动能和位能的广义坐标；$\dot{q}_i$ 为广义坐标对时间的导数，称为广义速度；Q_i 为作用在第 i 个广义坐标上的广义力或力矩；n 为刚体连杆的数目。

|2.2　国内外发展简况|

早在 20 世纪 20 年代，英国就制造了垂直的铜圆柱充当人体体模。早期的人体体模主要是用来测试服装热湿传递性能的，随着科学技术的发展，在以人为本思想的指引下，人们越来越尊重生命的权利，更多诸如航空航天、交通以及消防等领域开始使用人体体模进行试验，其与真人试验相比，人体体模可以根据需要模拟任意温度下的人体模态，且可实现参数的稳定控制，不会受人的心理因素的影响，可用于极端或危险环境条件下。历经百余年的发展，已经在各个领域发挥了作用。

2.2.1　国外发展简况

欧美等国家和地区从 20 世纪 40 年代就开始了对高仿真人体标准体模的研究，具有代表性的是美国第一安全技术公司（First Technology Safety System）、荷兰 Volvo 公司和荷兰 TNO 公司。从世界上第一个仿真人体体模 Sierra Sam 到目前较新型的 Thor，都是仿生技术不断发展的体现。

仿生学是 20 世纪 60 年代初发展起来的一门交叉学科，主要研究生物系统的结构、功能和工作原理，从而为工程技术提供新的设计思想及工作原理，它涉及生物学、数学和工程技术学科等，是这些学科相互合作的桥梁。仿生技术的不断发展必将推动数学和工程学等学科领域的发展，从而给社会带来巨大的社会效益和经济效益，促进社会的发展。在我国，仿生技术发展缓慢，必须加大幅度对仿生技术这把社会发展的金钥匙进行研究。体模在医学领域的应用如图 2.12 所示。

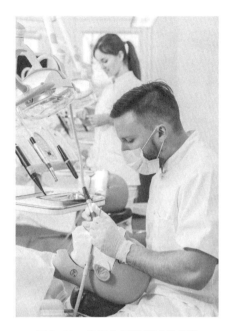

图 2.12　体模在医学领域的应用

2.2.2　国内发展简况

我国仿真人体标准体模的研究起步较晚，在 20 世纪 80 年代由"中国模拟人之父"林大全教授带头起步。三四十年来，我国不断地深入对人体标准体模的研究，加强仿生技术的发展。从最初单一的几何形态模拟发展为现在的形态结构功能等的高度仿生，我国仿真人体标准体模已经达到国际先进水平。迄今为止，我国仿真人体体模所采用的仿生技术，大致可归纳为几何形体仿生、材料仿生、结构功能仿生、物质能量传递过程仿生和生物信息传感仿生等类别。

1）几何形体仿生

外部形态的仿生称为几何形体仿生。只有外部形态相似，才能保障与人体相似的体积和静态与动态的占有及活动空间。我国仿真人体体模按骨性标志分为 15 个环节——头颈部、上躯干、下躯干、左上臂、左前臂、左手、右上臂、右前臂、右手、左大腿、左小腿、左脚、右大腿、右小腿、右脚，每一个环节都体现了对人体外部形态的创新仿生。例如，用于汽车碰撞的仿真人体体模（图 2.13），其外部形态高度人型化，能够很好地模拟在碰撞过程中人体的占有和活动空间，便于汽车安全性的设计和评价；用于各种放射治疗的辐照仿真人体体模（图2.14），其外部形态与人体也相当相似；用于医学训练的仿真人体体模（图2.15），其外部形态的相似性几乎可以达到以假乱真的地步。

图2.13　汽车碰撞安全人体体模

图2.14　辐照仿真人体体模

图2.15　医学训练仿真人体模型

2）材料仿生

材料仿生是指受生物启发或者模仿生物的各种特性而开发出新材料的仿生技术。仿真人体体模的材料仿生主要是根据其要模拟的人体特性（如生物力学特性、辐射特性、骨架特性等）开发出能够等效这些特性的材料，即材料组织等效性。材料组织等效性是我国仿真人体体模在仿生技术上的又一个创新。例如，用于高速运载工具碰撞的仿真人体体模，其材料的组织等效性要求能够保证人体模型在碰撞时与人体有相似的力学等效特征，能重现力、加速度、动量、冲量的传递；用于辐射的仿真人体模型，其材料组织等效性则要求材料元素组成、分子结构、感观特性尽可能地与人体相近，保障与物质波作用时重现相似的能量的传递和吸收特性。

图 2.16　高速运载工具
仿真人体模型的
骨架皮肤肌肉

以高速运载工具仿真人体体模（图 2.16）为例做进一步说明。高速运载工具仿真人体体模的材料组织等效性主要包括三大部分：骨架的支撑材料、肌肉脂肪的橡胶弹性材料和各关节连接的纤维韧性材料。根据生物力学等效性和骨架特性，各部分的材料组织等效性设计表现为：采用钢和铝合金的刚性支撑材料作为骨的替代材料，用不同的发泡材料替代肌肉；用较高机械强度的具有人体质感的弹性材料作为人体模型的保护外层；人体关节的韧性连接采用有黏性的橡胶塑料材料；此外，为保证人体模型的关节仿生运动，配置替代关节囊的自动化材料、替代人体筋键连接和肌肉收缩的阻力材料及模拟人体关节运动自由度和活动度的纤维材料等。

低能伽马射线人体组织等效材料和仿真人体体模是解决核燃料和核材料生产过程中工作人员的辐射防护问题，特别是超铀元素人体内污染监测中的设备刻度问题的关键。解决这一问题可以为提高我国在内照射个人剂量监测方面的水平、保护工作人员的身体健康提供强有力的手段。多年来，国内在辐射防护人体模型制作中使用的组织等效材料为石蜡、糖等，由于其固有的特性，这些材料的组织等效性差，所制作人体模型的物理性能，包括稳定性、强度等都与实际工作的需要有较大差距，而且人体体模本身不易长期保存和反复使用，经常出现裂纹、破碎和变质的现象，严重影响了体模的使用范围和使用寿命。

3）结构功能仿生

结构功能仿生包括结构仿生和功能仿生两个方面，功能仿生必须以结构仿生为基础，两者是个统一体。我国仿真人体体模的结构功能仿生主要体现在两方面：一是从外部结构考虑，仿真人体体模的 15 个环节，每个环节的外部结构功能和人体相似；二是从力学角度考虑，能够实现对人体运动的各种姿势和灵活性的模仿，突出体现在对各个关节自由度以及活动范围的仿生。为了获得相关的参数，根据自由度的个数，在仿真人体模型内部安装了相应个数的角位移传感器（表 2.1）。

表2.1　我国汽车安全碰撞人体体模的上肢和下肢运动学参数及传感器设计

关节		自由度	活动范围	传感器设计
上肢	肩关节	2	170°～-40° 180°～-50°	2个角位移传感器
	上臂	1	115°～-15°	1个角位移传感器
	肘关节	1	50°～-90°	1个角位移传感器
	前臂	1	70°～-70°	拉力传感器
	腕关节	1	60°～-60°	—
	手	0	—	—
下肢	髋关节	2	90°～-25° 40°～-30°	2个角位移传感器
	大腿	1	40°～-40°	1个角位移传感器
	膝关节	1	45°～-90°	1个角位移传感器
	小腿	0	—	5组应变片
	踝关节	1	45°～-30°	—
	脚	0	—	—

4）物质能量传递过程仿生

物质能量传递过程仿生是指模仿人体接受外部物质能量的传递规律的仿生。我国仿真人体体模中的物质能量传递过程仿生主要是指根据物理学和化学的原理，模仿人体接受外部各种物质能量的传递规律，如辐射、热传导、微波和光的穿透力等。由于人体在高辐射、高热、高强光及一些波（如次生波，有报道次生波对人体有着巨大的危害）作用下受伤害程度严重，为了得到这些参数，用于试验的仿真人体体模必须具有和真人相似的物质能量传递过程。物质能量传递过程的仿生广泛应用于医学和军事等领域。

物质能量传递过程仿生要求其内部结构即仿真人体模型的骨骼、肌肉、关节及韧带组成的弹性结构和内部器官的排列和镶嵌结构与人体相似。例如辐照用的仿真人体模型具有复杂的多介质镶嵌结构，有各向异性特点，能够重现人体正常和病理解剖特征。

5）生物信息传感仿生

生物信息传感仿生是电子仿生学的一部分。电子仿生学是模仿人体自动控制和外界环境反应的仿生学。我国仿真人体体模的生物信息传感仿生主要体现在模仿人体五大感觉器官（眼、耳、鼻、舌、皮肤）的一些功能，使得仿真人体体模在视觉、听觉、嗅觉、味觉及触觉上同人体具有相似性。生物信息传感仿生在军事上有着广泛的应用前景。目前，林大全教授正在研究一种具有高度生物信息传感仿生的军用人体体模，旨在研制出具有优秀人机工程学的武器装备，使军人在武器装备条件下，在各种温度、湿度、压力、冲击力、微波等环境下，具有充分的安全保证。

仿生技术在仿真人体体模的研制中有着巨大的现实意义和广泛的应用前景。经过三四十年的努力，我国仿真人体体模的仿生技术得到飞速发展，但仍存在许多问题有待解决，如目前还不能实现血管和神经系统的造型、无法解决人体的脉搏问题等。仿生技术是一门综合学科，必须加强各学科之间的合作，才能促进我国仿真人体体模的更进一步发展。随着仿生技术的发展，未来我国的仿真人体模型将朝着更高的仿生性、多用化和智能化等方向发展。

6）基于 3D 打印技术的体模制作流程

基于 3D 打印技术的体模制作流程是将放疗病人定位时的医学影像 CT 图像导入 Mimics 软件中，重建出病人各个器官三维空壳结构，并将其利用 3D 打印机打印出来，找到合适的辐射等效材料进行人体等效材料填充，得到与人体结构相似且 CT 值也相似的剂量验证体模。因为定位时获取的 CT 图像都是灰度图像，所以准确地分割出每个器官及肿瘤也是问题的重中之重。参考临床医生勾画的各个器官与肿瘤靶区，利用阈值分割等方法对基础图像进行分割，并利用相关的处理医学图像的软件进行三维重建，便得到可以打印的三维结构。该体模设计制作完成后可以应用的情况有：测量目标包括靶区和组织器官。同时实现对靶区和组织器官进行受照射剂量的测量，能够检测靶区的受照射剂量和组织器官的受照射剂量，保证合理地实施放疗，降低对组织器官的辐射污染，并保证对靶区的合理照射量，从而尽可能增大对肿瘤的控制率和降低放疗辐射。

近年来 3D 打印技术发展迅速，在很多领域中都取得了成功应用。目前，梁岩等将 3D 打印应用于肺癌肿瘤模型构建中；高莹等获得了肿瘤放射治疗剂量个体化验证仿真体模及建立方法的专利授权；戎帅等研究了基于 3D 打印技术的腰椎多节段峡部裂个性化手术治疗。这些为此技术应用于体模设计奠定了基础，随着 3D 打印技术的进一步发展，可利用的材料不断丰富，个体化剂量验证体模的设计将更便利，价格也会更经济。使用基于 3D 打印和组织等效技术所设计的个体化放疗体模进行剂量验证，可最大限度地模拟了人体的解剖结构、轮廓外形、肿瘤解剖结构及其他危险器官等组织的解剖结构，制作出合理有效的剂量验证模体。它可以获得人体肿瘤实际的受照剂量及剂量分布情况，为放射治疗的实施提供更加真实的测量数据，从而为改进治疗计划、增加肿瘤的受照剂量及减少危及器官的受照剂量提供更有力的依据，提升肿瘤治愈率，降低肿瘤复发率，在肿瘤治疗的临床应用上有着重大意义。

|2.3 人员目标仿真人体体模|

人员目标标准体模是以人体参数为基础建立的，它可以用来准确描述人体形态特征和力学特征，是研究、分析、设计、试验和评价人机体系非常重要的一种辅助工具。目前，国内外已经有很多研究关于人体体模的建立和应用实例，下面就以实际应用最多、最常见的暖体人体体模、碰撞人体体模、仿真辐照人体模型、医学训练仿真人体体模等为例给大家做介绍。

2.3.1 暖体人体体模

暖体人体体模是模拟人体与环境间热交换过程的仪器设备。根据人体各个部位的散热特点，暖体人体体模一般分为头、胸、背、上肢、手、腹、腿和脚等部位。暖体人体体模试验是从 20 世纪 40 年代逐渐发展起来的一种新的生物物理试验方法，试验结果准确，可重复性好，并可在真人无法试验的极端条件下进行服装的热学性能测试试验，被广泛地应用于服装、职业健康、环境、消防、石油、交通安全、航空航天、建筑等领域。

自从 20 世纪 20 年代英国制造垂直铜圆柱"假人"起，美国、加拿大、瑞典、芬兰、德国、丹麦、日本等国家的有关研究单位便开启了假人研究与应用的征程，经过近百年的发展，暖体人体体模经历了由单段暖体人体体模向多段暖体人体体模、实体暖体人体体模向数值暖体人体体模、干态暖体人体体模向出汗暖体人体体模再向可呼吸暖体人体体模的发展历程。模拟技术及精度越来越高，越来越逼近真人的代谢、调控及散热机制，避免了人体试验中个人生理、心理因素和个体差异的影响，为科学、准确评价人体、环境的热舒适性提供了先进的工具。虽然国内暖体假人研究起步较晚，但是现今已经达到世界先进水平。

应用暖体人体体模（图 2.17）测试服装的保暖性能是现代服装功效学科领域的先进技术，它综合考虑了服装材料、服装层次配套、服装的适体性、服装款式等性能，可对服装进行全面的评价。暖体人体体模的开发与应用，是服装功效学试验手段的革命，它丰富了服装功效学的研究内容，扩大了该学科的研究领域,为服装功效学的发展提供了可靠的依托。在环境评价和人体舒适度评价领域,人体体模主要以数值暖体人体体模为主,并朝着复杂化、智能化、高仿真化的方向发展。

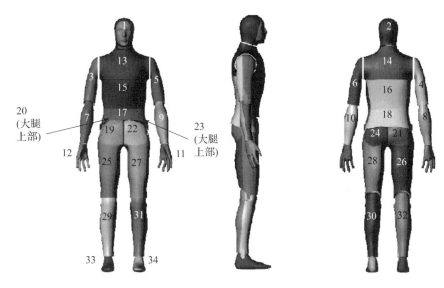

图 2.17 NEWTON 暖体人体体模

1. 暖体人体体模国外进展

从暖体人体体模研究开始,国内外已经制作 100 多种试验用暖体人体体模。按照暖体人体体模的用途可分为干态暖体人体体模、呼吸暖体人体体模、出汗暖体人体体模、数值暖体人体体模、浸水暖体人体体模等。

其发展历程主要经历了三个阶段:第一个阶段是 1941 年基于美国学者 Gagge 及其研究团队提出的"clo"即衣物热阻的概念,美国军需气候研究所研制出了第一代暖体人体体模,为单段暖体人体体模,只可以用来做静态服装热阻的测试。早期的暖体人体体模一般为军队服务,后来扩展到其他各个领域,但目前暖体人体体模仍是试验军需品的重要工具。第二阶段的暖体人体体模为分段式暖体人体体模,诞生于 20 世纪 60 年代,相比单段暖体人体体模,其优点在于每段都可单独控制,独立加热,模拟人体一些简单的姿势,更真实地模拟人体体表温度状态,可进行服装的静态以及动态热阻测定。第三代暖体人体体模为出汗暖体人体体模,20 世纪 70 年代由 Goldenman 与 Mecheels 教授等联合制作。第三代暖体人体体模与前两代暖体人体体模相比,不仅可以真实模拟人体表皮温度,测量服装的静态和动态热阻,还可以在微机和软件的控制下模拟人体出汗状况。基于人体出汗分为气态和液态，出汗暖体人体体模又分为有汗腺及无汗腺两类。出汗暖体人体体模的出现，使得定量评价服装的热学性能（湿阻以及隔热性能）成为可能，现今被广泛地用于特种服装（航空航天、消防等）的评价和人—服装—环境热交换的评价。

2. 暖体人体体模国内进展

我国暖体人体体模的理论研究和模型制作起步较晚，20 世纪 70 年代我国才开始重视暖体人体体模的研制，东华大学和原总后勤部军需装备研究所是当时最早一批研究暖体人体体模的单位。20 世纪 70 年代，原总后勤部军需装备研究所成功研制了恒温暖体人体体模，又在 80 年代研制了变温暖体人体体模，并广泛应用于各类特种服装的研制；20 世纪 90 年代起我国开始研究出汗暖体人体体模，并在 2000 年成功研制出出汗暖体人体体模测试系统。谌玉红将中国与瑞典暖体人体体模进行了服装热阻测试对比，结果表明无显著差异，间接反映出我国在暖体人体体模研究领域已达到世界先进水平。

自 20 世纪 80 年代，被称为"暖体人体体模之父"的东华大学张渭源教授开始暖体人体体模研究，并将暖体人体体模成功应用到极地防寒服的研制上。1995 年东华大学与航天所合作研制了出汗暖体人体体模，并成功应用于航天服的研制，这是我国第一个用于航天的暖体人体体模；2000 年研究了暖体人体体模内部热损失，为利用暖体人体体模开展服装散热损失试验研究奠定了基础。此后，东华大学暖体人体体模团队先后研制成功了"神舟五号"人体体模、"神舟七号"人体体模，并以此进行了舱内及舱外航天服的制作研究，同时还对简易人体体模体表电阻丝的敷设和人体体模表面软质模拟皮肤等进行了研究，为我国暖体人体体模的研究做出了贡献。

在暖体人体体模研究的基础上，2000 年我国开始了数值暖体人体体模的研究。2013 年，王云仪和李俊等利用 CFD 软件建立了虚拟的人工气候实验室和数值人体，预测了躯干着装时衣下空气层内的温度分布，结果与真实情况具有一致性，说明了数值暖体人体体模能够准确预测人体—服装—环境的热量传递与交换。2002 年香港理工大学的范金土教授发明了全球第一个用特种织物制作的出汗暖体人体体模"Walter"，使出汗暖体人体体模得到跨越式发展。2007 年王发明等利用"Walter"对服装热湿传递特性进行了检验，并与香港理工大学的测试结果进行了对比分析；常维娜等根据李盼等提出的出汗头模型完善了"Walter"头部出汗系统；李菲菲等依靠"Walter"测试了保暖服、防寒服、调温背心的热湿舒适性能。

3. 暖体人体体模在环境评价中的应用

在暖体人体体模近百年的发展史中，国内外专家都做出了巨大贡献，目前暖体人体体模主要应用于服装热湿阻的测定和热环境评价。对服装热湿阻的测定是研发暖体人体体模的初衷，而对热环境的评价是近年来暖体人体体模的另一种应用，在评价环境热舒适性方面起到了重大作用。暖体人体体模在热环境中的应用主要有两个方面：一是评价处于热环境中的人的热舒适性和安全性，二是评价热环境的热舒适性和安全性。

应用暖体人体体模对热环境进行评价最早是由 Mihira 等提出的。1977 年，Mihira 等开发了一种不仅能用来测试服装热湿阻，还能用来评估热环境的暖体人体体模，但没有明确界定热感觉和人体体模热损失之间的关系。1979 年，Olesen B. W. 等招募了 16 名志愿者在存在温差的室内环境进行了真人试验，并与暖体人体体模试验结果相对照，取得了很好的一致性，证明了人体体模评价热环境的可行性。1980 年英国学者用暖体人体体模进行了人的主观感觉与热环境物理量的关系研究，发现主观感觉和当量温度 ET 有极高的相关性，其总结当量温度 ET 计算公式为：

$$ET = 0.522t_a + 0.478t_{mrt} - 0.21\sqrt{v}(37.8 - t_a)$$

式中，t_a 为空气温度，℃；t_{mrt} 为环境平均辐射温度，℃；v 为空气速度，m/s。

但后续研究表明，其计算结果偏冷，而且由于不包含空气湿度，关系式只能用于温度在 25 ℃以下、风速在 0.05～0.50 m/s 的环境。1985 年，提出 PMV 方程的 Fanger 博士，在进行室内不对称热辐射舒适极限研究时，使用了人体体模进行对照试验，并建立了墙体和天花板的不对称辐射函数，确定了人体热舒适状态下墙体和天花板不对称辐射温度差极限。1989 年，Wyon 等使用"VOLTMAN"暖体人体体模对车辆中人体舒适度范围进行定义，并对人体和人体模型在车辆复杂热环境中的响应进行了比较，评估给定车辆是否满足特定操作条件下的人体要求，提出了等效均一温度 EHT，为研究车辆内热环境的舒适性提供了新的方法，但是计算中忽视了暖体人体体模身下椅子的热阻，导致所得到的 EHT 偏大。

Tanabe 教授等认为暖体人体体模可用于采暖、通风和空调（HVAC）系统形成的微气候的评估。1989 年，提出用铝制暖体人体体模模型来评估热环境，1994 年，又提出利用一种新型的暖体人体体模对非均匀热环境进行测量，并提出了基于暖体人体体模的热环境等效温度 t_{eq} 以及热损失表征人体热反应的评价指标 PMV 指数法。等效温度 t_{eq} 的计算式如下：

$$t_{eq} = t_s - 0.155(I_{cl} + I_a/f_{cl})Q_t$$

式中，t_{eq} 为基于暖体人体体模的热环境等效温度，℃；t_s 为平均皮肤表面温度，℃；I_{cl} 为衣物基础热阻，clo；I_a 为单位皮肤表面积的皮肤表面热阻，clo；f_{cl} 为服装面积系数；Q_t 为皮肤表面的热量损失，W/m²。

暖体人体体模不仅可以用来评价热环境下的人体舒适度，也可以评价人对热环境的影响。人会通过传导、对流、辐射及蒸发散热的方式与室内环境进行热交换，并且人运动和呼吸会产生气流运动，这势必会影响热环境。2000 年，奥尔堡大学的 Peter V. Nielsen 教授在室内环境测量中引入了暖体人体体模模型，对采用置换通风、混合通风以及局部通风的环境进行了试验研究，论证了不同通风方式下人体对室内环境的影响，并指出在有限的空间内，人体体模的几何形状以及散热量也会改变室内环境参数。虽然人体体模的几何形状以及散热量也会改变室内环境参数，但相对于真人具有散热量稳定且可控的优点，在进行相同类型试验研究时建议使用暖体人体体模。2001 年，Charlie Huizenga 基于 25 节段的 Stol – wijk 人体热调节模型和数值暖体人体体模建立了新的数值分析模型——伯克利模型，该模型能够预测人体对瞬态、非均匀热环境的生理反应。应用此模型不仅可以评估暖通空调系统的热舒适性，还可以评估汽车乘员的热舒适性，且此模型相对以前的评估系统更精确。2003 年，H. O. Nilsson 等采用数值暖体人体体模评估不同环境对人的影响及人体的舒适度，此数值暖体人体体模还能帮助工程师在设计和施工中做出早期决策，提高劳动效率。

为评价室内空气质量，1996 年 Brohus 和 Nielsen 发明了可呼吸暖体人体体模，更真实地模拟真人评价室内环境的舒适性及人对室内空气流动的影响；2004 年 Arsen Melikov 对可呼吸暖体人体体模的身体大小和形状、控制系统、呼吸模拟等进行了讨论与补充，指出可呼吸暖体人体体模存在不能模拟人类对瞬态环境的主观及生理反应。可呼吸暖体人体体模虽然可以评价室内热环境，但是由于人类个体差异的原因，依据人体体模建立的模型只能预测人的平均舒适度。2006 年，K. W. D. Cheong 采用暖体人体体模和真人对照试验，对置换通风系统室内环境人体的热舒适性进行了研究，分析了室内热环境对整体和局部人体热感觉和热舒适性的影响。由国外环境评估暖体人体体模的发展可以看到，早期国外专家研究热环境及人体舒适度多采用实体人体体模模型，随着计算机技术的发展和理论研究的支撑，近现代专家开始采用数值暖体人体体模进行热环境的评估。

关于国内应用状况，我国暖体人体体模的研究起步较晚，相对应地，其在热环境、人体舒适性评价中的应用也较晚，但随着暖体人体体模技术的发展和近 30 年的应用研究，暖体人体体模在热环境和人体热舒适性评价中的应用也越来越广泛，评价可靠性越来越高。1991 年，陶培德借鉴了国外采用数值暖体人体体模评价室内热环境的方法，构建了三维传热传湿数值计算模型，并进行了人—服装—环境的热湿交换相互验证试验，试验结果与国外数值暖体人体体模具有很好的一致性，为环境热舒适性的评价提供了新的理论与方法。1993年，同济大学的徐文华使用暖体人体体模研究人与环境的热交换，与借助平板导热仪研究热传递的方法相比，暖体人体体模具有可动态模仿人体运动姿势的优点。1999 年，叶海使用暖体人体体模进行对流、辐射换热与热舒适性的关系研究，重点研究了强制对流换热系数及两种姿势（站姿、坐姿）下的有效辐射面积系数，提出了"热平衡准则数 HB"，给出了 PMV 与 HB 的关系。人体舒适度评价位点如图 2.18 所示。

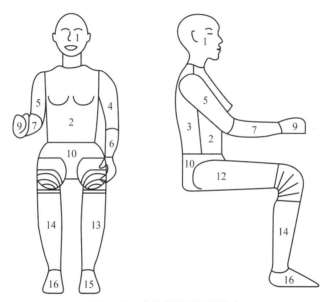

图 2.18　人体舒适度评价位点

2005 年，叶海汇总了基于暖体人体体模的环境评价指标（ET、MMRT、EHT、EQT、WBGT），并与平均辐射温度 MRT 进行比较，从理论上证明用人体体模评价热环境更加真实可靠。张昭华则在 2008 年汇总了基于暖体人体体模制定的标准，包括国际标准、欧洲标准、美国标准等，并对几类评价热环境的人体体模进行了简单描述。2012 年，韩雪峰基于 20 分段暖体人体体模，使用 C 语言编程建立了新的数值传热模型，该数值传热模型可根据给定环境的温度变化，分析达到热平衡状态时暖体人体体模各部分的温度；与 20 分段暖体人体体模的对比试验检验表明，在常温及高温范围内，此新的数值传热模型与实体人体体模模型的热传递误差很小。韩雪峰还在此数值传热模型基础上，提出了将人体生理主动调节机制引入该模型，用于高温环境中真实人体的生理反应仿真，快速预测人员的安全性。随后，张超于 2014 年建立了一种评价高温环境人体安全的方法，并应用 NEW TON 人体体模对真人人体体表升温、出汗状态进行模拟，从体温、出汗量两个角度对人体安全性进行判断，为高温环境人体安全防护做出预判。2017 年赵朝义发明了一种用于评价室内环境舒适性的人体体模系统和评价方法，该方法采用 16 分段的暖体人体体模对室内环境参数进行采集，结合人体代谢率与人体热感觉的关系，对室内环境进行评价，指导室内环境设计。在此 16 分段人体体模基础上，王瑞对室内环境预计平均热感觉指数 PMV 进行测试，并与真人试验得出的结果进行了对比，验证了人体体模模型对评价室内热环境舒适性具有很好的准确性。

综上所述，在暖体假人应用方面，由最初的服装热阻测定扩展到环境及人体的热舒适性评价，由最初的军事、航天航空领域扩展到建筑环境、大气环境以及极地、火灾等特殊或危险环境领域；由最初的评价稳定环境下的人体热舒适性扩展到瞬态、非均匀环境下的人体热舒适性。特别是数值暖体假人的应用，使新材料服装热阻、新环境领域的热舒适性及安全性的预测成为可能。

4. 暖体人体体模的测试原理

暖体人体体模的测试原理是将人体体模置于人工气候仓中，以一定的功率加热人体体模本体，并通过控制机构使其表面温度稳定在 33 ℃左右，根据其表面温度与环境温度的差及为保持人体体模表面温度恒定所需的供热量计算服装的热阻，据此评估服装的保暖性能。

暖体人体体模测试系统一般由计算机、接口电路、过程输入通道、过程输出通道、程控电源、显示器、打印机、检测电路、暖体人体体模（包括人体体模本体、加热电路、人体体模皮肤表面温度传感器）和环境温度传感器构成，其系统结构框图如图 2.19 所示。

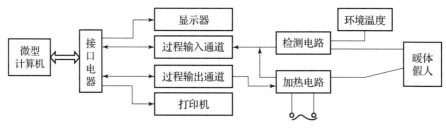

图 2.19　暖体人体体模测试系统

5. 暖体人体体模的种类及应用

1）干态暖体人体体模

干态暖体人体体模可工作在三种方式下：恒温法、变温法和恒热法。恒温法是将暖体人体体模各解剖段的体表温度控制在设定的范围内，使暖体人体体模进入一个动态热平衡状态，以便得到稳定的试验结果，该方式用于测量服装的热阻值；变温法是基于人体在冷环境中的热调节模型，模拟真人在不同环境下体表温度的变化，稳态时的体表温度不是设定值，而是和真人一样自然平衡的结果，同样可以得到与恒温法测量非常相似的服装热阻，变温法具有近似真人的生理评价意义；恒热法是根据服装的热阻和环境参数，用设定的热流值来观察全身各部位散热的差异，这时体表温度逐渐下降，直到稳定，包括静态暖体人体体模和动态暖体人体体模。

2）出汗暖体人体体模

由于干态暖体人体体模只能在非蒸发散热范围内模拟人体的生理反应，因此人们又开发了出汗暖体人体体模（图 2.20）。早期的出汗暖体人体体模是在人体体模表面覆盖一层纯棉织物或其他透湿性好的内衣来模拟人体皮肤，先将蒸馏水喷射到模拟皮肤上，然后穿上衣服，使人体体模平均体表温度上升到一定水平，控制系统每 5 分钟对人体体模体表温度、环境参数和加热功率记录一次，并计算服装的蒸发阻力，在模拟皮肤开始干燥之前完成测试。由于这一过程是一种准稳态过程，通常时间很短，主要靠操作者主观判断其中相对

图 2.20　出汗暖体人体体模

稳定的蒸发阻力值作为测试结果，所以这种方法不能很准确地、可重复地测量服装的蒸发阻力。

3）呼吸暖体人体体模

可呼吸的暖体人体体模（图 2.21）主要用于室内工作环境的研究与室内空气品质的评估。呼吸暖体人体体模的身材大小和普通人一样，由 25 个加热区段构成，各区段单独加热，独立控制，人体体模可改变姿势和自由活动，以模仿人体在各种办公室的真实情况，暖体人体体模采用紧身着装方式，因为衣服可减少各区段相互之间的热辐射以及在校正时室内空气温度对传热系数的影响，再者衣服可降低衣服和人体体模表面间的空气层厚度，以尽量减少测量的不确定性。

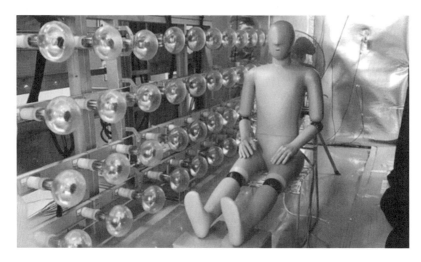

图 2.21　Robert 暖体人体体模

呼吸暖体人体体模可工作在三种模式下：

①舒适模式，模拟普通人在热环境下保持舒适状态的干态散热和体表温度。

②恒温模式，人体体模的体表温度为 34 ℃。

③恒热模式，用于室内温度高于 34 ℃时的热环境评价。

舒适模式能代表人体的实际温度分布，被广泛使用。呼吸暖体人体体模有一个人工肺，由装有活塞的气缸组成，活塞由电动机驱动，呼吸次数为 10 ~ 12 次/min，可采用口腔或鼻子呼吸，肺通气量为 6 L/min，口腔或鼻子的大小和形状对测试结果有影响。测试时，收集距离上嘴唇 0.01 m 处或面部附近呼出的空气，通过精确测量其浓度、温度和湿度来研究污染物在人体之间传递的情况。同样检测暖体人体体模呼入空气的上述参数可以评价室内空气品质。

4）浸水暖体人体体模

可浸水暖体人体体模是在暖体人体体模的基础上，加上防水密封装置，使人体体模具有防水功能，主要用于测试潜水服、水上救生衣在冷环境下的防护功能。测试时，将着装的人体体模浸入水中，保持水温恒定，记录人体体模皮肤表面温度、环境温度和各区段的加热功率，计算潜水服的总热阻值，这时总热阻值包括内衣、潜水服、水和空气的热阻。试验证明，由浸水暖体人体体模得到的潜水服总热阻与用真人测得的总热阻吻合，湍流会大大降低潜水服的总热阻，水波的高度也能降低潜水服的总热阻。通过浸水暖体人体体模测得的热阻值还可用于预测服装在某一环境下的耐受时间。

5）数值暖体人体体模

由于暖体人体体模制造工艺复杂，且价格昂贵，人体体模的试验条件如人工气候室的成本高，因此世界上只有为数不多的实验室拥有暖体人体体模。在计算机上利用"虚拟"的人体体模进行工效学研究则可以节省大量成本。最近，由于计算机运算速度的迅速发展，计算流体动力学（computational fluid dynamics，CFD）技术在各行业都得到越来越多的应用，运用计算机技术来对人体进行仿真也成为可能。与传统暖体人体体模相对，这种计算机仿真的人体体模称为数值暖体人体体模，人体体模周围传热传质的模拟是通过求解一系列偏微分方程实现的。如果输入特定的环境参数和服装的热学性能，数值暖体人体体模能对人体的传导、对流、辐射和蒸发等所有的散热进行计算，并预测人体局部温度和换热系数，以及各部位的汗液分布等，从而对某环境的热舒适和空气品质进行评价。

6）小型暖体人体体模

小型暖体人体体模主要用于评价新生儿的热环境，尤其是低体重婴儿。它一般由 6 个加热区段组成，即头、左上肢、右上肢、躯干部、左下肢、右下肢，各区段单独加热，独立控制，为模拟实际情况，小型暖体人体体模平躺在保育箱内，其测试方法和大型暖体人体体模一样。由于婴儿的质量比体表面积的比例比成年人大，所以小型暖体人体体模的干态散热量比大型暖体人体体模大，其评价指标热阻和大型暖体人体体模相比没有太大的区别。

东华大学发明了 9 个月年龄的婴儿暖体人体体模（图 2.22），身高 72 cm，无性别区分，皮肤表面为光滑曲面，有手和脚。包含头、前胸、后背、左/右上臂、左/右前臂（含手）、左/右大腿、左/右小腿（含脚）等多个分区，颈部、肩部、臀部、膝关节、肘关节等可活动，皮肤外壳采用导热的碳/环氧树脂材料，体模内部有加热元件和温度传感器，皮肤温度测量误差在 ±0.1 ℃，额定最大热通量为 600~700 W/m²，用于模拟儿童体型特征以及代谢产热、出汗等生理状况，监测皮肤表面温度变化，评估被测产品的整体热湿传递性能，是进行儿童服装、寝具、婴儿座椅、推车等产品热舒适性测评的国际先进设备。

7）暖体假头和假肢

最近几年，国内外学者研制了暖体假头、假手、假脚等，主要用于头盔或头饰、手套、鞋的评价和指导产品开发。暖体假头由头颅、面部和颈部组成，三部分单独加热，独立控制。为模拟出汗，假头包括 25 个出汗孔，分布于面部和头颅，位于假头上方水罐内的蒸馏水经管道喂入假头，出汗量由单独的阀门控制，可达 70 g/h。假头可在恒温和恒热方式下工作，测试结果以面部温度

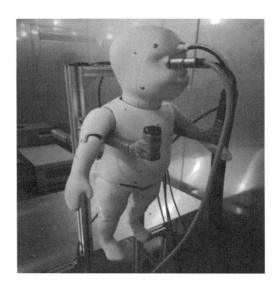

图 2.22　婴儿暖体人体体模

下降的程度表示头盔热舒适性能。暖体假手由 8 块组成，即大拇指、食指、中指、无名指、小指、手掌、手背和手腕。各块供热量由计算机控制，暖体假手放在一个小盒子内，手腕露在外面，在实际生活中，手总是在活动，尤其是在室外，因此在盒子内引入一定的气流，最后以手套的传热系数和局部传热系数来表示手套的隔热性能。手掌和手背的传热系数较低，食指、中指和无名指次之，大拇指和小指最高。暖体假脚由 8 块组成，即脚趾、脚底、脚后跟、脚中部、脚踝、下小腿、中小腿和防护段。为模拟出汗，假脚包括 5 个汗腺，分别位于脚趾、脚底、脚踝、脚背、侧边踝。将纯棉袜穿在假脚上，以便让水分布到全脚。评价指标有热阻、湿阻和透湿指数。如果和气动活塞相连，还能模仿人体行走。

2.3.2　碰撞人体体模

碰撞人体体模是根据人体工程学原理，用特殊材料制成的实验仪器，它可以代替人体用于汽车碰撞试验，从而模拟出真人受到的伤害情况，并且可以重复使用。C – NCAP（中国新车评价规程）实施后，在国内外产生了深远影响，越来越多的消费者在买车时开始考虑所购买车型拥有几颗星。同时，消费者对汽车碰撞试验中的神秘人体体模又显得异常好奇，下面就介绍一下碰撞人体体模（图 2.23）。

人体体模是要代替真人参加试验的，因此就要求人体体模在最大限度上和真人相似。特别是在体态特征、伤害指标方面，它必须能准确地反映出真人的

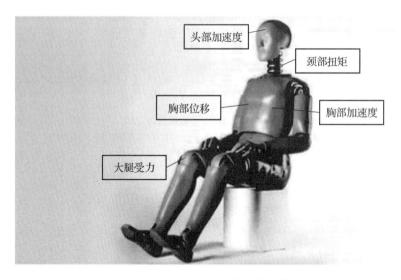

图 2.23　碰撞人体体模

真实情况，因此，为了制造人体体模，就必须有大量准确的人体数据。目前这些数据主要来自尸体解剖试验。这是一个很复杂的系统工程问题，要耗费大量的人力、物力、财力和时间，目前国外有专门的机构负责采集这些数据，并不断进行完善。有了人体数据，就可以设计人体体模了。人体体模采用多种材料来模拟人体的不同部位。碰撞人体体模大部分是由金属与塑料制作的，其胸腔是钢制的，肩胛骨是铝制的，皮肤采用硅胶材料制成，摸上去不仅要有弹性，还要跟真人一样有一定的承受力，盆骨是塑料的，造价高达 4 万美元左右，如果加上传感器配套设备，得需 6 万～7 万美元。表 2.2 为常见碰撞人体体模。

表 2.2　常见碰撞人体体模

名称	说明
Hybrid Ⅱ／Ⅲ 型假人	改型假人共有 4 种类型，分别是 Hybrid Ⅱ／Ⅲ 50th 男性假人、Hybrid Ⅲ 5th 女性假人、Hybrid Ⅲ 95th 男性假人，能够模拟成年人、身材较小的和身材较大的成年人，其中 Hybrid Ⅲ 50th 男性假人是应用最广泛的
TNO － 10 假人	主要是为台车检测安全带性能而开发的
ES － 2 假人	主要是为满足世界范围内各种法规不同要求开发的
DOT SID 侧面碰撞假人	主要用于美国汽车侧面碰撞试验

名称	说明
Bio SID 假人	可以用于 NHTSA 侧面碰撞试验
RID2 尾撞假人	用于汽车追尾研究的尾撞假人
WorldSID 假人	主要是基于统一各国假人标准构想而研制

碰撞人体体模的内部装有大量的传感器，在碰撞的一刹那，人体体模头、胸、膝盖等重点部位受伤的数据会通过内置于模拟人体内的传感器被采集器采集。研究人员借助这些数据来模拟车祸中真人的受伤程度。碰撞持续的时间很短，这就要求人体体模的传感器有非常快的反应速度和相当高的准确度。在每次试验前都要对人体体模及其传感器进行标定，如果有一个传感器不能正常工作，那么最后测出的结果可能会相去千里。

可以看出，人体体模是集人体工程学、统计学、工程力学、材料力学、生物学为一体的精密测试仪器，据统计，一个人体体模由近 400 个部件、大约 60 个传感器组成。目前，全球能够系统制造人体体模并获标准认可的仅有 FTSS 和 Robert A Denton INC 等少数几家公司。世界上各国标准中所要求的试验人体体模 Hybrid Ⅲ 大多是由它们生产的。我国要在短期内研制出试验用"中国人"，难度较大。

虽然碰撞人体体模的生产厂家不多，可如今人体体模的品种却不少，那么如何评价这些人体体模的优劣呢？人体体模是用来模拟人的，因此人体体模好与不好关键就是看它"像不像"人，为此提出了生物仿真度的概念。生物仿真度越高，说明"人体体模"越像人。如最新的 WorldSID 世界通用人体体模，其生物仿真度为 7.6 级，达到了优良，说明它的精确度更高，更像一个人。

1. 碰撞人体体模发展史

自汽车诞生之日起，交通事故也就随之而生，并因此夺去了无数人的生命。研究交通事故形式、改进汽车设计从而提高安全性成了一个重要而迫切的课题。但是，我们不可能把真人用于试验之中。于是，就迫切需要一种能够模拟人体特征，并可重复使用的试验仪器。正是在这样的背景下诞生了碰撞人体体模（crash test dummies），如图 2.24 所示。碰撞人体体模是根据人体工程学原理，用特殊材料制成的试验仪器，它可以代替人体用于汽车碰撞试验，从而模拟出真人受到的伤害情况，并且可以重复使用。

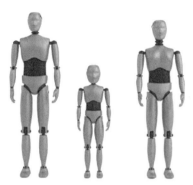

图 2.24　碰撞人体体模

　　然而，碰撞人体体模并不是从汽车领域诞生的。1949 年，美国的 Sierra 公司研制出世界上第一个人体体模，名为 Sierra Sam，它是一个 95 百分位成年男性人体体模，美国空军利用它来做火箭座椅弹出试验，主要用于测试驾驶员大腿和肩部的伤害情况。这个人体体模的耐受性和适用性都比较好，但是可重复使用性差。而且它只是在外形、质量和重要关节的运动上和人有些相似，在其他方面还有很大差异。该人体体模的生物学指标依据"USAF 人体测量数据库"的数据而制定。它所能代表的测量个体还非常有限。

　　1966 年，美国 ARL 公司研制开发了 VIP 系列人体体模，主要用于测试飞机的驾驶员逃离系统，同时它也更适用于汽车领域的要求。此后，通用和福特等汽车公司纷纷支持汽车碰撞人体体模的研制。在碰撞试验人体体模的研究历史中最值得一提的是 Hybrid 系列人体体模。1971 年 ARL 公司和 Sierra 合作开发出 Hybrid Ⅰ型标准人体体模；1971 年，在美国汽车巨头的支持下，第一安全系统技术公司（First Technology Safety Systems，FTSS）制造出 Hybrid Ⅱ型人体体模，美国政府决定将其作为汽车碰撞试验标准人体体模使用。1997 年，第一安全系统技术公司开发成功 Hybrid Ⅲ系列人体体模，该系列人体体模是目前世界上应用最为广泛的人体体模家族。在欧洲新车评价规程（Euro - NCAP）中，Hybrid Ⅲ用于收集正面撞击信息。

　　一"家"Hybrid Ⅲ人体体模包括男人、女人和 3 个不同大小的孩子，如图 2.25 所示。Hybrid Ⅲ的 3 个儿童人体体模，体重分别为 16.2 kg（3 岁）、23.4 kg（6 岁）和 35.2 kg（10 岁）。这 3 个模型是在成人模型后添加的。

2. 中国碰撞人体体模发展近况

　　碰撞人体体模是用特殊材料制成的精密测试仪器，它可以代替人体用于碰撞试验模拟出真人受到伤害的情况。世界上各国标准中所要求的标准试验人体体模 Hybrid Ⅲ大多是由 FTSS 和 Robert A Dent INC 等少数几家能够系统制造人

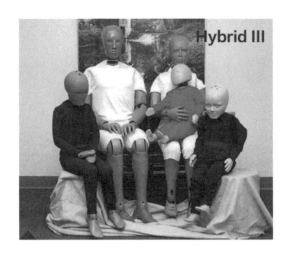

图 2.25　Hybrid Ⅲ 人体体模家族

体体模并获标准认可的公司生产的。这些人体体模的体态特征主要是通过西方国家的人体特征来模拟的。

目前我国拥有世界上最大的汽车市场，汽车保有量达 2 亿辆，注册驾驶员 4 亿人。然而中国新车的评价规程（C - NCAP），在 100% 正面碰撞试验及 40% 偏置碰撞试验中采用的人体体模是 Hybrid Ⅲ 50% 男性人体体模和 5% 女性人体体模，在侧面碰撞中采用的人体体模是 EuroSID Ⅱ 男性人体体模，人的身高、体重与人体各部分的重心位置、转动惯量、旋转半径等直接关联，中外人体形体尺寸的差距会造成试验数据偏离相应百分位人群"中国乘员"的正确感应值，降低我国对汽车安全性评价的准确性。

现有汽车安全设计不能最优保护中国乘员，安全碰撞人体体模作为衡量汽车安全性的关键技术，直接影响到汽车的安全设计，其具有"技术砝码"效应，然而在汽车碰撞安全领域，我国所用的碰撞人体体模是按照美国 50 百分位成年男子的主要尺寸制作的。而目前我国所有汽车安全设计均以这种假人为保护对象。然而，中美人体无论是在外在体征（如身高、体重、肌肉密度、质量分布）还是内在特性（动态响应、生物力学）上都有较大的差异。如与美国中等体型男性相比，中国相应的男性假人矮了 3.48%，体重轻了 13.55%；中国人体与欧美人体各部位的比例差异也较大，中国中等体型男性上臂比美国中等体型男性上臂短了 4.14%，坐姿膝盖高度矮了 12%；在生物力学特性方面差异也十分显著，它直接影响人体耐受限度以及测试假人的评价指标与限值。以胸部为例，中国人肋骨骨密质厚度明显小于美国人，这说明：在同样的碰撞中中国人的胸部比美国人的更容易受到伤害。这种差异说明了以"欧美人体"为保护对象的汽车安全设计不能真正保护"中国人体";换言之,即由于"技术砝码"的不准确性,"美国砝码"无法真实衡量中国的汽车安全。

由于国外技术垄断,核心技术受制于作为汽车碰撞安全标准"砝码"的假人由美国独家垄断。相关汽车碰撞试验假人研究的滞后导致所有假人及其易损件主要依赖进口,不仅价格昂贵,供货周期长,而且自主品牌的开发成本和周期受制于人。为了打破垄断,占据主动,使我国的汽车碰撞法规能真正起到保护中国乘员的作用,当务之急就是要加快开发符合中国人体征的碰撞假人及其安全标准体系,这理应成为我国从汽车大国迈向汽车强国的重要战略举措。

中国体征碰撞测试假人开发路径研究总体开发目标:第一,要有中国特色,符合中国人体征,满足中国人体外部尺寸特征及内在生物力学响应特征;第二,要有技术的超越,在继承中创新,考虑与国外假人及其标准的衔接性,解决现有假人存在的技术问题;第三,要另辟蹊径,结合中国实际道路交通事故现状,满足新型测试工况要求。

2002 年,余翔、林大全等按照亚洲人身材特点研制出了汽车正面碰撞工艺试验假人,并且对初研制的假人进行了简易碰撞试验,数据由专门的信号处理系统进行分析。该假人的设计准则是模拟真人的生物力学结构和保证较好的抗冲击性,其系统包含了一套应用 Visual C++ 自开发的测量系统及友好的人机界面。2006 年,王刚、林大全等利用计算机辅助设计(CAD)安全假人的外形,通过计算机进行模拟、评价、分析和修改,增强了设计的可视化程度,降低了生产成本,大大提高了设计的品质和效率。鉴于人体模型的复杂性,安全假人外形采用的主要建模方式是善于建立生物模型的 3ds Max 中的多边形(polygon)建模。

我国 GB 27887 中规定了儿童体模信息,技术图样由 TNO(道路车辆研究所)绘制,对 9 个月、3 岁、6 岁和 10 岁的人体体模做了详细描述,其中也可以使用经权威机构认可的人体体模,并在试验报告中记录使用过程,详见表 2.3 ~ 表 2.7。

表 2.3　各年龄组人体体模各部分质量　　　　　　　　　kg

部分	年龄组			
	9 个月	3 岁	6 岁	10 岁
头部 + 颈部	2.20 ± 0.10	2.70 ± 0.10	3.45 ± 0.10	3.60 ± 0.10
躯干	3.40 ± 0.10	5.80 ± 0.15	8.45 ± 0.10	12.30 ± 0.30

续表

部分	年龄组			
	9 个月	3 岁	6 岁	10 岁
上臂（2×）	0.70 ± 0.05	1.10 ± 0.05	1.85 ± 0.10	2.00 ± 0.10
前臂（2×）	0.45 ± 0.05	0.70 ± 0.05	1.15 ± 0.05	1.60 ± 0.10
大腿（2×）	1.40 ± 0.05	3.00 ± 0.10	4.10 ± 0.15	7.50 ± 0.15
小腿（2×）	0.85 ± 0.05	1.70 ± 0.10	3.00 ± 0.10	5.00 ± 0.15
总计	9.00 ± 0.20	15.00 ± 0.30	22.00 ± 0.50	32.00 ± 0.70

表 2.4　人体体模坐姿尺寸　　　　　　　　　mm

序号	尺寸	年龄组			
		9 个月	3 岁	6 岁	10 岁
1	从臀部后面到膝盖前面	195	334	378	456
2	从臀部后面到腿弯部，坐姿	145	262	312	376
3	重心到座椅	180	190	190	200
4	胸围	440	510	530	660
5	胸部厚度	102	125	135	142
6	两肩胛骨之间的距离	170	215	250	295
7	头宽	125	137	141	141
8	头的厚度	166	174	175	181
9	臀围，坐姿	510	590	668	780
10	臀围，站姿	470	550	628	740
11	臀部厚度，坐姿	125	147	168	180
12	臀部宽度，坐姿	166	206	229	255
13	颈部宽度	60	71	79	89
14	座椅到肘部	135	153	155	186
15	肩部宽度	216	249	295	345

续表

序号	尺寸	年龄组			
		9 个月	3 岁	6 岁	10 岁
16	坐着时眼部的高度	350	460	536	625
17	坐高	450	560	636	725
18	肩部的高度，坐姿	280	335	403	483
19	脚底到腿弯部，坐姿	125	205	283	355
20	身高	708	980	1 166	1 376
21	大腿的厚度，坐姿	70	85	95	106

表 2.5 新生儿人体体模的基本尺寸   mm

	部位	尺寸		部位	尺寸
A	臀部 – 顶	345	E	肩膀宽度	150
B	臀部 – 脚底（包括直腿）	250	F	胸部宽度	105
			G	胸部厚度	100
C	头的宽度	105	H	臀部宽度	105
D	头的厚度	125	I	从头顶到假人重心的高度	235

表 2.6 新生儿假人的质量分配   kg

部位	质量
头和颈部	0.7
躯干	1.1
胳膊	0.5
腿	1.1
总质量	3.4

表 2.7　18 个月大的儿童人体体模描述　　　　　　　kg

组成部分	质量
头 + 颈	2.73
躯干	5.06
上臂	0.27
前臂	0.25
大腿	0.61
小腿	0.48
总质量	9.40

3. 碰撞人体体模的分类

1）正面碰撞人体体模

现实中的人体态各不相同，而且对碰撞伤害的承受程度也不同，因此用一个人体体模显然无法代替所有的人，按人的体态特征可分为男性人体体模、女性人体体模和儿童人体体模等。然而，即使同一类型的人之间也不可能完全相同，想模拟所有人的情况是不可能的。为此在人体体模领域常常听到一个术语即百分位，如 C - NCAP 正面测试中采用 50 百分位男性人体体模和 5 百分位女性人体体模。百分位是人体工程学中的概念，它指根据一个地区的人体统计数据会有百分之多少的人小于人体体模。50 百分位男性人体体模就是指 50% 的成年男人的身高、体重等都会"小于"这个人体体模的身高、体重和身体尺寸等。

（1）成人人体体模（Hydrid Ⅲ）按百分位可分为以下 3 种：

①50% 人体体模：代表身高 1.77 m 和体重 86 kg 的中等身材。

②95% 人体体模：代表身高 1.88 m 和体重 108 kg 的大型身材。

③5% 人体体模：代表身高 1.48 m 和体重 56 kg 的矮小身材。

（2）儿童人体体模可分为：

①6 月龄人体体模：身高 67 cm，体重 10 kg。

②12 月龄人体体模：身高 76 cm，体重 13 kg。

③18 月龄人体体模：身高 83 cm，体重 16 kg。

④3 岁人体体模：身高 97 cm，体重 20 kg。

⑤6 岁人体体模：身高 130 cm，体重 30 kg。

⑥10 岁人体体模：身高 138 cm，体重 36 kg。

在 20 世纪 70 年代后期，ECE 委员会起草了儿童约束系统的法规，即《关于批准驾驶车内儿童乘员约束装置的统一规定》，由此 TNO（Netherlands Organization for Applied Scientific Research，荷兰国家应用科学研究院，成立于 1930 年，致力于工程技术的研究和应用，涉及交通运输、航空航天、医药卫生、电子通信等 15 个专业领域）最先开发了儿童人体体模模型，来评估车辆内部的约束装置。1982 年，ECE - R44 开始执行。法规最初描述了 4 种人体体模——P3/4、P3、P6 和 P10，分别代表 9 个月大的儿童，3 岁、6 岁和 10 岁的儿童。1988 年，又开发了一个简单的 P0 人体体模，代表刚出生的婴儿。1995 年在 ECE - R44 中又规定 P1 人体体模，代表 18 个月的儿童。儿童假人模型如图 2.26 所示。

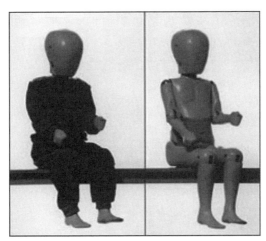

图 2.26　儿童假人模型

儿童人体体模有两大系列：P 系列和 Q 系列。

P 系列：描述的人体体模模型有：P3/4（9 个月），P3（3 岁），P6（6 岁），P10（10 岁），P0（新生儿），P1（18 个月）。

Q 系列：1993 年，一个特殊的儿童人体体模工作组，包括欧洲的一些 CRS 生产商、研究所和试验站，开始着手开发 Q 系列儿童人体体模，作为 P 系列人体体模的继承者。其生物力学逼真性和损伤评估能力都要高于 P 系列。3 岁人体体模模型 Q3 是 Q 系列最早的人体体模。其潜在的应用领域（包括侧面碰撞试验）、生物逼真性和损伤评估能力，都比 TNO P3 人体体模要好。目前已知的该系列人体体模有：Q3（3 岁），Q6（6 岁），Q10（10 岁）。Q 系列儿童碰撞人体体模如图 2.27 所示。

图 2.27　Q 系列儿童碰撞人体体模

2）侧面碰撞人体体模

侧面碰撞人体体模（side impact dummies，SID）用于研究侧面碰撞，主要包括美国侧碰人体体模 US SID（20 世纪 80 年代）和欧洲侧碰人体体模 EuroSID –Ⅰ（1991 年）、EuroSID –Ⅱ。由于现有汽车安全认证体系较多，各体系的试验参数、评价指标各不相同，情况复杂，因而迫切需要统一侧面碰撞试验，首先需要统一的就是侧碰人体体模，目前使用的主流侧碰人体体模主要是 US SID 和 ES – 2人体体模。1997 年国际标准化组织启动了 WorldSID 项目，2015 年之后，Euro –NCAP 侧面碰撞试验中开始使用 WorldSID 人体体模。ES – 假人如图 2.28 所示。

在目前的国内外汽车侧面碰撞试验法规和标准中，通常只在车辆撞击侧驾驶员位置放置一个 50 百分位人体体模，后排不放置人体体模。但考虑到实际交通事故中，车辆后排乘员尤其是身材矮小的女性及青少年通常受伤较严重，因此 FMVSS214 和 C – NCAP2009 都规定，从 2010 年开始，在 MDB（可移动可变形壁障）测试中，车辆撞击侧后排座椅放置一个用于考核车辆对身材矮小人群保护性能的人体体模，这就是 SID Ⅱs 侧碰人体体模。SID Ⅱ（D 版）假人如图 2.29 所示。

图 2.28　ES – 假人

图 2.29　SID Ⅱ（D 版）假人

（1） WorldSID 50 百分位男性人体体模。

目前，全球有 5 种中等体型男性侧面碰撞人体体模可用于法规、新车评价和开发试验，分别是用于美国侧面乘员保护法规的 USDOT – SID 人体体模，用于欧洲标准法规的 EuroSID – Ⅰ人体体模，用于欧日法规的 ES – 2 人体体模，用于 FMVSS – 201 侧面碰撞乘员保护法规的 Hybrid Ⅲ – SID 人体体模及用于开发目的的 BioSID 人体体模。这些人体体模在结构设计、传感器安装及测试程序上各不相同，因此会影响汽车研发过程中的设计方向，甚至产生错误的设计。同时，在侧面碰撞乘员保护试验中，现存人体体模与真人外形差异较大，且某些关键部位的伤害程度不能有效体现，使得人体体模发挥的作用十分有限。此外，针对国际化的汽车市场，制造商需要开发不同形态的侧面碰撞乘员保护系统来满足不同国家和地区相关法规的要求，这势必会增加制造商的开发成本，这些成本最终会转嫁到消费者身上。总而言之，侧面碰撞人体体模的全球统一化对侧面碰撞安全性的提高以及生产成本的降低都是有益的。

基于以上背景，1997 年 11 月，在国际标准化组织（ISO） TC22/SC12/WG5 的授权下，成立了 WorldSID 工作组，负责开发全新的侧面碰撞人体体模。该人体体模旨在取代现有侧面碰撞人体体模，拥有更高的仿真度。工作组由美国、欧洲和亚太三个地区行业咨询组和政府专家组成，由三个地区对应的负责人轮流主持，如图 2.30 所示。WorldSID 工作组得到全球范围内的广泛支持，其开发团队由来自欧洲、亚太和美国的超过 45 家机构的数百名工程师和科学家组成，包括 FTSS、Denton Inc.、Denton ATD Inc.、DTS、Endevc 等公司，负责设计和制造 WorldSID 人体体模，使之满足 WorldSID 工作组的详细设计规定。

图 2.30 WorldSID 工作组组织机构

①发展历程。

WorldSID 人体体模的设计目标是：根据 ISO 侧面碰撞人体体模仿真度等级，达到 Good 至 Excellent 等级；该人体体模理论站立高度为 1 753 mm，坐姿高度为 911 mm，重 77.3 kg；可以测量碰撞时乘员之间的相互作用，具有左右对称的结构及传感器布置；在侧面倾斜 ±30° 碰撞范围内具有良好的人体响应。WorldSID 人体体模的发展历程如图 2.31 所示。

图 2.31　WorldSID 人体体模发展历程

  WorldSID 人体体模经过各种试验条件下的技术性能测试，历经三次设计、测试、反馈重新设计，确定了最终的设计版本。为了提高仿真度、耐用性、可用性和其他方面的性能，在原型人体体模的基础上进行了各个部件的改进，经历了近两年的仿真度、装车和部件测试，开发出试制人体体模。到 2003 年初，制造了 11 个试制人体体模，并在全球范围内对试制人体体模进行测试改进，形成最终的 WorldSID 人体体模。2004 年 3 月，WorldSID 人体体模设计完成，可以购买和使用。

  ②WorldSID 人体体模概况。

  WorldSID 人体体模代表了中等体型的成年男性乘员。在对多个人体测量学数据库进行了研究的基础上，对比不同人种的人体测量学数据后，WorldSID 工作组采纳了 AMVO 50 百分位男性数据进行该人体体模的开发。AMVO 数据库中驾驶员乘坐姿态定为人体体模的设计参考姿态。最终版的 WorldSID 50 百分位男性人体体模重 77.3 kg，理论直立高度为 1 753 mm，坐姿高度 911 mm，肩宽 480 mm，胸宽 371 mm，骨盆宽度 410 mm，腿长 555 mm，整体特征几乎完美地符合了 AMVO 的设计目标；关节的活动范围、单个部件的三维尺寸和质量特性都接近设计目标，一些小部件的质量偏差是由于细小部件与人体测量学数据库稍有不同造成的。总体来说，WorldSID 人体体模的人体测量学几乎是 AMVO 数据库中等体型成年男性乘员的完美复制，如图 2.32 所示。

  头部：WorldSID 人体体模使用无特征的面部，面部轮廓与真人一致，但没有耳朵、鼻子和嘴唇。该设计的目的是人体体模面部无接缝，这样碰撞过程中不会因人体体模面部与车辆内饰或气囊产生刮擦而破坏试验结果。

  颈部：WorldSID 颈部总成包括三个主要的子总成，即颈部、颈部支架和脖套。颈部安装在上颈部、下颈部力传感器中间。下颈部力传感器安装在颈部支

图 2.32　WorldSID 人体体模

架上，该可调的颈部支架还承载着三向线性加速度传感器和传感器块，其特点是颈部角度可以调节，颈部可以绕 Y 轴前倾 9°，后仰 27°。

肩部和手臂：WorldSID 人体体模肩部由特殊的肋骨代替，肩部肋骨由两条铝镍合金构成，内侧一条是环形的，外侧一条与人类轮廓相似，连接脊柱后部与肩关节，在肩关节处与代表锁骨的杆相连。肩部肋骨内条上附有阻尼材料来控制变形率。肩部肋骨的目的是当肩部侧向变形时降低肩关节向上、向前运动。肩部肋骨的最大变形量为 75 mm。

胸腹部：WorldSID 人体体模胸腹部包含肋骨，各肋骨独立连接到胸椎上。除胸部上肋骨以外，每根肋骨与车辆 XY 面平行，胸部上肋骨与垂直方向的夹角约为 7°，其纵向和侧向的尺寸均较小。所有胸腹部肋骨结构与肩部相同，由铝镍合金构成，内条上附有 H–Ⅲ 型阻尼材料以控制应变率，左右肋骨的最大变形量均为 75 mm。

腰部：WorldSID 人体体模腰部是由一块橡胶切削而成的，由反 U 形外壳和两条内部竖筋组成，反 U 形外壳控制着侧向刚度和柔韧性。

骨盆：骨盆包括一个装有设备的骨盆骨骼和一片骨盆皮肤。骨盆骨骼由两个半刚性对称骨盆骨骼组成，两块骨骼前端通过耻骨力传感器相连，后端通过骶髂力传感器相连。骶髂力传感器通过接口面与骨盆骨骼相连。骶髂力传感器下端装有数据采集系统的接口。

大腿：大腿包括髋关节到膝部的所有部件。大腿皮肤在最接近骨盆和最远离骨盆的两端开槽。大腿上的设备包括：股骨颈力传感器、上下大腿力传感器、膝盖内外侧力传感器、膝盖角度计、1 个传感器模块和 2 个数据采集系统模块。

小腿：小腿包括小腿骨骼总成、小腿皮肤和脚鞋造型。小腿皮肤在后侧开槽来安装骨骼和设备。小腿上的设备包括：上下胫骨力传感器、三向脚踝角度计。

如 WorldSID 工作组文件 N397 所述，人体体模内大量分布的传感器构成人体体模最主要的部分。传感器符合公认的传感器标准，如 SAEJ211 和 ISO 6487，可用于损伤风险、约束系统和乘员行为的研究。WorldSID 人体体模可装配的传感器如表 2.8 所示。

表 2.8　WorldSID 人体体模传感器总表

部位	设备	通道数	小计
头部	头部重心加速度传感器（a_{xyz}）	3	8
	角加速度传感器（$a_{x,y,z}$）	3	
	头部倾角传感器（$\theta_{x,y}$）	2	
颈部	上颈部传感器（$F_{x,y,z}M_{x,y,z}$）	6	12
	下颈部传感器（$F_{x,y,z}M_{x,y,z}$）	6	
肩部	肩部肋骨加速度传感器（$a_{x,y,z}$）	3	7
	肩部肋骨位移传感器（δ_y）	1	
	肩关节力传感器（$F_{x,y,z}$）	3	
完整手臂	上臂力传感器（$F_{x,y,z}M_{x,y,z}$）	6	21
	下臂力传感器（$F_{x,y,z}M_{x,y,z}$）	6	
	肘关节弯矩（$M_{x,y}$）	2	
	肘关节角位移（φ_y）	1	
	肘关节加速度传感器（$a_{x,y,z}$）	3	
	腕关节加速度传感器（$a_{x,y,z}$）	3	
胸部	上胸部肋骨加速度传感器（$a_{x,y,z}$）	3	12
	上胸部肋骨位移传感器（φ_y）	1	
	中胸部肋骨加速度传感器（$a_{x,y,z}$）	3	
	中胸部肋骨位移传感器（φ_y）	1	
	下胸部肋骨加速度传感器（$a_{x,y,z}$）	3	
	下胸部肋骨位移传感器（φ_y）	1	

续表

部位	设备	通道数	小计
胸椎	T1 加速度传感器（$a_{x,y,z}$）	3	13
	T4 加速度传感器（$a_{x,y,z}$）	3	
	T12 加速度传感器（$a_{x,y,z}$）	3	
	胸腔角加速度传感器（$a_{x,y,z}$）	2	
	胸腔倾角传感器（$\theta_{x,y}$）	2	
腹部	上腹部肋骨加速度传感器（$a_{x,z}$）	3	8
	上腹部肋骨位移传感器（$\varphi_{x,y,z}$）	1	
	下腹部肋骨加速度传感器（$a_{x,z}$）	3	
	下腹部肋骨位移传感器（φ_y）	1	
腰椎	下腰椎传感器（$F_{x,y,z}M_{x,y,z}$）	6	6
骨盆	骨盆重心加速度传感器（$a_{x,y,z}$）	3	18
	耻骨力（F_y）	1	
	骶髂力传感器（$F_{x,y,z}M_{x,y,z}$）	12	
	骨盆倾角传感器（$\theta_{x,y}$）	2	
大腿	大腿膝部力（$F_{x,y,z}$）	3	12
	大腿力传感器（$F_{x,y,z}M_{x,y,z}$）	6	
	膝盖外侧力（F_y）	1	
	膝盖内侧力（F_y）	1	
	膝盖角度传感器（θ_y）	1	
小腿	上胫骨力传感器（$F_{x,y,z}M_{x,y,z}$）	6	15
	下胫骨力传感器（$F_{x,y,z}M_{x,y,z}$）	6	
	脚踝角度传感器（$\varphi_{x,y,z}$）	3	

（2）中国 50 百分位人体模型（CHN50）。

清华大学汽车碰撞实验室对中国参数化人体有限元模型进行研究，根据中国 50 百分位人体的参数生成了可用于碰撞仿真的中国 50 百分位人体模型，通过相同车型同一工况下的碰撞仿真分析，使用损伤响应分析和损伤风险曲线两种不同的评价方式研究了 Hybrid Ⅲ 人体体模、GHBMC 有限元人体模型以及中国 50 百分位人体模型损伤响应的差异性。结果表明，相比中国 50 百分位人体模型，Hybrid Ⅲ 50 百分位人体体模的颈部和胸部损伤风险更高，而GHBMC 50百分位人体模型的大腿损伤风险更低，分析结果揭示了两种乘员评价工具在评价基于保护中国人体而设计的乘员约束系统时的差异性和局限性。

Hybrid Ⅲ人体体模和GHBMC有限元人体模型皆为经过验证的美国男性50百分位人体模型，也是国内外常用的乘员损伤评价工具。中国参数化人体模型是清华大学汽车碰撞实验室在密歇根州立大学交通研究院关于参数化人体模型的建模方法上进行改进并结合中国参数化胸部和下肢模型建立的，相关建模方法以及模型的生物仿真度也得到有效验证。根据中国人体50百分位的身高年龄和体重生成中国50百分位人体模型（CHN50），三组乘员模型（图2.33）都可以用于碰撞仿真分析。

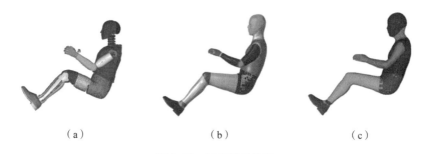

（a）　　　　　　　　　　（b）　　　　　　　　　　（c）

图 2.33　三组乘员模型

（a）Hybrid Ⅲ 50百分位人体体模；（b）GHMBC 50百分位人体体模；

（c）中国50百分位人体体模

2.3.3　仿真辐照人体体模

仿真辐照人体体模（anthropomorphic phantom）是根据人体参数，用与人体组织具有相同或相近散射和吸收系数的所谓"组织等效材料（tissue equivalent materials）"制成的具有骨骼、肌肉、脏器的人体模型。它具有外部形态相似性、组织辐射等效性、内部结构仿真性、辐射剂量可测试性等特点，目前已成为国内外放射防护、诊断、治疗、教学和辐射标准研究中"人体替身"和信息传递的"稳定受体"，并作为剂量可视化、定量化"模拟的工具"而被广泛应用。

1. 国外仿真体模研制的进展

仿真辐照人体体模的发展可以追溯到20世纪初期，1906年奥地利放射物理学家Kienbock将水作为肌肉的替代物，用石蜡作为软组织的替代物研究射线对人体组织的作用。1949 年，Jones 等在石蜡中掺入氧化镁和氧化铁等高原子的无机添加材料并应用于制作简单的仿真辐照体模及辐射剂量测量中。1956 年，有学者首次把合成高分子材料引入组织辐射等效材料的研究中，选用聚乙烯为原材料合成了世界上第一具聚乙烯仿真辐照体模。1961年，Stacey 等用橡胶作为组织辐射等效材料，制成 Temes 体模进行放射剂量测定。20 世纪 60 年代中期，美国的 Alderson 实验室推出了改进型橡胶仿真辐照体模，同时开始了仿真辐照体模放射诊断、治疗、教育、研究系列体模的开发，成立了最早对外销售仿真辐照体模及组织辐射等效材料的公司，该公司的主要产品是 RANDO 仿真辐照体模，它含有真人骨骼、体腔和拟人肺。1984 年美国 Lawrence Livermore 胸肺体模已有剂量测定、疾病模拟、检测机器和人员训练等 10 种功能。1985 年，Wielopolski 等向聚丙烯酸胶中加入添加剂使得该材料的元素组成、相对密度、电子密度和形态上都与模拟组织更加相似，由于聚丙烯酸胶是一种可加工成各种复杂形状，并且易于制得、均一密度的材料，所以其在用于制造形状复杂的人体器官等效材料方面具有一定的优势。

随着现代科技的进步和影像医学的迅速发展，体模材料和相关技术日趋完善，体模向系列化和商品化发展，其中 CIRS 及 KYOTO KAGAKU 等公司研制并销售多种应用于 CT 核磁共振、超声、放疗、乳腺等研究领域的不同型号商用体模。KYOTO KAGAKU 公司开发的胸部 CT 筛查仿真体模（LSCT001）包括了双臂上举的胸部仿真体模、模拟肿瘤和剂量测量装置部分，用于肺癌筛查中优化放射剂量和其他扫描条件，该体模设计可用于早期肺癌如磨玻璃密度影（ground glass opacity，GGO）的检测；胸部体模 Nl "LUNGMAN" 用于普通 X射线和 CT 扫描，体模内部由纵隔、肺血管和可拆分腹部组成，并可以嵌入模拟肿瘤或其他模拟病变，其三维肺血管模型可以提供真人化的 X 射线和 CT图像。2008 年，Yoon 等研制出一种用猪肺经塑化后制成的仿真肺部体模，用高分辨 30 – CT 对活猪体内肺及塑化肺体模进行扫描及三维重建，对比二者解剖特征、体积及 CT 值，发现经塑化的肺体模保持着其原有复杂的解剖结构。

2. 国内仿真体模研制的进展

国内体模的应用可追溯到 20 世纪 60 年代，CT 低剂量技术的研究必须重视伦理道德，体模作为人体替身被广泛运用于 CT 的质量控制，各种各样的体模在市面上层出不穷。但因其解剖形态和组织等效性与人体存在较大差异，大多数产品只能用于评价 CT 扫描机的性能参数。近年来，仿真体模制造技术不断发展，已适合用于评价临床真实状态的图像质量和辐射剂量。

国外多数体模的人体参数是按国际辐射防护委员会（International Commission on Radiological Protection，ICRP）标准，根据欧美人种解剖参数确定的，与中国人体型、体质、辐射特征有显著差异，由于人体参数与国家、民族、出生地等有明显的相关性，因此中国的仿真人体模型必须符合中国人体的参数特性。

我国于 20 世纪 80 年代初期开始相关研究，已取得较大进展。国内仿真辐照体模由当初单组织辐射等效材料制成的均匀仿真体模发展为包括骨筋、肌肉和肺等多种组织辐射等效材料的非均匀体模，器官分布也基本按照真实人体分布，外形也由简单型向拟人化方向发展。1980 年以后，国内结合中国人特点开展了均匀体模、液体体模、非均匀体模的试制，并取得了较大进步。1986 年，四川大学林大全教授成功制作了中国首具男性仿真辐照体模。该体模包含真人骨骼和由多种人工组织辐射等效材料制成的人体模拟脏器，其中肺组织辐射等效材料由发泡型高分子材料制成。从 1995 年开始，南方医科大学（原第一军医大学）针对 MRI、CT 等性能检测体模开展了许多研究。1996 年，北京市放射卫生防护所研制了 YCM 型 CT 检测仿真辐照体模，身体直径约320 mm，头部直径约 164 mm，主要均匀介质为水。这两款体模均属于剂量验证体模。2000 年，林大全教授研制出中国成人男性 CDP – IC 型高端仿真胸部体模（体模身高 1.659 m，体质量 57.5 kg），它根据中国成人男性的人体参数特性，利用组织等效材料制造而成，其因具有模拟胸壁、纵隔、脊柱、肋骨等结构和良好的等效性，而有很好的临床运用前景。

所谓仿真辐照人体体模，是按人体参数，用人体组织对射线散射和吸收相似的组织等效材料制成的具有骨骼、肌肉、脏器的人体模型（图 2.34）。目前

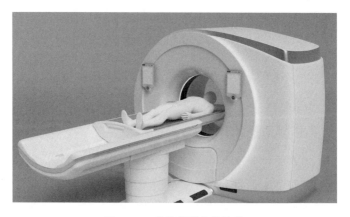

图 2.34　仿真辐照人体体模

它已作为人体替身成为国内外放射防护、诊断、治疗、教学和辐射标准研究中物质能量、信息传递的稳定受体，并作为进行剂量可视化、定量化模拟的工具而被广泛应用。对比实测表明，国外体模偏于脂肪性，其 CT 值比中国人低 5%~7%，因此，结合国情开发具有中国人体特点的辐照体模是科技发展的必然结果。

随着 CT 技术不断发展更新，CT 可达到亚毫米级超薄层厚和亚秒级快速扫描，具有越来越高的空间分辨力，但是这些都需要更大的管电流、更高的辐射剂量才能使扫描图像达到理想效果。据联合国原子辐射效应科学委员会（United Nations Scientific Committee on the Effects of Atomic Radiation，UNSCEAR）报告书称，全世界 CT 检查仅占所有医用诊断 X 射线检查的 5%，而其所致公众集体剂量却高达 34% 左右。CT 检查所导致的人体器官组织的吸收剂量常常可以接近或超过已知引发癌变概率的水平，而儿童的放射敏感度甚至是中年成人的 10 倍多，年龄越小危险系数越高。因此，CT 检查所致医疗照射的放射风险日益受到关注，对成人和儿童的 CT 辐射剂量控制刻不容缓。

在 CT 检查中，受检者各器官的吸收剂量尚难直接准确测量，特别是敏感部位。若使用人体仿真体模，内部安装剂量探测器，可直接得到辐射剂量，且定位准确。目前，国际上已有多个国家研制仿真人体辐照体模，但是这些体模均根据西方高加索人种的解剖参数研制，与中国人的体型特征、辐射特性有很大差异，并且价格昂贵。国内也研制出多种型号的辐照体模，但是仅适用于实验室研究，需要测量数百个位置的辐射剂量，程序烦琐，不能实际应用于临床工作。因此，设计研制可普及临床使用，并可快速测得对 X 射线敏感的器官组织所在位置的辐射强度，用于成人和儿童的辐射剂量检测体模，对于检测人体敏感部位辐射剂量值、控制患者受辐射剂量、大幅降低患者辐射致癌率有重大作用。

3. 儿童体模的发展

鉴于成长中的儿童具有更高的电离辐射敏感性，且儿童接受各类医疗照射的频率在不断迅速增加（尤其是 X 射线 CT 检查），评估儿童所接受的医疗照射剂量有其特殊性和迫切需求。因此，研发各种儿童体模，并且用于各种辐射剂量评估的重要性和紧迫性日益凸显。

1988 年，Zankl 等就建立了两种儿童的体素体模，即 BABY（8 周大的女婴）和 CHILD（7 岁的女孩）。2002 年，佛罗里达大学的 Nipper 等建立了一个出生 6 天的女婴体素体模和一个 2 个月的男婴体素体模。2006 年，Lee 等通过一些患者的 CT 扫描图像建立了一系列不同年龄（9 个月男婴、4 岁女孩、8 岁女孩、11 岁男孩和 14 岁男孩）的体素模型，后来，Lee 等又添加了 3 个额外的体素体模，分别是参考了 ICRP 第 89 号出版物的 1 岁、5 岁、10 岁等儿童参考人。Nagaoka 等还开发了一种按照比例缩放得到的儿童体素模型，且应用在辐射剂量学中。而 Kim 等基于 5 岁儿童物理体模的 CT 图像建立了体素体模，并用蒙特卡罗模拟进行剂量估算，这样生成的体素体模的优点是计算得到的模拟剂量结果几乎和物理体模的测量结果相同，因此可将模拟结果和测量结果更好地进行比较。然而其局限性在于模拟计算得到的吸收剂量是点剂量而不是平均器官剂量，为了更加实际地描述器官剂量，需分割出更多不同辐射敏感性的器官。

4. 仿真胸部体模

在世界范围内肺癌的发病率及病死率持续增高，当今应用螺旋 CT（计算机体层成像），扫描筛查早期肺癌的方法被广泛关注。由于肺内有空气与肺实质的良好对比，因此肺部最适合于低剂量 CT 扫描。研究表明，胸部低剂量 CT 对早期肺癌发现率是胸部平片的 2.6 ~ 10 倍。肺部结节检出的影响因素很多，其中与扫描参数相关的因素包括扫描层厚、重建间隔、螺距以及管电压、管电流；与非扫描参数相关的因素，包括结节位置、密度、大小、形状、边缘及图像显示方法等。

自中国人仿真胸部体模检测多层螺旋 CT 扫描患者器官剂量的试验研究问世以来，CT 辐射剂量问题一直影响着 CT 的发展。随着 CT 成像技术应用范围的不断扩大，CT 辐射剂量问题的严重性不可忽视。CT 检查在给无数患者带来巨大裨益的同时也使他们受到一定的电离辐射危害，成为重要的公共问题。

CT 曝光剂量依赖 CT 机型和扫描方案，一次 CT 检查 X 射线剂量为 3 ~ 27 mSv，而一次胸片摄影检查 X 射线剂量为 0.3 ~ 0.55 mSv，CT 的剂量仍远高于胸片摄影，是医学放射线剂量的主要来源。随着放射卫生学的发展以及公众自我保护意识的增强，人们越来越重视 X 射线检查中的放射线剂量问题。因此"合理使用低剂量"（as low as reasonable achievable，ALARA）成为 CT 检查的原则之一。世界卫生组织（WHO）、国际辐射防护委员会（IRCP）及国际医学物理组织（IOMP）制定了医疗照射质量保证和质量控制标准，以期用最小的代价获得最佳的诊断效果，这就为低剂量 CT 技术的研究和应用提供了广阔的空间。

中国人仿真体模（CDP－IC）的研制背景：林大全等对成都地区 296 名成人进行系统的活体测量，找出中国成年人体型相关性的系列数据，体模身高

1.659 m，体重 57.5 kg，体模外形及肢体照片如图 2.35 所示。有关脏器的正常值，来自华西医科大学尸体解剖的正常脏器数据（标本 2 290 例，包括脑、心脏、肺、肝、脾、肾胰等 11 种脏器的平均质量、形态及体腔内的位置），作为制作体模的脏器参数的初步依据。体模研制成功与否除获得人体的相似性外，在很大程度上取决于组织等效材料的合理性。经过 342 个样品的测试，等效材料达到较佳的等效性能。由于人体是不均匀体系，在三维空间辐射各向异性，采用离体新鲜组织、生物活体，34 个样品的实测对比，进行了组织相对比例、空间位置的权重修正，达到较佳的模拟仿真效果。

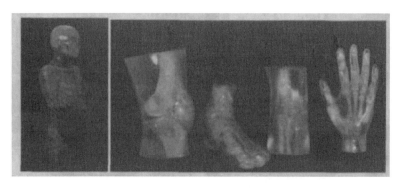

图 2.35　成都剂量体模（CDP）外形及肢体照片

　　体模以聚乙烯 – 醋酸乙烯酯共聚物为基料添加超细并活化处理的金属化合物模拟肌肉和软组织；以乳胶为基材模拟肺和脏器；以中国漆为基材模拟皮肤和涂覆材料。体模的肌肉、脏器、消化道、模拟管腔及塑化处理天然骨架，铸成无大空泡、裂隙、非均匀嵌合体，X 射线成像有良好的仿真性和完整性。

本研究拟对中国人仿真胸部体模进行等效性论证，并探讨人体器官在多层螺旋 CT 不同扫描条件下的吸收剂量。高向涛、林大全等探讨中国头颈部体模的解剖结构，制作工艺和材料的合理性，以及实际应用的研究，将中国"成都头颈部剂量体模"与美国 RSD 头部体模在解剖参数方面进行对比并与活体脑、软组织和头颅骨各部的 CT 值、质量密度、有效原子序数理论值、实测值等做比较，并进行 CT 扫描辐射剂量分布的测定，发现中外体模解剖参数有显著性差异，作为活体组织的替代材料其等效误差在 5%，达到国际标准 A 级。中国头颈部体模能够代替活体应用于放射诊断治疗和防护的研究。

5. CT 辐射剂量检测仿真体模的研制

井赛、张谷敏等研制可普及临床使用，并可快速测得 X 射线敏感器官组织所处位置辐射强度的仿真人体模。通过研究人体 X 射线辐射敏感器官组织，确定体模辐射感兴趣区域；建立数学模型并研究不同组织等效材料的技术特性；比对分析现有类型电离室探头的技术性能，综合相关因素选择合适的探头；按照成人、儿童两种尺寸，根据敏感器官位置设计体模结构并进行验证试验。结果表明设计的仿真人体模可以等效测量多器官的辐射剂量值，达到了预期目标。结论：该体模仿真程度高，检测探头拆卸简便，辐射剂量检测方便，为检测技术人员提供了一套方便的检测模具。

X 射线是一种电磁波，辐射吸收率较高。CT 检测产生的线穿透人体组织后成像的同时，被人体组织接受的辐射能量非常强，强到足以将肌肉组织细胞分子内的电子撞击出运行轨道，从而产生不稳定的分子，进而生成对人体有危害的自由基。辐射能还可以直接引起染色体破裂或者基因突变，甚至导致癌变的发生。对正在生长的有机体进行长时间的低剂量 X 射线照射，会引起生长障碍及寿命缩短。X 射线照射量可在身体内逐渐累积，其主要危害就是对人体血液中的白细胞具有一定的杀伤力，使人体血液中的白细胞数量减少，进而导致机体免疫功能下降，使病毒细菌容易侵入人体机体，从而引发各种疾病。研究 X 射线辐射对成人、儿童影响较大且致癌概率较大的器官组织时，选择生殖腺、乳腺、甲状腺、肺、红骨髓（肱骨、股骨、髂骨等）等位置作为敏感部位。

为尽可能模拟 X 射线对人体组织的辐射效应，体模需使用与人体组织辐射效应等效的材料。首先从理论上分析等效材料的理化特性，并充分考虑成人与儿童身体组织的差异以及组织等效材料在不同物理形态下的性能差异，通过大量试验，分析各组织等效材料的仿真效果，从等效材料的仿真性能及成本等方面筛选合适的组织等效材料。在充分研究国内外相关领域研究成果的基础上，研究选择组织等效材料。具体执行方法为：建立数学模型，采用基本数据归纳法制作组织等效材料。

经过计算，组织等效材料的基质应包含以下特性：

（1）具有良好的辐射等效性，在不同能量的 X 射线辐照下和人体组织有相似的散射和吸收效果。

（2）与人体组织有相近的质量密度、电子密度和有效原子序数。

（3）不能含有毒性物质。

（4）具有一定的化学惰性，不能因 X 射线辐射导致性状改变，甚至产生危险后果。

（5）应具有较好的力学特性、热塑性能和加工性能。

满足以上特性要求的部分等效材料有：

（1）碳和氟化钙的聚乙烯和尼龙混合物，其物理特性为黑色导电塑料，可被塑造，易于机加工。

（2）含酚醛微球和三氧化锑的环氧树脂，其物理特性为低密度的弹性固体，可被塑造和机加工。

（3）含酚醛微球和三氧化锑的异氰酸盐橡胶，其物理特性为红褐色弹性固体，可被塑造，易于机加工。

（4）加碳酸钙的泡沫化聚氨酯，其物理特性为弹性泡沫塑料，可被塑造。

（5）含碳酸钙和氧化镁的聚乙烯，其物理特性为红色的弹性固体，可被精加工。

（6）含二氧化钛的聚苯乙烯，其物理特性为白色的硬质固体，可被精加工。计划使用醋酸－醋酸乙烯酯共聚物、环氧树脂、聚苯乙烯、异氰酸盐橡胶和聚乙烯等作为基质，依据建模公式添加材料。

根据表 2.9 中人体组织各元素含量，控制添加材料各元素比例。

表 2.9　人体组织各元素含量　　　　　　　　　%

组织	H	C	O	N	Na	Mg	P	S	Cl	K	Ca	Fe	I
软组织	10.55	27.21	58.42	2.958	0.122 5	0.015	0.07	0.227 5	0.185	0.142 5	0.013 3	0.05	—
平均骨	7.41	34.43	41.37	2.91	0.05	0.135	4.177	0.307	0.1	0.2	13.59	0.01	—
器官	10.18	13.71	72.8	2.372	0.176	0.012 5	0.138	0.226 7	0.22	0.21	0.017 5	0.02	0.06
平均组织	9.733	28.02	53.91	3.2	0.205	0.055	3.565	0.2	0.115	0.2	4.96	—	—

体模结构设计参照人体解剖学结构，设计成人和儿童两种体模模具，灌注相应组织等效材料，冷却塑形。该体模有效模拟人体内部构造，并在辐射敏感部位预留探头插孔。体模使用无上肢半身模具开模，成人体模尺寸为半身长90 cm，肩宽50 cm，腹背距20 cm；儿童体模尺寸为半身长70 cm，肩宽30 cm，腹背距15 cm。CT 运行时球管转动产生360°的 X 射线辐射，如采用体模腹部或背部开放式开槽放置探测器，会因为探头直接暴露在辐射野内导致剂量偏大。为避免设计导致的检测误差，两种体模均采用水平面分离设计，将体模分为上、下两部分分别成型，根据敏感部位的解剖学位置，对于内脏，检测探头采用内藏式，敏感部位预留长 10 cm、直径 1.5 cm 的圆孔（与选用的电离室式探头尺寸匹配），模体上下分离，凹槽空间亦均分为上下两部分；对于皮肤下的腺体，检测探头采用外插式，在腺体位置附近钻孔，预留电离室式探头及数据线的空间。体模共有双肺、双肾、肝脏 3 个位置 5 个内藏式凹槽，垂体、甲状腺、胸腺、乳腺、生殖腺（卵巢、子宫）5 个位置 10 个外插式圆孔，如图 2.36 所示。

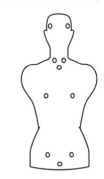

图 2.36　仿真人体体模
检测位置示意图

制作仿真人体体模一套，经过测试，可有效模拟人体辐照敏感部位组织结构，可以简单方便地得到各感兴趣部位的实际辐射剂量值。由于 CT 检测中扫描不同的体模检测位置以及成像需求选择最优的扫描参数，因此在测试仿真人体体模应用效果的试验中，各部位都采用最优扫描算法：垂体采用头部扫描，甲状腺选用颈部扫描，乳腺、胸腺、肺选用胸部扫描，肾、肝脏选用腹部扫描，性腺采用盆腔扫描。扫描设备使用 GELightSpeed 16 排螺旋 CT（CT 机发生器功率为 100 kW，最大输出管电流为 800 mA），重复扫描 3 次，统计各模拟器官的 CT 剂量指数 CTDI100。

GB 165—2012《X 射线计算机断层摄影放射防护要求》中使用加权 CT 剂量指数 CTDIW 作为指导水平，近似地使用仿真人体体模表征人体不同部位的剂量指数。标准中给出的指导水平为最大值，即头部不超过 50 mGy、腰部不超过 35 mGy、腹部不超过 25 mGy。仿真人体体模的外插式、内藏式共 15 个插口覆盖了人体大部分 X 射线辐射敏感区域，采用临床常用的扫描方法，测量从头部的垂体部位至盆腔的卵巢、子宫等性腺部位的剂量指数，试验所得数据可以间接反映患者或者受照射者的相对剂量。

用已制成的成人和儿童辐射剂量检测体模，可方便地检测人体敏感部位辐射剂量，通过跟踪检测累积确定其受辐射的量值，及时参考有害阈值，能有效控制患者受辐射剂量，大幅降低患者辐射致癌率，为检测技术人员提供了一套方便的检测模具。目前，受限于试验条件，所使用的检测设备仅支持单通道数据传输，在实时多部位测量方面还有很大的扩展空间，下一步计划增加电离室式探头数量，更新数据处理主机，达到所有部位实时检测辐射剂量参数的目的；同时，晶状体、红骨髓的辐射剂量检测应作为后续的研究方向，研究重点为晶状体、骨髓的组织辐射等效材料分析及模拟眼球、模拟骨、模拟骨髓质的制作。在此基础上，医师或临床工程师在操作 CT 时可以在图像质量与患者受辐射的剂量之间探索最优解决方案，达到合理规范使用 CT、减少病患辐射伤害的目的，如此，仿真模拟人体体模在 CT 辐射剂量检测中才能逐渐发挥作用。

2.3.4　医学训练仿真人体体模

不同的医疗设备如 X 射线、CT、MRI、PET、超声和核医学成像等，所用的体模不同。同一设备，用途和目的不同，所用体模也不同。如用于治疗设备（直线加速器）检测的剂量体模，采用三维水箱（图 2.37（a））；多种组织等效材料构成的人体体模，如 ART 体模（图 2.37（b））（Alderson Radiation Therapy Phantom，RSD Inc，Long Beach，CA），由脂肪、软组织和骨三种等效材料构成。ATOM 体模（图 2.37（c））（CIRS Inc，Norfolk，VA）可以模拟肺、脂肪、肝脏、肌肉和骨组织；也有部分剂量体模是由组织等效材料和真实组织构成的，如 RANDO 固体模（The Phantom Laboratory，Salem，NY）内部包含一具真人骨骼，以体现骨组织的不均匀性，表面则为模拟肌肉的软组织等效材料。CT 检测用的体模，广泛采用的 CatPhan 500（图 2.37（d））由 CTP401、CTP528、CTP515、CTP486 四个模块组成，分别检测层厚、CT 值线性、空间分辨力、密度分辨力、场均匀性和噪声。新型的 CatPhan 700 中增加了三维点扩散函数和调制传输函数。

1. MRI 性能检测体模

RSD（Radiology Support Devices）公司是国际上知名的体模公司。RSD 公司的特色产品是辐照仿真体模，如 RANDO 体模以及其换代产品——ART 体模，已经成功用于科研和临床实践逾 40 年。体模实验室主要针对 CT、MRI 性能检测等推出体模产品，如 CatPhan 和 MagPhan。其中（磁共振成像（magnetic resonance imaging，MRI））性能检测体模能够符合 YY/T0482—2004、JJF（京）30—2002 等标准相关要求，对 MRI 设备性能进行检测。

磁共振性能参数检测是 MRI 设备质量保证、质量控制工作的重要内容，而体模又是性能检测的重要工具，常见的 MRI 测试体模有 MagPhan 体模、

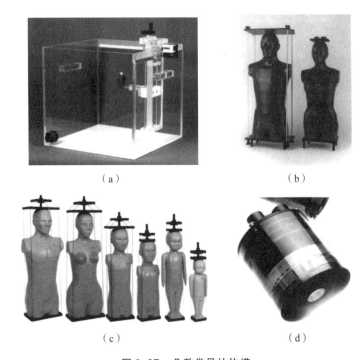

（a）　　　　　　　　　　　　　　　　　（b）

（c）　　　　　　　　　　　　　　　　　（d）

图 2.37　几款常见的体模

（a）三维水箱（WP.3040，cNMc）；（b）ART 体模；（c）CIRSATOM；（d）CatPhan 500

Victoreen体模、ACR 体模和 MRI 设备随机配备体模等。许多医院和科研机构购买上述进口体模或使用 MRI 设备随机配备体模进行 MRI 性能测试和质量评价。进口的多功能测试体模依照不同的标准设计，在进行 QA、QC 时各有侧重，单个多功能测试体模往往不能满足国内 MRI 设备性能测试与质量评价的需求，且进口的多功能测试体模价格昂贵，随机配备的体模内部构成相对简单，测试的性能参数不全面，同样不能满足当前国内 MRI 设备的检测需求。

　　SMR170/100（图 2.38）在 MRI 扫描仪中的应用：Magphan © MRI 体模用于 MRI 扫描仪全面精度性能评估和日常质量检查；材质为丙烯酸材料的圆柱形体模和球形体模，体模内部加注硫酸铜溶液；检测参数包括空间分辨率（高分辨率），密度分辨率（低对比度），测信噪比，T1、T2 值，几何线性等。

　　SMR170 模体结合了球形或（和）圆柱几何学和方几何学，采用了斜面专利设计，磁共振设备能够从扫描图像上迅速识别模体定位。模体由大量特定的切片构成，切片定位结束后，使用者可以对多切片系统按顺序进行图像评估。

可测参数包括空间均匀性、扫描层厚及切片；定位系统验证；空间分辨率达11 对/cm；几何线性；信噪比（SNR）；低对比度；T1 和 T2 测量；3D 大小评估；样本测试。

　　SMR170 模体所采用的是较常见的斜面模块。斜面模块所用原理简单，方法快捷，结果稳定，测量精度较高。其中，使用软件辅助计算的剖面线法效果最佳，临界值法的测量结果比目视估测的剖面线法稍好。

　　SMR100 模体包括 20 cm 的球形壳体、10 cm 的立方体试块。支持的测试如下：扫描层厚，多层间距和连续性，T1 测量，T2 测量，高分辨率测量（每厘米 1～11 线对），几何失真，像素（矩阵）的大小验证。

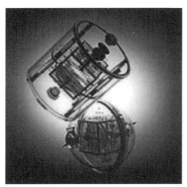

图 2.38　SMR170/100

　　SMR100 模体产品特性：体模材料具有热稳定性；体模材料没有明显的化学位移；体模材料和填充物没有明显的磁化率差异；体模材料的 T1、T2 及质子密度能够满足要求；体模分为 4 层，能够进行横断面、冠状面、矢状面和斜面的成像；体模能够测试参数包括信噪比、均匀度、几何畸变（空间线行）、扫描层厚和连续性、空间分辨力、低对比分辨力、伪影、T1 和 T2 的测量（灵敏度的检测）等。

　　SMR100 模体包括 10 cm 的立方体测试插件；丙烯酸材料的圆柱形模体和球形模体，内径 20 cm，体模内部加注硫酸铜溶液。检测参数包括磁场均匀性，信噪比，T1、T2 值，空间分辨力（高分辨力），密度分辨力（低对比度），几何线性等。空间分辨力及成像线性度测试：包括 11 组高分辨率测试卡，分别是 1 lp/cm、2 lp/cm、3 lp/cm、4 lp/cm、5 lp/cm、6 lp/cm、7 lp/cm、8 lp/cm、9 lp/cm、10 lp/cm、11 lp/cm。测试卡上含有标称距离为 2 mm、4 mm、8 mm 的测试标尺。低对比度灵敏度测试：含有低对比度灵敏度测试块，包括 4 组不同深度的同一种圆柱形测试物质，其深度分别是 0.5 mm、

0.75 mm、1 mm、2 mm；每组物质中有三种不同的直径，分别是 4 mm、6 mm、10 mm；头/身躯复合性能测量模体，测量水当量值、均匀性、噪声、图像一致性。身躯水模体部分直径：300 mm；厚度：80 mm。头部水模体部分直径：200 mm；厚度：80 mm。测试条件：用自旋回波（SE）序列，TR = 500 ms，TE = 30 ms，采集次数（NSA）= 2，扫描矩阵为 256 × 256 或 512 × 512，重建矩阵为 256 × 256，视野为 250 mm²，层厚为 5.0 mm，用头部/腹部线圈对体模进行扫描。体模扫描几何定位如图 2.39 所示。

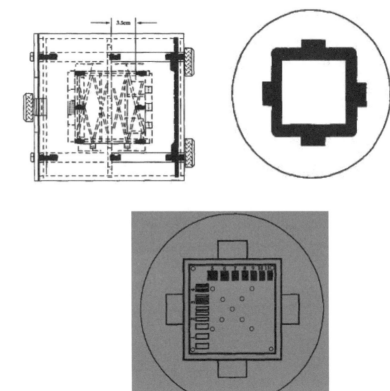

图 2.39　体模扫描几何定位

2. 燃烧人体体模

燃烧人体体模能更加真实地模拟各种火场状况，包括不同的火焰大小和人体活动水平等。因此，主要用于对阻燃面料的评测与选择、服装款式结构对防护性能的影响以及防护服热传递机制分析等。

根据 ASTMF 1930—2000 和 ISO 13506—2008，燃烧人体体模（图 2.40）测试装置一般模拟热源热能为 84 kW/m²。Crown 等设计了圆筒仪来模拟服装穿着的状态，并将其与不同测试方法（ASTM、CGSB 和 ISO）进行对比，发现圆筒法测试中，面料显示的防护性能比水平放置差。因此，利用燃烧假人评价面料的防护性能更为客观和实际。

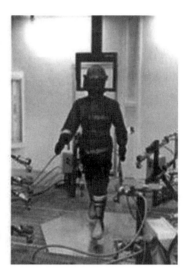

图 2.40　燃烧人体体模示意图

Kim 等对着装前后的体模进行三维扫描，将衣下间隙的分布量化，通过燃烧人体体模试验分析烧伤程度与衣下间隙的关系。研究表明，衣下间隙的分布状态对服装的防护性能具有一定的影响，肩部、胸部等间隙量小的部位更容易引起烧伤。

Song 也用三维人体扫描仪测量了不同型号防火服的衣下空气层分布，建立了烧伤模型与空气层之间的关系，并用数值模型预测得到最佳空气层厚度为 7~8 mm，超过这个值，空气层中出现对流，防护性能不再随空气层的增加而增加。

Tannie 等研究了女式防护服和男式防护服防护程度的差异。发现女式服装下背处空气层厚度虽然很大，却没有提高防护性能，主要是因为对流的影响，并且该部位的隆起造成了热量在臀部的聚集，臀部烧伤严重；而男款服装腰部采用单层面料设计，造成腰部烧伤严重。因此服装的款式结构对其防护性能有重要影响。通过燃烧假人再现人体在火场中的实际穿着状况，对于阻燃防护装备的结构与款式设计具有重要意义。

通过燃烧人体体模模拟不同燃烧条件，用传感器监测人体皮肤表面温度和热流量的变化，获得不同的边界条件，可以为阻燃装备热传递机理研究提供重要的研究手段。

Matej 等建立了一个热传递模型，并提供了一种计算逆热传导的有效算法，基于体模燃烧表面传感器所获得的温度数据，利用所提供的算法程序得到皮肤的热流量，进而得到烧伤程度的分布。他们还研究了皮肤各层的参数和厚度对烧伤积分计算结果的影响。基于燃烧试验中假人表面传感器采集的温度数据，通过改变皮肤的参数，包括导热系数、热容、各层厚度，得到不同参数条件下的烧伤积分。结果发现，真皮层的参数变化决定了最后的烧伤分布。

3. CRAM 模型

CRAM 共划分为 80 多个不同的器官组织，对骨骼进行两次分割，建立了更为合理的 site - specific 非均匀骨骼体素模型，区分了胃部、膀胱等器官的壁和内容物，划分了呼吸道并增加了乳腺、唾液腺、空腔黏膜等重要器官。

为了使骨骼体积等于理论上的参考体积，将水平方向的体素尺寸改为 1.741 mm × 1.741 mm，竖直方向体素尺寸与原有尺寸保持一致。最终得到的体模身高 170 cm，体重 60 kg。除了淋巴结未分割之外，CRAM 几乎包含了 ICRP 第 103 号出版物要求的所有敏感器官，CRAM 中的器官质量已调整到与中国辐射防护用参考人的主要体格数据相差在 5% 以内，是目前能符合 ICRP 第 103 号出版物要求的亚洲人体素体模。

|2.4 人员目标虚拟人体体模|

虚拟人体体模是指把人体形态学、物理学和生物学等信息，通过大型计算机处理而实现的数字化虚拟人体体模，可代替真实人体进行试验研究的技术平台。"虚拟人体体模"将从各个角度形成人体数字模型，即将人的动态生物学和物理过程用数学方法进行精确描述，并建立相应的、等效意义上的数字化模型。它的研究目标是通过人体从微观到宏观结构与机能的数字化、可视化，来完整地描述基因、蛋白质、细胞、组织以及器官的形态与功能，最终实现人体信息的整体精确模拟。

2.4.1　人员目标虚拟人体体模的发展概述

虚拟现实（virtual reality，VR）是利用计算机产生类似于现实世界的虚拟环境的新兴技术。它汇集了计算机图形学、多媒体技术、人工智能、人机接口技术、传感器技术、高度并行的实时计算技术和人的行为学研究等多项关键技术。VR 系统的组成形式如图 2.41 所示。

图 2.41　VR 系统组成形式

从 20 世纪 60 年代起，国外就在虚拟现实领域展开了研究。到 20 世纪 80 年代中后期，由于图形显示技术能够满足视觉耦合系统的性能要求，液晶显示（LCD）技术的发展使得生产廉价的头盔显示器成为可能，VR 技术得以快速发展。作为虚拟现实的一个重要组成部分的虚拟人体体模，也得到很大的发展。

VR 是指综合利用计算机图形系统和各种现实及控制等设备，在计算机上生成的可交互的三维环境中提供沉浸感觉的技术。该技术立足于信息技术、多媒体技术等现代化先进技术，借助传感器、人机界面来实现。它利用计算机生成一种模拟环境，是一种多源信息融合的交互式三维动态视景和实体行为的系统仿真。通俗地解释，VR 技术会模拟出逼真的三维虚拟世界，并通过视觉、听觉、触觉，甚至是嗅觉、味觉等，最大限度地接近现实环境，让使用者有身临其境的感受，用户可以在虚拟环境中满足各种体验需求，同时还能有效地与环境中的系统进行通信。VR 技术将现代化智能技术、传感器技术以及计算机技术等有机融为一体，全面调动起用户全身感觉器官，使其真实地体验到各种场景的转换。

VR 概念起源于 20 世纪 60 年代的美国，但由于当时科学技术的限制，仅停留在理论和概念上。随着 21 世纪科学技术的进步，特别是计算机硬件技术、信息技术的发展，VR 技术也飞速发展。美国拥有主要的 VR 研究机构，并且把虚拟行星探索作为重点研究目标。欧洲国家对于 VR 技术的研究也起步较早，技术相对成熟，英国研究公司研究设计了 DVS 系统，在各领域中研究使用 VR 技术均处于领先地位，并实现了 VR 技术应用的标准化和环境编辑语言的先进性。同时，对于技术处理、辅助设备的设计研究亦处于前沿，如 2014 年德国的宝马公司曾研究出可实现增强功能的眼镜，一经推出就应用于汽车维修培训，眼镜通过增强功能以及和系统的处理可以按步骤向用户显示所要维修的车辆故障处理的具体操作，具体到使用的工具和需要拆、拧的螺丝，用户只需要带上智能眼镜，根据眼镜指示的步骤操作就可以解决包括发动机在内的汽车故障，更重要的是可以通过眼镜清晰、直观地学习装配步骤、结构和发动机运作原理等。

  VR 技术是人类与机器在互动形式与互动内容上的颠覆性革新，打开了人类认知的新大门，因其特有的沉浸性、构想性、交互性特征，在各行各业掀起了研究热潮，教育、医学、军事、商业、影视等领域纷纷加入。但是中国的VR 技术研究远远落后于发达国家，研究的起步时间晚，经验积累缺乏，研究成果稀缺甚至受限于国外研究成果，并且 VR 技术在中国的研究与行业结合度有限，缺乏深入研究。原国防科学技术工业委员会（以下简称国防科工委）高瞻远瞩，认真分析优劣势，结合我国国情，将 VR 技术研究列为国家科研工程的核心工程。

  21 世纪以来，虚拟人体体模（图 2.42）、仿真实训软件和过程模拟设备等新型实训教具的出现，为实训课程提供了传统实训教学之外的新选择和新方法，也使实训教学手段越来越多样化。

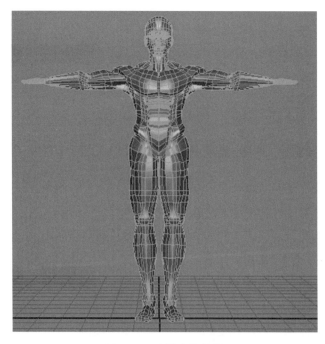

图 2.42 虚拟人体体模

与仿生人体体模不同，"虚拟人体体模"是指把人体形态学、物理学和生物学等信息通过大型计算机处理而实现数字化的虚拟人体体模，可代替真实人体进行试验研究。"虚拟人体体模"将从各个角度形成人体数字模型，即将人的动态生物学和物理过程用数学方法进行精确描述，并建立相应的、等效意义上的数字化模型。它的研究目标是通过人体从微观到宏观结构与机能的数字化、可视化来完整地描述基因、蛋白质、细胞、组织以及器官的形态与功能，最终实现人体信息的整体精确模拟。

国内外研究者利用来源于自然人的解剖信息和生理信息，集成虚拟的数字化人体信息资源，经计算机模拟构造出虚拟人体体模，可以开展无法在自然人身上进行的一系列诊断与治疗研究。如果用仿真人体体模来得出真人对于诸如药物之类外界作用的反应数据，需要依赖诸多的仪器；而用真实人体切片得来的数字化虚拟人体体模的数据，则比仿真人体体模要准确得多。可以说，仿生人具有的功能，虚拟人体体模全都具备。除此以外，科学家可以在虚拟人体体模身上试验新药，模拟手术，这些功能是仿生人体体模望尘莫及的。

学术界认为，虚拟人体体模的发展可分为三个阶段：第一阶段是"虚拟可视人"即"几何人阶段"，是从几何角度定量描绘人体结构，属于"解剖人"——把实体变成切片，然后在计算机中变成三维的，但这种虚拟人体模型没有生理变化，在医学上的应用也是有限的。第二阶段是"虚拟物理人"，其中加入人体组织的力学特性和形变等物理特性，可以模拟研究各种交通事故对人体造成的意外创伤及防护措施的改进把所有对人体的研究成果通过计算机数字化，计算机中就会出现虚拟人体体模，这个阶段的物理人就不同于可视人，他会像真人一样，骨头会断，血管会出血。而用于研究人体微观结构及生物化学特性的则属于更高级的第三阶段"虚拟生物人"。其可用于研究人体疾病的发生机理，预测疾病发展规律，以及进行各种新药的筛选等。它是真正能从宏观到微观、从表象到本质全方位反映人体的交互式数字化虚拟人体模型。举一个简单的例子，在临床上没有经验的外科医生必须跟着上级医生做手术，而有了"虚拟生物人"，就可以把过去手术的成功经验变成计算机语言表现出来，没有经验的医生便可以在计算机上模拟手术，找出最成功的手术方式。

我国虚拟人体体模研究起步较晚，2001 年 11 月，虚拟人体体模研究被列入国家高技术研究发展计划"863"项目，由中国科学院、首都医科大学、华中科技大学和解放军第一军医大学等协作攻关，第一军医大学承担人体建模的数据采集工作。在第一军医大学钟世镇教授的带领下，经过一年多时间的刻苦攻关，团队有针对性地解决了一系列与人体建模有关的关键性技术。

按照香山会议确定的计划，我国虚拟人体体模的切片厚度精确到0.1 mm（美国男、女虚拟人体模型的切片厚度分别精确到1.0 mm、0.33 mm），并提出了新的设计和组装方案。与美国和韩国的"虚拟人体模型"相比，中国将放弃对标本原型的卧姿固定切削，改为立姿固定切削。

研究人员先拿一个西瓜"试刀"，将其切成薄薄的细片；再对新西兰大白兔进行切片试验，结果发现，当兔子被急冻冷藏后肢体僵硬，切片效果不错，甚至可以达到0.02 mm的切削间距精度，这意味着人体的切片可以由预期的16 600片增加到83 000片。但由于受到计算机储存和运算能力的限制，研究小组决定还是按原计划的厚度切削。

我国首个女性虚拟人体体模（"中国虚拟人体模型Ⅱ号"）原型是一位身高1.56 m的19岁少女，广西人，在广东因误食毒蘑菇而急性死亡。

我国虚拟人体体模标本的切削，采用的是直立式。美国、韩国都采用躺卧式，造成了标本的头部、背部、臀部和腿部等被压成扁平失真状态。我国科学家克服直立式切割带来的不便，保证了人体建模接近正常人体形态。

2003年2月18日17时18分，我国首例女性虚拟人体体模数据库在第一军医大学构建成功。标本原型在−70 ℃冷冻后横向切成8 556片，每片厚度为0.2 mm。此时国人万分激动，中国首位女性虚拟人体体模诞生指日可待。确切地说，虚拟人体体模数据集的建立还只是万里长征的开始，虚拟人体模型的诞生还有赖于数据库的建立。

2003年3月3日，研究小组向外界宣布，具有中国人生理特性的女虚拟人体模型初步完成了三维重建。罗述谦教授领导的研究小组根据第一军医大学拍摄下的人体切片数字图片，将这些断层数据通过专门的三维软件进行信息化处理，在计算机中组建出三维人体图像。这项工作更能体现虚拟人体模型研究的特点——生物学与信息技术的紧密结合。这里完全没有了前期工作的"刀光血影"，研究人员更像是三维图像的工作者，他们个个是医学专家，同时又精通信息技术。

在专家们的昼夜奋战下，女性虚拟人体体模已经恢复了皮肤、外观、骨骼、盆腔、卵巢的建构。罗教授介绍说，将来女性虚拟人体体模的肌肉、五脏六腑等主要器官都会逐渐恢复。

中国的虚拟人体体模计划在短短一年多的时间里完成了国外三四年时间走过的历程。不过这些还远远不够，中国虚拟人体模型计划还不能画上句号。与国外相比，我国虚拟人体模型的整体水平并不占优，只是个别技术达到了世界先进水平。美国男性虚拟人体模型的内脏系统初具规模，应用价值很高，在这方面我国还要奋力追赶。

2.4.2　人员目标虚拟人体体模的作用

医学参考：有利于培养优秀的外科医生。过去要培养一个手到病除、技艺高超的外科医生，都要通过师傅带徒弟式的反复实践，在病人身上练习操作技术。现在有了虚拟人体模型，就可以在由计算机操纵的虚拟人体体模上培训外科医生。在动手术之前，也可以先在虚拟人体体模的身上开刀，计算机上会显示刀口断层及组织断面，为医生制订术前计划提供科学参考。

有了"虚拟可视人"，人们可以事先准确模拟各种复杂的外科手术、美容手术，以及预测术后的效果，可以利用"数字化虚拟人体模型"这一试验平台，进行人造器官的研究、设计，改进和创新手术器械。

肿瘤治疗：放射治疗是目前治疗肿瘤疾病的一个重要手段，但由于现在做放射治疗的医生只能凭经验进行辐射量的调节，病人往往担心在此过程中受到过量的辐射。现在有了虚拟人体体模，医生就可以先对虚拟人体体模作放射治疗，通过其身体的变化来测定实际辐射量的使用，最后再用到真正的病人身上。这样就进一步提高了治疗的安全性。

制药试验：有了虚拟人体体模，医生和制药公司就可以先在与病人身体数据一模一样的虚拟人体体模上试验新药，医生可以先将药物影响数据输入计算机，让"虚拟病人"先试"吃"一下，计算机里的"虚拟病人"会显示服药后的生理反应，从而协助医生对症下药。这种方法可以提高用药准确性和研制新药及新药上市的效率。相关试验已经在美国开展。

军事应用：虚拟人体体模在军事医学上也很有价值。例如，可以用虚拟人体体模来试验核武器、化学武器、生物武器的威力。现在的核爆炸试验都是利用动物进行的。试验前在离核爆中心的不同距离放置动物，核爆后再把动物收回来检验。有了虚拟人体体模就可以直接用来做试验。

在国防医学上虚拟人体体模的应用效果也是显而易见的。例如原子弹爆炸，原来都是在离爆炸地点 2 km 或 3 km 的地方放一群狗或者其他生物，通过看爆炸后生物的损伤来推测对人体的损伤，这是不人道的。有了虚拟人体体模就可以通过对虚拟人体模型损伤的判断来推测对人类的损伤。

在我国发射的"神舟三号"飞船上，有关部门安装了宇航员的人体模型，上面加装了各种传感器，以取得人体在空间运行条件下的各种生理信息。如果有了"数字化虚拟人体体模"，则完全可以取代这些试验性的人体体模，从而获取更加准确和可靠的信息。

　　甚至在体育运动中，虚拟人体体模也有着广泛的用途。通过对获得冠军的运动员在爆发力的一瞬间全身各个肌肉或骨骼状态的研究，教练员可以更好地训练自己的队员，使他们取得更好的成绩。

　　三维人体模型动态仿真技术是三维动画的核心技术，被广泛应用于影视、游戏、虚拟现实和增强现实等领域中。通过精密仪器捕捉到的真实人体运动的数据，驱动三维虚拟人体模型做动态仿真，实现高度逼真的动态效果，带来强烈的视觉冲击和震撼感受以满足人们日益增长的精神需求。蒙皮动画的三维人体模型动态仿真技术现已成为被广泛应用的三维动画技术和主要的发展方向。人体模型渲染图如图 2.43 所示。

图 2.43　人体模型渲染图

2.4.3　人员目标虚拟人体体模的构建方法

2.4.3.1　早期制作虚拟人体体模的方法

　　制作虚拟人体体模，首先要挑选合适的样本。样本生前必须是健康人，没有任何传染病和代谢疾病，具有该国人的代表性。美国虚拟人体体模原型曾在15 岁时手术切除右睾丸，21 岁时切除阑尾，38 岁时拔过一颗牙。韩国虚拟人体体模原型则是一位死于淋巴瘤的 65 岁老人。由于美韩均对尸体标本使用了过量福尔马林进行灌注，尸体都出现了不同程度的肿胀变形，采集的数据与原型都存在着偏差，算不得合适的样本。

　　挑选好样本后，接下来就是对样本进行处理。具体方法是使用药物对其全身组织进行固定，使用明胶、朱砂、淀粉进行动脉的显色和填充，这就是由我国的钟世镇院士提出的血管铸型技术——通过给尸体动脉灌注明胶、朱砂和淀粉，使动脉呈现红色，使之很容易和静脉区分开来。

　　样本经过血管铸型处理后，放置在 – 70 ℃ 的冰库中储存以保证尸体的硬度，便于日后切削。为了高质量完成虚拟人体体模的数据采集，应选择地下室作为数据切削采集的场地，摒除影响切削精度的地面振动和杂乱的电子、电磁干扰，保护图像信息的完整性。

　　然后是对样本进行切割。这时要采用两种刀具："粗刀盘"去除尸体的包埋材料，"精刀盘"进行尸体横断面的切削。动刀时，直立的尸体从冰库顶部推出，冰库上方的刀具每旋一圈，就切出一个人体切片。但是大家不会看到几千片的人体横断面标本，因为像纸一样薄的人体切片在刀子旋转时已经无法辨认了。要获得这几千个人体切片的资料，必须每切一片，就对余下的尸体横断面拍照收集该横断面的资料。

　　最后，把横断面照片输入计算机数据库，用三维软件进行信息化处理，在计算机中组建出三维人体图像，如图 2.44 所示。以上步骤说来简单，但操作起来难度很高，涉及解剖学、精加工、光学、信息科学等一系列学科，人体又是一个复杂整体，由 1 000 多万亿细胞组成，仅人体的神经系统就约有 1 000亿个神经元，若没有很好的技术积累则无法完成高质量的虚拟人体体模。

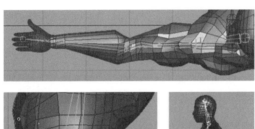

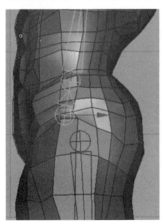

图 2.44　虚拟人体体模

2.4.3.2　三维虚拟人体体模的构建

　　近年来，随着计算机辅助工业设计技术的飞速发展，人机工程学分析模块成为各种软件的热门开发方向，三维虚拟人体体模在这个过程中发挥着巨大的作用。了解这些模型的构建原理与应用现状，设计师可以方便地使用软件中提供的人体模型库、姿势库等对产品的人机效应进行直观验证，有助于设计师对其进行科学的选用、维护和再开发，不断推进人机工程学的实践应用研究。三维人体动态仿真效果如图 2.45 所示。

图 2.45　三维人体动态仿真效果

三维虚拟人体体模的构建必须基于经过科学采集并处理的数据以及人体结构原理。这样的人体模型才能对设计进行明确有效的指导。

1. 人体测量数据的采集与统计

1）人体测量数据的采集

人体的数据受来源不同的影响，有很大的差异，主要影响因素包括地区、年龄、性别、民族、工作以及气候等。建立人体模型首先要找准特定的目标部族，有的放矢地测量和整理人体数据，从数据中寻找线索，帮助设计师开展科学的设计。

人体测量数据大体可分为 4 类：静态数据、运动区域数据、生理数据和力学数据。其中静态数据是指人在静止不动的状态下测量获得的形态数据，其主要内容是人体规格（体型、身高和体积等），可采用站立、静坐、跪下和躺卧4 种姿态；运动区域数据是指人在运动状态时四肢的有效作用范围，主要分析两种：一种是肢体的活动角度范围，一种是肢体所能达到的距离范围；生理数据是指人体的主要生理指标，主要内容有皮肤面积、各器官体积、耗氧量、心率、疲劳度和反应度等；力学数据主要考量人体的主要力学指标，如人体的质量与重心位置、各转动器官的惯量、受力与出力等。

2）人体测量数据的统计

人体测量所针对的是一个群体而非个人。基于人与人之间差异性的考量，个别或少数的人体测量数据不能作为建立三维虚拟人体模型的依据。比较科学高效的做法是，首先测量群体中少量、部分的个体样本，这些数据是离散的随机变量，再根据概率论与数理统计理论对测量数据进行统计处理，从而获得所需特定群体的数据。常用的统计特征参数有平均数、方差和百分比等。

3）我国国家标准规定的成年人人体尺寸

受地域、民族的影响，我国人体的尺寸参数与其他国家差异较大，针对我国的人体测量数据，建立符合国情的数据标准并指导开展人机工程学的应用是必然的要求。我国成年人人体尺寸的国家标准 GB 10000—1988 于 1998 年 7 月开始实施，该标准给出了我国成年人身体尺度的通用数据，可以运用在各类产品、建筑装修和军工装备等各个设计领域。该标准列明了 47 项人体尺寸通用数据，共分为 18～25 岁（男、女），26～35 岁（男、女），36～60 岁（男）、36～55 岁（女）三个年龄层次。

2. 人体测量数据与人机分析的联系

基于科学数据建立的人体模型常被用于视野分析、触及范围分析及疲劳分析等。以做视野分析时所依据的数据模型"眼椭圆"为例。

不同身高的操作人员以正常的姿态使用产品时，他们的眼睛位置在产品坐标系中的统计分布图形呈椭圆形。"眼椭圆"是研究产品视野范围性能的重要基准，能比较准确地代表几乎所有人群的特点。

由于眼椭圆代表了大部分使用者在正常使用时眼睛在产品坐标系中的分布，因此，眼椭圆是指导和评价产品设计视野范围是否符合人机工程学要求的关键要素。在 CAID 软件中，眼椭圆样板库可以通过二次开发得到，如图 2.46 所示为样板库中生成的眼椭圆模型。这些模型在进行定位后可以精确直观地进行视野分析。

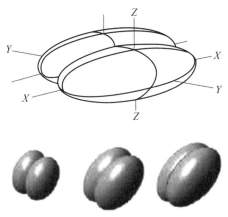

图 2.46　眼椭圆的三维示意图

3. 三维虚拟人体模型的构建方法

被肌肉和表皮覆盖的骨架构成了外观上的人体模型。在对人体进行三维虚拟建模时，需要综合考虑骨架模型和外表模型的关系。

1）骨架模型

骨架模型可以描述人体躯干与各个主次肢体间的位置联络与运动联系，可以表达人体肢体段的数目、肢体的长度和连接关系，在三维软件中更可以进一步对各连接关节的自由度和活动范围进行设定。头、躯干、上肢和下肢是外形上人体的四大组成结构，每部分结构又可以再做进一步的细分，如上肢还包括上臂、下臂和手等。在实际设计过程中，三维虚拟人体的骨架应忠实于实际情况，以保障不丢失重要分析数据，又应同时考虑适当简化不必要的部分以减少使用难度。以 Creo 软件为例，其提供的人体模型骨架共被简化为 14 个关节，每个关节都使用了正确的约束，如腰关节为了模拟真实的腰部运动定义了球面副和移动副的组合约束关系，而转动副则被用于膝关节的约束。

2）外表模型

外表模型表述了皮肤、毛发和穿着等外在因素，精确的外表模型可以提高人体模型的真实性。随着计算机图形技术的发展，人体模型的曲面精度和质量以及渲染效果都在不断提升，越来越精致的人体模型开始被应用到产品设计中。

4. 三维虚拟人体模型的人机应用

三维虚拟人体模型已被各大软件厂商付诸实践，形成了各具特色的计算机辅助人机分析模块，以美国 PTC 公司产品 Creo 所附带的 Manikin 模块为例。

Manikin 允许设计人员将虚拟人体模型添到产品的装配场景中，同时定义该模块提供的精确人体特征和力学特征，如体态、视野、运动类型、力和舒适度等。可以针对一定性别和人种的基本数据对人体模型进行自由定义与操纵，帮助设计人员更好地了解产品与人（包括用户、销售者、安装者和维修者等）之间的关系。

Manikin 共包含人体模型放置、运动、视效、人机分析和任务分析五大功能模块，均与三维虚拟人体模型有着直接的联系。

（1）人体模型放置：该功能可以将虚拟人体模型插入装配环境中，并根据人体库的数据定义性别、种族、体型及其他关联可变因素。根据相关国家标准，Manikin 提供了人体模型库供设计师调取使用，从而简化了人机功率设计的步骤，提高了设计效率。

（2）运动：允许设计者定制人体模型的附件和姿势，可以深入地调整模型身体骨节的位置和角度，并提供了 2D 拖动、体节拖动和旋转等直观的操作方式，用于帮助生成真实的人体方案。同时也可以快速访问包含标准姿势（站立、蹲坐和下跪等）和手型（握拳、指向和并紧等）的全套姿态库，便捷设置体态姿势。而其中的包络工具可以帮助确定人体模型的有效作业区域。

（3）视觉：通过生成视野窗口，模拟仿真用户能够"看到"对象的范围，这一范围的主要表现形式是视野圆锥，它可以帮助设计人员了解该尺度的人能看到的外围、双眼视野以及最佳视野等。

（4）人机工程学分析：允许从性质和体量两个维度分析人的多样化姿态。通过将校验分析的结果与舒适性数据库中的标准进行比较，得出舒适度分析结论。这一功能可以帮助设计者快速发现有问题的区域，重新做出设计调整。

（5）任务分析：可以模拟、传递和优化常见的手工处理任务，如举起、放低、推、拉和携带。

三维虚拟人体体模为计算机辅助工业设计的开展奠定了基础，设计师能够更加直观、科学地进行人机分析及产品改进，创造出更宜人宜用的产品。放眼未来，三维虚拟人体体模将在包括医学、建筑和服装等诸多领域大显身手。

2.4.4 人员目标虚拟人体体模在不同领域的发展

2.4.4.1 虚拟人体体模在医学领域的应用

20 世纪 80 年代后期发达国家兴起的科学计算可视化，促使美国国家医学图书馆的科学家于 1986 年开始实施一项称为虚拟人体体模计划（virtual human plan，VHP），该计划的目的是建立一个医学图像库，并提供用像检索获取其他医学文献同样的方法来获取这些图像。该计划进行得很顺利，到目前为止，VHP 已经建立了人体的 CT、MRI 和解剖的图像数据集。基于 VHP 数据集，德国汉堡埃普多夫大学医院的医学数学及数据处理研究所（IMDM）制作完成了一个称为 VOX2 EL – MAN 的虚拟人体体模。这个虚拟人体体模的数据量十分庞大，仅头部就由 1 000 万个体素组成。应用这个虚拟人体体模可以做到任意选择视角观察虚拟人体体模，包括内窥检查和立体视角；任意剖切虚拟人体体模，可以模拟解剖、外科手术或穿刺等；可以模拟进行放射成像，不受观察点和定位方向的限制；可以立即得到命名、解剖分类、描述以及组织结构信息；可以测量距离，等等。应用这个虚拟人体体模，可以方便地进行手术前的模拟训练，提高手术的成功率。

此外，由欧洲多个组织共同承担的 CHARM（comprehensive human animation

resource model，综合人体动画模型）计划也着重于虚拟人体模型在医学领域中的应用。该计划旨在应用 VHP 数据建立一个结构化的虚拟人体体模动力学模型。结构化是指骨骼、肌肉和皮肤等都是单独分割进行表面重建的，并且增加了它们之间的内部关系和力学特性，也就是构成了一个拓扑模型。而这个模型的动力学特性则表现在重建的器官可以移动和变形，同时保持它们相互之间的力学联系，这样就可以更真实地反映人体的行为。

目前，国内该领域的研究工作开展得如火如荼，清华大学、四川大学的虚拟中国人研究计划已经取得很大的进展。

2.4.4.2 虚拟人体体模在现代工业设计领域的应用（数控机床）

现代工业设计的实施越来越多地借助于功能强大的计算机辅助设计软件，这些软件也越来越多地考虑到人机工程学设计的要求，开始集成功能强大的人机模块，这些模块实施的基础是科学精准的虚拟人体体模。

1. 虚拟人体体模的构建

1）虚拟人体体模的数据来源

人体的数据受地域、年龄、性别、族群、职业甚至环境等因素影响，往往具有较大的差异性。在建立人体体模时，必须先准确圈定目标群体，进行有针对性的尺寸参数测量和数据分析整理，从数据中寻找规律，才可以给设计提供科学的指导。

我国成年人人体尺寸的国家标准为 GB 10000—1988，于 1998 年 7 月开始实施。根据人机工程学要求提供了我国成年人人体尺寸的基础数值，适用于工业产品、建筑设计、军事工业以及工业的技术改造、设备更新及劳动安全保护。该标准提供了 47 项人体尺寸基础数据，按男、女性别分开，且分三个年龄段：18～25 岁（男性、女性）；26～35 岁（男性、女性）；36～60 岁（男性）、36～55 岁（女性）。

2）虚拟人体体模

人体从整体上看是皮肉附着在骨骼上的综合体。很多计算机辅助设计软件中已经提供了丰富的人体模型库，以 Creo 软件为例，就提供了精细的人体模型，如图 2.47 所示。

2. 使用虚拟人体体模进行人机工程学设计的原理

在进行产品人机工程学设计的过程中，三维虚拟人体体模是其中重要的一环，整个设计过程为：首先依据人机参数建立初级人体模型，然后基于初级人

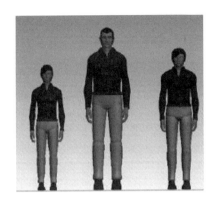

图2.47　虚拟人体体模

体模型进行产品设计，再使用人体体模对设计结果进行人机校验，从而获得准确的反馈，然后对设计进行评价和改进。整个过程如图2.48所示。

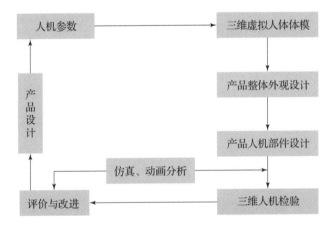

图2.48　应用三维虚拟人体体模进行产品设计的流程

3. 虚拟人体体模校验数控机床设计举例

在根据人机工程学基本确定设计方案后，可以使用虚拟人体体模校验数控机床的人机使用体验，以方便设计者验证设计效果，及时、高效地修改设计方案。

1）装入人体模型

在 Creo 环境中利用"插入人体模型"工具插入一个人体模型，命名为"m_cn_50. asm"，即中国男性 18 ~ 60 岁第 50 百分位的人体数据，其身高为168 cm，体重为 59 kg，符合 GB 10000—1988 的规定。将该人体模型的站立平面（Stand On）设置为机床模型放置的地平面，并调整模型面对机床，设置人体模型到机床的距离为最佳适合操作距离 800 mm，如图 2.49 所示。

图 2.49　插入并定位人体模型

2）调整人体模型姿态

通过人体模型的姿态调整可以使人体模型在装配环境中呈现不同的作业姿态，对于数控机床操作员而言，主要动作涉及手部与挡门、手部与操作面板及头部动态观察等，此时设置人体模型颈部旋转角度为 –10°，设置手臂抬起角度为 50°，设置小臂与大臂之间的夹角为 35°，摆出常规操作挡门的人体模型姿态，如图 2.50 所示。

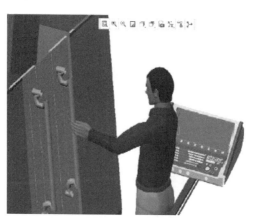

图 2.50　调整人体模型为操作挡门的姿势

3）分析人体模型操作感受

（1）视野评估。在当前定制的人体模型姿态下，可利用软件系统对当前人体模型的可视范围和效果做出评估。当前人体的有效视野范围如图 2.51 所示，能有效覆盖挡门的主要操作区域。

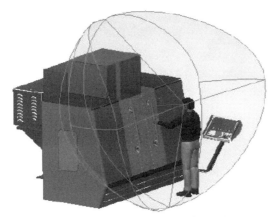

图 2.51　操作员的有效视野范围分析

（2）范围包络分析。范围包络分析可分析当前人体模型可操作的最大触及范围及最佳操作区域等。根据分析结果，门挡把手的最佳持握区域在人体模型的最佳达到范围内，符合人机工程学要求，如图 2.52 所示。

图 2.52　操作员的有效及最佳触及范围

4. 虚拟人体体模在数控机床造型中的应用发展

随着工业设计与各行各业的深度结合，以人为本的人机工程学设计理念也越来越受重视，由于人的个体差异较大，人机工程学设计、评估的主观性非常强，标准和工具很难实现统一，导致人机工程学理论的应用存在着较大的困难。

数控机床作为典型的人机互动系统，迫切需要以人机工程学理论为指导进行设计。必须深入研究现有的数控机床，设计人机工程学理论模型，量化主观性和差异性较强的设计及校验标准，扩大实际应用范围。虽然在目前的 Manikin 模块中，视野、舒适度等均已可测，但其他一些重要指标，如可辨别性、可操纵性、噪声及人体感受等指标的量化工作还需进一步积累和开发。

现代虚拟人体体模和人机分析工具的发展必将成为数控机床造型设计的一个重要手段和发展方向。在现有基础上，研究基于三维软件平台实施产品造型设计和校验的流程，优化"创意→概念模型→基本可用模型→零件和装配体"的设计路线；开发装备制造业专用的人机工程学造型设计软件（模块），通过更加专业、科学的数据和工具帮助设计师提高设计效率，改进设计成果，使得校验指标更加全面和细致，是值得探索的新领域。

2.4.4.3　虚拟人体体模在汽车虚拟设计及制造领域的应用

在产品周期的每个阶段，人都是最重要的因素。数字化三维人体模型可有效地应用在汽车虚拟设计及制造的整个生命周期，从初始的概念方案设计至最后的产品验证。数字化人体模型技术可辅助设计者确定人在相应的工作环境下的性能，确定人体尺寸/形态/功能及其定位，满足舒适性和安全性标准的要求。如图 2.53 所示，在虚拟的 CAD 设计数据中，可调入此虚拟的人体模型，完成操作任务和分析工作。通过三维人体模型可运用数字人体和电子样车进行与人相关要素的模拟分析校核，如人的可操作性、舒适性、可视性等重要设计要素。在汽车内部布置过程中应用数字化三维人体模型可提高设计效率和设计质量；改善安全性及人机工程学性能；减少物理样车的制造及验证工作和缩短周期。

图 2.53　数字化三维人体模型应用在 CAD 设计中

波音公司、通用公司、戴姆勒 – 克莱斯勒公司等这些大的飞机和汽车公司已将数字化三维人体模型越来越广泛地应用于产品生命周期的各个方面和各个阶段。CATIA、EDS 等大的软件公司，也相继推出数字化三维人体模块供用户使用并不断补充及完善。

现以 CATIA 的人体模型模块（Manikin）为例简要说明数字化三维人体模型的主要功能。该三维人体模型包括 4 个子模块：构造人体（human builder）模块，生成可与产品相配合的人体模型；编辑人体尺寸（human measurement edit）模块，可对人体模型的各部分尺寸进行有比例的调整；人体动作分析（human activity analysis）模块，对人肢体进行由静态姿势到复杂的动态动作的评价；人体姿态分析（human posture analysis）模块，进行人体各种姿态的分析。此人体模型包括 104 组人体测量数据、100 个无约束的连接、148 个自由度、各种姿势轮廓，包含所有关节的手模型、脊椎模型、肩模型、臀部模型等模型；可表现关节活动的制约及动作运动的上下极限并可进行调节。此模块具有如下几方面用途：测量人体尺寸；视野分析；坐姿分析；运动舒适角度分析；伸及范围分析；举升、放下和搬运分析；设计干涉检查；运动模拟等。

　　汽车是非常复杂的产品并需满足各方面的性能要求，其设计开发过程也由许多不同的工作阶段组成，而各工作阶段又需要使用多种不同的设计验证技术。只有采用新技术将整个产品的开发过程及其不同的工作方式进行全面的集成才能达到加速和优化设计的目的。

　　数字化虚拟技术就是通过集成各种计算机技术，并充分发挥其应用潜能，使产品开发设计能够可靠地在计算机系统内，以数字化模型方式完成产品的设计和验证。在汽车开发中，虚拟技术有助于决策层及早对设计方案进行决策和跟踪管理；有助于加强异地合作，共同解决技术难题；有助于在制造样车前进行反复验证和校核，从而及早发现和避免设计错误；有助于在产品投产前及早获取产品信息以进行市场调查。贯穿于产品开发全过程的数字化虚拟技术可使产品特性得到全面系统的优化，使开发周期大大缩短，开发费用大大减少，提高产品质量，最终提高企业的市场竞争力。

　　数字化三维人体模型在汽车内部布置设计及校核中承担着人机工程学的布置设计及校核验证的重要作用。图 2.54 所示为数字化三维人体模型在一汽车内部布置中的应用实例。它协助汽车设计工程师进行一系列乘员内部居住性的布置优化工作，主要包括：协助确定汽车主要控制尺寸；确定不同人体尺寸的驾驶员及乘员的乘坐位置和驾驶姿态；对人体乘坐姿态及其舒适性进行分析和评估；确定踏板、转向盘、操纵杆、仪表及控制按钮等零件的布置位置，并进行操作合理性评价；模拟乘员上下车姿态以评估上下车方便性；驾驶员及乘员的座椅位置确定及安全带的固定位置确定；模拟座椅的滑动及杆件操纵的运动过程并进行评价；校核驾驶员驾驶过程中的直接视野和通过内外后视镜的间接视野的法规符合性；协助进行仪表板布置和仪表板盲区的校核；确定合理的车内宽度和头顶空间；分析人体质量在座椅上的力的分布；对手及脚对操纵部件操作时所施加的力进行评估；同时检查设计间隙及干涉分析，最终记录数据并输出优化的布置结果。

　　数字化三维人体模型为汽车内部布置的虚拟设计提供了一个有力的工具。随着虚拟技术的发展，虚拟现实技术也被应用在汽车的虚拟产品开发过程中。例如，可以利用一个虚拟的座位把虚拟现实技术与物理模型联结在一起，让驾驶员戴着头盔和数字手套感知汽车驾驶室内部空间的布置来评价虚拟的布置状

图 2.54 数字化三维人体模型在汽车内部布置中的应用

况，检查内部空间设计的可操作性和舒适性。虚拟设计和验证技术将越来越广泛地应用于产品开发中。

2.4.4.4 虚拟人体体模在运动领域的应用（自由式滑雪）

自由式滑雪空中技巧项目是我国选手在冬奥会雪上项目夺金的突破口，也是沈阳体育学院特色运动项目。该项目技巧性很高，动作结构由助滑、起跳、空中翻转、落地 4 部分组成。在自由式滑雪空中技巧项目中，助滑阶段为出台提供速度储备，只有运动员储备了充足的助滑速度，才能高质量完成技术动作。以往队员在训练中采取凭借本体感觉和经验完成人体对速度的控制，而实际上这种感觉或经验在诸多外界因素干预的情况下就失去了效用。在体育事业蓬勃发展的今天，运动员为取得佳绩不仅要有刻苦的运动训练，也要有足够的科学技术支持。利用虚拟人体模型对运动员进行合理的评判成为生物力学研究的主要方法和手段之一，即通过人体测量学、人体工程学等相关方法建立科学的运动学模型，对运动员人体运动进行仿真。

沈阳农业大学的关欣等，为了缩短体育运动中人体运动技能分析过程、人体模型构建周期和提高构建精度，采用激光扫描技术，对目前拥有世界第一难度动作、总积分排名世界第一的中国女子自由式滑雪运动员徐梦桃，以及第24 届大冬会男子自由式滑雪空中技巧冠军贾宗洋在助滑阶段的 6 个主要动作进行数据采集（图 2.55），采用日本松井秀智人体模型的相关参数作为校正。即把人体分为头、颈、躯干、上臂（双侧）、前臂（双侧）、手（双侧）、大腿（双侧）、小腿（双侧）、足（双侧）15 个环节。在助滑阶段，姿态可分为启动滑行—（下蹲）后半蹲滑行—（蹬伸结束）准备展体—（展体）上举手臂。以"实物——设计意图——三维重构——再设计"框架为流程，建立自由式滑雪运动员三维人体模型。研究发现在采用激光扫描技术得到表面几何数据基础上，人体模型的构建还要经过数据拼合、简化、三角化、去噪等预处理，再进行测量数据分块、曲面拟合，最终进行模型重构。探讨了运动生物力学研究领域人体模型构建的新方法，提高了人体模型构建效率，为体育科学人体运动研究提供了基础模型。

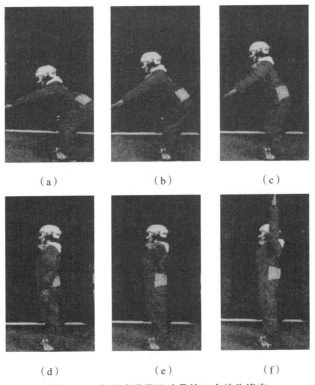

图 2.55　自由式滑雪运动员的 6 个动作姿态

　　三维激光扫描技术是一门新兴的测绘技术，是测绘领域继 GPS 技术之后的又一次技术革命。三维激光扫描技术是基于激光测距原理，借助三维激光扫描仪发射激光，通过特定的测量设备和测量方法获得实物表面离散的几何坐标数据的测量技术。三维激光扫描技术能够快速准确地获取适当距离静态物体的空间三维信息，并且能深入复杂环境进行作业，因而为快速建立复杂物体的空间框架提供了一种便捷手段。

三维激光扫描技术是一种新兴的数据获取方式，又称为实景复制技术，能够完整并高精度地重建扫描实物及快速获取原始测绘数据。由于其具有高精度、高速度、立体扫描等特性，该技术可以真正做到直接从实物中进行快速的逆向三维数据采集及模型重构，无须进行任何实物表面处理，其激光点云中的每个三维数据都是直接采集目标的真实数据，使得后期处理的数据完全真实可靠。

激光扫描设备采用北京体育大学引进的三维人体扫描仪（Anthroscan 3D VITUS），该设备是为精确获得人体三维数据而设计的。通过基于激光光学三角测量原理，快速、准确、无接触地完成大于 100 项的人体关键尺寸自动测量，自动根据测量方案输出人体测量数据。该设备为建立人体尺寸标准、生理解剖、人机工效学、专业人群选材（运动员、特种部队、艺术专业）、服装设计等科研单位的人体数据采集和自动处理提供了全面的解决方案。利用三维人体扫描仪对滑雪运动员进行激光扫描，并生成准确的数字模型，然后用 Geomagic Studio 软件对获得的点云数据进行预处理，数据处理工作主要包括数据格式的转化、噪声过滤、数据精简、孔填充、松弛表面等。预处理后生成的 igs 文件导入 Pro/ENGINEER 软件中，对点云进行重新造型，删除不理想的曲面，创建光顺的曲面，最终建立滑雪运动员的三维人体曲面模型，后续可导入 ANSYS、FLUENT 等软件中进行有限元分析。

激光扫描技术在自由式滑雪运动员三维人体模型建立上的应用，为以后将这一科学技术运用在运动员技术动作的分析与创新，降低运动员受到伤害的可能性，提高运动员的训练成绩与竞技水平作了铺垫。

2.4.4.5　虚拟人体体模在服装设计领域的应用

1. CATIA 人体体模设计模块

CATIA 是世界上一种主流的 CAD/CAE/CAM 一体化软件。其中，CATIA V6 软件有一个模块专门用来进行人机设计与分析，其中含有 4 个工作模块：人体模型构造模块、人体模型测量编辑模块、人体行为分析模块、人体姿态分析模块。

人体模型构造模块是 CATIA V6 软件分析设计的基础，是在虚拟环境中建立和管理标准的数字化"虚拟"人体模型，以在产品生命周期的早期进行人机工程的交互式分析。人体模型构造模块提供的功能包括：人体模型生成、性别和身高百分比定义、人机工程学产品生成、人机工程学控制技术、动作生成及高级视觉仿真等，根据国家、性别、身高百分比来自定义人体模型；人体模型测量编辑模块可以更改人体模型的某些尺寸百分比，从而更改相应的人体模型；人体行为分析模块是 CATIA V6 软件的分析工具和方法；人体姿态分析模块用于分析人的各种姿态以及评价、仿真等。

1）CATIA 人体尺寸测量方法

首先人体测量必须尽可能真实有效地代表人身体部位的尺度、结构和形状。由于种族、地域、年龄、性别等的差异，人体关节的连接与形体、轮廓的尺寸有一定差别，因此人体测量数据是人体建模的基础。

采用立体摄影测量方法，通过 CCD（电器耦合器件）摄像机，从被摄影人的正面、背面和侧面各获取一个三维人体的二维图像（实际空间坐标和摄像机像平面坐标系之间的二维图像），以此来提取出能完整表述人体的特征参数，在服装设计时结合人体的特征线等来构建出服装用线的三维坐标图。

为了能够精确测定服装的空间与人体的比例关系，采用了红外线测量法，充分运用红外线技术描点法获取真实人体的近似曲线，并绘制其外形曲线，同时通过比较各个函数的拟合效果，来确定以三次多项式函数进行拟合，然后经过修正获得人体曲线长度和肢体各部分的函数关系，最后通过曲线缩放推算出人体特征线，以此来构建出服装用线的三维立体效果图。CCD 技术将被摄取的目标转换成图像信号，传输给专用的图像处理系统，根据亮度、颜色、像素分布等信息对被测物体进行测量，这是一种人工智能与测量技术交叉而形成的智能测量，具有测量速度快、易于自动处理、系统成本低等特点。

2）CATIA 人体尺寸测量误差分析

CCD 摄像机测量人体尺寸的误差主要来源于以下三个方面：

第一，CCD 摄像机本身拍摄精度误差。CCD 机械加工安装时造成的 CCD 面阵的几何误差，即像元（亦称像素或像元点，即影像单元，是组成数字化影像的最小单元）。排列不规则而使影像产生的几何误差包括像素定位不准、行列不直及相互不垂直等误差。此外还有 CCD 不同的像元对相同的光强信号转换得到的灰度值有差异的像元敏感不均匀性误差，可以通过增加试验次数、采用比较先进的摄影设备来尽可能地减小误差。测试人员实际身高时可利用此相机拍摄照片，量取三次身高值，取平均值，这样误差比较小，可进行继续研究，并且拍摄人员时应尽可能将其充满摄像机屏幕，占有更多的像素，这样也可以减小误差。

第二，电学误差。电学误差主要是指 CCD 在光电信号转换、电荷在势阱

（即粒子在某力场中运动，势能函数曲线在空间的某一有限范围内势能最小，形如陷阱，称为势阱）中的传递以及 A/D 转换时所产生的影像几何误差。它主要包括行同步误差、场同步误差和像素采样误差，主要是由光电信号转换不完全、信号传递滞后以及 CCD 驱动电路电压及频率不稳等因素造成。

第三，测量过程中的操作误差。由于人体是立体的，通过红外线技术描点并且选取成像，最终是在一张图片内测量多项尺寸，必然有一些被测尺寸和标杆不在同一平面上。试验中，可以通过不断改变被拍摄人员与标杆所在平面的距离进行测量，但是所得出的数据存在较大误差，也就是说利用 CCD 摄像机测量不同平面内物体尺寸确实存在较大误差，标杆平面与被测平面距离增加时，误差也会增大。为了避免这一情况，本次试验采用标定物体进行检验，用相机采集标定物体的两幅图像，再测量两点之间的距离，通过此方法来避免类似误差的产生。

3）CATIA 人体模型文件格式要求

在建立 CATIA 自定义人体模型时，需要分析人体模型文件格式要求，首先建立一个空白的文档文件，按照下面的格式输入，每段都必须以关键字开头和关键字结束。

关键字：

MEAN_STDEVM( )

MEAN_STDEVF( )

CORR M( )

CORR F( )

以上 4 段是可以进行选择的，第一个关键字代表男性尺寸平均值和标准差，第二个关键字是女性平均尺寸和标准差，这二者之一必须存在。

在 MEAN_STDEVM 段中，可以建立男性模型，或者女性模型，这些是建立人体模型的基础性数据。

CORR 项表示的是身体尺寸的相关性，其中，需要填写尺寸项代码以及之间的相关系数，而相关系数是表示两个变量之间存在的互相依赖性，CORR 项可有可无，它一定程度影响模型的精确度。其中，必须把 MEAN_STDEV 书写在 CORR 段前面。

关于两个变量联系到一起的相关性数值，其中，变量 1 必须不同于变量 2，因为定义阐释，一个变量和它自己的相关性是 1.0，而且变量 1 参考数应该比变量 2 的参考数小。相关性必须在 −1.0～1.0 范围内的一个真实的数，如果给定的相关性数值不在 [−1.0，1.0] 范围内，就会出现误差。

表格计算较简单，通过 Excel 自带函数可很快求得相应的平均数与标准差。

难点在于 CORR 这一项。人体各项尺寸都有相关性，有些相关性很高，而有些相关性则较低，或通过回归分析计算方法来求得身体各尺寸之间的相关性。

最后将以上同时包含 MEAN_STDEVM 和 CORR 数据记录在记事本文件中，更改文件属性，将 txt 改为 sws 格式，再命名为 A1. sws。在 CATIA 下拉工具菜单中选择 Options（选项），在选项对话框自定义人群栏目的右上方单击 "Add" 按钮，选择 A1. sws 文件，文件将会被顺利读取，相应的人体模型 A1 就会添加到列表中。人体模型文件添加成功后，就可以建立相应的人体模型。

4）CATIA 人体模型相关性分析

围绕人体各部分之间的尺寸关系开展的分析主要以身高作为基本尺寸依据，通过分析，建立相应的一元或者与其他的身体尺寸建立一种多元线性回归方程。主要有两项任务：一是相关分析与回归分析，二是后期所进行的回归系数与显著性的检验。分析处理尺寸数据后，首先是对各部分身体的尺寸以及身高基本尺寸进行相关分析，计算出每两个尺寸之间存在的相关系数，判断各尺寸之间是否具有较高的相关性，然后通过回归分析，建立相对应的回归方程。

在分析人体尺寸的线性相关系数时，其相关性不仅要考虑到其数学意义，还必须考虑服装空间和人体各个尺寸的关系，充分体现其重要程度，因此不仅要开展人体尺寸统计规律的摸索，还要考虑到人体与服装空间之间存在的主要、次要尺寸分类，人体尺寸在服装内部空间的设计、校核等方面非常重要，其中宽度和厚度尺寸对于服饰的空间保留和截取设计也十分重要。例如，头部长度值和足部宽度与身高相关系数值比较大，它们的尺寸在服装布局设计和校核时用得并不多。因此很多在 0.4~0.6 范围的尺寸相关系数，对具体回归计算没有显著实用价值，所以不用去寻找其中具有较大相关系数的尺寸项去拟合相关性较高的回归方程。

5）CATIA 人体模型建立的意义

人体模型在服装设计中发挥着非常重要的作用，从内部空间的设计到外部空间的设计均以人体模型为核心。人体是由复杂的不可展开曲面构成的，对这种有机的立体造型进行周密详细的计测，在一定程度上可以表现人的体型特征，而服装立体空间的设计就必须以人体模型为基础，这样的空间才是适合的。同时人体模型的构建是以人体尺寸为基础，再利用 CATIA 软件进行建立，这样可以直观地分析出如服装空间的设计是否合理。

虽然之前有过人体模型的建立，但由于现代社会发展迅速，随着人民生活水平的提高，营养改善，身体状况改变较明显，身高、腰围等项有较大幅度的增长，因此需要重新进行人体模型的建立，这样才能使得设计出的服装空间更加符合当代人的人体尺寸，更加体现出服装空间的亲和性。因为服装空间设计的总体布置是根据人机工程学基础原理展开设计的，而且服装空间的设计也把"以人为核心"作为指导思想，所以设计确定的服装内部尺寸可保证所穿之人有适当的空间。笔者认为，服装设计师在进行服装空间设计时，为使人与服装相互协调，必须对服装同人相关的各种数据作适合于人体形态、生理以及心理特点的设计，能让人在使用过程中感到舒适、方便。因此，服装设计师应了解人体测量学与人体模型建立的基本知识，并熟悉有关设计所必需的人体测量基本数据的性质、应用方法和使用条件。

李上团队采用 CCD 摄像机测量人体尺寸并对人体图像进行处理，得到精确的图像，并根据 CATIA 人体模型文件的要求来分析人体尺寸数据文件内容以及格式要求。分析了人体尺寸之间的关系，通过统计分析的方法建立人体尺寸回归方程，根据自变量分别进行一元回归分析和多元回归分析，解决了"平均人"的概念性人体模型的问题，克服了实际人体模型的离散性问题。在 CATIA 中建立了自定义的人体模型，这对服装的空间设计起到了非常大的作用，有利于找到一个合理的、科学的方法，突破传统的设计理念，让服装展现出更加现代化的造型艺术，来丰富消费者的视觉效果。

2. TAITherm 软件

TAITherm 软件（图 2.56）是美国 ThermoAnalytics 公司（TAI）的核心产品，是专业的热设计软件，TAITherm 软件的人体热舒适度模块支持用户在热环境中设置虚拟人体模型，用以计算热舒适度指标，包括 PPD、PMV、EHT、Berkeley 热舒适度评价模型等，可输出多种基于环境和基于人体生理的热舒适度评价参数。

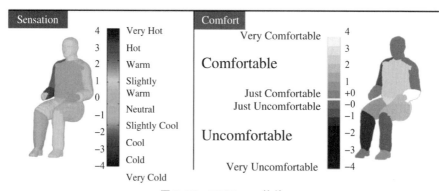

图 2.56　TAITherm 软件

1）TAITherm 仿真流程概述

TAITherm 软件仿真流程如图 2.57 所示。

图 2.57　TAITherm 软件仿真流程

（1）将准备好的网格模型 cabin without human.tdf 导入 TAITherm 进行热模型搭建，用于暴晒过程模拟（图 2.58），为空调降温过程提供初始温度条件。

图 2.58　暴晒过程模拟

（2）将 human 人体网格模型添加到 cabin 模型中，并对人体赋予生理边界条件，形成降温过程模拟的热模型（图 2.59）。

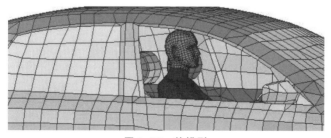

图 2.59　热模型

（3）将包含人体的网格模型导入 CFD 工具进行流场模型搭建，对舱内空调出风影响进行热流场模拟。

（4）对 TAITherm 的热模型与 CFD 的流场模型进行耦合，互相提供换热边界条件（图 2.60）。

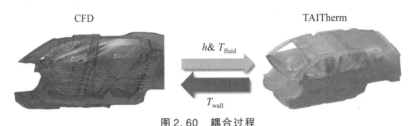

图 2.60　耦合过程

（5）在 TAITherm 软件中完成空调降温过程的模拟，全面模拟辐射、对流换热和热传导，分析不同体型、性别人员的体温调节反应，对人体热舒适度进行多层面的研究分析。

2）TAITherm 热模型

（1）车身选用多层材料，如最外层的表面是白色漆层，往里依次可以定义各层材料及中间气隙层，最内侧是内饰层。操作面板如图 2.61 所示。

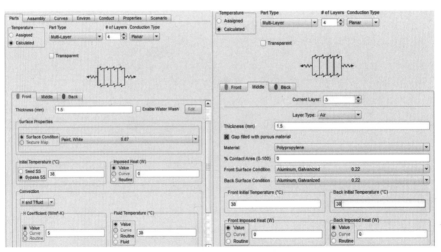

图 2.61　操作面板 1

（2）车窗玻璃选用透明材料，模拟透射性能。操作面板如图 2.62 所示。

（3）对于环境条件设定，选择 Editor→Environ→Natural（Weather），单击"Browse"选择天气文件（从国际气象网站下载编译），若天气文件和模型文件不在同一工作目录，则需要勾选"Use Absolute Path"使用绝对路径。操作面板如图 2.63 所示。

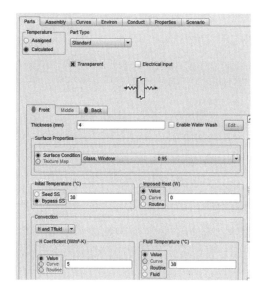
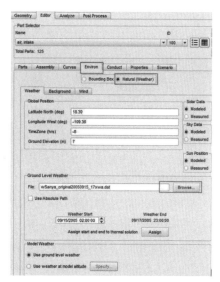

图 2.62　操作面板 2　　　　　　　　　图 2.63　操作面板 3

（4）对于流换热条件设定，暴晒过程中无论是乘员舱外还是舱内均是自然对流，可以直接指定对流换热系数或者给定一个风速来模拟自然对流。

对于空调开启过程，乘员舱外表面因车速存在复杂外流场，舱内因空调开启存在复杂内流场，为了考虑不同区域流动换热条件的差异，将 TAITherm 的热模型与 CFD 的流场模型进行耦合，互相提供换热边界条件。

3）人体生理模型

（1）从 skin 往里人体边界条件共 16 层，skin 往外可以添加衣服层，衣服材质可以从软件材料库选取。操作面板如图 2.64 所示。

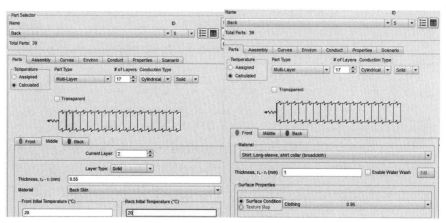

图 2.64　操作面板 4

（2）对应空调开启阶段，人体最外层（衣服层或者裸露的皮肤）的对流换热边界条件由 CFD 仿真结果映射过来，即 imported。

（3）将人体生理模型配置文件和模型文件一起放在同一工作目录，一个人体体模对应一套配置文件（berkeleysetpoints. txt、bodypartmap. txt、boundaryconditions. txt、physiogen. txt、physiology. txt、referencevariables. txt），将这些文件存在一个文件夹下并进行命名，如 sit75（坐着的 75% 的模型），模型中包含多个人体体模时可以复制上面的配置文件夹进行重命名，并对各配置文件进行编辑，使人体的身高、体重、活动级别等与当前要模拟的工况对应一致。另外需要在总的配置文件 config. txt 中定义所有的人体体模。

bodypartmap. txt 中的 part 及 name 与当前网格模型划分的 part 保持一致；编辑 physiology. txt 定义人员的身高、体重、肤色；Editor→Assembly，将人体的所有 part 定义到一个 Assembly，Assembly 的命名建议与配置文件夹的名称一致，双击 Assembly Type→Segmental Human，并定义活动级别。

4）热舒适度结果

计算完成后在模型所在的文件夹中会生成几个表格结果，包含局部温度、局部热感觉、局部热舒适度、总体热感觉、总体热舒适度等，可基于这些表格数据进行结果后处理，也可以在软件界面查看人体热舒适度的云图结果。结合局部热舒适度的分布趋势可以更准确地定位造成总体热舒适度的原因，为设计优化提供支撑数据。

2.4.4.6　虚拟人体体模在航空航天领域的应用

目前，比较典型的人机工程领域的虚拟人体模型见表 2.10。比较先进的是 ESA（欧洲航天局）的 DYNAMAN 模型和 NASA（美国国家航空航天局）的 JACK 模型。下面对这两种模型进行详细说明。

表 2.10　典型的人机工程领域的虚拟人体模型

名称	说明
SAMMIE	20 世纪 60 年代末开始由 Nottingham 大学开发建立。该系统能够进行工作范围测试、干涉检查、视域检测、姿态评估和平衡计算，后来又补充了生理和心理特征。系统运行在 VAX 和 PRIME 小型机以及 SUN 和 SGI 工作站上。SAMMIE 人体模型包含 17 个关节点和 21 个节段

续表

名称	说明
Boeman	由美国波音公司于 1969 年开发，应用于波音飞机的设计中。Boeman 人体模型允许建立任意尺寸的人体，并备有美国空军男、女性人体数据库，其人体模型使用实体造型方法生成。该软件的主要功能是完成手的可达性判断，构造可达域的包络面、视域的计算显示、人机干涉检查等
CYBERMAN	由 Chrysler 公司于 1974 年开发，用于汽车驾驶室内部设计研究。人体模型数据来自 SAE 模型，无关节约束，需要用户输入正确的姿态。CYBERMAN 的人体模型是棒状的或是线框的，没有实体和曲面模型
BUFORD	由加利福尼亚的 Rockwell International 公司研制的航天员模型，附带一个太空舱。此模型不能测量可达性，但是可以产生一个围绕两臂的可达域包络空间，是一个比较简单的系统
CAR	由美国海军航空兵发展中心研制开发，用于评估操纵者的身体尺寸，以决定什么样的人适合某一特定的工作空间。此系统没有图形图像显示
COBIMAN	由 Dayton 大学于 1973 年开发，用于飞机乘务员工作站辅助设计和分析。该系统提供陆、海、空军男、女性人体测量数据库。该系统的人体模型考虑了人体活动在关节处的约束以及服装对人体关节的限制
CREW CHIEF	由 Armstrong Aerospace Medical Research Laboratory 研制开发，用于作战飞机的维修和评估。该系统运行于工作站上。CREW CHIEF 人体模型有 5 个百分位人体尺寸，提供 12 种常用的人体姿态和 150 多种手工工具的工具库。该系统考虑了 4 种类型服装对关节的约束和人机间的干涉检查等
MANNEQIN	由 Biomechanics Corporation of America 开发，运行于微机平台。MANNEQIN 人体模型包含 46 个节段，具有手、脚可达域判定，人体动画等功能
DYNAMAN	由 ESA 于 1991 年开发，用于仿真航天员的活动过程，验证如太空微型实验室的可居性、可达性、工效、可见性、操作时间流水线、EVA 过程等。DYNAMAN 系统不考虑动力学仿真，缺乏微重力环境中人体相应的数据，航天员行为的模拟比较粗糙
JACK	由宾夕法尼亚大学研制，该系统运行于 SGI 图形工作站，1992 年投入商业使用。JACK 人体模型包含 88 个关节点、17 个节段，含有关节柔韧性、疲劳程度、视力限制等医学参数。已经被许多飞机公司、汽车制造商和车辆机构所采用。JACK 是目前最成功的工效评估系统

1）DYNAMAN 模型

DYNAMAN 模型是 ESA 为了仿真航天员的活动过程，于 1991 年开发的一套具有交互性的图形仿真软件包。DYNAMAN 包括人体模型的运动学仿真，允许实时地在屏幕上仿真和检测模型与环境的相互作用。在 DYNAMAN 的数据库中，ESA 建立了不同体格的航天员的三维图形模型，包括零重力和正常重力下的情况，还有用于出舱活动（EVA）仿真的穿航天服的模型。它的典型应用有：航天员运动和路径的研究、可居住性和工作环境设计及验证、复杂环境中的物体操作、航天服设计的验证及 EVA 的运动学仿真等。

DYNAMAN 的局限性是没有考虑动力学，人的行为仿真较浅。手脚和脊椎的模型太简单，这主要是由缺乏零重力环境中的人体数据所造成的。ESA 正着手改进，包括将虚拟现实（VR）技术融入 DYNAMAN 的用户界面系统。DY-NAMAN 在 Hermes 航天飞机和航天服设计、航天员的操作、EVA 出舱过程仿真中的应用也很广泛。DYNANMAN 软件包开发完成后，在航天员系统的设计中起着重要作用，很多设计问题和任务规划都由它仿真的结果来验证。特别是在设计的早期阶段，这种仿真往往是检验设计中重大问题的唯一手段，如可居性、可达性、工效、可见性与操作时间流水线等。ESA 曾用它进行过太空微型实验室的可居住性分析，以及 EVA 过程仿真。

2）JACK 模型

JACK 是由 NASA/JSC，NASA/Ames，Lockheed 公司等单位资助，宾夕法尼亚大学计算机与信息科学系 Balder 教授主持，历经十多年的时间开发的软件系统。JACK 软件基于 SGI 工作站的 3D – MCAD 系统，共收集了上万人的人体测量数据，主要用于多约束分析、人的因素分析、视场分析等。

JACK 系统软件于 1992 年发行使用。JACK 软件作为当前人体数学模型做得较好的系统软件，包含了基本人体测量数据，关节的柔韧性，人的健康状况、劳累程度和视力限制等医学及生理学参数。因此，JACK 可以根据用户参数的设定产生不同类型、不同性别、不同大小的虚拟人体体模。JACK 产生的人眼模型可以像真人的眼珠一样向 4 个方向转动，转换视场的范围。JACK 软件的这个特点使得它在视场分析方面有着诱人的前景，可以用于进行视觉变换规律的研究与分析。JACK 可以通过程序来驱动虚拟人体体模走路、跑步或爬行。在实际的工程应用中，工程技术人员可以通过虚拟人体体模的运动，进行虚拟人体体模与周围虚拟环境的碰撞检测，以检验人在有限空间中相互作用的信息，进行工效学的评价与研究。JACK 具有良好的扩充性、灵活性和开放性，是一个高度结构化的软件。它的界面简洁、操作方便，是人体建模、显示和操纵的良好工具。JACK 具有与虚拟现实设备的接口，可以接受其他建模软件的几何模型输入，具有良好的兼容性。JACK 软件由于上述特点，被许多大公司和教育科研机构所采用。例如，NASA/Ames 在研究航天飞机和空间站时就采用了 JACK 软件；美国陆军研究办公室人类工程学实验室用 JACK 评价车辆驾驶员的可达性、舒适性、力量、工作负荷及驾驶员的协作；美国国家科学基金会、英国国防部人类服务中心等也都使用 JACK 软件进行科学研究工作。

但是在 1992 年发布的 JACK 商品化软件中，不包含失重条件下人体的数学模型，这对于航天事业来讲是一个很大的缺憾。国内的一些科研机构对失重条件下人体的数学模型做了一些研究，建立了一系列人体数学模型，这在一定程度上弥补了 JACK 软件的缺憾。由于失重条件下人体模型的一些特殊性，如人体模型的质心、力量、姿态、视景以及稳定性都与地面条件下有所不同，因此，在采用参数建模中应用广泛的人体质量几何模型时，对其稍微做了些修改。例如，将人体模型的质心上移 4 cm；标准姿态设定为人体松弛姿势；力量没有延续大多数人体仿真系统中都采用的均匀力量模型，而是采用了 NASA 的最新研究成果，结合人体在失重环境中力量减弱的特性，比较真实地反映人体模型的力量特点等。在建立失重条件下人体的数学模型时，根据实际情况，将数学模型分为自由态和束缚态两种情况。建立自由态人体数学模型时，抓住了失重条件下最显著的运动特点——扰动。所谓扰动，就是失重条件下肢体的任何运动都将导致以躯干为代表的主体相对于周围环境的运动。

建立自由态数学模型时，以周围环境为固定坐标系，把人体在自由态的运动分解为其质心相对于周围环境坐标系的匀速运动和质心坐标系相对于周围环境坐标系的匀速转动。由于人体模型在处于失重条件下的自由态时，与外界不交换任何力的信息，只交换空间的几何信息，因此可以假设初始状态总动量为零。那么失重条件下自由态时的人体数学模型可以从动量矩守恒定理推出。

目前国内对虚拟人体模型的研究，大多是基于地面条件对虚拟人体模型整体的研究，对失重条件下虚拟人体模型的视景变换规律的研究比较少。借鉴上述国内外已创建的人体模型，以及根据这些模型所建立的失重条件下自由态虚拟人体模型的数学模型，通过两步变换合成，即虚拟人体模型眼睛坐标系向虚拟人体模型质心坐标系的转换和虚拟人体模型质心坐标系向周围环境坐标系的转换，把虚拟人体模型对周围环境的转动和平动转化为虚拟人体模型视景的变换，从而可以进行失重条件下虚拟人体模型视景变换规律的研究，为载人航天的后续任务提供理论上的保障。

|小结|

虚拟人体体模和仿真人体体模都同源于人类和社会发展的需要。他们的各种参数都同源于人体，这些参数包括解剖参数、组成参数、生理参数、遗传参数、能量传递参数。根据生物学和生理学的知识，人体可分为 10 个层次：亚分子、分子、细胞质、染色体、细胞核、细胞器、细胞、组织、器官、系统。现代医学不仅仅从组织器官的角度，并且从微观的原子、分子来了解人体组成结构与功能的相关性，反映了人体结构的时间空间沉积，包括微观、中观、宏观的观点。

虚拟人体体模和仿真人体体模都是以真实的人体为中心形成的映射，虚拟人体体模是数字化的解剖结构仿生，仿真人体体模是形态仿生、物理仿生、内部结构仿生、化学组成仿生、能量传递仿生的结合。二者体现了数字化人体不同的发展阶段和技术要求。仿真人体体模经过 50 多年的发展，包容了人机工程学人体参数百分位的观点，用生物统计学方法，采用不同的百分位——5 百分位、10 百分位、95 百分位来描述不同群体的外部、内部形态，功能特性，组织等效性，设计和合成了组织等效的多功能材料。

美国华裔科学家徐榭博士在仁斯利尔理工大学虚拟的仿真成年男子全身模型 Visible Photographic Man（VIP MAN）包含了约 34 亿个体元，每个体元大小为 0.33 mm×0.33 mm×1.00 mm，是目前世界上最精细的全身人体解剖模型，将高精度的人体模型与光子、电子、中子和原子辐射模型功能相结合，能分割并归类 100 多个对核辐射敏感的器官和组织，并可模拟这些器官和组织在接受放疗时对放射剂量的分布做出不同的反应。

仿真人体体模借助了现代制造技术数字化的快速成型制作高精度的镶嵌模具，进行低耗切割；借助了现代传感器技术和智能测试技术，能够对放疗计划系统及数学模型的真实性、可靠性进行评价；能对光、机、电系统的空间定位精度，放疗装置的射线传输，靶区剂量的能量沉积进行检测。测量中应用超小型、高灵敏、高稳定性的探测器件，能实现靶区剂量、邻近区域、紧要器官、遗传剂量等的测量与计算。虚拟人体体模是通过虚拟世界中图像的重建来获得可视化的生理解剖信息。仿真人体体模一方面是描述治疗过程的物理模型，另一方面又具有视觉的真实性、可触摸性和可试验性。只有计算机图形仿真和数字化仿真与实物的物理模型结合起来，置信度达到 95%，才能为临床所接受。

虚拟人体体模和仿真人体体模都是现代科学技术和交叉学科的产物。它们具有同源性，都必须获取和模拟人体的不同层次的参数；它们具有时间和空间的映射性，是虚拟图像和实体物理模型的映射；它们都具有带动性，带动了生命科学在人体不同层次新的认识，带动了信息科学、材料科学、传感器技术、计算机技术的发展和实际应用；它们又具有互补性，是真实和虚拟的互补，是数学模型和物理模型的互补。

第 3 章

人员目标易损性等效模拟方法

人员目标易损性作为人员的一种属性，是所研究对象自身的属性，是指目标对毁伤元作用的敏感程度，是由所研究对象本身特性所决定的，是产生潜在破坏的根源，与任何灾害或极端事件的出现概率无关，只是当灾害事件发生时，这种属性才显现出来。它是毁伤元的毁伤特性和目标物理特性的函数。因此，人员目标易损性等效模拟方法就涉及人员目标易损性特性参数研究、毁伤元特性参数研究、毁伤元与人员目标相互作用的研究、等效材料的研究以及计算机仿真模拟研究，其最终的呈现形式为人员目标易损性等效模拟靶标。

随着计算机技术的发展，计算机模拟和仿真分析技术逐渐成为武器杀伤生物效应评估的重要手段之一。计算机毁伤模拟仿真技术也逐步应用到人员目标易损性等效模拟中，提供了一种更为有效的设计、验证战场人员目标等效靶的方法和途径。

|3.1　人员目标易损性等效模拟概述|

人员目标易损性可定义为人体受到外在物理、化学因素作用后组织器官容易受损伤的程度。而易损性等效模拟则是在对易损性评估的基础上，建立对人体作用的物理、化学因素与组织器官损伤程度之间的量效关系，并通过等效材料来模拟这种由已知因素分析和预测另一种作用结果的过程。

等效的基本含义是指在某个区域或某方面不同系统具有相同的功能、效果或特性。简单地说，就是效能或效果相等。对于不同的系统，在特定的研究环境下，在研究者关注的某些特定方面的特性中，表现出相同的性能，就可以认为这些系统是等效的。等效法是常用的科学思维方法，就是在特定的某种意义上，在保证效果相同的前提下，将陌生的、复杂的、难处理的问题转换成熟悉的、容易的、易处理的一种方法。等效思维的实质是在效果相同的情况下，将较为复杂的实际问题变换为简单的熟悉问题，以便突出主要因素，抓住它的本质，找出其中规律。因此，应用等效法时往往是用较简单的因素代替较复杂的因素，以使问题得到简化而便于求解。

等效模拟是广泛应用于科学与工程技术各领域中的一种方法。在系统科学中，若两个广义系统的结构关系具有某种相似性或等价性，就称为两个系统具有等效模拟关系，其中一个系统叫作原型，另一个系统即模型。当人们需要了解、研究原型，而原型的苛刻条件不易实现、不能实现或暂时不必要实现时，人们就要用对模型的研究来取代对原型的研究，这就需要采用等效模拟法。等效模拟法就是一个简单系统与一个复杂系统具有相同的功能，则可用简单的函数关系去替代未知的复杂函数关系的方法，其关键问题是利用一种等效变换找出相对应的等效元。

3.1.1　人员目标易损性等效模拟发展简况

人员目标易损性等效模拟是建立在人员目标易损性研究的基础之上的。易损性（Vulnerability）是在20世纪60—70年代提出的一种新概念，是指系统对外界反应所容易受到的伤害。生物目标的易损性，即生物体受到外在物理因素作用所容易受到的组织器官的损伤程度。而评估准则是建立对生物体作用的物理因素与组织器官损伤程度之间的量效关系，并通过一种已知因素预测另一种作用结果的分析过程。人员目标易损性可定义为人体受到外在物理、化学因素作用后组织器官容易受损伤的程度。

战场人员目标易损性有别于武器装备等非生命体目标，其研究的目的是评价武器弹药对战场人员目标开展打击时对有/无防护人员的杀伤能力。在研究过程中，鉴于杀伤元与目标的相互作用是瞬态、大变形和强非线性耦合现象，对人员目标而言，杀伤效应表现为"钝击效应""侵彻效应""压力波效应""空腔效应"等多种形式，是一种复杂的多物理现象的复合效应。战场人员目标易损性可进一步解释为火力打击下战场人员及相关模拟生物靶标解剖结构和生理系统的即刻损伤规律，通常以对人员作战能力影响的程度、范围或发生概率表示，是表征武器弹药杀伤效果的重要指标之一。

我军在常规以及非常规武器杀伤生物效应研究与评估方面也开展了大量工作。在20世纪六七十年代，在以程天民院士、王正国院士为代表的老一辈科学家的带领下，通过现场生物效应试验以及大量的实验室模拟研究，较系统地开展了核武器杀伤生物效应的评估工作；在冲击伤特点与致伤机制的研究方面，自主研制了系列生物激波管，进行了一系列生物效应试验，明确了冲击伤的发生机制，提出了冲击伤的防治原则，获得了以国家科技进步奖一等奖为代表的一批科技成果。

我国一直使用78 J动能作为弹药杀伤威力的评价标准，在试验中一般是通过射击25 mm厚松木板进行考核。随着创伤弹道研究工作的深入，我国也逐渐认识到以动能作为评估杀伤威力的不科学性和不准确性，随之也提出了多种弹药杀伤威力的评估方法。比较具有代表性的，一是"创伤效度法"，其以灰色理论为基础，以试验结果为依据，比较枪弹杀伤能力的大小；二是"全方位人体破片杀伤模型"，该模型将人体各成分按受损后对战斗力的影响划分为维战成分，给各维战成分赋予相应的丧失战斗力的权重，将其与破片参数及其杀伤效应相结合计算出战斗人员丧失战斗力的概率，依次来表征弹药的杀伤威力。但是这些模型定量程度不高，大多采用经验性结论，无法精确预测弹药的实际杀伤威力。

当前，国内人员目标易损性研究相关技术成果绝大多数都是以战伤救治为目的，缺乏系统深入的研究，以战场人员目标易损性研究为基础的人员目标易损性等效模型、人员目标实时杀伤判据、等效仿生人体靶标、数字化战场人员目标模型和实时杀伤效果评估技术等相关领域尚属空白。在已开展的杀伤效果评估试验中，只能用简易等效靶标或活体动物替代战场人员目标，由于 25 mm 松木板和明胶等简易等效材料以及狗、羊、猪和鼠等动物活体靶标的个体参数与人类在物理、生理特性上存在巨大差异，故等效性较差，达不到预期的试验效果。特别是在各类效能评估试验中，这些简易等效材料和动物无法等效模拟作战人员在战位上的各种姿态和战术动作，不能真实反映杀伤效果。而当前国家靶场和相关单位现用杀伤标准或杀伤判据大都存在相对简单、系统误差较大、计算复杂、没有明确伤情和杀伤程度、使用受限等问题。因此，在上述技术条件下所进行的对战场人员目标失能、失生的评估结果与真实情况差别较大，无法直接作为评估武器杀伤效能的依据，有时甚至出现无法给出试验结论的情况。这种局面严重制约了我军人员目标杀伤效果评估水平的拓展提升。

孙韬、郭敏等研究了炮兵新型杀爆弹药对地面有/无防护人员目标的毁伤幅员，证明了破片对目标的毁伤与目标的暴露面积有关。人员立姿和卧姿的暴露面积计算方式为：

$$立姿：0.2 \times 0.5 \sin \alpha + \frac{1.5 \times 1.5}{\pi} \cos \alpha \qquad (3-1)$$

$$卧姿：1.5 \times 0.5 \sin \alpha + \frac{0.2 \times 2 \times (1.5 + 0.5)}{\pi} \cos \alpha \qquad (3-2)$$

关于使用有限元数值仿真技术研究弹丸和破片等杀伤元侵彻仿生靶标的过程这一领域，国内相关的研究成果也较多。原军械工程学院的宋文渊等人，其研究团队提取了大量杀爆弹丸的战斗部自然破片外形统计数据，分析了其分布规律，进行了有限元建模分析，使用 ANSYS/LS - DYNA 有限元软件，分析比较了几种典型破片的形状对杀伤效果的影响，确定了在装备战斗损伤机理仿真研究中的破片模型。

南京理工大学的徐诚教授等也利用显式非线性有限元方法对高速步枪弹撞击带复合防护人体上躯干冲击响应进行了有限元建模和数值计算分析，获得了皮肤、胸骨、心肺、肝脏以及胃的动态响应情况，通过计算结果和实弹射击试验对比验证了有限元计算模型的正确性，同时确定了人体上躯干靶标动力响应特性和软硬复合防弹衣对人体钝性损伤的压力传递机制。

国外对杀伤元对战场人员打击时的易损性模拟研究开始于 19 世纪，拿破仑时期的法国军事工程学院中就有学者开始了关于高速侵彻的试验。但是，严格意义上的易损性模拟分析是从 1945 年美国的机载武器弹药系统的最优口径计划开始的。在第二次世界大战时期，美国人 H. P. Robertson 撰写的《末端弹道学》汇集了过去大量的试验结果。弹药对人员易损性的评估起源于对弹丸、破片等杀伤元的杀伤威力判定。最早以动能为评价标准，多数国家采用 78 J 为杀伤威力评估标准。20 世纪二三十年代，美国人哈切提出了著名的"停止作用"概念，提出利用弹头的动能/动量和参数结构来评价其杀伤威力。20 世纪 60 年代以来，新型弹药不断涌现，杀伤威力显著增强，对于杀伤元的杀伤效应研究也更加深入。1960 年，美国人杰尔曼提出了杀伤元在侵彻明胶靶过程中传递的能量与随机命中人体时步兵丧失战斗力的概率相关的弹药威力评估方法。1968 年以前美国人就是用这种方法评估弹药的杀伤威力的。后来经过进一步研究改进，对试验方法和计算公式进行了改造，使之成为美国轻武器界和系统分析人员估算弹丸对人体杀伤威力的主要方法。20 世纪 70 年代，美国阿伯丁靶场弹道研究所提出了计算机杀伤模型，该模型损伤范围以杀伤元在明胶中产生的瞬时空腔尺寸来进行评价。

在等效靶的研究上，Farrand 等讨论了靶板等效的定义，建立了等效靶的等效准则，并给出了使用方法。D. Bourget 等进行了有生目标（人员）的易损性分析，认为人员的等效靶可采用多层金属薄板。

外军开展武器弹药生物杀伤效应评估研究主要围绕武器弹药的各类物理致伤参数与作战人员损伤程度之间的关系进行，基本上分为战伤调查、静态和动态弹药终端毁伤生物效应试验、生物与非生物等效模拟以及计算机模拟和仿真分析 4 个方面。其中战伤调查是基础，是唯一可以直接了解武器弹药对人员杀伤特点的途径，是其他任何试验都无法替代的。

美国在目标易损性模拟研究方面经历了三个阶段的迭代过程，第一阶段是第二次世界大战结束以前，在此阶段的目标易损性研究处于初级阶段，研究方法主要是以现场试验的方式开展，主要目的是累积大量试验基础数据，了解弹药对目标的毁伤机理和规律；第二阶段是第二次世界大战结束到 20 世纪 60 年代末，该阶段主要探索和研究以理论分析、综合计算为主的易损性模拟评估方法，建立了弹药效能/目标生存能力联合技术协调组（JTCG）进行研究团队和研究领域的沟通和协调；第三阶段是 20 世纪 70 年代至今，本阶段研究的特点是全面使用计算机模拟的方法进行目标易损性的评估和计算，并实现了目标设计和目标易损性评估的无缝链接。美军在完成大量武器弹药生物杀伤试验的基础上，建立了武器致伤物理参数与生物损伤效应之间的数学模型，并进入了以计算机模拟和仿真分析为主的效应评估新阶段。如美国国防部联合技术与弹药效应项目办公室（JTCG/ME Program Office）与空军生存评估理事会开发的伤员作战能力评定软件系统（Operational Requirements – based Casualty Assessments software system，ORCA），可评定常规武器弹药对装甲车辆进行攻击时，冲击波、加速度、破片、热力、化学气体、激光等致伤因素对舱内不同战位人员造成的损伤程度及其对完成作战任务的影响，评定时间包括伤后即刻、30 s、5 min、1 h、24 h、72 h。ORCA 除分析解剖损伤外，更注重结合作战任务需求，从视、听、本体感觉、平衡功能、语言表达、认知、精神心理活动等方面判定作战人员作战能力下降程度。这样的评估不仅为作战创伤救治所需要，更为提高作战能力提供了医学科学依据。

从 1979 年到 2005 年，美国陆军医学研究与装备司令部（US Army Medical Research and Materiel Command，USAMRMC）开展了军事作业能力医学保障研究项目（前期研究经费未知，2005 年又再投资 33 亿美元），历时 25 年多，开展了 2 000 余只试验动物的研究，对爆炸伤的损伤因素进行了分类，建立了 4 代爆炸伤评估模型。

近年来，随着有限元技术和计算机性能的快速发展，国外已经开始使用有限元数值仿真技术研究弹丸和破片等杀伤元侵彻仿生靶标的过程，有限元计算方法可以在弹药的设计阶段预测其终点效应和杀伤威力，该方法较试验可以提供更为全面的数据并可以方便地再现侵彻过程，能够极大地节约科研/试验经费。

3.1.2　人员目标易损性等效方法简介

系统具有内部结构和外部行为，因此系统的等效有两个基本水平：结构水平和行为水平。结构等效的系统称为同构系统，同构系统的行为特征也必然一致。同构必然具有行为等价的特性，但行为等价的两个系统并不一定具有同构关系。因此，系统等效无论具有什么水平，基本特征都归结为行为等价。等效系统可以和原型系统结构和种类相同，也可以结构和种类完全不同。等效是不同系统之间的一种特定关系，但不是完全的相同；等效只是在某些特定的功能和性质上相同，在其他方面通常不相同，因此等效是建立在明确的前提条件下的。等效的过程并不是盲目的简化，简单地化繁为简，等效变换的前提是要有合理的假设。只有假设合理，等效的结果才是可信、可用、有意义的，特别是对一些特别复杂的系统。因此，在建立等效系统之前，需要确定合理的等效方法。

从目标易损性等效研究的目的来看，目标易损性等效问题可分为三个层次：同构系统替代、功能等效、特征描述。与之对应的人员目标易损性等效方法就有三个类型：几何模型等效法、目标功能等效法、毁伤特征等效法。

根据建立等效模型的基础和出发点的不同，建立等效模型一般也有两种方法：一种是基于对系统内在机理的分析，利用物理和化学定律、能量守恒和质量守恒等原则，根据数学关系式，推导出系统的数学模型，用这种分析法建立的数学模型称为机理模型；另一种方法是根据系统的运行和试验数据建立系统的数学模型，这种建模方法称为系统辨识。比较两种建模方法，用分析方法所建立的机理模型能够充分描述系统的内在联系和运动规律。但是，如果对系统的先验知识了解和掌握得比较少，系统比较复杂，事实上很难推导出机理模型。系统辨识通过试验数据建立数学模型，辨识所得到的模型只能反映输入和输出之间的特性，却很难充分反映出系统内在信息。因此，理想数学模型的建立应该是同时应用分析方法和系统辨识技术，取长补短，相互补充。在实际中，一些比较成功的数学模型的建立都是综合应用了这两种建模方法。建立的等效模型既要结构简单，又要精度高，因而必须根据实际控制对象的物理过程及特性，采用适当的系统辨识方法，有机地结合分析方法，建立满足要求的理想等效模型。模型的结构辨识对所建立的等效模型的有效性具有很大的影响。

系统等效模拟的目的是使复杂的系统简化，方便研究者重点研究所关注的某方面的特性。一般来说，复杂的系统在系统等效模拟过程中可能需要进行一些合理的假设，在假设的前提下也可以认为等效是准确的。例如前面提到的松木板当作抵抗破片冲击的等效靶的实例中，只适宜于破片毁伤元。当毁伤元不同时，等效靶的结构形式随之而异。对于其他毁伤元，如冲击波，松木靶不再是可以模拟人员目标的等效靶。不同的毁伤元对战场人员目标的毁伤机理不同，因此不同的毁伤元采用不同的等效方法进行分析和评价。从毁伤元类型进行分类，可分为毁伤效果等效法、冲击波超压等效法、冲击因子等效法、辐射因子等效法。

3.1.3　等效模拟的应用概况

本小节对等效模拟的目的进行概述，并对国内外等效模拟技术在人员目标易损性评价方面的应用概况进行介绍。

3.1.3.1　等效模拟应用的目的

等效模拟的目的之一是突破条件限制，简化试验。等效法在试验过程中要求抓住主要矛盾，以便于把握、发现现象的内在联系。在用等效目标所做的试验中，必须能够用简单、便捷的方法再现原型复杂的现象本质。在许多情况下，原型的物理量数目比较多，在试验中要使等效目标满足所有参数都相等往往是无法实现的，因此需要对原型进行深入的分析，提炼出问题中最本质的要素而忽略掉一些次要环节，抓住对全局有决定意义的关键因素，建立出简单、高精度、满足要求的理想等效目标。在工程研究中，等效法常常被采用，特别是研究复杂系统时，需要对其进行等效简化。例如有时由于试验条件或其他客观因素的限制，用实物或原型进行试验有时存在困难，因此常常采用等效目标。这样做可以将实验室难以处理的现象变成容易处理的形式，把与现象有关的关键要素进行剥离和组合，可以使试验简化，有利于在试验过程中突出主要矛盾，便于把握、发现现象的内在联系，并且有时可用来对原型所得结论进行校验。采用等效目标进行试验相比于用原目标进行试验研究可以简化试验过程、降低试验难度、缩短试验时间、减少人力和资金投入。

等效模拟的目的之二是通过等效模拟，可以实现现实中没有的产品和场景，降低设计、生产和试验成本。现代设计中，常常在设计阶段采用模拟和仿真方法来预测和了解目标设计系统及其子系统的实际行为，提高目标设计系统的设计成功率。模拟和仿真就是利用模拟或仿真模型，通过计算机、实物或半实物的方式模拟设计对象的实际行为，演示各种功能、载荷、威力、变形等运动学或动力学特性，考察设计对象与实际要求的等效性。仿真的基本思想是利用物理或数学模型来类比模仿现实过程，以寻求过程的规律，其基础是相似或等效现象。系统等效获得了十分广泛的应用，其主要应用场景有优化系统设计、评价系统性能、校验原型所得结论、重现系统故障、避免试验的危险性、为管理决策和技术决策提供依据等。在军用领域，等效已成为武器系统研制与试验中的先导技术、校验技术和分析技术。

在运用试验方法进行目标毁伤（或称易损性）分析的研究中，常采用目标毁伤等效方法。用于毁伤试验的替代靶称为等效靶，用于建立等效靶的理论称为目标毁伤等效理论。在武器系统的设计、研制及效能分析等各个环节中，目标毁伤等效方法被广泛运用。目标毁伤等效靶就是等效模拟应用场景之一，是为了研究弹药对目标毁伤效果而建立的一套靶板系统，它必须能够描述其原型在受到某种毁伤元的毁伤作用下所表现出的易毁性特征。因此，这里所说的等效是指目标与其等效靶在毁伤意义下的等效。

3.1.3.2　人员目标易损性等效模拟应用

在等效理论发展的初期，等效模型被广泛应用在等效靶的建立方面，根据现有的等效模型建立方法，通过弹丸对靶板的侵彻效果建立等效靶，使其与真实的靶板具有相同的目标易损性，可以提高科研工作的效率，并且大幅度减少科研经费。随着科学技术的提升，人员易损性等效模拟已经发展到高逼真仿真人体模拟和计算机仿真分析模拟两个方向。

欧美等国家和地区从 20 世纪 40 年代就开始了对仿真人体模型的研究，具有代表性的是美国第一安全技术公司（First Technology Safety System）、荷兰 Volvo 公司和荷兰 TNO 公司。从世界上第一个仿真人体模型 Sierra Sam 到目前较新型的 Thor，都是仿生技术不断发展的体现。

美军由于在国际事务中所扮演的独特角色，拥有了较丰富的战伤资料，如在越战期间，美军就从致伤武器的类型、弹种与数量、命中位置、受伤人员死亡原因、受伤部位等方面收集了 7 800 例战伤伤例，并建立了战伤资料数据库，从而为分析武器弹药的杀伤效应、建立杀伤标准和开展计算机模拟仿真分析提供了基础数据。但是，单纯的战伤调查资料并不能明确武器弹药的杀伤半径及主要的致伤因素，也不能对致伤元素进行有效的检测，因此，开展静态和动态弹药终端毁伤生物效应试验，可在近似战场的条件下，按照战术的要求，发射某型弹药打击目标，以了解未来战争中装备和人员的毁伤情况，确定武器弹药的杀伤情况。但实射试验耗资大、观察指标单一、重复性差，也不能对其致伤机制进行深入研究。因此，实验室的等效模拟研究成为研究武器弹药主要致伤因素对生物致伤效应及致伤机制的最佳选择。如采用滑膛枪发射不同质量和速度的破片以模拟爆炸破片的杀伤效应；采用激波管或炸药直接爆炸以模拟爆炸冲击波的致伤效应。等效模拟试验具有重复性好、便于多种致伤物理参数与生物效应指标检测等优点。美国的 GFSM 和 JMEM 仿真程序可用来确定爆破和破片战斗部作用于人员目标的毁伤效能。ORCA 评估程序可用于评估各种伤亡引起的损害对军事人员的影响，包括爆炸超压、侵彻和钝力创伤等。瑞典的 AVAL 三军通用易损性评估程序已经能够实现丛林环境中的步履协同生存能力仿真。

我国仿真人体模型的研究起步较晚，在 20 世纪 80 年代由"中国模拟人之父"林大全教授带头起步。第三军医大学和四川大学近年来开展了大量智能化、数字化仿真人体模型研究。三四十年来，我国不断地深入对仿真人体模型的研究，加强仿生技术的发展，从最初单一的几何形态模拟发展为现在形态结构功能等的高度仿生。迄今为止，我国仿真人体模型所采用的仿生技术大致可归纳为几何形体仿生、材料仿生、结构功能仿生、物质能量传递仿生和生物信息传感仿生等类别。

目前国内在汽车碰撞用假人和辐照人体模型领域有仿真人体材料的研究，

主要用于动能碰撞试验和 X 光照射模拟试验。

四川大学的林大全、张加易、袁中凡等开展了中国成人仿真人体模型研究，对人体外观参数进行了研究，把仿真人体模型划分为 15 个环节，并收集中国成人的人体尺寸数据，根据人体各环节主要参数，研制出中国人体模型；同时，研究了组织辐射等效假人材料的等效性研究方法，确定了"参考人"的各组织器官密度和元素组成，推算出人体各种组织有效原子序数、电子密度和质量衰减系数。研制出 7 种组织等效仿真材料，制作出医用仿真辐照人体模型，被国际辐射剂量单位与测量委员会命名为"成都剂量体模"。

四川大学的陈爽、王刚、周兵等基于人体力学和有限元分析法，针对95% 国产碰撞假人设计中的关键性问题进行了设计和分析，建模构建了安全碰撞假人的外形模型。四川大学的蒲昌兰、袁中凡等利用有限元分析软件MSC. Patran 和 Dytran，对试验用假人的颈部建立有限元模型进行了标定仿真。四川大学的谢驰、刘念等针对皮肤等效材料力学性能的特异性对人体皮肤等效材料弹性性能的测试方法进行了研究，提出静载压入试验法进行等效材料的弹性测试，并设计试验装置进行了碰撞假人材料试验。

关于等效模拟在战场人员目标易损性方面的应用，近些年国内也有一些这方面的研究。例如，南京理工大学徐诚对高速步枪弹撞击带复合防护人体上躯干冲击响应进行了有限元建模和数值计算分析，利用显式非线性有限元方法对高速步枪弹撞击带软硬复合防护衣的人体上躯干的冲击响应进行数值计算，获得了皮肤、胸骨、心脏、肺脏、肝脏以及胃的动态冲击响应情况。南京理工大学唐刘建、孙非等采用显式有限元法对铅芯手枪弹侵彻软防护人体靶标的过程进行了数值模拟，分析侵彻过程中的典型现象与人体靶标的动态响应。这些战场人员目标易损性模拟基本上还比较零散，不成体系，与国外成体系的研究还有一定的距离。

国内在计算机仿真模拟分析方面也取得了一些研究成果。2005 年，四川大学的王德麾、樊庆文等开展了根据实体切片的数字化人体三维重建技术研究，主要工作是以一组人体头部层去式实体扫描切片为对象，对数字化人体的三维重建技术进行研究。用基于颜色空间的方法提取目标图像，完成图像去噪和边缘检测工作，并用 VC++ 语言编程调用 Matlab 引擎追踪并记录目标像素的坐标值，获得点云数据文件；在 CATIA 环境下进行曲面拟合，完成三维数字化实体的重建。2009 年，电子科技大学的张春红等对中国成人仿真人体模型的参数进行了研究，建立以身高和体重两个基本尺寸为自变量、人体各环节主要参数尺寸为因变量的二元线性回归方程，并对回归方程的显著性和回归系数的显著性进行了检验。2010 年，四川大学的欧协锋、袁中凡等借助东方智能化仿真人体模型，定义了人体惯性参数、器官数学模型，并对器官和组织的惯性参数进行了分析，为模型的动力学分析提供了有效的支撑。2016 年，上海飞机设计研究院的李杰、解江等根据中国人体态数据，利用 MADYMO/Scaler 软件建模，建立了中国成年男性 50 百分位体态假人模型，并进行了水平冲击仿真试验。

在弹体中低速冲击侵彻弹性大变形高分子材料或者生物材料时，弹体的变形一般较小，而靶体和生物体的变形可能很大。针对此类问题，清华大学张雄教授提出了耦合物质点有限元法（Coupled Finite Element Material Point Method，CFEMP）。该方法采用物质点法离散大变形物体，用有限元法离散小变形物体，并通过基于背景网格的接触算法实现两者的耦合，可实现极端问题的数值分析全过程模拟。在算法研究的基础上，张雄教授团队基于 C++、Qt、VTK、CMake、Open MP 和 MPI 等软件，开发了三维显式并行物质点法数值仿真软件 MPM3D，成功应用于超高速碰撞、侵彻、爆炸和流固耦合等工程实际问题中。

|3.2　人员目标易损性等效模拟|

人员目标易损性等效模拟涉及毁伤元的相关性能参数，人员目标的性能、结构和功能特性以及毁伤元与人员目标的交互作用过程。可根据人体特征模型、毁伤元与人体组织器官和等效材料的毁伤等效关系，通过特定的等效方法和等效原则，采用等效材料对人员目标易损性进行等效模拟，设计等效靶。同时，还可以通过等效靶的试验参数来验证人员目标易损性等效模拟方法的合理性。

通过研究爆炸性战斗部破片、冲击波对裸露和着防护人员的损伤机理，建立战场人员目标物理损伤与失能的映射关系，制定适用于对战场人员目标杀伤效果评估的致伤准则和杀伤判据，提出满足性能试验和作战试验需求的简易和高逼真度仿生等效人体靶标技术规范，形成对杀爆战斗部作用条件下的战场人员目标杀伤效果评估技术规范、模拟仿真手段和试验方法，这些就是战场人员仿真模拟研究的内容。

3.2.1　人员目标易损性等效模拟要素

目标易损性等效模拟涉及以下 4 个方面的要素：目标的特性、毁伤元的特性、毁伤元与目标的作用、目标的毁伤状态。在这 4 个要素的基础上，通过适当的等效方法和等效原则，就可以实现对战场人员易损性的等效模拟。本小节主要讲述上述 4 个要素，等效方法和等效原则将在后面进行讲述。

3.2.1.1　目标的物理特性

目标的物理特性包括几何结构、硬度，关键性部件的数量和位置，以及决定一次偶然命中能引起的毁伤或使其失去战斗能力的总概率等其他特性。目标物理特性包括两个方面，一方面是组织器官的重要性指标，即损伤程度分级；另一方面是易损伤程度。

易损性评估的判据是易损性评估的核心，主要包括结构与功能损伤判据两方面。结构损伤严重度评估的判据以大体与显微病理学变化为主要依据；功能评估的判据相对较复杂，评估的内容较多，包括视、听、语言、运动、躯体平衡等通用性功能，进攻、防御、指挥、驾驶、弹药装填等特殊战位功能需求，以及吃、喝、拉、撒、睡等生理功能。依据人员损伤等级与失能等级的判定准则，采用专家评估法，建立了人员不同组织器官、不同损伤严重度与进攻或防御失能的关联，该关联是人员易损性评估的重要依据之一。

人体是一个复杂的系统，系统的功能是我们具备执行各项任务能力的基础。目前的评估还大多在解剖结构损伤的评估层面，建立不同的解剖结构损伤与各种功能丧失程度之间的量化关系仍然是一项艰巨的工作。

要开展人员易损性评估，首先要有生物损伤效应评估的标准与判据。生物损伤等级是指生物体受物理因素作用后受损伤的严重度等级划分，常用的创伤评分系统有 50 多种，按照所采用的指标特性可分为生理、解剖和综合参数评分三大类，每类评分系统适应某一特定领域。在爆炸性武器伤的生物损伤等级评估中，战场人员易损性可参照国际通用标准"简明损伤定级标准（Abbreviated Injury Scale，AIS）"，将损伤严重程度由轻到重依次划分为轻、中、重、严重、危重、死亡 6 个等级。该损伤等级判定方法是将伤者的生理指标、诊断名称等作为参数并予以量化和权重处理，再经数学计算得出分值以显示伤者全面伤情严重程度的一种方案。AIS 损伤等级评分中将不同组织器官的损伤严重度评估分为 6 个等级，其损伤严重度的决定因素包括对生命的威胁程度、救治的难易程度、死亡率、暂时残疾和永久残疾、永久的机能损伤等，但人员易损性评估中主要考虑的是爆炸性武器毁伤因素对人员不同组织器官毁伤的难易程度，因此，无论该组织器官对生命的威胁程度是大是小，以及救治的难度是难是易，我们均根据其受毁损的严重度进行分级判定。

关键人体功能器官和组织主要包括大脑、心脏、肝脏、肺脏、肾脏、肌肉、皮肤和骨骼等，其典型特征及物理参数如下：

1）大脑

大脑是中枢神经系统的最高级部分，心理活动最主要的器官和行为最复杂的调控系统。大脑的体积占整个中枢神经系统的一半以上，质量占全部脑重的60%~70%，包括大脑皮层、白质和皮层下神经节。大脑皮层覆盖于半球表面，由140亿左右的神经元胞体所组成，呈灰色，面积约2 200 cm²，厚约1/4 cm，分为6层。人的大脑平均占人体总体重的2%，质量介于1 300~1 400 g（成人大脑的平均质量）。中国人数字化标准脑图谱，也称为中国人标准脑模板（Chinese_56），是利用中国人脑MRI图像数据建立的，因此更能代表中国人脑的特征，其长、宽、高的测量值分别为168.77 mm、144.39 mm、110.64 mm。而欧洲的一些研究发现，人群中正常女性的大脑体积（不包括脑脊液、脑膜及其他非脑组织）平均为1 130 cm³，男性的平均为1 260 cm³。

2）主要脏器

心脏：成人心长径为12~14 cm，横径为9~11 cm，前后径为6~7 cm。心脏质量，成人男性为240~350 g，女性为220~280 g。心尖圆钝，游离，由左心室构成。心底由左、右心房构成，与出入心脏的大血管根部相连，是心脏比较固定的部分。心脏的4个心腔体积大致相等，在安静情况下都是约70 mL。

肝：人体正常肝呈红褐色，质地柔软。成人的肝质量相当于体重的2%。据统计，我国成人肝的质量，男性为1 157~1 447 g，女性为1 029~1 379 g，最重可达2 000 g左右。肝的长、宽、厚分别约为25.8 cm、15.2 cm、5.8 cm。

肺脏：成人有3亿~4亿个肺泡，总面积近100 m²，比人的皮肤表面积还要大好几倍。男性的肺脏一般在1 000~1 300 g，女性的肺脏在800~1 000 g。肺容积是指肺内容纳的气体量，通过测定不同幅度的呼吸动作所产生的容量改变，协助评价肺功能，适用于支气管肺疾病、胸廓和胸膜疾病、神经肌肉疾病。包括：深吸气量、功能残气量、肺活量、肺总量、潮气量、补吸气量、补呼气量及残气量等。肺总量（TLC）：深吸气后肺内所含的气体量，我国成人男性约为5 000 mL，女性约为3 500 mL。

肾脏：肾脏为成对的扁豆状器官，呈红褐色，位于腹膜后脊柱两旁浅窝中，长10~12 cm，宽5~6 cm，厚3~4 cm，重120~150 g，左肾比右肾稍大。肾纵轴上端向内、下端向外，肾纵轴与脊柱所成角度为30°左右。肾脏一侧有一凹陷，叫作肾门，它是肾静脉、肾动脉出入肾脏以及输尿管与肾脏连接的部位。由肾门凹向肾内，有一个较大的腔，称肾窦。肾窦由肾实质围成，窦内含有肾动脉、肾静脉、淋巴管、肾小盏、肾大盏、肾盂和脂肪组织等。肾外缘为凸面，内缘为凹面，凹面中部为肾门，所有血管、神经及淋巴管均由此进入肾脏，肾盂则由此走出肾外。肾静脉在前，肾动脉居中，肾盂在后。

肠胃：肠胃一般指消化系统的胃和小肠、大肠部分。而胃和小肠是营养吸收的核心。人体需要的营养几乎都需要经过肠胃。肠胃是消化最重要的器官。胃分为 4 部分：贲门部、胃底、胃体和幽门部。胃功能有吸纳食物、调和食物、分泌胃液，以及具有内分泌机能，产生一些激素，促进肠胃活动。一般成人的胃可以容纳 6 kg 食物。肠指的是从胃幽门至肛门的消化管，是消化管中最长的一段，也是功能最重要的一段。小肠分为十二指肠、空肠及回肠。大肠分为盲肠（包括阑尾）、升结肠、结肠右曲、横结肠、结肠左曲、降结肠、乙状结肠、直肠。

人体主要脏器的大小及质量如表 3.1 所示。

表 3.1　人体主要脏器的大小及质量

项目	大小	质量
大脑	中国人脑：长约 168.77 mm、宽约 144.39 mm、厚约 110.64 mm；正常女性大脑体积平均为 1 130 cm³，男性的平均为 1 260 cm³	体重的 1/50；男性：1 300 ~ 1 500 g；女性：1 100 ~ 1 300 g
心脏	大小与本人的拳头相当，长径 12 ~ 14 cm，横径 8 ~ 11 cm，前后径 6 ~ 7 cm；4 个心腔体积大致相等，在安静情况下都是约 70 mL	成年男性 240 ~ 350 g，成年女性 220 ~ 280 g
肺	随呼吸动作容量改变。深吸气后肺内所含的气体量，我国成年男性约为 5 000 mL，成年女性约为 3 500 mL	体重的 1/50，1 000 ~ 1 300 g
肝脏	长、宽、厚分别约为 25.8 cm、15.2 cm、5.8 cm	体重的 1/50，我国成人肝脏的质量，男性为 1 157 ~ 1 447 g，女性为 1 029 ~ 1 379 g，最重可达 2 000 g 左右
肾脏	长 10 ~ 12 cm、宽 5 ~ 6 cm、厚 3 ~ 4 cm	120 ~ 150 g
肠胃	小肠的正常生理长度是 4 ~ 6 m，大肠在 1.5 m 左右；正常人的胃在收缩状态时容量大约有 50 mL，饱食后处于最大舒张状态时可达 1 500 mL	肠道约占内脏总质量的 20%

3）肌肉

人体肌肉约 639 块，约由 60 亿条肌纤维组成，其中最长的肌纤维达 60 cm，最短的仅有 1 mm 左右。大块肌肉约有 2 000 g，小块的肌肉仅有几克。

一般人的肌肉重量占体重的 35%~45%。按结构和功能的不同又可分为平滑肌、心肌和骨骼肌三种，按形态又可分为长肌、短肌、扁肌和轮匝肌。平滑肌主要构成内脏和血管，具有收缩缓慢、持久、不易疲劳等特点，心肌构成心壁。两者都不随人的意志收缩，故称不随意肌。骨骼肌分布于头、颈、躯干和四肢，通常附着于骨。骨骼肌收缩迅速、有力、容易疲劳，可随人的意志舒缩，故称随意肌。肌肉常见参数有生理横截面积、肌肉结构指数、肌肉长度、肌腱长度、肌肉最大收缩速度等。

4）皮肤

表皮由复层扁平上皮构成，由浅入深依次为角质层、透明层、颗粒层和生发层。角质层由多层角化上皮细胞（核及细胞器消失，细胞膜较厚）构成，无生命，不透水，具有防止组织液外流，抗摩擦和防感染等功能。生发层的细胞不断增生，逐渐向外移行，以补充不断脱落的角质层。生发层内含有一种黑色素细胞，能产生黑色素。皮肤的颜色与黑色素的多少有关。真皮由致密结缔组织构成，由浅入深依次为乳头层和网状层，两层之间无明显界限。真皮厚度为 0.07~0.12 mm；手掌和脚掌的真皮层较厚，约 1.4 mm；眼睑和鼓膜等处较薄，约 0.05 mm。乳头层与表皮的生发层相连，其中有丰富的毛细血管、淋巴管、神经末梢和触觉小体等感受器。网状层与皮下组织相连，其内有丰富的胶原纤维、弹力纤维和网状纤维。它们互相交织成网，使皮肤具有较大的弹性和韧性。网状层内还有丰富的血管、淋巴管和神经末梢等。皮肤覆盖全身表面，是人体最大的器官之一，约占体重的 16%。成人皮肤面积为 1.2~2.0 m²。全身各处皮肤的厚度不同，背部、项部、手掌和足底等处最厚，腋窝和面部最薄，平均厚度为 0.5~4.0 mm。

5）骨骼

人体共有 206 块骨，分为颅骨、躯干骨和四肢骨三大部分。其中，有颅骨29 块、躯干骨 51 块、四肢骨 126 块。人骨中含有水、有机质（骨胶）和无机盐等成分。其水的含量较其他组织少，平均为 20%~25%。在剩下的固体物质中，约 40% 是有机质，约 60% 以上是无机盐。无机盐决定骨的硬度，而有机质则决定骨的弹性和韧性。骨的无机盐部分称为骨盐，包括下列成分：$Ca_3(PO_4)_2$ 占比 84%，$CaCO_3$ 占比 10%，柠檬酸钙占比 2%，$Mg_3(PO_4)_2$ 占比 1%，$NaHPO_3$ 占比 2%。从这些数字可以看出，骨盐是以钙及磷的化学物为主。它们以结晶羟磷灰石和无定形的磷酸钙形式分布于有机质中。人骨由 25.6% 的钙（Ca）及 12.3% 的磷（P）组成，其 Ca/P 比为 1.6，还有钠（Na）、镁（Mg）、钾（K）等。人体内肌肉、皮肤和骨骼的相关参数如表3.2 所示。

表 3.2　人体内肌肉、皮肤和骨骼的相关参数

项目	数量	质量
肌肉	约 639 块	占体重的 35%～45%
皮肤	成人皮肤面积为 1.2～2.0 m²，平均厚度为 0.5～4.0 mm	约占体重的 16%
骨骼	有颅骨 29 块、躯干骨 51 块、四肢骨 126 块	成年男性重约 8.0 kg，女性重约 5.4 kg；同性别南方人骨骼质量为北方人的 72%～94%

人体各组织材料的生物力学参数主要根据国内外已开展的大量组织材料试验及已有的人体生物力学模型相关文献中调研得到。通过文献资料数据检索与查阅，收集到的人体骨骼、肌肉、皮肤和重要器官的参数数据如表 3.3 所示。

表 3.3　重要器官组织性能参数

组织器官	密度/(g·cm⁻³)	杨氏模量/MPa	泊松比
颅骨	2.10	6 500	0.21
大脑	1.14	1.4	0.30
心脏	1.00	0.075	0.38
肺脏	0.60	/	0.49
肋骨	1.60	5 000	0.10
肌肉	1.20	0.8	0.40
皮肤	1.06	53	0.48
肝脏	1.10	0.005 52	0.495
股骨	1.67	16 200	0.36
胫骨	1.65	16 200	0.36
骨骼肌	1.05	1	0.45

3.2.1.2　毁伤元的特性

在陆地战场中，毁伤元主要由爆炸性武器产生。爆炸性武器对人员的主要损伤因素包括原发冲击波、继发性破片、动压、冲击振动、热烧伤、吸入性损伤以及辐射性损伤等。这里以破片毁伤元为例，对破片毁伤元特性、致伤机理

与损伤效应进行分析。

破片穿入生物组织时有两种作用力：一是前冲力，它使破片沿破片飞行方向前进，直接破坏组织，造成贯通伤和/或盲管伤，并形成永久伤道，是直接撕裂性损伤的主要致伤因素；此外，在高速破片撞击体表的瞬间，在前冲力的作用下，可产生强大的冲击波，加重对机体组织的损伤。二是侧冲力，它与伤道垂直并主要以压力波的形式向伤道四周扩散。在侧冲力的强大压力波作用下，形成脉动性瞬时空腔，可造成四周软组织和骨组织的损伤。

破片致伤的物理参数如下：

1）破片的动能

破片能够使机体致伤，主要是因为破片本身具有动能。破片在撞击机体时，直接破坏机体组织，并使接触破片的机体组织获得加速度而使邻近组织受到牵拉或振荡，使机体组织进一步受到挫伤和挤压。因此，动能是使机体遭受破坏的先决条件，而传递给机体组织的能量多少则决定着伤情严重程度。

2）破片的速度

破片速度包括破片的初速、撞击速度及剩余速度。破片的初速是指弹头离开枪口或炮口瞬时的速度；或炮弹等破片在炮弹等爆炸后，爆炸产物赋予破片的最大速度。撞击速度是指破片撞击目标瞬间的速度。剩余速度是指破片穿过靶标后的瞬间速度。剩余速度为零的创伤一般只有入口而无出口，为盲管伤。

破片是轻武器杀伤榴弹所产生的杀伤单元。破片的材质、形状、质量、速度等参数与杀伤性能密切相关。轻武器杀伤榴弹的破片材质主要是钢质和钨合金。其中钨合金密度大，杀伤效果更佳显著。破片形状主要分为球形、菱形、立方体、六方柱体等。球形破片具有形状规则、飞行阻力小、存速能力强、侵彻能力强等特点，被广泛应用于榴弹的预制破片。球形破片直径一般为 2.0 ~ 4.0 mm，每 0.5 mm 为一个系列，破片质量为 0.07 ~ 0.6 g。在靶试试验中通常选取 ϕ4 mm 的钨球作为预制破片（质量为 0.6 g）开展破片对生物靶标侵彻试验研究。ϕ4 mm 钨球预制破片在榴弹爆炸后的速度为 400 ~ 1 000 m/s。钨球、弹托实物如图 3.1 所示。

3.2.1.3　毁伤元与目标的作用

毁伤元与目标的作用指物理致伤参数与生物损伤效应之间的量效关系。量效关系的建立，首先是明确物理致伤因素，其次是要对致伤物理、化学因素进行科学准确的测量，选择最能反映人体损伤效应的物理、化学表征参数，是进行科学准确测量的前提。

图 3.1　钨球、弹托实物

1. 物理致伤机制

1）破片的直接撕裂性损伤作用

破片击中机体组织后，当作用于局部组织的应力超过组织的耐受程度时，组织将产生断离、撕裂等损伤。

2）水动力和加速粒子作用

1848 年法国学者 Hugier 认为，弹头对机体组织的"爆炸"效应是由水粒子扩散作用导致的。破片在作用于机体组织的过程中，也将动能传递给周围组织的液体微粒，使其加速，像继发性的破片一样迅速离开伤道，向四周扩散产生"爆炸"效应，从而使伤道周围组织呈广泛性损伤。

3）瞬时空腔作用

瞬时空腔的形成是高速破片致伤的一个重要特点。在破片高速穿过机体组织的过程中，伤道周围弹性软组织在压力（高达 10 MPa 以上）作用下向外扩展，可形成比破片投射物本身直径大 10～30 倍的空腔，但仅持续数毫秒。瞬时空腔既是高速飞行的投射物穿过机体组织后，组织内部发生的一种变化迅速的物理现象，又是造成组织器官严重创伤的一个重要原因。

瞬时空腔不仅在体积上远大于投射物本身，而且具有急剧胀缩的脉动性周期。空腔开始形成时，空腔内压力值最大，当瞬时空腔膨胀至最大时，压力值降至最小，并达负压值。瞬时空腔的周期性胀缩，既可产生强大的压力波在机体内传播，引起邻近及远隔部位组织器官的损伤，又可通过空腔内的负压吸吮作用，导致伤道严重污染。

瞬时空腔的大小取决于破片投射物传递给组织的能量以及组织本身的物理力学特性。当破片速度低于 340 m/s 时，基本上不产生瞬时空腔。由于人体各种组织的结构不同，力学特性各异，破片所产生的空腔效应也不相同。空腔效应在肌肉、肝脏、脑等组织中较为明显。在肌肉组织中，每焦耳能量约形成 0.7 mL 体积的瞬时空腔；但在较低密度的组织（如肺）或较高密度的组织（如骨）中，空腔效应则不明显。

4）弹头冲击波的作用

高速破片在击中体表瞬间，可产生峰压值约为 10 atm 的冲击波。强冲击波具有特殊性质，其波阵面之后的压力呈指数衰减，并存在一个低于大气压力的负压区。其在机体组织中的传播速度约为 1 450 m/s，但持续时间极短，30 ms 内就衰减一半，故以往认为，冲击波的致伤作用不大。然而，近年来的试验表明，冲击波的超压、质点加速和位移作用能引起明显的机体组织损伤，尤其是冲击波的超压作用，即使是在组织移位得以防止时，冲击波的超压仍然可以引起明显而严重的细胞内损伤。

爆炸性破片的初速可以从每秒几米到每秒几千米。近几十年的研究表明，高速小质量的破片，有严重的杀伤效果。在破片质量相同的情况下，撞击速度越高，撞击动能越大，产生的伤腔容积也越大，失活组织清除量也越多，引起的伤情也就越严重。

钢球是最常用的弹体预制破片，用 6.35 mm 钢球侵彻狗双后肢发现，不同的撞击速度产生的伤情有明显的差别。撞击速度为 1 300 m/s 时，肉眼观察，伤道内充满了碎屑和血块，肌肉组织颜色暗紫，缺损较多，肌束间广泛出血，有的血肿直径可达 80 mm，挫伤区范围可宽达 15 mm；撞击速度为 450 m/s 时，伤道内肌组织颜色新鲜，组织碎屑也较少，一般难以分辨挫伤区的范围，肌膜下很少有出血现象，或仅有轻微的出血，失活组织也很少。

2. 影响损伤效应的因素

破片的动能与破片的质量成正比。由于惯性作用，破片越重，越能保持飞行距离，射击距离越远，造成损伤越重。破片的质量影响破片的能量传递率，破片的质量越小，速度衰减越快，因此，当撞击能量相同时，质量小的破片能量传递率高。如撞击速度为 1 450 m/s 的小质量钢球，穿入组织初期的速度衰减为 40%，当这种小弹片在组织骤然减速时，大量能量释放在伤道入口较短的距离上，因而造成浅而宽的伤道。

1）破片的稳定性

柱形、球形、三角形破片在飞行过程中通常有一定的稳定性，但长宽比有一定差异的柱形等破片，在空气中飞行时遇到阻力容易失去其稳定性，产生偏航、翻滚等运动。偏航是指破片偏离飞行直线纵轴的运动；翻滚是指围绕破片的中心旋转，转动中破片位置方向倒转。

若不规则破片在撞击体表时所形成的角度不同，则组织损伤程度和伤道形状也有所不同；若破片进入组织时与组织接触面小，则传给组织的能量就少，损伤较轻；若进入组织时与组织接触面较大，则传递的能量就较多，损伤较重。

2）破片的结构特性

通常不规则形破片阻力较大，减速较快。三角形和方形破片射入机体时，入口大，皮肤呈不规则破裂，形成浅而宽的倒喇叭伤道，盲管伤可达 80% 以上。钢球入口一般为边缘整齐的圆孔，其直径略大于球径。如速度在 1 000 m/s 以上时，入口面积可为出口的 10 余倍。由于钢球表面光滑，截面密度（投影面积/质量）大，进入体内后易曲折运动，造成多脏器损伤。

球形破片的飞行稳定性较好，弹道系数（即克服空气阻力的能力）较小，表现在飞行中阻力大，减速快，进入组织的穿透力较差，因此，伤道多较浅，瞬时空腔也较小。三角形破片在飞行过程中稳定性也较差，阻力也较大，但其对组织的穿透能力较强，损伤较深。有试验表明，0.15 g 球形钢珠，以 1 100 m/s 速度打击猪胸部时，已不能穿透猪的胸壁。但 0.07 g 的不规则破片，则能以 600 m/s 左右的速度穿透试验羊胸壁、肺脏及胸主动脉壁，致试验动物大出血死亡。说明破片的结构特性对破片的致伤效应具有显著的影响。

3）致伤组织特性

在破片动能一致的条件下，心、脑等重要生命器官比肢体等非重要器官的损伤的后果严重。组织厚度（伤道长度）对损伤程度有很大关系。如球形破片通常伤道深度较浅，因此对重要器官的损伤通常较少。而不规则破片通常穿透能力较强，对重要器官的损伤较多。

破片致伤效应与组织密度、含水量和弹性等因素有直接关系。组织密度越大，含水量越多，弹性越差，则损伤越重。骨组织密度大，弹性小，破片击中后易发生骨折：长骨多为粉碎性骨折；颅骨、肋骨及长骨骨骺端常形成孔洞，并有放射性裂纹。肌肉和脑组织含水量多，易吸收动能而造成严重损伤。肝、肾等实质脏器密度大，弹性小，击中后常发生碎裂，缺损大小与瞬时空腔一致，周围有放射状裂纹。胃肠等空腔脏器，在形成瞬时空腔时通过气体膨胀或液体传导，可致远离部位穿孔或内膜损伤。血管弹性大，除直接击中外，很少发生断裂，但可因牵拉发生内膜损伤，形成血栓。肺组织密度小而弹性大，含有大量气体，击中时形成瞬时空腔小，故损伤多较轻。皮肤弹性大，消耗破片的能量较多，穿透皮肤的阻力较穿透肌肉的阻力大 40% 左右。

3.2.1.4　目标的毁伤状态

人员目标易损性指人体受到外在物理、化学因素作用后组织器官容易受损伤的程度，涉及目标毁伤状态的确定，也就是易损性的评估。而易损性评估则是建立对人体作用的物理、化学因素与组织器官损伤程度之间的量效关系，并通过一种已知因素预测另一种作用结果的分析过程。研究爆炸性武器对人员损伤的易损性，则是通过明确爆炸性武器杀伤元对生物体作用的主要物理因素，建立它们与生物损伤严重度的相互关系，并通过物理致伤因素分析，预测爆炸性武器对人员损伤严重度（"失能程度"）的一种方法，进而指导对战场人员目标杀伤效果的评价。

1. 破片对目标肢体的创伤效应

目标肢体解剖结构和遭受创伤后特征：目标肢体可分为上肢和下肢两部分。从解剖结构来看，其组成特点是软组织和肌肉包围骨骼，其内分布有血管、神经。目标肢体遭受创伤导致肢体失能最主要的原因是长骨骨折，其次为关节损伤、肌肉大面积损伤、主干动脉血管破裂以及主干神经遭受损伤。

破片对目标肢体创伤效应：0.15 g和0.25 g破片生物试验创伤效应测试数据见表3.4和表3.5。

表3.4　0.15 g破片对目标肢体创伤效应测试数据

编号	射击顺序	装药质量/g	着靶速度/(m·s⁻¹)	入口尺寸/(cm×cm)	伤道长度/cm	伤情描述
11A01	1	0.8	696	0.3×0.6	5.1	穿入肌肉
11A01	2	0.8	675	0.5×0.7	3.0	穿入肌肉
11A01	3	0.8	700	0.5×0.3	2.0	穿入肌肉
11A03	1	1.4	896	0.5×0.7	2.6	命中膝关节
11A03	2	1.4	976	0.5×0.8	3.3	皮下入口1.2 cm×1.5 cm
11A03	3	1.4	1 023	0.5×0.5	7.0	穿入肌肉
11A03	4	1.5	1 174	0.5×0.8	5.1	皮下入口2.4 cm×1.5 cm，伤道长9.5 cm
11A03	5	1.5	1 180	0.7×0.3	8.0	皮下入口2 cm×1.8 cm，伤道长8 cm
11A03	6	1.5	963	0.6×0.5	3.0	皮下入口2 cm×1.5 cm，伤道长4.5 cm

续表

编号	射击顺序	装药质量/g	着靶速度/(m·s⁻¹)	入口尺寸/(cm×cm)	伤道长度/cm	伤情描述
11A02	1	1.1	826	0.7×0.7	7.5	命中静脉，距股骨2 cm
11A02	2	1.1	856	0.3×0.5	7.0	距股骨1.5 cm
11A02	3	1.1	837	0.6×0.6	6.0	命中静脉，距股骨3.5 cm
11A04	1	1.5	1 001	0.5×0.4	2.1	穿入肌肉
11A04	2	1.5	870	1.0×1.0	3.0	穿入肌肉
11A04	3	1.5	1 042	0.6×1.1	8.5	破片刚要贯穿整个腿部

表 3.5　0.25 g 破片对目标肢体创伤效应测试数据

编号	射击顺序	装药质量/g	着靶速度/(m·s⁻¹)	入/出口尺寸/(cm×cm)	伤道长度/cm	伤情描述
11A05	1	1.4	1 069	1.0×0.6	4.0	皮下入口1.7 cm×1.5 cm，侵彻深度7 cm
11A05	2	1.4	1 066	1.0×0.4	2.2	皮下入口1.7 cm×1.5 cm，侵彻深度6.5 cm
11A05	3	1.4	1 071	1.8×0.8	3.5	皮下入口2 cm×1.8 cm，侵彻深度3.5 cm
11A05	4	1.2	970	0.7×0.2	5.5	均命中血管，出血较多，纱布填塞止血后形成大片皮下血肿，伤道状况难以观察
11A05	5	1.2	978	0.6×1.0	4.0	
11A05	6	1.2	986	1.2×0.6	4.4	
11A06	1	1.5	1 077	0.8×0.8 0.5×0.2	8.0	形成贯通伤，皮下入口4 cm×2 cm（后为出口数据）
11A06	2	1.5	1 103	0.7×0.5 0.5×0.2	9.0	形成贯通伤，皮下入口2 cm×2 cm（后为出口数据）
11A06	3	1.5	1 123	0.8×0.7 0.3×0.3	10.0	形成贯通伤，皮下入口2.5 cm×3 cm（后为出口数据）

编号	射击顺序	装药质量/g	着靶速度/(m·s⁻¹)	入/出口尺寸/(cm×cm)	伤道长度/cm	伤情描述
11A06	4	1.3	1 014	0.9×1.4	2.0	皮下入口1.7 cm×1.5 cm，命中左膝关节入口尺寸1 cm×0.8 cm
11A06	5	1.3	1 017	1.0×0.8	4.4	皮下入口3 cm×3 cm，命中股骨干入口0.9 cm×0.4 cm
11A06	6	1.3	947	1.5×0.7	2.4	皮下入口3 cm×3.5 cm
11A07	1	1.0	802	1.0×0.9	6.2	皮下入口2.5 cm×1.5 cm，命中膝关节入口2 cm×1.5 cm深1.9 cm
11A07	2	1.0	862	0.8×1.0	5.6	皮下入口1.8 cm×0.7 cm，命中股骨干近膝关节处入口尺寸0.4 cm×0.4 cm
11A07	4	1.0	849	0.8×0.6	4.4	皮下入口1.5 cm×1 cm，破片刚要贯穿腿部
11A07	5	1.0	862	0.8×0.5	4.1	皮下入口2.5 cm×0.8 cm，命中股骨干入口0.4 cm×0.3 cm

对 0.15 g 和 0.25 g 破片着靶动能、伤道入口面积、伤道长度统计后分别作图，得到目标肢体伤道入口面积与破片着靶动能之间的关系以及目标肢体伤道长度与破片着靶动能之间的关系，如图 3.2、图 3.3 所示。如果将破片命中目标后所形成的伤道近似看作圆柱体，目标肢体也参考标准人体中四肢近似看作圆柱体计算，则可以得到破片命中目标后着靶动能与对目标肢体血管、神经的毁伤概率关系曲线，如图 3.4 所示。

破片对目标肢体创伤效应试验数据研究表明：0.15 g 和 0.25 g 两种破片命中目标肢体后，均不能造成目标肢体骨骼骨折、肌肉群大面积撕裂，但仍可造成目标肢体的主要血管破裂出血、神经损毁，从而导致目标肢体失能。因此，破片对目标肢体打击所造成的肢体失能主要原因可归纳为：破片不同于大破片和枪弹，后者可造成组织器官的严重毁损性损伤，而破片打击则主要是对目标肢体重要血管和神经造成损伤而导致目标肢体失能。

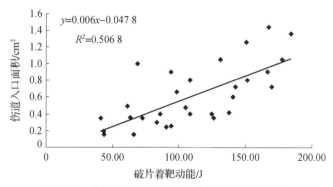

图 3.2　伤道入口面积和破片着靶动能关系曲线

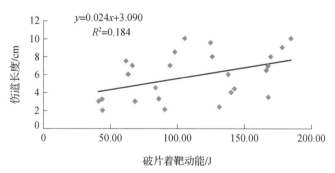

图 3.3　伤道长度与破片着靶动能关系曲线

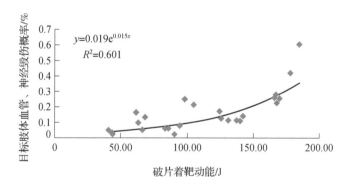

图 3.4　破片着靶动能与目标肢体血管、神经毁伤概率曲线

2. 破片对目标胸部创伤效应

创伤弹道资料和医学临床经验研究表明：破片命中目标胸部时，其对目标胸部创伤效应的严重程度取决于下述两个因素：首先是能否穿入目标的胸部；其次是能否击中重要的组织器官。破片能否穿入目标的胸部，可能主要与破片

的着靶动能相关，其次还取决于破片在进入肌体后是否会碰到骨骼。能否击中重要的组织器官取决于命中目标的部位和破片对目标的创伤效应影响范围。

目标胸部是躯干的上部，位于目标颈部和腹部之间。从解剖结构特点来看，其组成特点是：软组织和肌肉在最外层包裹着由胸骨、肋骨、胸椎和肋间肌组成的骨性笼状胸廓，胸廓内容各胸腔脏器、纵隔及血管神经。目标胸部遭受创伤导致目标失能的主要表现为胸膜破裂导致的气胸、重要器官或血管损伤导致的呼吸循环功能衰竭、主干神经或脊髓胸段损伤、胸廓骨骼骨折、肌肉群大面积损伤。

破片对目标胸部创伤效应：0.15 g 和 0.25 g 破片对胸部创伤效应测试数据见表 3.6 和表 3.7。

表 3.6　0.15 g 破片对目标胸部创伤效应测试数据

编号	射击顺序	装药质量/g	着靶速度/(m·s^{-1})	入/出口尺寸/(cm×cm)	伤道长度/cm	伤情描述
11A01	7	0.8	659	0.5×0.4	3.7	右胸5、6肋间穿入胸壁，胸壁内出口0.3 cm×1 cm，致右肺下叶0.5 cm×0.5 cm伤口，致伤后致气胸，呼气困难
11A01	8	0.8	695	0.5×0.8	3.0	未射中胸壁，嵌入肌肉
11A01	9	0.8	679	0.5×1.0	3.8	未射中胸壁，嵌入肌肉
11A02	14	0.7	592	0.5×0.2	1.6	右胸8、9肋间穿入，胸壁入口0.6 cm×0.3 cm，右肺下叶穿孔0.5 cm×0.5 cm，出血3.5 cm×2.5 cm，3.5 cm×1.4 cm
11A02	15	0.7	552	0.7×0.5	5.1.3	右胸6、7肋间穿入，胸壁入口0.5 cm×0.2 cm，右肺下叶穿孔0.2 cm×0.2 cm，出血2.5 cm×2 cm
11A02	16	0.7	608	0.6×0.3	3.9	右胸3、4肋间穿入，胸壁入口0.5 cm×0.3 cm，右肺下叶穿孔0.2 cm×0.3 cm，出血5.3 cm×2.5 cm

编号	射击顺序	装药质量/g	着靶速度/(m·s⁻¹)	入/出口尺寸/(cm×cm)	伤道长度/cm	伤情描述
11A03	11	0.55	521	0.2×0.3	2.2	破片嵌在肋骨上
11A03	12	0.55	557	0.7×0.3	2.5	穿入胸腔后击中肝脏
11A03	13	0.55	540	0.6×0.3	3.8	穿入胸腔后击中肺脏
11A03	14	0.55	564	0.5×0.2	2.9	穿入进入腹腔，未见腹腔脏器受损
11A04	6	0.5	446	0.5×0.3	2.4	右胸6、7肋间穿入胸壁，皮下入口0.6 cm×0.7 cm，致膈肌穿孔0.3 cm×0.2 cm，致肝中叶0.5 cm×0.7 cm，深2.1 cm伤口
11A04	7	0.5	448	0.4×0.3	2.5	击中右胸第6肋，嵌入骨中，入口0.6 cm×0.3 cm，弹丸刚好穿入肋骨但未完全穿入
11A04	8	0.5	438	0.3×0.2	2.0	击中右胸第4肋，皮下入口0.6 cm×0.3 cm，肋骨骨折
11A04	9	0.6	515	0.5×0.2	2.6	击中胸骨体，深度1.1 cm，入口0.6 cm×0.3 cm
11A04	10	0.6	531	0.4×0.2	2.5	穿入左胸4、5肋间胸壁击中心脏，胸壁出口0.5 cm×0.7 cm；心包伤口0.3 cm×0.2 cm，心包积液300 mL；穿入左室壁，入口0.8 cm×0.9 cm，出口0.7 cm×0.8 cm
11B01	1	0.65	589.2	0.5×0.2	2.3	击中第7肋位于肋骨表面，仅穿透骨膜
11B01	2	0.65	650	0.6×0.2	4.2	击中第8肋，深0.5 cm

编号	射击顺序	装药质量/g	着靶速度/(m·s⁻¹)	入/出口尺寸/(cm×cm)	伤道长度/cm	伤情描述
11B01	3	0.65	653.7	0.5×0.2	3.7	击中第7肋位于肋骨表面，仅穿透骨膜
11B01	4	0.65	710.7	0.5×0.3	2.8	位于皮下，未穿透胸壁
11B02	1	0.8	731.4	0.5×0.2	3.5	皮下伤口1 cm×1.5 cm；6、7肋间穿透胸壁，入口大小0.3 cm×0.5 cm；肺部出血大小3 cm×4 cm，深度3.7 cm
11B02	2	0.8	755	0.7×0.2	3.5	皮下伤口1 cm×1 cm；6、7肋间穿透胸壁，入口大小0.4 cm×0.5 cm；肺部出血大小3 cm×3.5 cm，深度3.7 cm
11B02	3	0.8	806.6	0.3×1.8	2.7	皮下伤口1 cm×1.6 cm；7、8肋间穿透胸壁，入口大小0.8 cm×0.5 cm；肺部出血大小4.5 cm×4 cm，深度3.4 cm
11B02	4	0.8	805.8	0.6×0.3	2.8	皮下伤口1 cm×0.8 cm；击中第5肋，大小0.3 cm×0.5 cm，深度0.4 cm
11B02	5	0.8	789.4	0.6×0.3	4.0	皮下伤口1 cm×1 cm；第六肋下缘穿透胸壁，入口大小0.6 cm×0.4 cm，第6肋骨折；肺部出血大小3 cm×4 cm，深度3.5 cm
11B04	1	0.8	738	0.4×0.6	2.8	自8、9肋间穿透胸壁，皮下入口2 cm×2 cm；胸腔发现凝血块800 g，积血1 500 mL；右肺下叶入口0.3 cm×0.6 cm，伤道长9 cm，右肺下叶背侧出口0.5 cm×0.3 cm，肺出血3.5 cm×5 cm，右肺下叶腹侧出血2 cm×9 cm，另见肺部多处点片状出血

续表

编号	射击顺序	装药质量/g	着靶速度/(m·s⁻¹)	入/出口尺寸/(cm×cm)	伤道长度/cm	伤情描述
11B08	1	0.9	871.6	0.6×0.4	3.0	胸腔内积血50 mL，击中右肺下叶背侧出血范围6 cm×3.5 cm，腹侧1.5 cm×1.5 cm，肺内伤道长7 cm
11B09	1	0.55	536.9	0.5×0.2	3.5	击中第7肋，未进入胸腔
11B09	2	0.55	536.8	0.5×0.2	2.9	击中右肺下叶入口0.3 cm×0.3 cm，出血范围2.3 cm×2.7 cm，伤道长5 cm
11B09	3	0.55	576	0.6×0.3	3.7	胸腔积血1 000 mL，血凝块500 g；击中右肺下叶，入口0.6 cm×0.5 cm，出血范围4.5 cm×2.3 cm，伤道长6 cm

表 3.7　0.25 g 破片对目标胸部创伤效应测试数据

编号	射击顺序	装药质量/g	着靶速度/(m·s⁻¹)	入/出口尺寸/(cm×cm)	伤道长度/cm	伤情描述	
11A05	10	0.65	584	1.0×0.3	3.6	9、10肋间穿入胸壁	肺部广泛出血
11A05	11	0.65	607	0.6×0.6	3.5	9、10肋间穿入胸壁	
11A05	12	0.65	608	1.6×0.7	3.2	7、8肋间穿入胸壁	
11A05	13	0.65	619	0.7×0.4	1.7	击穿第4肋，穿孔大小0.5 cm×0.4 cm，击中心脏左室室壁，心包积血200 mL，心脏入口1.1 cm×1 cm，室壁出口0.5 cm×0.3 cm	
11A05	14	0.65	623	1.0×0.5	3.0	击中心室，嵌入心肌内，未穿入	
11A06	10	0.6	565	0.8×0.3	3.6	肝脏4处破裂：4.5 cm×0.6 cm，3.8 cm×1 cm，3.7 cm×0.6 cm，2.1 cm×0.3 cm；肺部出血两处：5 cm×2 cm，2.5 cm×2.5 cm	
11A06	11	0.6	554	0.8×0.5	3.0		
11A06	12	0.6	553	0.7×0.5	2.9		

续表

编号	射击顺序	装药质量/g	着靶速度/(m·s⁻¹)	入/出口尺寸/(cm×cm)	伤道长度/cm	伤情描述
11B03	1	1	870	1.3×0.5	4.5	皮下入口2.5 cm×1.5 cm；自8、9肋间穿透胸壁，胸腔发现凝血块约200 g；膈肌穿孔0.7 cm×0.4 cm；右肺下叶背侧出血11 cm×4.5 cm，肺大泡3个：0.3 cm×0.7 cm，0.3 cm×0.8 cm，0.4 cm×0.6 cm；肝脏中叶撕裂4.2 cm，背侧撕裂5.2 cm；心内膜出血1.1 cm×1.8 cm
11B11	1	0.9	815	0.7×0.4	2.8	胸腔积血1 000 mL，凝血块300 g，击中右肺下叶入口0.6 cm×0.9 cm，出血范围9 cm×5 cm
11B11	2	0.9	828.6	0.3×0.7	2.8	击中右肺下叶，入口0.7 cm×1 cm，出血范围5 cm×3 cm

创伤和战伤医学资料研究表明：破片能否穿入目标的胸部，主要取决于破片的着靶动能，其次还取决于破片在进入肌体后是否会碰到骨骼。但是仔细分析表3.6、表3.7的数据后表明：在未穿入的0.15 g破片中最高着靶动能为40 J，反观0.25 g破片中穿入的着靶动能最低的为38 J，着靶动能40 J以下的有效数据有3发，占据所有有效数据统计的25%。因此，破片击中目标胸部后进入目标胸腔的穿入率不完全取决于破片的着靶动能，因此破片的着靶动能不适合作为破片能否穿入目标胸部的主要条件，但可作为重要参数列入考虑因素。也即破片的着靶动能只是能否穿入目标胸部的重要参考因素，不是决定因素。

综合分析创伤资料、战伤医学研究成果以及破片对目标胸部创伤效应试验数据表明：破片击中目标胸部后的穿入率与着靶动能、破片质量以及命中部位的结构密切相关。破片击中目标胸部后能否穿入目标胸腔内是目标失能判定的基本条件，目标的胸部解剖结构是既定的，可以认为是不变参数，因此，破片击中目标胸部后目标能否失能的基本判定参数与破片的着靶动能和质量两个因素相关。着靶动能中隐含破片质量和速度两个参数，同时综合考虑其余条件后可得出破片击中目标后能否失能的相关判定参数中质量为主，动能可作为重要参考条件。

在完成破片对目标胸部创伤效应试验数据分析后可得，0.15 g 破片穿入目标胸部的最低速度为 733 m/s，在我国现用的小型杀伤以及杀伤破甲两用榴弹破片中有效杀伤半径范围内的破片速度与 733 m/s 这个数值基本相当，破片质量基本与 0.15 g 相当，因此可保证我国现用的小型榴弹所产生的破片穿入目标胸部。

图 3.5 ~ 图 3.9 所示为 0.15 g 和 0.25 g 破片命中目标心、肺的创伤效应以及 0.25 g 破片命中心脏解剖后的心脏内部伤道情况。

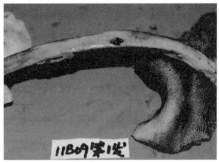

图 3.5　0.15 g 破片胸壁出口及 0.15 g 破片嵌顿肋骨上

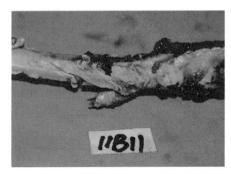

图 3.6　0.25 g 破片击穿肋骨及 0.15 g 破片击中肋骨未击穿

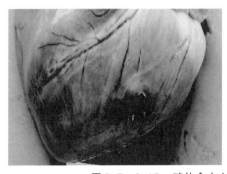

图 3.7　0.15 g 破片命中心脏及 0.25 g 破片命中心脏

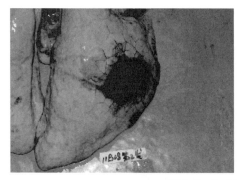
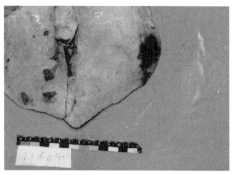

图 3.8　0.15 g 破片命中肺

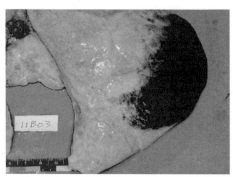
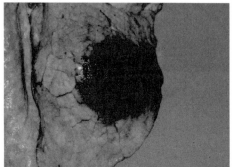

图 3.9　0.25 g 破片命中肺

　　破片对目标胸部的损伤导致失能的主要因素是：胸部前或者后骨骼骨折、肌肉群大面积损伤、动脉血管破裂、主神经遭受损伤以及主要脏器损伤导致的器官衰竭。其中心脏出血、气胸与肺出血引起的呼吸功能衰竭是最常见的目标遭受损伤后的表现。既然 0.15 g 破片在有效杀伤半径内击中目标胸部后可造成目标胸部骨骼骨折，因此 0.15 g 和 0.25 g 破片击中目标胸部造成的失能首先与破片的着靶速度相关，破片的质量、着靶动能则成为重要的参考条件。

　　破片在生物试验中的速度和质量越大对目标胸部所造成的入口面积也越大，形成的气胸越不易闭合或者延迟闭合；破片的速度和质量越大，击中目标胸部后造成的肺部出血面积也越大，呼吸功能衰减的速度也越快。在破片对目标胸部的创伤导致目标失能等级进行评判时，评判等级分布在轻度以下和重度至极重度两个区间（评分分布 14~15 和 3~5），对所有 0.15 g 和 0.25 g 破片对目标胸部创伤效应的有效数据进行统计后得到：皮下入口面积平均值分别为 0.97 cm² 和 2.35 cm²；破片着靶动能平均值为 34.8 J 和 62.7 J；肺部出血面积平均分别为 1/10 和 1/3~1/2 的肺下叶面积。

　　试验研究表明：0.15 g 破片在低速状态下（500~600 m/s）对目标胸部

有一定的穿透性，可造成生物目标一定程度的失能，0.25 g 破片失能效应要明显大于 0.15 g 破片。但是当 0.15 g 破片击中目标肋骨时，破片穿透性很小，也不能造成骨折；而 0.25 g 破片虽然也不能造成肋骨骨折，但可穿透肋骨，造成胸腔脏器的损伤。因此，我国现役或者在研的小型榴弹在有效杀伤半径内，速度在 730 m/s 左右时，击中目标胸部后，可以让目标有一定的概率失能。

3. 破片对目标腹部创伤效应

与破片命中目标胸部相比较，破片对目标腹部的创伤效应的严重程度同样取决于能否穿入目标的腹部和能否击中重要的组织器官。破片能否穿入目标的腹部，可能主要与破片的着靶动能相关；能否击中重要的组织器官取决于命中目标的部位和破片对目标的创伤效应影响范围。

目标腹部解剖结构和遭受创伤后特征：目标腹部包括胸膈以下、骨盆上口部以上的部分。典型解剖结构为软组织、肌肉和腰椎构成腹腔壁，包裹着腹腔内的脏器、血管、神经等重要组织。目标腹部遭受创伤导致目标失能的主要表现为腰椎被击穿或者骨折、实质脏器或主干血管损伤导致的大量出血、肌肉群大面积损伤以及主干神经遭受损伤等。

菱形破片对目标腹部创伤效应测试数据见表 3.8、表 3.9。

表 3.8　0.15 g 菱形破片对目标腹部创伤效应测试数据

编号	射击顺序	装药质量/g	入射速度/(m·s⁻¹)	入口尺寸/(cm×cm)	伤道长度/cm	伤情描述
11A01	4	0.8	688	0.8×0.4	2.1	伤道深至腹膜，升结肠出血 5 cm×4 cm
11A01	5	0.8	675	0.6×0.9	3.0	横结肠 0.5 cm×0.6 cm 穿孔
11A01	6	0.8	681	0.5×0.4	3.0	结肠系膜下出血 5.5 cm×5 cm
11A02	11	0.7	630	0.3×0.6	2.9	穿入腹膜，造成小肠穿孔 3 处，分别为 0.3 cm×0.3 cm，0.5 cm×0.3 cm，0.7 cm×0.3 cm；出血 5 处，分别为 2.5 cm×1.5 cm，2 cm×2 cm，3 cm×1.7 cm，1.2 cm×1 cm，1.7 cm×1 cm

续表

编号	射击顺序	装药质量/g	入射速度/(m·s⁻¹)	入口尺寸/(cm×cm)	伤道长度/cm	伤情描述
11A02	12	0.7	625	0.3×0.5	2.2	未穿入腹膜
11A02	13	0.7	606	0.3×0.5	5.2	穿入腹膜，未见脏器损伤
11A03	10	0.55	520	0.5×0.2	4.3	穿入第10、11肋间隙进入腹腔，未见腹腔脏器损伤
11A04	4	0.5	417	0.4×0.4	2.0	穿入腹壁，小肠3处穿孔：0.2 cm×0.1 cm，0.5 cm×0.5 cm，1 cm×0.5 cm
11A04	5	0.5	479	0.5×0.3	1.5	刚好位于腹膜上，未穿入腹膜

表3.9　0.25 g菱形破片对目标腹部创伤效应测试数据

编号	射击顺序	装药质量/g	入射速度/(m·s⁻¹)	入口尺寸/(cm×cm)	伤道长度/cm	伤情描述
11A05	7	0.65	651	1.0×0.8	3.0	腹腔积血820 mL，小肠穿孔1.5 cm×1 cm，出血范围2.5 cm×2 cm
11A05	8	0.65	604	0.5×0.9	5.8	小肠贯通伤入口0.3 cm×0.2 cm，出血范围0.9 cm×0.7 cm；出口1 cm×0.5 cm，出血范围2 cm×1.5 cm
11A05	9	0.65	598	0.4×0.8	1.6	结肠穿孔3处，尺寸分别为：1 cm×1.0 cm，出血范围1.5 cm×1 cm；0.8 cm×0.2 cm，出血范围2.5 cm×2 cm；0.6 cm×0.3 cm，出血范围1.3 cm×0.5 cm
11A06	7	0.6	614	0.7×0.3	3.2	腹腔积血800 mL，血凝块500 g，结肠穿孔3处：0.6 cm×1 cm，0.7 cm×0.8 cm，1 cm×1 cm；小肠穿孔5处：1.3 cm×1 cm，0.5 cm×0.3 cm，1.2 cm×0.8 cm，0.2 cm×0.5 cm，1.4 cm×0.6 cm
11A06	8	0.6	571	0.8×0.4	2.5	
11A06	9	0.6	556	0.8×0.6	1.7	

创伤和战伤医学资料研究表明：破片能否穿入目标的腹部，主要取决于破片的着靶动能。但是仔细分析表 3.8、表 3.9 的数据后表明：在未穿入的 0.15 g 破片中最高着靶动能为 29 J，0.15 g 破片穿入目标腹部的最小动能为 36 J，0.25 g 破片穿入目标腹部的最小着靶动能为 39 J。因此，破片击中目标腹部后的穿入率主要与破片的着靶动能大小相关。着靶动能可作为破片能否穿入目标腹部的主要评判因素。

破片对目标腹部的损伤导致失能的主要因素是：腰椎被击穿或者骨折，实质脏器损伤导致的大量出血、重要血管破裂以及重要神经遭受损伤等。

破片击中目标腹部后最常见的是：实质脏器击中后破裂出血、空腔脏器击中后形成穿孔、主要血管被击穿引起的出血，以及腰椎或神经丛损伤引起的局部瘫痪等创伤效应。0.15 g 破片在有效杀伤半径内击中目标腹部后均可造成目标腹部被击穿，因此 0.15 g 和 0.25 g 破片击中目标腹部造成的失能首先与破片的着靶动能相关，破片的质量、着靶速度则成为目标腹内重要器官受损大小的重要判断条件。

在创伤效应生物试验中，破片对目标腹部的着靶动能越大，对目标腹部所造成的损伤也越大，形成的创伤越严重。其中破片的着靶速度和质量越大，穿入目标腹部后造成的主要脏器、血管损伤越大，失血速度也越快，同时对神经群的影响也相同。破片对目标腹部的创伤导致目标失能等级评判可参考下述条件执行，例如，1/3（大于 6 cm）的脾脏破裂或者单侧肾脏 80% 损伤可判定目标失能在重度至极重度（评分 3~5）的评判区间；大于 3 cm 且小于 6 cm 的脾脏破裂可判定在中度至重度（评分 6~8）的评判区间；小肠、结肠多发性穿孔可判定在轻度损伤以下（评分 14~15）。

试验研究表明：0.15 g 破片在我国现役或者在研的小型榴弹的有效杀伤半径内，速度与 730 m/s 基本相当，击中目标腹部后，可击穿目标腹腔，导致肠胃穿孔及脾脏、肝脏、肾脏等实质性脏器和重要血管破裂出血，导致目标失能。

4. 破片对目标脑部创伤效应

目标颅脑的解剖结构相比四肢、胸部、腹部来说比较特殊，目标颅脑结构特征是骨骼内包裹重要的脑组织。目标颅脑遭受创伤导致目标失能的主要因素为破片击穿颅脑，使脑组织遭受破坏，使目标短时间内失能。

在 0.15 g 和 0.25 g 破片击中目标颅脑后的创伤效应试验中，观察目标被击中部位的创伤效应、生理指标、动物的存活情况以及目标颅脑的穿入性。表

3.10、表3.11分别为0.15 g和0.25 g破片击中目标颅脑后的创伤效应和外弹道数据。

表3.10　0.15 g破片击中目标颅脑试验数据

编号	射击顺序	装药质量/g	着靶速度/(m·s⁻¹)	入口尺寸/(cm×cm)	伤道长度/cm	伤情描述
11A01	11	0.8	672	0.4×0.5	2.1	颅骨骨折，入口尺寸0.5 cm×0.5 cm，致伤后猪立即死亡
11A01	12	0.8	678	0.3×0.8	2.1	颅骨骨折，入口尺寸0.5 cm×0.7 cm
11A02	17	0.555	530	0.5×0.2	1.3	未穿入颅骨，嵌于颅骨，上颅骨凹陷0.4 cm，击中后猪立即死亡
11A02	18	0.555	500	0.4×0.2	0.7	未穿入颅骨，嵌于颅骨，上颅骨凹陷0.2 cm
11A03	15	0.6	565	0.5×0.4	2.2	穿入颅骨，入口0.4 cm×0.4 cm，破片进入额窦

表3.11　0.25 g破片击中目标颅脑试验数据

编号	射击顺序	装药质量/g	着靶速度/(m·s⁻¹)	入口尺寸/(cm×cm)	伤道长度/cm	伤情描述
11A05	15	0.6	576	0.8×0.3	1.45	着靶点位置过高，只穿入皮下
11A05	16	0.6	574	0.6×0.5	1.7	嵌入颅骨内0.6 cm，未击穿
11A06	13	0.6	581	0.8×0.3	2.6	穿入颅骨，穿孔尺寸1 cm×0.7 cm
11A06	14	0.6	547	0.7×0.3	3.0	嵌入颅骨0.4 cm，未击穿

　　破片击中目标颅脑后，不能击穿颅脑时，目标失能在轻度至中度评判区间（评分8~10）；造成颅脑骨折或者穿入颅脑进入额窦，严重影响目标思维行动意识时，目标失能在重度至极重度评判区间（评分1~5）。破片击中目标头颅，造成目标失能的主要原因是破片击中颅脑骨组织时所产生的应力波经过颅脑传递给脑组织，造成目标思维意识部分丧失，严重影响目标的作战能力，使

战斗人员在一定时间内完全丧失执行某项战斗的功能。

5. 破片对目标区域创伤效应的整体评价

综合破片对目标肢体、胸、腹部、颅脑创伤效应的分析表明：破片对目标肢体的伤道入口、伤道长度与着靶动能成正比，对目标肢体的损伤概率较低。

破片击中目标胸、腹部致使目标失能的质量应在 0.15 g 左右，着靶动能应大于 40 J。质量在 0.15 g 以下的破片尚需进一步试验验证。进行破片对目标胸部的创伤导致目标失能等级评判时，评判等级分布在轻度以下和重度至极重度两个区间（评分分布 14～15 和 3～5）。0.15 g 和 0.25 g 破片速度超过 700 m/s 时，对目标腹腔的穿入性无明显差别，可击穿目标腹腔，导致肠胃穿孔及脾脏、肝脏、肾脏等实质性脏器破裂出血，导致目标失能。破片对目标腹部的创伤导致目标失能的等级评判由于目标腹部复杂的解剖结构，而含盖从轻度开始至极重度的整个评价区间（评分分布 3～15）。

破片打击颅脑所致失能需要的着靶动能为 30～40 J。该数量级的着靶动能即可致试验动物的死亡，破片击中目标颅脑后，不能击穿颅脑时，目标失能在轻度至中度评判区间（评分 8～10），造成颅脑骨折或者穿入颅脑进入额窦，严重影响目标思维行动意识时，目标失能在重度至极重度评判区间（评分 1～5）。

3.2.2　人员目标易损性等效模拟类型

欧美等国家从 20 世纪 40 年代就开始了对仿真人体模型的研究，具有代表性的是美国第一安全技术公司（First Technology Safety System）、荷兰 Volvo 公司和荷兰 TNO 公司。我国仿真人体模型的研究起步较晚，在 20 世纪 80 年代由"中国模拟人之父"林大全教授带头起步。

目前，针对人员目标易损性模拟的研究在各个与人员损伤相关的领域均有开展，也建立了一些相应领域的人员目标易损性等效模拟模型。其中比较成熟和应用比较广泛的有医用仿真辐照人体模型、高速运载工具仿真人体模型、医学训练仿真人体模型、航天人体动力学模型和战场人员目标人体模型等。如今，仿真人体模型主要扮演 5 个重要角色：医院每天的第一个进行仪器性能检验的病人；高速运载工具的第一批乘客，检验安全性、舒适性和生命保障系统；新医疗法或新手医生的第一批受试者，检验其科学性、安全性、实用性和有效性；航空航天器的第一批乘客，以获得振动和加速度状态下，人体对冲击的响应数据；军事装备的第一批参战人员，检验武器的杀伤能力和防护器材的防护能力。

3.2.2.1 医用仿真辐照人体模型

医学仿真辐照体模是根据不同人体参数和组织辐射等效材料制成的，含有仿真的人体组织器官和骨骼的试验工具。其几何外形、尺寸大小和内部器官分布与真人相似，可在各种辐照场所代替真人进行模拟试验，测量射线剂量数据，获取受照者体表和体内不同部位、不同组织和不同器官的分布剂量，在辐照防护、放射诊断、放射治疗及核医学等领域有广泛的用途。

放射诊断体模国外以美国 ALDERSON 实验室、Lawrence Livermore 实验室和日本共立公司的产品为主，其设计的精度及仿真性均已达到很高的水平。如美国 Humannoid Pixy 全身体模不仅辐照等效误差率与真人相比仅有 0.1% 左右，而且具有多种用途，如 X 线摄片定位，确定投照因素，X 线解剖实习等。体模的头和诸关节可活动，腰部可作 130°弯曲和 45°外旋，并附有可注入造影剂的胃、胆囊、膀胱、肾、直肠、乙状结肠、肿瘤、动脉干及脾脏等模拟附件，可供模拟各种特殊造影用。Lawrence Livermore 实验室的胸肺体模可模拟不同对比度的血管造影（包括冠状动脉造影），各种肺疾患及放大摄影等。还有 Humannoid 脑血管造影体模、Stanton 乳腺体模、Baraes 牙科体模等。目前正从模拟正常生理影像向同时模拟病理影像的方向发展。

在国内，四川大学林大全教授于 1980 年开创了仿生材料和仿真人体模型的研究领域。林大全、吴泽勇、蒋伟等采用质量衰减系数、有效原子序数、线性衰减系数和电子密度等辐射特性参数对人体肌肉脂肪组织混合等效材料、躯干骨组织等效材料、脑组织等效材料和肺组织等效材料进行分析、测试和计算。应用生物学和环境化学的知识完善和发展了仿生材料设计的元素等效法，用分子生物学和结构化学的知识，类比有机物、生物大分子的相似性，应用人体组织的组成、结构与高分子材料结构单元、活性基团及键能连接的相似性，实施遗传物质复制模块，研制出 7 种组织等效仿真材料，并将这些等效仿真材料按照中国人体特征制作出医用仿真辐照人体模型，被国际辐射剂量单位与测量委员会命名为"成都剂量体模"（图 3.10）。该人体模型已成功应用于医学、环保、军事等领域的辐射吸收剂量的测试，尤其是在各种放射诊断治疗设备和辐射防护仪器的标定方面得到广泛应用。

3.2.2.2 高速运载工具仿真人体模型

高速运载工具仿真人体模型的材料组织等效性主要包括三大部分：骨架的支撑材料、肌肉脂肪的橡胶弹性材料和各关节连接的纤维韧性材料。根据生物力学等效性和骨架特性，各部分的材料组织等效性设计表现为：采用钢和铝合

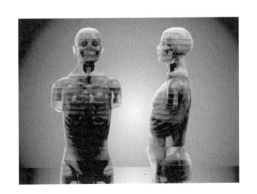

图 3.10　成都剂量体模的外形

金等刚性支撑材料作为骨的替代材料，用不同的发泡材料替代肌肉；用较高机械强度的具有人体质感的弹性材料作为人体模型的保护外层；人体关节的韧性连接采用有黏性的橡胶塑料材料；此外为保证人体模型的关节仿生运动，配置替代关节囊的自动化材料、替代人体筋键连接和肌肉收缩的阻力材料及模拟人体关节运动自由度和活动度的纤维材料等。

为了获得最佳的安全性、舒适性及各种保障人体安全的评价参数，仿真人体模型必须具有高度的仿生性。仿生绝不是简单的仿生，而是要在仿生中创新。因为在研制仿真人体模型时，很多情况下不可能获得和人体完全一样的材料和结构，例如，为了得到高速运载工具的评价参数，在仿真人体模型里必须安装传感器，而人体没有传感器，这就决定了必须在仿生中创新。这样最终完成的仿真人体模型才能广泛应用于医学工程、安全工程、环境工程、军事工程和人机工程等领域，造福人类。

四川大学余翔、袁中凡、郭祚达等通过研究人体损伤机理和损伤指标，结合亚洲人身材特点和力学特性，借鉴国外假人的设计经验，初步自行设计和制作了中国第一个汽车正面碰撞假人，也称为汽车正面碰撞工艺试验人体假人模型（图 3.11）。该假人模型的设计准则是模拟真人的生物力学结构和保证较好的抗冲击性。对初研制的假人进行了简易碰撞试验，数据由专门的信号处理系统进行分析。碰撞试验结果表明了假人的设计方法和测量系统的可行性，获得假人在撞击中的最大电压值。用这一最大电压值除以传感器的灵敏度，即可获得假人的头部、胸部的 X、Y、Z 方向的加速度。

四川大学陈爽等基于人体力学和有限元分析法，针对 95% 国产碰撞假人设计中的关键性问题进行了设计和分析，完成了 95% 国产碰撞假人的研制。标定结果表明，在 95% 中国成人人体参数的基础上灵活运用有限元分析方法

图 3.11 汽车碰撞假人

能够实现碰撞假人力学结构的仿真性、力学性能的相似性，并改善碰撞假人的动态响应，提高了假人设计效率，缩短了假人的开发周期。

3.2.2.3 医学训练仿真人体模型

医学仿真的对象是人体生理系统，由于人体生理系统包含了不同的子系统，对其进行精确的建模和仿真分析非常困难，以往的研究一般是针对不同领域的子系统采用不同领域的工具分别来进行建模和仿真分析。

由美国国家医学图书馆和美国科罗拉多大学的健康科学中心于 1986 年提出的名为"可视人计划（Visible Human Project，VHP）"项目正式在全球范围内拉开了数据化虚拟人研究的序幕。该项目分别在 1994 年和 1995 年获得一男一女两组包括 CT、MRI 和组织学切片的数据集。虚拟人数据集为生物医学仿真系统提供了大量有用的原始数据，并为实时采集病人切片数据提供了技术储备。以虚拟人数据集为基础，各科研机构研制出不少类别的虚拟手术仿真系统。

1996 年，Satava 在第四届医学虚拟现实会议上将生物医学仿真系统按照发展历史分为三代，如图 3.12 所示。

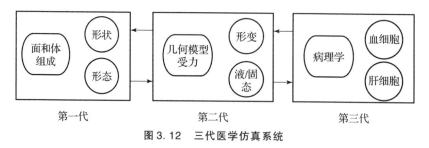

图 3.12 三代医学仿真系统

第一代为注重解剖结构的医学仿真，重点表现生物体及其生物组织的几何特性，提供简单的场景漫游功能；第二代在第一代的基础上实现不同组织结构的物理特征，这需要研究生物组织的生物力学特征并采用一定的数学方程进行表达，从而模拟生物组织在受力情况下发生的变化；第三代则有了更进一步的发展，注重生理意义上的仿真，拟呈现生物组织的生理功能。第三代生物医学仿真系统是科研工作者们追求的最终目的，但由于生物组织在生理性能方面的复杂多样性，这方面的发展至今仍处于较为初级的阶段。

美国陆军研究、开发和工程司令部（Research Development and Engineering Command，RDECOM）仿真训练技术中心（Simulation and Training Technology Center，STTC）于 1997 年与美国医学教育科技公司（Medical Education Technologies Inc，METI）合作开始研发战时创伤仿真（Combat Trauma Patient Simulation，CTPS）系统，用于战地医生的训练。CTPS 系统已改变军事医学医生的训练模式，其医学仿真训练产品现已成为对军队医务工作者进行培训的主流工具（图 3.13），仿真伤员最终也用在士兵战场的急救训练中。

我国医学仿真虚拟人的研究始于 2003 年，由南方医科大学成功构建首例女性虚拟人数据集——虚拟中国女性一号（VCH – F1），这也使我国成为继美国、韩国后第三个拥有本国虚拟人数据库的国家。

医学仿真系统正是由于具有无污染、可重复使用的特点，还具有提高培训效率、提高实际手术的成功率和安全性等优点，在医学教学、外科手术培训、手术结果预测、辅助制订手术计划以及手术导航等方面有着广泛的应用前景和不可替代的重要作用。

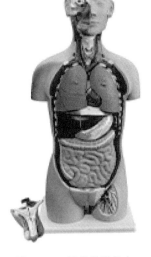

图 3.13　医学教学假人

3.2.2.4　航天人体动力学模型

随着载人航天事业的发展，人类越来越多地参与到太空活动中去，如乘坐飞船发射升空、空间科学试验、对地观测、机械操作、乘返回舱回到地面等。这些活动需要我们研究航天员在超重状态下受到的冲击和反应、失重状态下的操纵负荷、工作可达性、视域，以及航天员舱外活动的路径规划等，都需根据具体情况建立合理的人体模型，对人在超重和失重状态下的活动进行分析。

刘炳坤讨论了有关人体冲击动力学模型的类型、自由度数选择、模型的结构特点、模型物理参数选择、非线性问题、模型检验和应用等。冲击生物力学的研究大致分为4个领域，即冲击损伤的机理、人体对冲击的响应、人体对冲击的耐受性以及人体动力学模型和生物力学假人。

蒋婷和李东旭借助 Hanavan 的 15 段人体模型，利用 Kane 方法建立航天员束缚态下的一般动力学方程，基于动量矩守恒原理建立航天员自由态下的一般动力学方程，并对航天员在飞船中 14 种常见姿态的转动惯量和 8 种常见动作的动量矩进行估算，为定量分析航天员活动对飞船产生的扰动提供初步参考（图 3.14）。

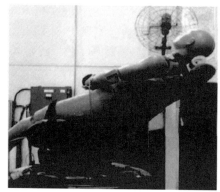

图 3.14　新型航空航天假人振动加速度试验

3.2.2.5　战场人员目标人体模型

在现实中，人体毁伤的研究一般以靶标作为研究对象。靶标模型作为模拟军事装备的第一批参战人员，在检验武器的杀伤能力和防护器材的防护能力方面扮演着重要角色，对于减少部队作战人员和执行任务警察的伤亡以及武器装备的进阶，起到非常重要的作用。其中，如何提供性能稳定、不确定度低的靶标，是决定靶标试验有效性的关键，关系到各类武器装备作战效果的评估、防护用具防护效果的判断和作战人员技能评价的准确性。

目前，国内外各研究单位均开展过手枪弹、步枪弹、典型破片对多种生物靶标（人体尸体、猪、羊）和非生物靶标（明胶、肥皂）的致伤机理研究。人体尸体试验是与真实场景最为贴近的模拟方法，但是试验尸体来源较少，并且会受限于社会道德伦理。试验动物体的生理构造与人体的生理构造有一定的相似性，并且动物体来源广泛、成本低廉，可以进行大规模试验，但是试验动物之间个体差异较大，动物体活组织具有不均匀性。

国外的人类尸体试验相对较多。Bir 等采取质量和初始速率不同的子弹对13 具人体尸体的胸部进行了钝性冲击试验，获得各种初始条件下胸部的力学响应，试验结果表明，子弹引起的高速冲击和车辆撞击在受力和挠度等响应上存在很大差别；DE Raymond 等对 7 具人体尸体进行了头部钝性冲击试验，用以确定人体头部受到钝性冲击时冲击压力和变形随时间的变化规律，试验后 7 具尸体中有 6 具产生了粉碎性骨折。

1988 年，Jonsson 等针对冲击波、钝性撞击、飞弹试射，设计出了一个由木头、水及塑料构成的人体模型。两片圆柱形塑料泡沫构成一个容量近似于成年人的肺部，有压力传感器的木头制成头部，组装于一个充满水的人体模型躯干中。海军研究实验室（NRL）有一个由 250A 型军械明胶构成的人体躯干模型。胸腔被封闭在明胶块内，内部由不同密度硅胶构成肺部模型。Bax 等对有陶瓷复合防弹衣防护的硅胶靶标进行钝击试验，并将试验结果与数值仿真结果进行了对比。澳大利亚国防科学和技术组织（DSTO）开发了一个被命名为 AUSMAN 的躯干模型，它由聚氨酯做成，具有一个不锈钢胸腔。Lyons 等创建了针对非穿透性弹道冲击试验的假肢模型，该模型包括肋骨、脊椎框、阻尼材料、支持脊椎框的尼龙和一个导电塑料位置传感器。2007 年，Roberts 等采用与他们的有限元模型具有相同几何结构的由生物模拟材料制成的假人模型，研究了不同速度的子弹撞击后的致伤结果。可见，发达国家对战场人员目标的毁伤等效非常重视，也取得了较好的研究成果。

国内对尸体类研究较少，多以成年猪为试验目标，试验过程如图 3.15 所示。黄艺峰等以成年长白猪作为试验目标，使用芳纶防弹头盔板对长白猪头部加以保护，并且在长白猪头部与防弹板间插入泡沫衬垫，更加真实地模拟出枪弹撞击头盔致颅脑损伤的特性；王凌青等以动能大小一致、弹丸结构相异的三种步枪弹射击复合防护材料下的长白猪，获得了试验猪弹着点处以及周边脏器

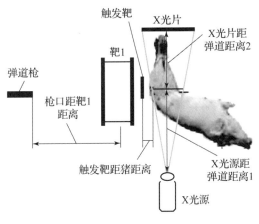

图 3.15　生物试验示意图

的损伤特点和防弹衣后软组织及颅内压力的传播方式；黄珊通过在试验猪体内布置压力和加速度传感器，发现弹丸冲击有防弹衣防护长白猪的胸骨正中间时，会使心脏承受高加速度冲击，肺部承受高压力波。

在我国，用于检验武器性能研究的靶标分为生物靶标和非生物靶标，如表3.12所示。

表 3.12　各类靶标优缺点对比分析

分类	靶标类型	优点	缺点
生物靶标	人体尸体	与真实场景最为贴近的模拟方法	试验尸体来源较少，个体差异大，存在社会伦理道德问题
	动物（猪、羊、鼠、兔等）	生理构造与人体的生理构造有一定的相似性，并且动物体来源广泛、成本低廉，可以进行大规模试验	动物之间个体差异较大，动物体活组织具有不均匀性
非生物靶标	木质靶标	便于直接观察，经济性高	材料一致性差，易吸水，易生物蛀蚀，四季更替时材料的状态和性能有较大变化，与人体本身性能参数有较大的差别
	金属靶板	可用于研究阻止子弹侵彻的关键物理特性，如密度、硬度、强度等	适用于传统装甲结构的模拟，不适用于战场人员的模拟，并且存在相对密度较大，不利于运输、使用和现场布置的问题，无法实现全面等效
	人体靶标	具有人形外观，且与人体具有力学等效和毁伤等效关系	制作成本较高

随着杀爆弹在战场上的使用日益广泛，松木非生物靶标在战场人员目标毁伤效能等效评估方面存在一定的缺陷，主要问题如下：

（1）一致性差：松木为非均质材料，不同地区、不同树龄的松树，其纹理不同，密度和强度就不同。即使是同一棵松树，不同部位由于年轮和纹理不同，其密度和强度都存在不同。

（2）易吸水：松木吸水性较强，且吸水后质量增大，容易变形或开裂，性能变化较大；如果吸水后再遇上 0 ℃以下的环境条件，性能变化更大。

（3）耐天候性较差：由于松木材质疏松，有纹理，在实际天候条件下或湿热交变气候下，容易出现变形、蓬松、裂纹、腐朽和剥落等现象。

（4）易被生物蛀蚀：松木靶易被蛀虫蛀蚀损坏。因此，目前松木靶存在性能稳定性差，不确定性较高的问题，已不能准确有效地评价战场人员目标毁伤效能，因此迫切需要开发出具有稳定性好、低成本、使用便捷、绿色环保等优点的等效靶标。

3.2.3　人员目标易损性等效模拟方法和等效原则

在战场人员目标易损性的研究中，常采用等效靶的方法。目标的等效靶是根据目标的材料、形状、部件相对位置等参数确定的一套组合靶板。不同的毁伤元作用于同一目标的毁伤效应不同，例如化学能弹和动能弹对目标的毁伤机理不同。因此，同一种目标在不同毁伤元的作用下，其等效靶也是不同的。这里等效靶所谓的等效，指的是目标毁伤效果的等效，涉及等效方法和等效原则的选用问题。

3.2.3.1　人员目标易损性等效模拟方法

从目标易损性等效研究的目的来看，目标易损性等效问题可分为三个层次：同构系统替代、功能等效、特征描述。与之对应的人员目标易损性等效方法就有三个类型：几何模型等效法、目标功能等效法、毁伤特征等效法。

几何模型等效法有时也叫结构形式等效法，是指将原型等效为与其结构形式相似的、理论上成熟的等效模型。使用这种等效方法的主要目的是将原型按相似理论转化为理论研究成熟的模型，进行理论计算。结构形式等效需要考虑原型的基本结构，不能脱离原型的基本结构，属于一种纯理论的分析方法，适用于对原型进行理论计算。

几何模型等效能够使两个等效系统之间保持物理量相同，物理本质基本一致，区别只在于各物理量的大小比例不同，等效系统比较直观地模拟原型的基本现象，用比较容易、迅速、方便的方法再现实际发生的现象。几何等效可以把具体的现象重现出来，能更全面地表现原型的现象。

几何模型等效法主要是对目标进行等效研究，主要应用于大型目标如舰船、直升机等，考虑战斗部毁伤元对目标的打击范围时使用，常将复杂的模型简化成简单的几何结构如长方体、球、棱台、圆管等。例如，南京理工大学利用仿真软件对大量目标进行毁伤效果的研究，通过仿真手段得出了大量的毁伤评估数据；赵晓旭通过真实目标等效结构研究了制导杀爆弹毁伤威力的评估作用；高伟亮利用蒙特卡洛方法和毁伤概率的方法建立了地面防御工事毁伤评估分析程序。颜仲新讨论了反舰导弹对舰船毁伤能力的评估方法，使用几何模型等效的方法对舰船模型进行等效，从而简化舰船的模型，计算反舰导弹的毁伤能力。

目标功能等效法主要对如何达到目标作用的结果进行研究，主要应用于毁伤元对目标毁伤效果的评价。功能等效不考虑原型与等效目标结构形式上的差异，只关注最终的作用结果，因此对原型机理研究的程度要求不高，属于一种半经验半理论的分析方法，适用于对原型的工程化研究。

功能等效是指原型和等效目标之间在结构形式方面存在很大的差异，但两者在与其他系统的作用过程中产生相同的作用结果。使用这种等效方法的主要目的是将原型复杂的物理作用过程简化为在现实条件下方便实现的物理过程，使工程研究简化。这时等效模型与原型的物理过程有本质的区别，但它们的对应量都遵循着同样的方程式，具有数学上的相似性。功能等效能够使两个等效系统之间的主要作用参数保持一致，易于区分等效系统中不同参量的重要程度，易于控制最终的结果。

功能等效由于以方程为基础，可以较方便地看出各种参量对结果的影响，进行不同现象结果的对比，指出哪一些参量是重要的。它在实际过程中易于控制，可以代替对于原型的较为繁难的数学计算和物理等效中对于原型的较为复杂的模型试验。例如，对于人员目标，常用尺寸为 $1.5\ \text{m} \times 0.5\ \text{m} \times 0.025\ \text{m}$ 的松木板当作抵抗破片冲击的等效靶。这里的等效概念是指：模拟的松木板如果被一定尺寸的破片所击穿，则认为真实人员在遭受同样破片的攻击下也完全丧失战斗能力。非线性黏弹体的时间－温度－应力等效原理也是比较常用的功能等效实例。杨腾利用毁伤效果等效和目标功能等效的方法，根据直升机模型建立等效靶，计算激光武器对直升机的毁伤效果也是功能等效方法的运用实例。

毁伤特征等效法主要是针对目标某一特定的性能、功能或效果进行分析描述，可以看作功能等效的一部分。该方法适用于单一性能、功能或效果的分析和评价。例如 Fackler 等研究枪弹穿过 $10\%/4\ ℃$ 明胶时的瞬时空腔效应与枪弹在猪后腿肌肉中的行为相似，因此采用枪弹穿 10%/4 ℃明胶来模拟枪弹穿过生物软组织的空腔效应。

3.2.3.2　战场人员目标易损性等效原则

无论何种等效模拟方法，均应遵循等效模拟原则。仅有模拟等效这个定性概念是不够的，还应建立能够衡量模拟是否等效的定量指标，即等效模拟准则。不同性质的模拟，其建立等效模拟准则的要求不同。但一般而言，等效模拟准则是指有代表性的主要参数或主要指标相等。

研究战场人员目标等效靶首先必须根据具体问题确定等效准则。人员目标在动能弹作用下等效准则不同，建立的等效靶也不同。国外 Farrand 等讨论了靶板等效的定义，建立了等效靶的等效准则，并给出了使用方法。

战场人员目标易损性等效模拟原则一般包括：材料强度等效原则；临界穿透速度等效原则；吸收动能等效原则；其他性能参数等效等。

材料强度原则就是将目标靶板的材料强度与等效靶板的材料强度进行计算，得到相应的厚度变化。早期这种等效原则应用较多，但由于其偏差较大，一般只在特殊条件下采用。

裴扬等将目标靶板与等效靶板的材料极限应力、密度及厚度建立了转换关系，再经过试验验证其得到的等效靶板厚度。

临界穿透速度等效原则，即以相同材质、相同尺寸、相同速度的破片侵彻厚度分别为 H_1、H_2 的原型靶板和等效靶板，破片穿透两种靶板后的临界穿透速度相同，则认为厚度为 H_1 的原型靶与厚度为 H_2 的等效靶板等效。临界穿透速度等效准则一般用来评估装甲防护能力，给出目标的实际防护等级。曹兵做了大量关于爆炸成型弹丸侵彻 45#钢板和 603 钢板的试验，得到了爆炸成型弹丸对两种不同靶板的侵彻规律，采取极限穿透速度的等效准则，将 603 靶板等效为一定厚度的 45#钢靶板，可以使用等效靶板代替真实靶板进行爆炸成型弹丸的威力考核试验，因为 45#钢板价格相对便宜并易于获得，所以可以缩减科研开支。

《炮弹试验方法》（GJB 3197—1998）中的"方法 411.2 穿甲临界速度法"给出了规范的操作流程、操作要求和临界速度的判定准则，并给出了对于普通穿甲弹临界穿透速度估算公式。

靶板吸收动能等效原则，即以弹体在侵彻贯穿靶板过程中靶板吸收破片动能值为等效指标及衡量标准，即以统一规格破片，以相同速度垂直侵彻贯穿生物靶靶与替代靶板，当子弹剩余速度相同时（也就是说靶板吸收破片动能相同时），即认为生物靶与替代靶板等效。假设不考虑弹体（破片）磨蚀及变形带来的影响，侵彻过程弹体损失的动能，可以在已知弹体质量、初速以及剩余速度的情况下，通过下面的靶板吸收能公式计算获得：

$$E_{\mathrm{p}} = \frac{1}{2}m_{\mathrm{p}}v_0^2 - \frac{1}{2}m_{\mathrm{p}}v_{\mathrm{r}}^2 \qquad (3-3)$$

式中，m_{p} 为弹体质量；v_0 为弹体初速度；v_{r} 为弹体剩余速度。

周岩等利用了靶体吸收动能原则，将弹丸视为刚体，以靶后战斗部的剩余速度相等为基础，建立了目标靶板与均质靶板的等效关系。

其他性能参数等效指除动能弹或破片以外形式毁伤元的等效，如冲击波等效、高能射线辐射等效、超声波对人体损伤等效，等等。

对于等效靶标，最终的目标是建立真实人体和等效靶标的毁伤等效关系。具体地，对于毁伤等效，我们需要在材料力学性能相似的前提下，通过调整材料的几何尺寸、边界条件等建立等效的力学模型，以某些毁伤参数的等效作为判断的标准，如出靶后弹体余速、弹体偏转角度以及空腔尺寸等。因此在等效过程中确定主要的等效原则的基础上，还是要关注与毁伤相关的具体参数的等效模拟，如空腔尺寸、弹体偏转角度等。

在杀爆战斗部破片作用条件下，作为材料的生物力学等效性评价指标，一般包括：破片的靶后剩余速度；破片在等效材料体内形成的空腔体积；破片在等效材料体内形成的空腔截面积等。

简易靶与人员目标易损性等效指简易靶在杀爆战斗部破片作用下的毁伤等效性，包括：穿透效果等效；开孔体积等效；动能/比动能等效等。

|3.3 计算机仿真技术在等效模拟中的应用|

计算机仿真技术被称为除理论推导和科学试验之外人类认识自然、改造自然的第三种手段。随着现代工业的发展，科学研究的深入与计算机软、硬件的发展，仿真技术已成为分析、综合各类系统，特别是大系统的一种有效研究方法和有力的研究工具。该技术常用作分析、设计、运行、验证、培训的工具，被广泛应用于建筑、生物、地理、航天、医学等领域。

计算机模拟分析一般要经历建立模型、仿真试验、数据处理、分析验证等步骤。第一步是建立系统的数学模型，所谓数学模型就是把关于系统的本质部分信息，抽象成有用的描述形式，因此抽象是数学建模的基础。第二步就是使用高效的数值计算工具和算法对系统的模型进行解算，进行数据处理。第三步就是在某些试验条件下对模型进行动态试验和验证。

3.3.1　计算机仿真技术概况

计算机仿真技术（Computer Simulation Technology），就是利用计算机技术，通过输入语言及命令的方式，模拟目标物件的轮廓及特点特征，构造三维可视化模型，并在某一特定试验条件下对模型进行动态试验。计算机仿真是应用电子计算机对系统的结构、功能和行为以及参与系统控制的人的思维过程和行为进行动态性比较逼真的模仿。该技术是以相似原理、信息技术、系统技术及相应领域的专业技术为基础，以计算机和各种物理效应设备为工具，利用系统模型对实际的或设想的系统进行试验研究的一门综合性技术。计算机仿真技术具有经济、安全、高效、可重复和不受气候、场地、时间限制的优势。

随着计算机技术和信息技术的发展，计算机模拟分析已经成为各行业发展的重要技术手段，成为评价一个行业发展水平的标准。因此，各行业根据各自不同的行业特点，开发了相应的计算机分析软件 CAE（Computer Aided Engineering）。计算机分析软件指用计算机辅助求解分析复杂工程和产品的结构力学性能，以及优化结构性能等，把工程（生产）的各个环节有机地组织起来，其关键就是将有关信息集成，使其产生并存在于工程（产品）的整个生命周期。而 CAE 软件可作静态结构分析、动态分析，研究线性、非线性问题，分析结构（固体）、流体、电磁等。

应用 CAE 软件对工程或产品进行性能分析和模拟时，一般要经历以下三个过程：

前处理：包括给实体建模与参数化建模，构件的布尔运算，单元自动剖分，节点自动编号与节点参数自动生成，载荷与材料参数直接输入，节点载荷自动生成，有限元模型信息自动生成等。

有限元分析：包含有限单元库、材料库及相关算法，约束处理算法，有限元系统组装模块，静力、动力、振动、线性与非线性解法库。大型通用题的物理、力学和数学特征，被分解成若干个子问题，由不同的有限元分析子系统完成。一般有如下子系统：线性静力分析子系统、动力分析子系统、振动模态分析子系统、热分析子系统等。

后处理：根据工程或产品模型与设计要求，对有限元分析结果进行用户所要求的加工、检查，并以图形方式提供给用户，辅助用户判定计算结果与设计方案的合理性。

有限元法（Finite Element Mehtod，FEM），也称为有限元单元法或有限元素法，基本思想是将连续的求解区域离散为一组有限个，且按一定方式相互联结在一起的单元的组合体。由于单元能按不同的联结方式进行组合，且单元本身又可以有不同的形状，因此可以模型化几何形状复杂的求解域。有限元法作为数值分析方法的另一个重要特点是利用在每一个单元内假设的近似函数来分片地表示全求解域上待求的未知场函数。随着单元数目的增加，即单元尺寸的缩小，解的近似程度将不断改进，近似解最后将收敛于精确解。

使用有限元或有限差分等数学手段对侵彻问题进行离散化处理，通过数值计算可以模拟弹－靶作用的瞬变现象，也可以定量地给出整个作用场的数值解。从最一般的情况出发，研究弹丸和靶板在撞击过程中的变形和运动，可有5组性质不同的方程式或关系式可利用：质量守恒方程；动量守恒方程；能量守恒方程；反映材料在撞击过程中可能呈现的弹性、塑性、流体动力学状态的本构方程；用质量位移速度表示材料应变速率的几何关系式，即协调方程。将这些方程式在特定的几何条件、边界条件和初始条件下求解即可确定穿靶过程。用于冲击问题研究的数值算法主要有拉格朗日法、欧拉法和任意拉格朗日－欧拉法以及后来发展起来的质点网格法和物质点法等。数值模拟分析的优点是不需要给出复杂微分方程组解析解的表达式，因而也就不需要为求解微分方程组而做大量假设和简化，能较全面地反映穿甲过程中间参数和物理量的变化，可以选择不同物理参数和几何参数进行试算，找出各种参数对弹－靶作用结果的影响大小，拓宽试验结果，相对来说更接近实际问题。

有限元法是 CAE 中的一种，有限元法的应用领域很广，有结构、热、流体、电磁等，同时还能够处理耦合问题，可以解决工程中的线性问题、非线性问题、各向同性和各向异性材料、黏弹性材料、非稳态以及流体等问题。运用有限元分析软件可以减少设计成本；缩短设计和分析的循环周期；增加产品和工程的可靠性；采用优化设计，降低材料的消耗和成本；在产品制造或工程施工前预先发现潜在的问题；进行模拟试验分析；进行机械事故分析，查找事故原因。

3.3.2 常用的 CAE 分析软件

目前比较常用的 CAE 分析软件有 ANSYS、LS－DYNA、ABAQUS、NAS-TRAN、ADINA 、MARC、MAGSOFT、COSMOS 等。其中 ANSYS、NASTRAN、ABAQUS 等界面友好、操作方便、试用范围较广的软件还是比较受初学者欢迎的。ANSYS 在这方面做得很全面，流体分析、电磁分析、多物理场分析超级强大，而非线性分析弱一些；ABAQUS 非线性分析最厉害；NASTRAN 则非常正规。不管从哪种软件入手，学好以后再涉足其他软件也会有事半功倍的效果。

国内有很多技术人员采用计算机模拟分析软件研究高速碰撞和爆炸等问题。例如，夏清波、晏麓晖、冯兴民等利用 ANSYS/LS – DYNA 非线性有限元分析软件对 UHMWPE 纤维层合板抗钢质立方体弹片侵彻进行了研究；温垚珂、徐诚、陈爱等利用 LS – DYNA 显式有限元软件开展数值模拟，再现了 SS109 型 5.56 mm 步枪弹侵彻长方体明胶靶标的过程；赵帅、赵建新、韩国柱等利用 ABAQUS/Explicit 有限元分析软件对弹丸正交三向侵彻松木靶板过程中弹丸速度随时间的变化进行了研究；杨坦、吴睿、蒋亚龙等利用 NASTRAN 有限元分析软件，对救生舱舱体在不同荷载下的抗爆性能进行分析，找出其抗爆动态特征，为救生舱结构设计方案的确定提供了一定的理论指导。

3.3.2.1　有限元分析软件 ANSYS

ANSYS 软件是美国 ANSYS 公司研制的大型通用有限元分析（FEA）软件，该软件是集结构、热、流体、电磁、声学于一体的大型通用有限元分析软件，可广泛用于核工业、铁道、石油化工、航空航天、机械制造、能源、汽车交通、国防军工、电子、土木工程、造船、生物医学、轻工、地矿、水利、日用家电等一般工业及科学研究。ANSYS 的功能十分强大，包括：结构分析、非线性分析、动力学分析、热分析、电磁场分析、计算流体动力学分析、接触分析、压电分析、设计优化、自适应网格划分、大应变/有限转动功能以及利用 ANSYS 参数设计语言（APDL）的扩展宏命令功能。所以，ANSYS 能适用于几乎整个工程领域的分析计算。目前，ANSYS 已经发展到 ANSYS 2022 R2 版。与以往版本相比，该版本在 3D 设计、声学仿真、增材制造、自动驾驶汽车仿真、数字任务工程、电子、嵌入式软件、液体、材料、光学、电子学、安全分析、半导体、结构等方面有较大的更新与增强。

ANSYS 软件可在大多数计算机及操作系统中运行，能与多数计算机辅助设计（Computer Aided Design，CAD）软件接口，实现数据的共享和交换，如 Creo、NASTRAN、Algor、I – DEAS、AutoCAD 等。ANSYS 软件由于其功能强大，操作简单方便，应用范围广泛，已成为国际最流行的有限元分析软件，在历年的 FEA 评比中都名列前茅。ANSYS 软件界面如图 3.16 所示。

ANSYS 的主要功能：

（1）前处理：包括几何建模、网格划分，用户可以方便地构造有限元模型。

（2）分析计算模块：包括结构分析（包括线性静力分析、结构非线性分析、高度非线性结构动力分析、结构动力学分析、线性及非线性屈曲分析、拓扑优化功能、断裂力学分析、复合材料分析、疲劳及寿命估算分析）、流体动

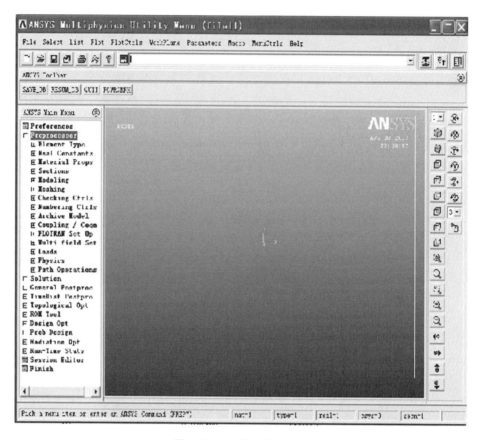

图 3.16　ANSYS 软件界面

力学分析、热分析、电磁场分析、声学分析、光学分析、压电分析以及多物理场的耦合分析，可模拟多种物理介质的相互作用，具有灵敏度分析及优化分析能力。

（3）后处理及其他功能：可将计算结果以彩色等值线显示、梯度显示、矢量显示、粒子流迹显示、立体切片显示、透明及半透明显示（可看到结构内部）等图形方式显示出来，也可将计算结果以图表、曲线形式显示或输出。

ANSYS 中典型分析过程可以归纳为以下三个部分：前处理、求解计算和后处理。

（1）前处理。

①定义工作文件名。

②设置分析模块。

③创建或读入几何模型。

④定义单元类型和选项。

⑤定义实常数，注意不是每种单元都是必需的。

⑥定义材料属性。

⑦划分网格，形成单元。

（2）分析求解计算。

①施加载荷及设定约束条件。

②定义分析类型，进行求解参数设置。

③求解。

（3）后处理。

①将计算结果读入当前数据库。

②以列表或图形形式查看分析结果。

③检查结果是否正确。

④进行各种后续分析。

⑤保存数据，退出程序。

ANSYS 的主要技术特点：

（1）ANSYS 是目前唯一能够实现多物理场的耦合分析的有限元分析软件，能够实现结构、温度场、流场、电磁场之间的耦合分析，耦合可以是双向的。

（2）ANSYS 是唯一实现前后处理、分析求解及多物理场统一数据库的分析软件。

（3）拥有强大的结构非线性分析功能，ANSYS 在结构分析中的非线性功能包括几何非线性、材料非线性、状态非线性及单元非线性。其中几何非线性包括大变形、大应变、应力刚化与旋转软化。

（4）拥有独一无二的优化功能。

（5）拥有灵活、快速的求解器，ANSYS 提供多种求解器，以满足不同分析类型的需求。

（6）丰富的网格划分工具，确保单元形态及求解精度。

（7）支持所有软、硬件平台，且所有平台的 ANSYS 数据库统一，界面统一。

（8）ANSYS 可提供与大多数 CAD 软件的接口。

（9）ANSYS 提供多种方式的二次开发工具。

ANSYS 做得很全面，流体分析、电磁分析、多物理场分析超级强大，而非线性分析弱一些。ANSYS 软件是一款大型通用有限无分析软件，之所以这么说是因为它的模块很多（但是它们核心的计算部分变化不大），这些模块是在收购很多优秀专业软件后整合形成的。目前 ANSYS 融结构、液体、电场、磁

场、声场分析于一体，擅长于多物理场和非线性问题的有限元分析，流体分析、电磁分析、瞬态动力学分析已经很强大，在铁道、建筑和压力容器方面应用较多。它的明显优势在多场耦合，尤其是物理场耦合。

美国 ANSYS 公司为了解决 ANSYS 软件在非线性分析方面的不足，购买了 LS – DYNA 软件的 3D 使用权，形成了 ANSYS/LS – DYNA 软件。ANSYS/LS – DYNA 将显式有限元程序 LS – DYNA 和 ANSYS 程序强大的前后处理结合起来。用 LS – DYNA 的显式算法能快速求解瞬时大变形动力学、大变形和多重非线性准静态问题以及复杂的接触碰撞问题。使用 ANSYS/LS – DYNA，可以用 AN-SYS 建立模型，用 LS – DYNA 做显式求解，然后用标准的 ANSYS 后处理来观看结果。也可以在 ANSYS 和 ANSYS/LS – DYNA 之间传递几何信息和结果信息以执行连续的隐式 – 显式/显式 – 隐式分析，如坠落试验、回弹及其他需要此类分析的应用。ANSYS/LS – DYNA 软件界面如图 3.17 所示。

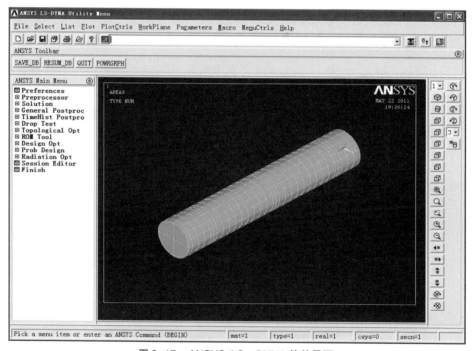

图 3.17　ANSYS/LS – DYNA 软件界面

3.3.2.2　有限元分析软件 LS – DYNA

LS – DYNA 是 LSTC 公司开发的一款通用非线性动力分析有限元程序，特别适合求解各种二维、三维非线性结构的高速碰撞、爆炸和金属成型等非线性动力冲击问题，同时可以求解传热、流体及流固耦合问题，是公认的能解决冲击、碰撞问题的软件。LS – DYNA 以 Lagrange 算法为主，兼有 ALE 和 Euler 算法；以显式求解为主，兼有隐式求解功能；以结构分析为主，兼有热分析、流体 – 结构耦合功能；以非线性动力分析为主，兼有静力分析功能（如动力分析前的预应力计算和薄板冲压成型后的回弹计算）；军用和民用相结合的通用结构分析非线性有限元程序，是显式动力学程序的鼻祖和先驱。目前该软件的最新版本为 LS – DYNA 17.2。LS – DYNA 软件界面如图 3.18 所示。

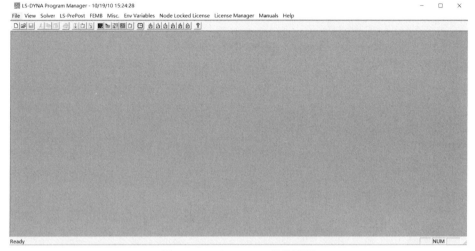

图 3.18　LS – DYNA 软件界面

　　LS – DYNA 为通用型有限元软件，可同时进行 Implicit 及 Explicit 的分析，故适合仿真线性、非线性、静态、动态、接触力学、耦合等的真实结构行为。目前在全球工业界广泛地应用于：电子产品结构分析、航天工业、汽车工业、生物医学、土木建筑结构、国防工业、钣金成型以及其他制造业。LS – DYNA 的应用可分为民用和国防两大类，主要有：汽车、飞机、火车、轮船等运输工具的碰撞分析，金属成型、金属切割，汽车零部件的机械制造，塑料成型，玻璃成型，生物力学，地震工程，消费品、建筑物、乘员、高速结构等的安全性分析，点焊、铆焊、螺栓连接，液体 – 结构相互作用，运输容器设计，爆破工程的设计分析；战斗部结构设计分析：内弹道发射对结构的动力响应分析，终点弹道的爆炸驱动和破坏效应分析，侵彻过程与爆炸成坑模态分析，军用设备和结构设施受碰撞和爆炸冲击加载的结构动力分析，介质（包括空气、水和地质材料等）中爆炸及对舰船和结构作用的全过程模拟分析，军用新材料（包括炸药、复合材料、特种金属等）的研制和动力特性分析，超高速碰撞模拟分析；战地上有生力量的毁伤效应分析，等等。

　　LS – DYNA 具有广泛的分析功能，可以模拟许多二维、三维结构的物理特性，诸如：非线性动力分析、热分析、失效分析、裂纹扩展分析、接触分析、二维静力分析、任意拉格朗日－欧拉－（ALE）分析、流体－结构相互作用分析、实时场分析、多物理场分析，等等。

LS－DYNA 程序目前有 100 余种金属和非金属材料模型可供选择，如弹性、弹塑性、超弹性、泡沫、玻璃、地质、土壤、混凝土、流体、复合材料、炸药及起爆燃烧、刚性及用户自定义材料，并可考虑材料失效、损伤、黏性、蠕变、与温度相关、与应变率相关等性质。

LS－DYNA 程序的单元类型众多，有二维、三维单元，薄壳、厚壳、体、梁单元，ALE、Eulerian、Lagrangian 单元等。各类单元又有多种理论算法可供选择，单元积分采用沙漏黏性阻尼以克服零能模式，单元计算速度快，节省存储量并且精度都达到二阶，可以满足各种实体结构、薄壁结构和流体－固体耦合结构有限元网格划分的需要。

LS－DYNA 程序的全自动接触分析功能强大，求解的接触问题有：变形体对变形体、变形体对刚体、板壳结构的单面接触、与刚性墙接触、表面与表面的固连、节点与表面的固连、壳边与壳面的固连、流体与固体的界面等，并可考虑接触表面的静动力摩擦（库仑摩擦、黏性摩擦和用户自定义摩擦模型）和固连失效。LS－DYNA 程序采用材料失效和侵蚀接触（eroding contact）可以进行高速弹丸对靶板的穿甲模拟计算。

目前，LS－DYNA 程序还在不断的拓展与完善中，基本上每年甚至半年就会有高版本的 LS－DYNA 程序（这里指其主体求解器程序，不包括其前后处理器）出现。而随着 ANSYS 与 LS－DYNA 的结合，高版本的 ANSYS 软件都会内嵌有高版本的 LS－DYNA 程序。同时 LSTC 公司也在不断强化自身研发的前后处理器。例如目前 ANSYS 13.0 内集成的 LS－PREPOST 3.0，在前后处理方面已经具有许多 ANSYS 所不具备的优点。

3.3.2.3　有限元分析软件 ABAQUS

ABAQUS 软件是曾经的 ABAQUS 软件公司开发的一套功能强大的工程模拟有限元软件，其解决问题的范围从相对简单的线性分析到许多复杂的非线性问题。达索并购 ABAQUS 公司后，将 SIMULIA 作为其分析产品的新品牌。它是一个协同、开放、集成的多物理场仿真平台。目前该软件的最新版本为 ABAQUS 2022。

ABAQUS 是以"高端通用有限元系统软件"的姿态出现的，为业界赞誉的"分析功能全面"的软件，但是它的王者之气明显存在于非线性分析领域。ABAQUS 长于非线性有限元分析，可以分析复杂的固体力学和结构力学系统，特别是能够驾驭非常庞大的复杂问题和模拟高度非线性问题，不但可以做单一零件的力学和多物理场的分析，同时还可以做系统级的分析和研究，其系统级分析的特点相对于其他分析软件来说是独一无二的。也就是说 ABAQUS 非线性分析十分强大。

ABAQUS 软件的主要功能特点：

1）人机交互界面

ABAQUS/CAE 是 ABAQUS 公司新近开发的软件运行平台，其汲取了同类软件和 CAD 软件的优点，同时与 ABAQUS 求解器软件紧密结合。

与其他有限元软件的界面程序相比，ABAQUS/CAE 具有以下特点：

（1）采用 CAD 方式建模和可视化视窗系统，具有良好的人机交互特性（见图 3.19）。

（2）采用了参数化建模方法，为实际工程结构的参数设计与优化，结构修改提供了有力工具。

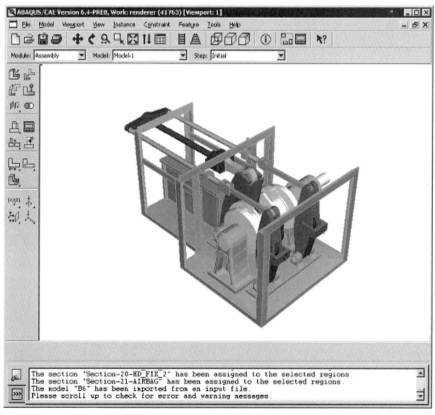

图 3.19　ABAQUS 软件人机交互界面

（3）强大的模型管理和载荷管理手段，为多任务、多工况实际工程问题的建模和仿真提供了方便。

（4）鉴于接触问题在实际工程中的普遍性，单独设置了 Interaction 模块，可以精确地模拟实际工程中存在的多种接触和连接问题，并可以进行从零件级到系统级的分析。

2）求解器性能

（1）比其他通用有限元软件拥有更多的单元种类，单元种类达 562 种，提供了更多的选择余地，并更能深入反映细微的结构现象和现象间的差别。除常规结构外，可以方便地模拟管道、接头以及纤维加强结构等实际结构的力学行为。

（2）隐式和显式求解器无缝集成，同为 ABAQUS 公司的产品，单元类型和命名一致，用户可以很方便地进行两种求解方法的转化和联合运算。

（3）更多的接触和连接类型，可以是硬接触或软接触，也可以是 Hertz 接触（小滑动接触）或有限滑动接触，还可以双面接触或自接触。接触面还可以考虑摩擦和阻尼的情况。上述选择提供了方便地模拟密封、挤压、铰连接等工程实际结构的手段。

（4）材料非线性是 ABAQUS 非线性分析的一种重要类型。它具有丰富的材料模型库，涵盖了弹性（包括超弹性和亚弹性）、金属塑性、黏塑性、蠕变、各向异性等各种材料特性。

（5）在复合材料方面：ABAQUS 允许多种方法定义复合材料单元，包括复合材料壳单元、复合材料实体单元以及叠层实体壳单元；提供基于平面应力的失效准则和基于断裂力学的开裂功能，包括最大应力、Tsai – Hill、Tsai – Wu Azzi – Tsai – Hill 和最大应变等理论研究纤维、基体和界面失效以及纤维屈曲失效等失效模式；采用 Rebar 单元模拟纤维增强复合材料中的纤维，并可以把它们定义在独立的壳单元、薄膜单元和表面单元内部再嵌入模拟基体的实体单元中，方便用户进行灵活的建模和后处理；ABAQUS 提供了壳单元到实体单元的子模型功能和壳单元到实体单元的 tie 约束功能，可以对复合材料局部重要区域方便地进行细节建模；用户自定义材料力学性能（UMAT）子程序可以由用户定义各种复杂的机械本构模型并用在 ABAQUS 分析中，UMAT 已经被广泛用于研究金属基体复合材料、固化、纤维抽拔和其他对复合材料很重要的局部效应。

（6）在橡胶材料方面：橡胶本构模型种类齐全，达 16 种之多，可以模拟各种橡胶材料的特性；可以直接输入橡胶材料的试验参数，生成对应的橡胶模型，并对模型的稳定性进行检验，确定稳定收敛区间；ABAQUS 目前独有的

Mullin 效应模拟可以在橡胶的超弹性本构中考虑加载和卸载中应变能的损失，以及转化为热能的效应，为精确模拟橡胶减震性能和工作中生热情况提供了途径，资料显示，相比其他通用有限元软件，考虑 Mullin 效应的模型在处理橡胶大变形问题中与试验结果对比更为接近；橡胶模型与接触/摩擦功能能很好地结合，能处理橡胶材料的软化、老化等问题；经长期的工程应用，ABAQUS 的垫片单元（* Gasket）被公认可以方便有效地模拟橡胶垫圈密封的机理和现象，广泛用于汽车发动机等复杂机械结构的密封分析中。

（7）接头密封问题中，应力集中现象和接触效应同时存在。二阶单元模拟应力集中较精确，但不适用于模拟接触问题；一阶单元适合模拟接触问题，但模拟应力集中效应不精确。ABAQUS 独有的改进的（Modified）连续体单元，是二阶单元，但可以很好地处理接触问题。因此，ABAQUS 可以最有效地分析解出密封问题。

（8）ABAQUS 具有强大的热固耦合分析功能，包括：稳态热传导和瞬态热传导分析，顺序耦合热固分析，完全耦合热固分析，强制对流和辐射分析，热界面接触，热电耦合，摩擦生热，等等。可以定义从简单弹塑性模型到随温度变化材料常数的热塑性、热硬化性、高温蠕变等复杂材料模型，来模拟金属、聚合物、复合材料等电子材料的热学和力学性质。ABAQUS 包括 51 种纯热传导和热电耦合单元，83 种隐式和显式完全热固耦合单元，覆盖杆、壳、平面应变、平面应力、轴对称和实体各种单元类型，包括一阶和二阶单元，为用户建模提供极大的方便。ABAQUS 还是世界上各大汽车厂商分析发动机中热固耦合和接触问题的标准软件，如奥地利著名发动机生产商 AVL 在自己的发动机分析软件 AVL. Excite 中嵌入 ABAQUS 作为求解器。

（9）更方便和灵活的二次开发工具。ABAQUS 基于高级语言的用户子程序为用户开发自己的单元、材料和分析流程提供了强大的工具，这也是广大非线性高端用户选择 ABAQUS 并应用它进行了大量深入的研究工作的原因。

（10）材料的剥离与失效可以在 ABAQUS 中得到很好的模拟，包括模拟冲击材料的双面磨损功能。另外 ABAQUS 的自适应网格功能为克服和补偿切割过程的大变形带来的网格奇异造成的计算误差提供了有力的手段。

（11）Fe - Safe 提供了金属和非金属材料疲劳寿命预估功能。它依托于 ABAQUS 的求解器模块，将 ABAQUS/Standard 和 ABAQUS/Explicit 的应力分析结果根据载荷出现的概率进行数理统计和分析，得到疲劳寿命的预估值，并可以用 ABAQUS/CAE 的图形界面进行处理，得到用户关心的参数，有效地指导结构的疲劳设计。Fe - Safe 和 ABAQUS 分别是疲劳寿命计算及结构位移/位移分析方面的最优秀分析软件，两者的有机结合可以对机械结构疲劳设计和分析提供最佳的解决方案。

（12） ABAQUS 提供的多体动力学分析功能为机械设备的操纵和传动系统等机构分析和运动过程模拟等提供了强有力的工具。在此基础上，作为功能强大的有限元分析软件，ABAQUS 还可以利用子结构方法对结构运动过程中的变形和应力分布情况进行实时的模拟和分析。截至目前，考虑非线性的机构和结构联合分析功能仍然是 ABAQUS 所独有的。

3） ABAQUS 软件功能应用领域

（1） 静态应力/位移分析：包括线性、材料和几何非线性，以及结构断裂分析等。

（2） 动态分析：黏弹性/黏塑性材料结构的响应分析。

（3） 热传导分析：传导、辐射和对流的瞬态或稳态分析。

（4） 质量扩散分析：静水压力造成的质量扩散和渗流分析等。

（5） 耦合分析：热/力耦合，热/电耦合，压/电耦合，流/力耦合，声/力耦合等。

（6） 非线性动态应力/位移分析：可以模拟各种随时间变化的大位移、接触分析等。

（7） 瞬态温度/位移耦合分析：解决力学和热响应及其耦合问题。

（8） 准静态分析：应用显式积分方法求解静态和冲压等准静态问题。

（9） 退火成型过程分析：可以对材料退火热处理过程进行模拟。

（10） 海洋工程结构分析：

①对海洋工程的特殊载荷如流载荷、浮力、惯性力等进行模拟。

②对海洋工程的特殊结构如锚链、管道、电缆等进行模拟。

③对海洋工程的特殊连接，如土壤/管柱连接、锚链/海床摩擦、管道/管道相对滑动等进行模拟。

（11） 水下冲击分析：对冲击载荷作用下的水下结构进行分析。

（12） 疲劳分析：根据结构和材料的受载情况统计进行生存力分析和疲劳寿命预估。

（13） 设计灵敏度分析：对结构参数进行灵敏度分析并据此进行结构的优化设计。

软件除具有上述常规和特殊的分析功能外，在材料模型、单元、载荷、约束及连接等方面也功能强大并各具特点。

3.3.2.4　有限元分析软件 NASTRAN

NASTRAN（NASA Structural Analysis）是一款有限元分析（FEA）软件，

最初是 20 世纪 60 年代末在美国政府对航空航天工业的资助下为美国国家航空航天局（NASA）开发的。诺世创软件（MSC Software）公司是公共域 NASTRAN 代码的主要原始开发商之一，这些代码已被众多公司集成到大量的软件中。

NASTRAN 是大型通用结构有限元分析软件，也是全球 CAE 工业标准的原代码程序。NASTRAN 系统长于线性有限元分析和动力计算，因为和 NASA 的特殊关系，它在航空航天领域有着崇高的地位。NASTRAN 的求解器效率比 ANSYS 高一些。NASTRAN 的结构分析做得很好，用起来感觉不出与 ANSYS 有多大的差别，在中国也占领了相当大的用户市场。目前，NASTRAN 的商业版本有 MSC 软件公司的 MSC. Nastran、NEi 软件公司的 NEi Nastran 以及西门子 PLM 软件公司的 NX Nastran。

1）MSC. NASTRAN 的主要动力学分析

MSC. NASTRAN 的主要动力学分析功能包括：特征模态分析、直接复特征值分析、直接瞬态响应分析、模态瞬态响应分析、响应谱分析、模态复特征值分析、直接频率响应分析、模态频率响应分析、非线性瞬态分析、模态综合、动力灵敏度分析等。

（1）特征模态分析：用于求解结构的自然频率和相应的振动模态，计算广义质量、正则化模态节点位移、约束力和正则化的单元力及应力，并可同时考虑刚体模态。

（2）复特征值分析：复特征值分析主要用于求解具有阻尼效应的结构特征值和振型，分析过程与实特征值分析类似。此外 NASTRAN 的复特征值计算还可考虑阻尼、质量及刚度矩阵的非对称性。复特征值抽取方法包括直接复特征值抽取和模态复特征值抽取两种。

（3）瞬态响应分析（时间–历程分析）：瞬态响应分析在时域内计算结构在随时间变化的载荷作用下的动力响应，分为直接瞬态响应分析和模态瞬态响应分析。两种方法均可考虑刚体位移作用。

（4）随机振动分析：该分析考虑结构在某种统计规律分布的载荷作用下的随机响应。对于如地震波、海洋波、飞机或超过层建筑物的气压波动，以及火箭和喷气发动机的噪声激励，通常人们只能得到按概率分布的函数。MSC. NASTRAN 中的 PSD 可输入自身或交叉谱密度，分别表示单个或多个时间历程的交叉作用的频谱特性。计算出响应功率谱密度、自相关函数及响应的 RMS 值等。计算过程中，MSC. NASTRAN 不仅可以像其他有限元分析那样利用已知谱，而且还可自行生成用户所需的谱。

（5）响应谱分析：响应谱分析（有时称为冲击谱分析）提供了一个有别

于瞬态响应的分析功能，在分析中结构的激励用各个小的分量来表示，结构对于这些分量的响应则是这个结构每个模态的最大响应的组合。

（6）频率响应分析：频率响应分析主要用于计算结构在周期振荡载荷作用下对每一个计算频率的动响应。计算结果分实部和虚部两部分。实部代表响应的幅度，虚部代表响应的相角。

（7）声学分析：MSC. NASTRAN 中提供了完全的流体－结构耦合分析功能。这一理论主要应用在声学及噪声控制领域，例如车辆或飞机客舱的内噪声的预测分析。进一步内容见后文"流－固耦合分析"中的相关部分。

2）NASTRAN 非线性分析

NASTRAN 非线性分析包括：几何非线性分析、材料非线性分析、非线性边界（接触问题）分析、非线性瞬态分析和非线性单元分析等。

（1）几何非线性分析：对于极短时间内的高度非线性瞬态问题包括弹塑性材料、大应变及显式积分等，MSC. DYTRAN 可以进一步对 MSC. NASTRAN 进行补充。在几何非线性中可包含：大变形、旋转、温度载荷、动态或定常载荷、拉伸刚化效应等。

MSC. NASTRAN 可以确定屈曲和后屈曲属性。对于屈曲问题，MSC. NASTRAN 可同时考虑材料及几何非线性。非线性屈曲分析可比线性屈曲分析更准确地判断出屈曲临界载荷。对于后屈曲问题，MSC. NASTRAN 提供三种 Arc－Length 方法（Crisfield 法、Riks 法和改进 Riks 法）的自适应混合使用，可大大提高分析效率。此外，在众多应用中，结构模态分析同时考虑几何刚化和材料非线性也是非常重要的。MSC，NASTRAN 称这一功能为非线性特征模态分析。

（2）材料非线性分析：当材料的应力和应变关系为非线性时要用到这类分析。包括非线性弹性（含分段线弹性）、超弹性、热弹性、弹塑性、塑性、黏弹/塑率相关塑性及蠕变材料，适用于各类各向同性、各向异性、具有不同拉压特性（如绳索）及与温度相关的材料等。对于弹/塑性材料，既可用 von Mises 准则，也可用 Tresca 屈服准则；土壤或岩石一类材料可用 Mohr Coulomb 或 Drucker－Prager 屈服准则；Mooney－Rivlin 超弹性材料模型适用于超弹性分析，在 MSC. NASTRAN 可定义 5 阶、25 个材料常数并可通过应力应变曲线自动拟合出所需的材料常数等屈服准则；对于蠕变分析，可利用 ORNL 定律或 Rheological 进行模拟，并同时考虑温度影响。任何屈服准则均包括各向同性硬化、运动硬化或两者兼有的硬化规律。

（3）非线性边界（接触问题）分析：平时我们经常遇到一些接触问题，如齿轮传动、冲压成形、橡胶减振器、紧配合装配等。当一个结构与另一个结构或外部边界相接触时，通常要考虑非线性边界条件。由接触产生的力同样具有非线性属性。对这些非线性接触力，MSC. NASTRAN 提供了两种方法：一是三维间隙单元（GAP），支持开放、封闭或带摩擦的边界条件；二是三维滑移线接触单元，支持接触分离、摩擦及滑移边界条件。另外，在 MSC. NASTRAN 的新版本中还将增加全三维接触单元。

（4）非线性瞬态分析：非线性瞬态分析可用于分析以下三种类型的非线性结构的非线性瞬态行为。考虑结构的材料非线性行为：塑性，von Mises 屈服准则，Tresca 屈服准则，Mohr – Coulomb 屈服准则，运动硬化，Drucker – Prager 屈服准则，各向同性硬化（isotropic hardening），大应变的超弹性材料，小应变的非线性弹性材料，热弹性材料（thermo – elasticity），黏塑性（蠕变），黏塑性与塑性合并。

几何非线性行为：大位移、超弹性材料的大应变、追随力。包括边界条件的非线性行为：结构与结构的接触（三维滑移线），缝隙的开与闭合，考虑与不考虑摩擦，强迫位移。

（5）非线性单元分析：除几何、材料、边界非线性外，MSC. NASTRAN 还提供了具有非线性属性的各类分析单元如非线性阻尼、弹簧、接触单元等。非线性弹簧单元允许用户直接定义载荷位移的非线性关系。

非线性分析作为 MSC. NASTRAN 的主要强项之一，提供了丰富的迭代和运算控制方法，如 Newton – Rampson 法、改进 Newton 法、Arc – Length 法、Newton 和 ArcLength 混合法、两点积分法、Newmark β 法及非线性瞬态分析过程的自动时间步调整功能等，与尺寸无关的判别准则可自动调整非平衡力、位移和能量增量，智能系统可自动完成全刚度矩阵更新，或 Quasi – Newton 更新，或线搜索，或二分载荷增量（依迭代方法）使 CPU 最小，可用于不同目的的数据恢复和求解。自动重启动功能可在任何一点重启动，包括稳定区和非稳定区。

3）NASTRAN 热传导分析

MSC. NASTRAN 提供了适于稳态或瞬态热传导分析的线性、非线性两种算法。工程界很多问题都是非线性的，而 MSC. NASTRAN 的非线性功能可根据选定的解算方法自动优选时间步长。

（1）线性/非线性稳态热传导分析：基于稳态的线性热传导分析一般用来求解在给定热载和边界条件下结构中的温度分布，计算结果包括节点的温度、约束的热载和单元的温度梯度，节点的温度可进一步用于计算结构的响应；稳态非线性热传导分析则在包括了稳态线性热传导的全部功能的基础上，额外考虑非线性辐射与温度有关的热传导系数及对流问题等。

（2）线性/非线性瞬态热传导分析：线性/非线性瞬态热传导分析用于求解

时变载荷和边界条件作用下的瞬态温度响应，可以考虑薄膜热传导、非稳态对流传热及放射率、吸收率随温度变化的非线性辐射。

（3）相变分析：该分析作为一种较为特殊的瞬态热分析过程，通常用于材料的固化和熔解的传热分析模拟，如金属成型问题。在 MSC. NASTRAN 中将这一过程表达成热焓与温度的函数形式，从而大大提高分析的精度。

（4）热控分析：MSC. NASTRAN 可进行各类热控系统的分析，包括模型的定位、删除、时变热能控制等，如现代建筑的室温升高或降低控制。自由对流元件的热传导系数可根据受迫对流率、热流载荷、内热生成率得到控制，热载和边界条件可定义成随时间的非线性载荷。

（5）空气动力弹性及颤振分析：气动弹性问题是应用力学的分支，涉及气动、惯性及结构力间的相互作用，在 MSC. NASTRAN 中提供了多种有效的解决方法。人们所知的飞机、直升机、导弹、斜拉桥乃至高耸的电视发射塔、烟囱等都需要气动弹性方面的计算。

MSC. NASTRAN 的气动弹性分析功能主要包括：静态和动态气弹响应分析、颤振分析及气弹优化。

（6）流－固耦合分析：流－固耦合分析主要用于解决流体（含气体）与结构之间的相互作用效应。MSC. NASTRAN 中拥有多种方法求解完全的流－固耦合分析问题，包括流－固耦合法、水弹性流体单元法、虚质量法。

（7）多级超单元分析：超单元分析是求解大型问题的一种十分有效的手段，特别是当工程师打算对现有结构件做局部修改和重分析时。超单元分析主要是通过把整体结构分化成很多小的子部件来进行分析，即将结构的特征矩阵（刚度、传导率、质量、比热、阻尼等）压缩成一组主自由度类似于子结构的方法，但具有更强的功能且更易于使用。子结构可使问题表达变得简单，计算效率得到提高，计算机的存储量降低。超单元分析则在子结构的基础上增加了重复、镜像映射和多层子结构功能，不仅可单独运算而且可与整体模型混合使用，结构中的非线性与线性部分分开处理可以减小非线性问题的规模。应用超单元工程师仅需对那些所关心的受影响大的超单元部分进行重新计算，从而使分析过程更经济、高效，避免了总体模型的修改和对整个结构的重新计算。MSC. NASTRAN 优异的多级超单元分析功能在大型工程项目国际合作中得到广泛使用，如飞机的发动机、机头、机身、机翼、垂尾、舱门等在最终装配出厂前可由不同地区和不同国家分别进行设计和生产，此间每一项目分包商不但可利用超单元功能独立进行各种结构分析，而且可通过数据通信在某一地利用模态综合技术通过计算机模拟整个飞机的结构特性。

多级超单元分析是 MSC. NASTRAN 的主要强项之一，适用于所有的分析类型，如线性静力分析，刚体静力分析，特征模态分析，几何和材料非线性分析，响应谱分析，直接特征值分析，频率响应分析，瞬态响应分析，模态特征值分析，模态综合分析（混合边界方法和自由边界方法），设计灵敏度分析，稳态、非稳态、线性、非线性传热分析等。

模态综合分析：模态综合分析需要使用超单元，可对每个受到激励作用的超单元分别进行分析，然后把各个结果综合起来从而获得整个结构的完整动态特性。超单元的刚度阵、质量阵和载荷阵可以从经验或计算推导而得出。结构的高阶模态先被截去，而后用静力柔度或刚度数据恢复。该分析对大型复杂的结构显得更有效（需动力学分析模块）。

（8）高级对称分析：针对结构的对称、反对称、轴对称或循环对称等不同的特点，MSC. NASTRAN 提供了不同的算法。类似超单元分析，高级对称分析可大大压缩大型结构分析问题的规模，提高计算效率。

4）NASTRAN 软件优化分析

（1）NASTRAN 的拓扑优化：设计优化是为满足特定优选目标如最小质量、最大第一阶固有频率或最小噪声级等的综合设计过程。这些优选目标称为设计目标或目标函数。优化实际上含有折中的含义，例如结构设计得更轻就要用更少的材料，但这样一来结构就会变得脆弱，因此就要限制结构件在最大许用应力下或最小失稳载荷下等的外形及尺寸厚度。类似地，如果要保证结构的安全性，就要在一些关键区域增加材料，但同时也意味着结构会加重。最大或最小许用极限限定被称为约束。

设计变量是一组在设计过程中为产生一个优化设计可不断改变的参数。MSC. NASTRAN 中的设计变量包含形状和尺寸两大部分。形状设计变量（如边长、半径等）直接与几何形状有关，在设计过程中可改变结构的外形尺寸；尺寸设计变量（如板厚、凸缘、腹板等）则一般不与几何形状直接发生关系，也不影响结构的外形尺寸。设计优化意味着有在满足约束的前提下产生最佳设计的可能性。MSC. NASTRAN 拥有强大、高效的设计优化能力，其优化过程由设计灵敏度分析及优化两大部分组成，可对静力、模态、屈曲、瞬态响应、频率响应、气动弹性和颤振分析进行优化。有效的优化算法允许在大模型中存在上百个设计变量和响应。

MSC. NASTRAN 所集成的从概念设计的拓扑优化到详细设计的形状和尺寸优化的统一环境，为产品设计提供了完整的优化设计功能。

（2）设计灵敏度分析：设计灵敏度分析是优化设计的重要一环，可成倍地提高优化效率。这一过程通常可计算出结构响应值对于各设计变量的导数，以确定设计变化过程中对结构响应最敏感的部分，帮助设计工程师获得其最关心的灵敏度系数和最佳的设计参数。灵敏度响应量可以是位移、速度、加速度、应力、应变、特征值、屈曲载荷因子、声压、频率等，也可以是各响应量的混合。设计变量可取任何单元的属性，如厚度、形状尺寸、面积、二次惯性矩或节点坐标等。在灵敏度分析的基础上，设计优化可以快速地给出最优的设计变量值。

（3）设计优化分析：设计优化分析允许使用不限数量的设计变量和用户自定义的目标函数、约束和响应方程，除了输入大家所熟知的"分析模型"之外，还需要输入"设计模型"。设计模型是一个用设计变量和结构响应值以数学方式来描述的一个优化问题，不仅与分析模型有关，而且也与这个分析模型的结构响应有关。先依用户提供的初始设计开始进行结构分析，获得结构响应（如应力、位移、固有频率等）后，确定设计变量对结构响应的灵敏度，这些灵敏度数据被送入一个数值优化求解过程以得到一个改进了的设计。在这个新设计的基础上修改分析模型，开始一个新的迭代优化循环过程，直到满足优化设计要求。MSC. NASTRAN V70 中设计优化分析允许删除不起作用的约束，使优化过程效率提高。

MSC. NASTRAN 的优化功能几经重大改进并实现了形状优化，成为强大的多物理过程的优化工具。优化涉及多种分析类型，如静力优化、特征值优化、屈曲优化、直接/模态频率优化、气弹和颤振优化、声学（噪声）优化、超单元优化分析等。除此之外，用户还可以根据自己的设计要求和优化目标，在软件中方便地写入自编的公式或程序进行优化设计。

（4）拓扑优化分析：拓扑优化是与参数化形状优化或尺寸优化不同的非参数化形状优化方法。在产品概念设计阶段，为结构拓扑形状或几何轮廓提供初始建议的设计方案。MSC. NASTRAN 现有的拓扑优化能够完成静力和正则模态分析。拓扑优化采用 Homogenization 方法，以孔尺寸和单元方向为设计变量，在满足结构设计区域的剩余体积（质量）比的约束条件下，对静力分析满足最小平均柔度或最大平均刚度；在模态分析中，满足最大基本特征值或指定模态与计算模态的最小差。拓扑优化设计单元为一阶壳单元和实体单元。集成在MSC. NASTRAN 中的拓扑优化，通过特殊的 DMAP 工具，建立了新的拓扑优化求解序列。在 MSC. PATRAN 中专门的拓扑优化 preference，支持拓扑优化建模和结果后处理。

利用 MSC. NASTRAN 高级单元技术和静力分析、模态分析的有效解法，可以非常有效地求解大规模的拓扑优化模型。

（5）疲劳分析：支持应力疲劳分析（$S-N$ 方法）、应变疲劳分析［或应变－寿命（$\varepsilon-N$）分析］和多轴疲劳分析，可以考虑表面处理修正、加工制造、均值应力等的影响,疲劳载荷支持雨流计数,使用线性损伤累积理论,分析疲劳寿命和安全因子;支持在线性静态分析(SOL 101)、模态瞬态方法(SOL 103、SOL 112)中直接计算疲劳损伤和疲劳寿命,结果有 op2 等多种格式可供选择,从而提高疲劳分析的效率,减少分析时间和硬件资源需求。同时能实现与疲劳寿命相关的优化,即以疲劳寿命或疲劳损伤为优化目标或者优化的约束条件对结构进行优化。

(6)复合材料分析:在 MSC. NASTRAN 中具有很强的复合材料分析功能,并有多种可应用的单元供用户选择。借助于 MSC. PATRAN,可方便地定义如下种类的复合材料:层合复合材料、编织复合材料(rule - of - mixtures)、Halpin - Tsai 连续纤维复合材料、Halpin - Tsai 不连续纤维复合材料、Halpin - Tsai 连续带状复合材料、Halpin - Tsai 不连续带状复合材料、Halpin - Tsai 粒状复合材料、一维短纤维复合材料和二维短纤维复合材料。所有这些短纤维复合材料,除层合复合材料外,在 MSC. NASTRAN 中均等效为均质各向同性弹性材料。判别复合材料失效的准则包括:Hill 理论、Hoffman 理论、Tsai - Wu 理论和最大应变理论。MSC. NASTRAN 的复合材料分析适于所有的分析类型。

5)MSC. NASTRAN 软件的优势

(1)极高的软件可靠性:MSC. NASTRAN 是一具有高度可靠性的结构有限元分析软件,有着几十年的开发和改进历史,并通过了 50 000 多个最终用户长期工程应用的验证。MSC. NASTRAN 的整个研制及测试过程是在 MSC 公司的 QA 部门、美国国防部、美国国家航空航天局、联邦航空管理委员会(FAA)及核能委员会等有关机构的严格控制下完成的,每一版的发行都要经过 4 个级别、5 000 个以上测试题目的检验。

(2)优秀的软件品质:MSC. NASTRAN 的计算结果与其他质量规范相比已成为最高质量标准,得到有限元界的一致认可。通过无数考题和大量工程实践的比较,众多重视产品质量的大公司和工业行业都用 MSC. NASTRAN 的计算结果作为标准代替其他质量规范。

(3)作为工业标准的输入/输出格式:MSC. NASTRAN 被人们如此推崇而广泛应用使其输入输出格式及计算结果成为当今 CAE 工业标准,几乎所有的 CAD/CAM 系统都竞相开发了其与 MSC. NASTRAN 的直接接口,MSC. NASTRAN的计算结果通常被视为评估其他有限元分析软件精度的参照标准,同时也是处理大型工程项目和国际招标的首选有限元分析工具。

(4)强大的软件功能:MSC. NASTRAN 不但容易使用而且具有十分强大的软件功能。通过不断完善,如增加新的单元类型和分析功能、提供更先进的用户界面和数据管理手段、进一步提高解题精度和矩阵运算效益等,使 MSC 公司以每年推出一个小版本、每两年推出一个大版本的速度为用户提供 MSC 新产品。

（5）高度灵活的开放式结构：MSC. NASTRAN 全模块化的组织结构使其不但拥有很强的分析功能而且又具有很好的灵活性，用户可根据自己的工程问题和系统需求，通过模块选择、组合获取最佳的应用系统。此外，MSC. NASTRAN的全开放式系统还为用户提供了其他同类程序所无法比拟的开发工具 DMAP 语言。

（6）无限的解题能力：MSC. NASTRAN 对于解题的自由度数、带宽或波前没有任何限制，其不但适用于中小型项目，对于处理大型工程问题也同样非常有效，并已得到世人的公认。MSC. NASTRAN 已成功解决超过 5 000 000 自由度的实际问题。

3.3.3 人员目标易损性的计算机仿真分析数值算法

数值计算在科学研究和工程技术中得到广泛应用，与理论和试验一起成为现代科学技术的三大支柱，并具有快捷、安全和低成本的优势。然而，现代战场目标易损性分析涉及超高速碰撞、冲击侵彻、爆炸等极端变形问题。极端变形问题是几何、材料和边界条件均为非线性的多物理场强耦合问题，涉及高速、高压、高温、相变和化学反应，气体、液体和固体等多种物质间相互耦合甚至混合，材料发生严重扭曲、破碎、熔化甚至汽化，给数值计算带来巨大的挑战。

针对极端变形问题的数值计算分析方法有拉格朗日法、欧拉法、任意拉格朗日－欧拉法、质点网格法、物质点法等。

3.3.3.1 拉格朗日（Lagrange）法

拉格朗日法多用于固体结构的应力应变分析，这种方法以物质坐标为基础，其所描述的网格单元将以类似"雕刻"的方式划分在用于分析的结构上，即采用拉格朗日法描述的网格和分析的结构是一体的，有限元节点即物质点。采用这种方法时，分析结构的形状变化和有限单元网格的变化完全是一致的（因为有限元节点就为物质点），物质不会在单元与单元之间发生流动。拉格朗日法的网格与材料固连，因此格式简单、效率高，可以准确跟踪材料界面，易于引入与变形历史相关的材料模型，适合处理速度为常数的移动。

拉格朗日法的主要优点是能够非常精确地描述结构边界的运动，主要用于结构力学，在该方法中，计算网格的每个节点在运动过程中都固定在物体上，二者一起变形，材料与网格之间不存在相对运动（即对流运动），也就是网格和物体的外表面或材料界面在求解过程中始终重合。因此，拉格朗日法有两个好处：一是可以轻松追踪不同材料之间的自由表面和界面，易于处理边界条件；二是控制方程中不存在对流项，所以大大简化了控制方程及其求解过程，使得在每个时间步中所需的计算量较小。它的缺点是在不频繁进行网格重分操作的情况下无法处理计算区域严重扭曲变形带来的失真。而对于高维情况，网格重分的过程既复杂又费时，有时难以实现。当处理大变形问题时，特别是在模拟极端变形问题时，材料的极端变形将会导致拉格朗日法的网格畸变，严重降低结果精度，甚至会使单元雅可比行列式在高斯点处为零或负值，使计算异常中止。网格畸变还会使显式时间积分的临界时间步长降低 1 ~ 2 个数量级，显著增加计算量。另外，拉格朗日网格类方法也难以有效地模拟材料的破碎、熔化和汽化等复杂行为。

3.3.3.2 欧拉（Euler）法

欧拉法以空间坐标为基础，使用这种方法划分的网格和所分析的物质结构是相互独立的，网格在整个分析过程中始终保持最初的空间位置不动，有限元节点即空间点，其所在空间的位置在整个分析过程中始终是不变的。很显然由于算法自身的特点，网格的大小、形状和空间位置不变，因此在整个数值模拟过程中，各个迭代过程中计算数值的精度是不变的。欧拉法的网格固定在空间中，不随物体运动，也就是材料相对于网格运动，不会出现网格严重扭曲变形问题，因此不存在网格畸变困难，适合于分析极端变形、流体流动问题和处理不含时间的稳态问题。在欧拉描述中，可以相对轻松地处理连续运动中的大变形和液体分析。

欧拉法的缺点是由于网格与材料独立，使用这种方法时网格与网格之间的物质是可以流动的，在物质边界的捕捉上是困难的，不易准确跟踪材料界面，难以引入与变形历史相关的材料模型，且非线性对流项也会导致数值求解困难。通常在处理运动界面上比拉格朗日法更难施加边界条件，精度也更低。此外，因为欧拉法的控制方程中也会出现对流项，使得系数矩阵不对称，所以可能会得到振荡解。

3.3.3.3 任意拉格朗日 – 欧拉（Arbitrary Lagrange – Euler，ALE）法

ALE 法最初出现于数值模拟流体动力学问题的有限差分方法中。这种方法兼具拉格朗日法和欧拉法二者的特长，首先，在结构边界运动的处理上引进了拉格朗日法的特点，因此能够有效地跟踪物质结构边界的运动；其次，在内部网格的划分上，它吸收了欧拉法的长处，使内部网格单元独立于物质实体而存

在，但它又不完全和欧拉法网格相同，网格可以根据定义的参数在求解过程中适当调整位置，使得网格不致出现严重的畸变。这种方法在分析大变形问题时是非常有利的。使用这种方法时，网格与网格之间的物质也是可以流动的。

ALE 法的基本思想是：计算网格不再固定，也不依附于流体质点，而是可以相对于坐标系做任意运动。计算网格可以在空间中以任意的形式运动，也就是可以独立于空间坐标系和物质坐标系运动。这样通过规定合适的网格运动形式可以准确地描述物体的移动界面，并维持单元的合理形状使得网格不会发生扭曲。由于这种描述既包含拉格朗日观点，可应用于带自由液面的流动，也保留了欧拉观点，克服了纯拉格朗日法常见的网格畸变的不如意之处。自 20 世纪 80 年代中期以来，ALE 描述已被广泛用来研究带自由液面的流体晃动问题、固体材料的大变形问题、流固耦合问题，等等。事实上，拉格朗日法和欧拉法都是 ALE 法的两个特例，即当网格固定于空间不动时就退化为欧拉法，而当网格点的运动速度等于物质点的运动速度时就退化为拉格朗日法。

ALE 法采用交错网格离散方程，定义除速度外所有的热力学参量位于常规网格的单元中心上，定义速度位于常规网格单元的角点上，并以此角点为中心构成动量单元。凡需计算平流通量的项，如扩散项与对流项，近似为沿单元 4 个表面求和，其他依赖于体积项，可以直接对单元积分。ALE 法计算分三个部分来进行计算。第一步是显式的拉格朗日计算，即只考虑压力梯度分布对速度和能量改变的影响，在动量方程中压力取前一时刻的量，因此是显示格式。这步是直接利用前一时步各参数和终了值来计算本阶段的速度、密度和内能。这样计算工作量较小，但时间步长的取值受到较严格的限制。因此，程序中通过一个可调的参数来控制差分格式的显隐程度，在实际计算中可按需要进行调节。第二步用隐式格式进行 Newton – Raphson 迭代，而把第一步求得的速度分量作为迭代求解的初始值。第二步计算低速甚至是完全无压力的区域。隐式迭代模型在缩短时间步骤上比纯显式计算更可能提高效率。同时它提供了一种数值稳定的方法，使压力在一个时间步长上能通过一个网格以上。ALE 法通过联立求解以面中心速度为自变量的动量方程、体积变化方程和经过线性化处理的状态方程来确定压力。这部分要求降低 Courant 数的时间步长限制，这样可以保证低速或不可压缩流的计算稳定性。第三步重新划分网格和网格之间输运量的计算。把所有的网格节点从当前位置移回到第一步开始前的位置，并计算流体相对于网格运动的对流通量，就是根据网格与其包含的流体单元的相对速度计算穿越各网格单元边界的各物理量的对流量，即控制方程中的对流项，这是用欧拉形式描述流场时所必须进行的。在程序中对流项用显式时间计算，时间步长因受到 Courant 条件的限制而在前两个步骤的计算中基本是以隐式为主，其时间步长可以取得比较大，因此在程序中计算对流项时采用子循环形式。为了考虑对流项的单项传播特性，必须选择合理的空间差分格式。ALE 的强大特性是能结合不同的方式适应个别问题的要求，灵活处理不同的问题，例如，在处理高速应用方面，可采用显式计算，按第二步进行迭代计算。对于显式拉格朗日计算，仅按第一步的要求进行。对于隐式拉格朗日计算，按第一、二部分进行。

结构域：应用达朗伯（D'Alembert）原理，可得经有限元离散的结构矩阵动力方程为 $M\ddot{U}(t) + C\dot{U}(t) + KU(t) = R(t)$，式中，$M$、$C$、$K$ 分别为结构的质量矩阵、阻尼矩阵和刚度矩阵；$\ddot{U}(t)$、$\dot{U}(t)$、$U(t)$ 分别为结构节点相对加速度、速度和位移向量；$R(t)$ 为外荷载向量。对于非线性体系进行动力时程分析的最有效方法就是时间积分法。该法把反应的时程划分为短的、相等的（也可不相等）时段，对每一时段，按照线性体系来计算反应。这个线性体系的特性是时段开始时刻限定的特性，时段结束时的特性按照那时体系的变形和应力状态来修正。这样，非线性分析就近似为一系列依次变化的线性体系的分析。在时间 t 至 $t + \Delta t$ 的时间间隔内，结构的运动增量方程为：$M\Delta\ddot{U}(t) + C\Delta\dot{U}(t) + K\Delta U(t) = \Delta R(t)$，式中，$\Delta\ddot{U}(t)$、$\Delta\dot{U}(t)$、$\Delta U(t)$、$\Delta R(t)$ 分别为时间 t 至 $t + \Delta t$ 时间间隔内结构的加速度、速度、位移和外荷载增量。至此即可求出 $t + \Delta t$ 时刻结构的位移、速度、加速度，将位移传递给网格系统，作为流体域的移动边界，然后根据下节介绍的流体域时间积分方法求得流体域的压力和速度，在流体压力作用下，结构又产生新的位移、速度、加速度，如此重复，即可求得结构的整个动力响应。

流体域：流体域采用欧拉法。流体和结构方程的时间积分必须一致。虽然在流体和结构模型中使用了不同的坐标系（结构模型使用的是拉格朗日坐标系，流体模型使用的是 ALE 坐标系），但两个坐标系在流固耦合界面上是统一的（拉格朗日坐标系）。因此，首先进行流固耦合界面上的时间积分，然后将其结果分别施加到流体和结构计算域。因为流体域和结构域的位移、速度、加速度在流固耦合界面上是相同的，所以在流固耦合界面上对它们不进行区分。假设流体方程为 $G_f[f, f'] = 0$，结构方程为 $G_s[U, \dot{U}, \ddot{U}] = 0$，其中，$f$ 为流体变量，U 为结构位移。

另外，假定流体和结构方程分别在 $t + \alpha\Delta t$ 和 $t + \Delta t$ 时刻满足平衡，由欧拉法可得流体速度和加速度（根据拉格朗日中值定理与线性插值理论）。

求解过程：假定初始变量 $X_0 = X_t$，求解 $t + \Delta t$ 时刻解答 $X_t + \Delta t$ 的过程如下：

（1）施加流体初始条件和边界条件，以及交界面上的相容条件，组装流体方程，同时加结构初始条件和边界条件，组装结构方程。

（2）组装矩阵 A_{fs}、A_{sf}。

（3）求解耦合体系方程，借助于 ALE 法，利用拉格朗日法追踪移动边界，并且更新内部网格。

（4）将耦合面计算结果传递给结构域和流体域，求解整个流体域中的流体速度和压力，并对结构运动方程积分，得到弹性体的位移、速度和加速度；至此即可得到 $t + \Delta t$ 时刻的解答 $X_t + \Delta t$，然后重复上述过程进行下一时间步循环，直至完成所有时间步的计算。

ALE 法给处理大变形问题带来了很大的方便，但同时也给求解带来了困难，增加了计算量。因此，如何选择合理有效的网格运动算法是 ALE 描述中的一个重要问题。ALE 的网格运动是通过控制网格的速度或者控制质点在参考坐标系下的运动速度实现的，运动学边界条件对网格的运动形式有着重要的影响。在边界运动已知的情况下，可以根据所求解问题的特殊性预先指定网格的运动形式（网格的速度或位移）。

3.3.3.4 质点网格法

美国 F. H. 哈洛等于 1955 年成功地把欧拉法和拉格朗日法结合起来，在欧拉法中引进拉格朗日法，提出了质点网格法（particle - in - cell method，简称 PIC 法）。质点网格法一方面把流体看成连续介质，从而计算在网格间没有物质输运情况下的流场变化；另一方面又把流体当作一些离散化的具有一定质量的质点，然后在固定的欧拉矩形网格上研究这些质点的运动，以及质量、动量和能量的输运。该方法结合了欧拉法和拉格朗日法的优点，通过欧拉法解决求解流体大畸变和在各种介质之间有剪切间断的滑移现象问题，通过拉格朗日法解决计算精度高，能精确确定界面和自由面的问题。质点网格法是计算二维非定常可压缩理想流动问题的欧拉 - 拉格朗日混合方法，它特别适用于计算具有多种介质和大变形流动的问题。

PIC 法的基本要点是，把含有多种介质的流动所通过的区域用欧拉法分成有限个网格，每个网格中的每种流体用一组特定的离散化拉格朗日质点表示。图 3.20 中 "×" 表示一种流体质点，"●" 表示另一种流体质点。只包含一种流体质点的格子称为纯单元，两种流体质点同时存在的格子称为混合单元，不存在任何流体质点的格子称为空单元。每个质点具有一定的质量，每个网格单元内的质点数目和质点分布都以流体流动的初始状态为依据，而且这些质点具有一定的速度和能量。计算开始后，质点在欧拉网格之间迁移，表示流体在运动。

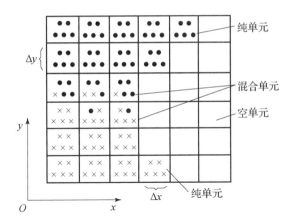

图 3.20　质点网格法示意图

在每个时间步长内，计算分两步：第一步用欧拉法计算，即忽略偏微分方程中的输运效应，用差分方法计算由压力分布所引起的欧拉网格上速度（或动量）和能量的变化。若一个网格内含有多种流体，就应按一定的规则把能量的改变量适当分配给不同的质点。第二步是质点迁移计算，它是在第一步的基础上，按一定的加权平均方法计算出每个质点的速度和在时间步长结束时的新位置。一个质点从一个网格迁移到另一个网格，就把所携带的质量以及相应的动量和能量从原来的网格输送到新的网格中去。这一步实质上是对第一步计算中忽略的输运效应计算的补偿。

3.3.3.5　物质点法

物质点法（material point method，MPM）由 Sulsky 等于 1994 年提出，它采用物质点和背景网格双重离散物质区域。物质点具有拉格朗日属性，它携带所有的物质信息，包括质量、位置、速度、应变、应力等。物质点在外力和内力的作用下在背景网格内运动，它的运动代表了物质的运动和变形。物质点法中的背景网格具有欧拉属性，它用于动量方程的求解和空间导数的计算，可以固定布置，也可以自由布置，是各物质之间相互联系和作用的桥梁。物体的离散示意图如图 3.21 所示，图中（a）、（b）和（c）分别表示一维、二维和三维物体的离散情况。

物质点法采用了拉格朗日和欧拉双重描述，将物体离散为一组在固定于空间的网格（欧拉描述）中运动的质点（拉格朗日描述），如图 3.22 所示。质点携带了所有物质信息，因此便于跟踪材料界面和引入与变形历史相关的材料模型。固定于空间的网格只用于求解动量方程，不携带任何物质信息。物质点

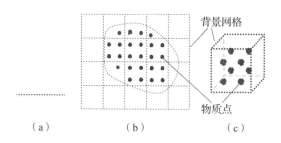

图 3.21　物体离散示意图

（a）一维；（b）二维；（c）三维

法是一种基于有限元法的拉格朗日粒子类方法，有效地综合了拉格朗日法和欧拉法的优点，是分析冲击侵彻等极端变形问题的一种有效方法。

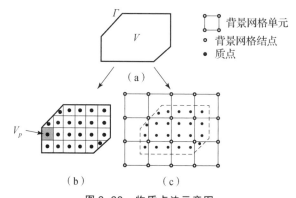

图 3.22　物质点法示意图

（a）材料区域；（b）物质点代表区域；（c）物质点法离散

3.3.4　人员目标易损性计算机仿真模拟分析

随着计算机技术的发展，运用计算机模拟软件建模，并利用软件的质量特性功能计算和分析技术开展数字化人体建模，对人体材料惯性参数进行分析和计算，构建人体体模、脏器器官的数学模型来对弹药对人体杀伤效果进行模拟计算，已成为现阶段人员目标易损性等效模拟研究的前沿领域。

在弹体中低速冲击侵彻弹性大变形高分子材料或者生物材料时，弹体的变形一般较小，而靶体和生物体的变形可能很大。针对此类问题，采用了清华大学张雄教授提出的耦合物质点有限元法（coupled finite element material point method，CFEMP）进行应用分析。该方法采用物质点法离散大变形物体，用有限元法离散小变形物体，并通过基于背景网格的接触算法实现两者的耦合，可实现对人员及其组织器官易损性的数值分析全过程模拟。

在具体的离散中，弹体采用有限元离散，靶体采用物质点离散。由于采用标准的钨合金弹丸，在所有模拟中，弹体的离散信息一致，弹体有限元单元的个数为 875 个，有限元节点个数为 976 个。靶体的离散模型采用直接建模或者 CT 灰度值数据，弹体的有限元模型如图 3.23（a）所示，靶体的离散模型如图 3.23（b）所示。

（a）

（b）

图 3.23　物质点离散模型

（a）弹体有限元模型；（b）靶体直接建模模型

人体主要组织或器官根据其物理性能参数可分为皮肤、肌肉、内脏器官和骨骼 4 种类型，组织器官的等效材料选取的原则是密度相近、强度相近、应力应变曲线相似且毁伤参数一致，组织器官和等效材料的破片毁伤过程动态均可采用计算机模拟仿真分析。以内脏及其等效材料（聚氨酯发泡材料）等效模拟分析为例，其数值分析结果如下：

3.3.4.1　长白猪内脏组织的抗侵彻能力数值分析

内脏器官实际抗破片侵彻试验代表性结果见表 3.13。

表 3.13　内脏器官抗破片侵彻试验代表性结果

试样类型	厚度/mm	子弹质量/g	靶前速度/($m \cdot s^{-1}$)	靶后速度/($m \cdot s^{-1}$)	单位厚度吸能/($J \cdot cm^{-1}$)	单位面密度吸能/($J \cdot m^2 \cdot kg^{-1}$)	穿透情况
肺部	100	0.6	421	337	1.91	0.38	穿透
肝脏	100	0.6	423	284	2.95	0.37	穿透

在弹靶模型中，弹体采用有限元离散，靶体采用物质点离散。由于采用标准的钨合金弹丸，弹体有限元单元的个数为 875 个，有限元节点个数为 976 个。考虑到肝肺组织器官几何结构、材料的不一致性（见图 3.24）以及弹

体作用的局部效应，将弹体侵彻过程中的生物组织等效成均匀的长方体结构，迎弹面的尺寸为 50 mm × 50 mm，厚度尺寸定为 100 mm。为了节省计算成本，靶体的离散采用两种级别的质点，中心区域（12 mm × 12 mm）采用 0.5 mm 尺寸的质点，远离中心区域采用 1.0 mm 尺寸的质点，背景网格为 1.0 mm × 1.0 mm × 1.0 mm 的尺寸，两侧边界采用固定约束，离散模型如图 3.25 所示。

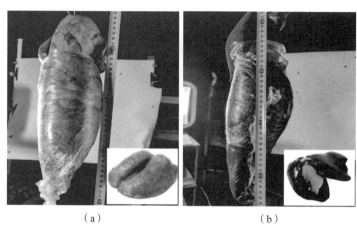

（a）　　　　　　　　　　　　　　（b）

图 3.24　内脏器官试样实物

（a）肺部；（b）肝脏

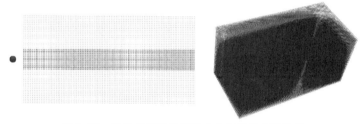

图 3.25　弹体侵彻猪的肝肺生物靶标的离散模型

钨球侵彻肺部和肝脏过程序列图如图 3.26 和图 3.27 所示。由图 3.26 可知，钨球侵彻肺部过程中，未观察到明显的空腔效应，这是由于肺部呈多孔结构，自身结构强度较小，在破片高速剪切作用下，肺部瞬间被剪切破坏，内部组织未来得及发生拉伸变形进而形成明显的空腔。

由图 3.27 可知，钨球侵彻肝脏的过程中，可以观察到一定的空腔效应，但是远不如肌肉靶标所形成的空腔效应显著。

（1）工况 1：弹体侵彻速度 $v_0 = 421.0$ m/s，模拟肺部靶体材料的厚度 $H = 100$ mm。弹体侵彻过程模拟结果如图 3.28 所示。

侵彻方向

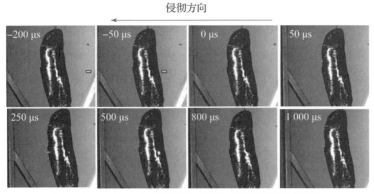

图 3.26　400 m/s 钨球破片侵彻肺部高速摄影序列图

侵彻方向

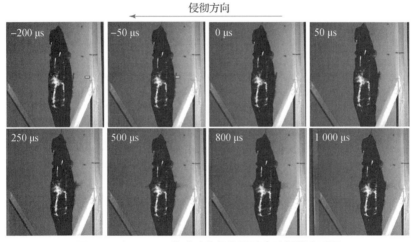

图 3.27　400 m/s 钨球破片侵彻肝脏高速摄影序列图

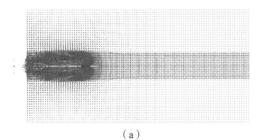

（a）

图 3.28　弹体侵彻过程模拟结果

（a）$t = 0.08$ ms

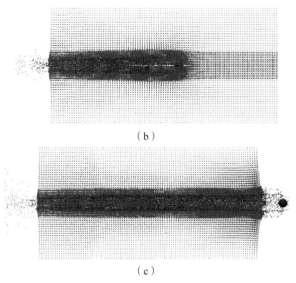

（b）

（c）

图3.28 弹体侵彻过程模拟结果（续）

（b）$t = 0.16$ ms；（c）$t = 0.32$ ms

弹体以 $v_0 = 421.0$ m/s 的初速垂直入射 100 mm 厚度的猪肺部生物材料，可穿透等效材料，靶后余速为 $v_r = 332.13$ m/s（见图 3.29 所示速度变化曲线），侵彻弹道未发生改变。

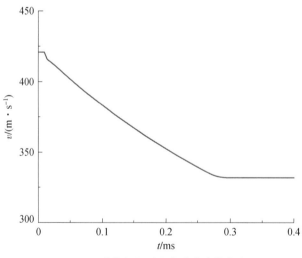

图3.29 弹体侵彻过程中速度变化曲线

（2）工况2：弹体侵彻速度 $v_0 = 423.0$ m/s，模拟肝脏靶体材料的厚度 $H = 100$ mm。弹体侵彻过程模拟结果如图 3.30 所示。

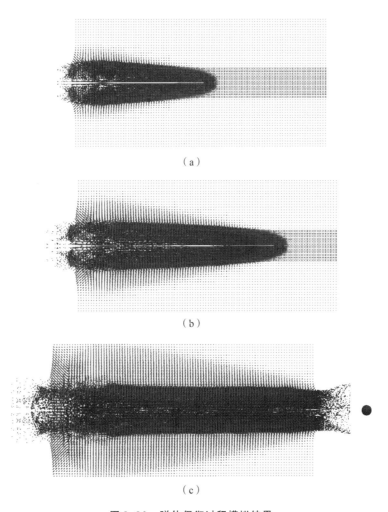

图 3.30　弹体侵彻过程模拟结果

（a）$t = 0.16$ ms；（b）$t = 0.24$ ms；（c）$t = 0.40$ ms

弹体以 $v_0 = 423.0$ m/s 的初速垂直入射 100 mm 厚度的猪肝脏生物材料，可穿透等效材料，靶后余速为 $v_r = 262.15$ m/s（见图 3.31 所示速度变化曲线），侵彻弹道未发生改变。

通过以上数值分析发现，钨球穿透 100 mm 猪肺脏、肝脏材料的临界速度应分别小于 421.0 m/s、423.0 m/s，通过二分法可获得钨合金穿透 100 mm 猪肺脏、肝脏材料的速度区间分别为 115.0～120.0 m/s、185.0～190.0 m/s。具体的计算数据见表 3.14 和表 3.15。

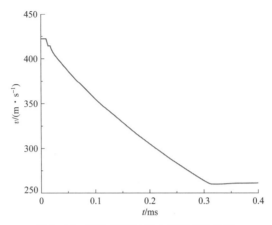

图 3.31　弹体侵彻过程中速度变化曲线

表 3.14　弹体穿透猪肺的临界穿透速度

编号	弹体初速 $v_0/(\mathrm{m \cdot s^{-1}})$	出靶速度 $v/(\mathrm{m \cdot s^{-1}})$	是否穿透	侵入深度 h_p/mm
1	421.0	332.13	是	—
2	120.0	5.7	是	—
3	115.0	—	否	—

表 3.15　弹体穿透猪肝的临界穿透速度

编号	弹体初速 $v_0/(\mathrm{m \cdot s^{-1}})$	出靶速度 $v/(\mathrm{m \cdot s^{-1}})$	是否穿透	侵入深度 h_p/mm
1	423.0	262.15	是	—
2	190.0	4.2	是	—
3	185.0	—	否	—

模拟仿真与实际射击数据对比见表 3.16。

表 3.16　实际生物靶试与仿真计算的靶后剩余速度

等效材料	靶前速度 $/(\mathrm{m \cdot s^{-1}})$	靶后剩余速度/$(\mathrm{m \cdot s^{-1}})$		误差/%
		实弹射击	仿真计算	
猪肺	421	337	332.13	1.4
肝脏	423	284	262.15	7.7

肺部和肝脏的靶后剩余速度模拟仿真与实际射击数据差误分别为 1.4% 和 7.7%，说明模拟仿真数据具有较好的可靠性。

3.3.4.2　内脏等效材料抗侵彻能力数值分析

内脏等效材料根据密度相近、强度相近、应力应变曲线相似且毁伤参数一致的原则选择聚氨酯发泡材料，其实际靶试数据见表 3.17。

表 3.17　等效材料聚氨酯泡沫实际靶试数据

等效材料	靶前速度 /(m·s⁻¹)	靶后剩余速度 /(m·s⁻¹)	毁伤空腔效应最大截面积 /cm²
聚氨酯 泡沫	414	308	14.38

弹体采用有限元离散，靶体采用物质点离散。由于采用标准的钨合金弹丸，在所有模拟中，弹体的离散信息一致，弹体有限元单元的个数为 875 个，有限元节点个数为 976 个。为了节省计算成本，靶体的离散采用两种级别的质点，中心区域（12 mm × 12 mm）采用 0.5 mm 尺寸的质点，远离中心区域采用 1.0 mm 尺寸的质点，背景网格为 1.0 mm × 1.0 mm × 1.0 mm 的尺寸，两侧边界采用固定约束，如图 3.32 所示。

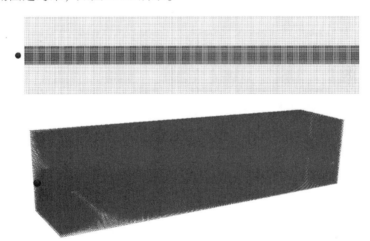

图 3.32　弹体侵彻聚氨酯发泡材料的离散模型

工况：弹体侵彻速度 $v_0 = 414.0$ m/s，靶体材料的厚度 $H = 220$ mm。弹体侵彻过程模拟结果如图 3.33 所示。

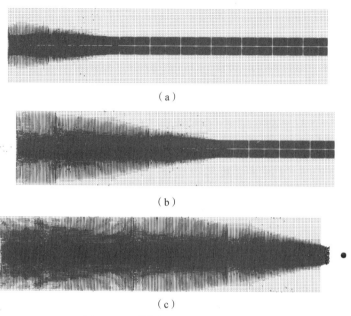

（a）

（b）

（c）

图 3.33　弹体侵彻过程模拟结果

（a）$t = 0.20$ ms；（b）$t = 0.40$ ms；（c）$t = 0.70$ ms

弹体以 $v_0 = 414.0$ m/s 的初速垂直入射 220 mm 厚度的聚氨酯发泡材料，可穿透等效材料，靶后余速为 $v_r = 294.31$ m/s（见图 3.34 速度变化曲线），侵彻弹道未发生改变。经过 2.0 ms 后，靶体材料由于侵彻产生的通道效应趋于稳定，经过图 3.35 的测量，其孔洞直径为 4.04 mm，毁伤面积为 12.82 mm²，实弹打靶毁伤面积为 14.38 mm²，模拟误差为 10.8%。

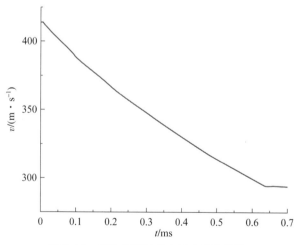

图 3.34　弹体侵彻过程中速度变化曲线

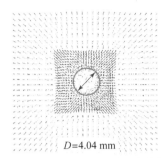

D=4.04 mm

图 3.35　侵彻后材料的毁伤半径

通过以上数值分析发现，钨球穿透 220 mm 发泡 PU – 2 材料的临界速度小于 414.0 m/s，通过二分法可获得钨合金穿透发泡 PU – 2 材料的速度区间为 140.0 ~ 145.0 m/s。具体的计算数据见表 3.18。

表 3.18　弹体穿透发泡 PU – 2 材料的临界穿透速度

编号	材料	靶板厚度/mm	弹体初速 $v_0/(\mathrm{m \cdot s^{-1}})$	出靶速度 $v/(\mathrm{m \cdot s^{-1}})$	是否穿透	侵入深度 h_p/mm
1	聚氨酯泡沫	220.0	414.0	294.31	是	—
2	聚氨酯泡沫	220.0	145.0	1.8	是	—
3	聚氨酯泡沫	220.0	140.0	—	否	是

通过对等效材料进行模拟靶试试验，计算可得靶后剩余速度和毁伤面积仿真结果，将模拟结果与实弹靶试结果进行对比分析，并计算模拟误差，如表 3.19 所示。仿真计算的靶后剩余速度与实际靶试结果误差小于 10%，毁伤空腔效应最大截面积误差小于 30%，满足指标要求。

表 3.19　实际靶试与仿真计算的靶后剩余速度和毁伤面积

等效材料	靶后剩余速度/$(\mathrm{m \cdot s^{-1}})$			毁伤空腔效应最大截面积/$\mathrm{cm^2}$		
	实弹射击	仿真计算	误差/%	实弹射击	仿真计算	误差/%
聚氨酯泡沫	308	294.3	4.4	14.38	12.82	10.8

经过以上数值建模和动力学分析，完成了长白猪内脏的三维 CT 数字化建模，并根据灰度值识别得到了长白猪内脏的三维物质点法仿真模型，通过对一系列仿真工况的详细分析，重点研究了球形破片出靶后的剩余弹速以及空腔效应等，完成了内脏的毁伤效应分析，给出了破片穿透等效材料和生物材料的临界速度参考值，可为试验的开展和人体简易靶标的设计提供数值手段和参考。

|3.4 人员目标易损性等效模拟方法

在人体等效靶中的应用|

人员目标易损性等效靶可以定义如下：在毁伤元的作用下，靶板系统可测的物理破坏如果能够描述它所等效替代的战场人员目标原型在同类毁伤元作用下的失效特性，则此靶板系统就可以作为该战场人员目标的等效靶。

在等效靶的研究上，目前有些国家已基本完成了各类目标等效靶的规范化和通用化。而国内起步较晚，对等效靶的研究主要集中在装甲车、坦克、飞机、舰艇等装备等效上，也形成了基本的规范。而对战场人员等效靶的系统研究太少，从国内发表的文献来看，已有少量研究成果，但缺乏系统性和通用性。

随着现代战场技术向着技术信息化的方向发展，迫切需要建立杀爆弹破片对作战人员毁伤情况等效模拟靶模型。一般进行战场人员目标易损性模拟的基本步骤如下：

（1）通过对人员目标主要作用参数的分析确定等效目标。

（2）通过对毁伤元的相关性能参数分析确定破片的参数。

（3）根据破片与人体组织器官和等效材料的毁伤参数，通过等效原则建立毁伤等效关系，确定关键毁伤等效参数，选择合适的等效材料。

（4）确定等效靶的结构形式。根据人员目标的结构特点及毁伤等效关系，采用等效材料，建立等效靶，如图 3.36 所示。

图 3.36（a）所示多层复合简易人型等效靶是由多层等效材料复合组成的（具体内容见第 5 章），正面（迎弹面）为平面人形，侧面为长方形等厚，关键部位（头部、胸部、腹部、四肢）具有吸收动能等效和毁伤效应等效功能；图 3.36（b）所示高逼真仿真人体等效靶在立体人型靶（具体内容见第 6 章），头部、四肢均可活动，可具有坐姿、站姿、行走等多种姿态，皮肤下、头部、胸部、腹部可按要求布置传感器。可根据不同的需求场合，合理选择和使用不同型号的等效靶。

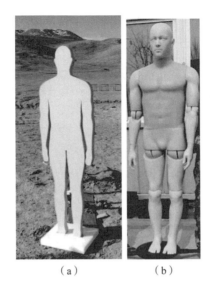

图 3.36　等效靶的结构形式

（a）多层复合简易人型等效靶；（b）高逼真仿真人体等效靶

　　人体关键功能器官组织等效方法研究流程如图 3.37 所示。提取对维持作战能力最重要的关键功能性器官和组织，根据靶试等效原则和仿真等效原则，进行靶试试验研究和仿真模拟靶试试验研究。根据研究结果，利用高分子聚合物材料制备与相关功能器官组织毁伤等效的替代材料，通过实弹射击试验考核等效替代材料的组成、制备等技术路线的合理性和等效性，建立优化的等效替代材料模拟仿真模型。

3.4.1　人体关键组织器官等效模拟

　　在人员目标等效材料研究领域，目前国内已有的人员目标等效材料大体上分为三大类：一是明胶、肥皂类黏塑性材料，因其密度与人体肌肉材质比较接近，其中明胶容易进行弹丸或破片侵彻试验时的瞬时高速拍摄和测量，而肥皂具有保留瞬时空腔完整性的特征，在终点弹道试验中大量使用，用于模拟生物软组织；二是猪、羊等生物靶标，因其脏器分布、受伤时的生理表征与人体有一定的相似性，常在终点弹道试验中用于生物效应试验；三是仿生人体靶标，这类靶标外形等效于标准人体，构成材料以硅胶或高分子化合物为主，内部骨骼架构大部分使用铝合金或其他硬质材料，造价较高，多用于动能撞击或跌落等非损耗性试验场合，能够通过其内置的传感器提取到撞击发生瞬间人体所受冲击。

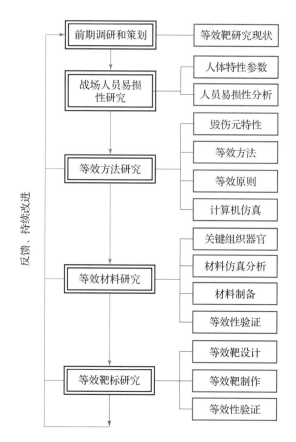

图 3.37　人体关键功能器官组织等效方法研究流程

　　破片、冲击波以及二者之间的复合作用对人体造成损伤的主要机理是破片和压力波对人体组织器官的压缩与撕裂。由于人体不是单一的组织结构，而是由皮肤、肌肉、骨骼、脏器等组合而成，所以弹丸和破片在侵彻过程中的物理现象非常复杂，需要选择不同的等效材料来模拟不同的人体组织或器官。

　　等效材料的选择和设计调整，是人体关键组织等效模拟的关键技术。在选择材料的初期，可通过密度、抗拉强度和弹性模量等这些影响生物靶板抗破片侵彻性能的关键参量和人体感观作为着手点，进行材料的初步筛选，初步确定皮肤、内脏、肌肉、骨骼 4 个关键组织或器官的替代材料。初步确定替代材料的种类之后，需要通过实弹射击确定破片在生物靶和替代材料靶中的单位厚度吸收能，通过试验结果进一步进行材料的筛选，并且确定各组织器官生物靶与所选定替代材料的等效系数。最后以生物靶与替代材料的等效系数为参考，对材料的组成成分和生产工艺进行设计和调整，得到各组织器官最终的理想等效材料。下面重点对皮肤等效模拟的选择、设计和制备进行说明。

1. 重要器官组织性能参数

人体各组织材料的生物力学参数主要从国内外已开展的大量组织材料试验及已有的人体生物力学模型相关文献中调研得到。通过文献资料数据检索与查阅，收集到的人体骨骼、肌肉、皮肤和重要器官组织的性能参数如表 3.20 所示。

表 3.20　重要器官组织性能参数

组织器官	密度/(g·cm⁻³)	弹性模量/MPa	泊松比
颅骨	2.10	6 500	0.21
大脑	1.14	1.4	0.30
心脏	1.00	0.075	0.38
肺脏	0.60	/	0.49
肋骨	1.60	5 000	0.10
肌肉	1.20	0.8	0.40
皮肤	1.06	53	0.48
肝脏	1.10	0.005 52	0.495
股骨	1.67	16 200	0.36
胫骨	1.65	16 200	0.36
骨骼肌	1.05	1	0.45

2. 皮肤等效模拟材料

皮肤等效模拟材料的选择、设计和制备可分为三个阶段：第一阶段为初选，第二阶段为复选，第三阶段为设计和制备。

第一阶段，初选。以密度、弹性模量和泊松比等参量和外观感触等因素为选择皮肤等效材料的基本依据，常见的可作为皮肤等效材料的高分子材料有热固化橡胶、室温固化加成型硅橡胶（简称"硅橡胶"）和塑料涂覆织物（简称"涂覆织物"）等。这几种材料的手感与皮肤相似，密度和弹性模量可调，是理想的皮肤等效材料。

在初选入围的这几种材料中，热固化橡胶和室温固化硅橡胶选择硬度为 20～30（邵 A）的橡胶，塑料涂覆织物选择软质 PU 涂覆织物，这样手感与皮肤更接近。

第二阶段，复选。可通过破片射击试验和仿真模拟等方法来计算等效材料的等效系数，并验证等效材料的毁伤效应的等效性。综合等效系数、毁伤效应的等效性和手感等因素，确定皮肤等效材料的类型。皮肤等效试验方案和步骤：

（1）由于皮肤厚度一般只有 2 mm 左右，实际射击试验时该厚度对高速破片几乎没有作用，因此在做皮肤等效试验时将猪皮一层一层重叠，至厚度为 5 cm 时固定好，进行实弹射击试验。

（2）破片（0.6 g）速度选择 400 m/s，按 GJB 3197—1998《炮弹试验方法》中的"方法 411.2 穿甲临界速度法"给出的规范的操作流程、操作要求和临界速度的判定准则，确定猪皮的临界穿透速度。

（3）以猪皮的临界穿透速度作为参考，以高于猪皮的临界穿透速度的某一适当预设理论速度计算理论装药量，进行 5 次实弹射击，按附录 3 – A 的方法计算猪皮在预设理论速度下的单位厚度吸收能。

（4）对几种猪皮等效材料进行模拟仿真分析，模拟计算出几种等效材料在预设初速度和期望吸收能数值条件下的对应厚度值。

（5）对几种等效材料在预设理论速度下的单位厚度吸收能进行实弹射击验证，按附录 3 – A 的方法计算每种等效材料在预设理论速度下的单位厚度吸收能。

（6）选取与猪皮单位厚度吸收能最为接近的等效材料作为猪皮的等效材料。

通过第二阶段优选出的皮肤等效材料与皮肤最为接近，这种材料可应用于简易靶标的制作。

第三阶段，高逼真靶皮肤的设计和制备。

通过第二阶段优选出的皮肤等效材料与皮肤最为接近，但实际与皮肤还存在着较大的不同。虽然这种材料可应用于简易靶标的制作，但相对于高逼真靶对皮肤的要求来说，还有一定的差距，因此需要通过材料的设计和制作来使皮肤等效材料在特定的条件下与皮肤尽可能一致。

这阶段的设计和制作手段主要包括两方面：一方面是材料成分的设计，另一方面是制作工艺的设计，通过这两方面的设计，制作的皮肤等效材料在特定条件下的毁伤等效性可尽可能达到与真实皮肤一致。

3. 肌肉和内脏等效模拟

人体肌肉和主要脏器为黏弹性稠密介质，弹丸在稠密介质中运动受到牛顿力以及黏滞阻力的影响，因此，对于人体目标等效材料靶标一般选用物理参数和黏弹性属性与人体肌肉、主要脏器等效的材料来进行模拟。

目前国内对于弹药杀伤元（破片、弹丸）对人体肌肉和内脏杀伤威力和作用效果的试验研究和评估的主要靶标材料一般为肥皂和明胶，国内已经有明胶作为评价弹药性能的相关标准。肥皂靶标为黏塑性材料，其密度与人体肌肉材质比较接近，且具有保留瞬时空腔完整性的特征，变形到最大尺寸后不会回弹，能够比较方便地测量最大空腔尺寸。但由于其非透明性，在拍摄方面不如明胶方便，且其弹性与肌肉相差较大。而明胶是胶原水解产物，明胶分子束缚大量的水，形成具有黏弹性的透明或半透明凝胶体。与肥皂靶标相比更容易进行弹丸或破片侵彻试验时的瞬时高速拍摄和测量，在反映弹丸与组织之间能量的传递方面具有直观、易测量等优点；明胶材料的弹性和密度与肌肉相近，其物理响应也与人体的肌肉响应近似，被广泛用于作为人体软组织的替代物。

尽管肥皂和明胶广泛用于评价弹药性能，但由于肥皂的易变形性、非弹性和明胶的半固体半液体的凝胶特性决定了这两者不适合用于制作对形状稳定性要求较高的人体模拟靶。因此，需要选择其他高分子材料作为肌肉的等效材料。

肌肉等效材料的等效试验方案和步骤与皮肤等效材料的试验方案和步骤一样，区别存在以下几个方面：

（1）以密度、强度、弹性模量等参量为选择肌肉和内脏等组织的等效材料的基本依据，在已知的高分子材料中，可作为肌肉和内脏等效材料的有硅橡胶、聚氨酯软质泡沫材料（简称 "PUR" 泡沫）和其他软质泡沫材料等。这三种材料的密度、弹性模量均可通过配方和加工工艺进行调节，可设计范围较广，可用于多种材料的模拟。

（2）通过模拟分析计算出肌肉的临界穿透速度低于 200 m/s。由于 7.62 mm 弹道枪的最低发射速度高于 200 m/s，且低速下火药燃烧不充分，弹道稳定性极差，因此通过实弹试验难以获取肌肉等软组织的临界穿透速度。所以针对肌肉、内脏（肺部、肝脏）等强度较低的软组织器官，采用吸收能这一指标代替临界穿透速度指标，来衡量靶标抗破片侵彻能力，用吸收动能等效原则来获取猪靶的等效靶标，即将破片以相同速度、相同角度贯穿侵彻猪靶和替代材料靶板，当二者剩余速度或吸收能相同时，则认为猪靶和替代材料靶板具有相同的防护能力，即二者等效，进而确定厚度等效系数。

（3）肌肉弹射击时可选用厚度为 10 cm 的猪大腿部位的肌肉进行试验，内脏可选 70 kg 长白猪完整内脏进行试验，破片速度可选择 400 m/s。通过实弹射击确定肌肉的单位厚度吸收能和毁伤效应。同时通过试验射击确定等效材料的单位厚度吸收能，进而确定肌肉、内脏与等效材料的等效系数。

4. 骨骼等效模拟

骨骼等效材料的等效试验方案和步骤与皮肤等效材料的试验方案和步骤一样，区别存在以下几个方面：

（1）以相对密度、强度和弹性模量为基本参量，这些基本参量可作为选择骨骼等效材料的基本依据，在已知的高分子材料中，可作为骨骼等效材料的有聚醚醚酮板（PEEK）、玻璃纤维（GF）增强环氧树脂（EP）（简称玻纤环氧或 GF/EP）和其他硬质塑料。

（2）与肌肉模拟分析类似，通过模拟分析计算出骨骼的临界穿透速度低于 300 m/s。考虑破片弹道稳定性，通过实弹试验难以获取肌肉等软组织的临界穿透速度。因此针对骨骼也采用吸收能这一指标代替临界穿透速度指标，来衡量靶标抗破片侵彻能力，用吸收动能等效原则来获取猪靶的等效靶标，即将破片以相同速度、相同角度贯穿侵彻猪靶和替代材料靶板，当二者剩余速度或吸收能相同时，则认为猪靶和替代材料靶板具有相同的防护能力，即二者等效，进而确定厚度等效系数。

（3）实弹射击试验时可选择猪大腿部位的骨骼作为试验对象，破片速度可选择 400 m/s。通过实弹射击确定大腿骨的单位厚度吸收能和毁伤效应。同时通过试验射击确定等效材料的单位厚度吸收能，进而确定骨骼与等效材料的等效系数。

3.4.2 战场人员易损性等效模拟靶标设计

根据人体特征模型、毁伤元与人体组织器官和等效材料的毁伤等效关系，通过目标功能等效方法、吸收动能等效和毁伤等效原则，采用等效材料对人员目标易损性进行等效模拟，设计等效靶。主要内容包括：战场人员易损性研究、等效靶的等效方法和等效原则、破片/靶体模拟仿真技术研究和等效模拟靶的设计 4 个部分。

3.4.2.1 战场人员易损性研究

战场人员易损性研究，包括人体目标特征分析、人体目标典型组织特征评价、重要器官组织性能参数研究和人体目标数据库的建立四个部分。

1. 人体目标特征分析

人体目标特征分析包括标准战场人员目标的体重、身高，人员目标投影面积和主动脉分布走向。

1) 标准战场人员目标的体重、身高

不同地域成年男性的人体尺寸略有不同，简易人体靶标和高逼真度人体靶标的外形尺寸，需要符合实际人体外形测量结果。考虑到目前的国际形势及两岸关系状况，国内重点分析美国军人、东南亚人、台军（中国南方）的体型特征。

通过查阅《2012 Anthropometric Survey of U. S. Army Personnel：Methods and Summary Statistics》和《ISO/TR 7250 - 2：2010 Basic human body measurements for technological design - Part 2：Statistical summaries of body measurements from individual ISO populations》，得到北美人成年男性的身高和体重。通过查阅《ISO/TR 7250 - 2：2010 Basic human body measurements for technological design - Part 2：Statistical summaries of body measurements from individual ISO populations》，得到东南亚人成年男性的身高和体重。

台军作战人员身高和体重可以我军陆军现役作战人员中的南方人为调研目标，进行实测得到其身高和体重统计数据，如图 3.38 和图 3.39 所示。

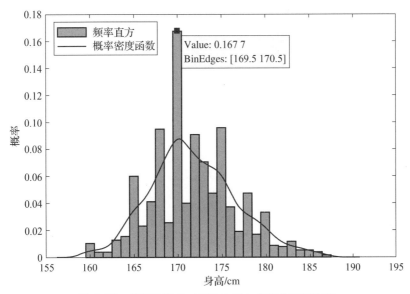

图 3.38　被调研部队（南方人员）身高分布直方图

2) 人员目标投影面积

人员目标投影面积包括立姿、坐姿、卧姿和跪姿 4 种姿态下的投影面积。根据作战任务和背景，选取立姿、坐姿、卧姿和跪姿 4 种姿态，计算标准战场人员目标正面、侧面和俯视的投影面积。战场人员立姿三视图投影面积计算结果见图 3.40。

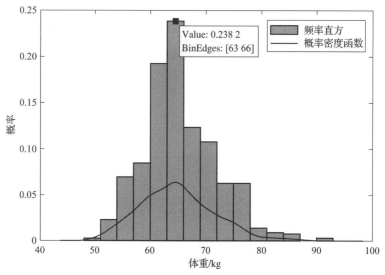

图 3.39　被调研部队（南方人员）体重分布直方图

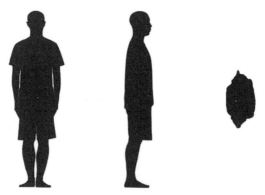

图 3.40　战场人员立姿三视图投影面积计算结果

　　通过查文献和实测的方式收集战场人员目标标准体模的特征参数，获得人体准确的三维信息，生成战场人员三维模型，便于进一步进行计算机分析和仿真。

　　3）主动脉分布走向

　　主动脉是向全身各部位输送血液的主要导管，是人体内最粗大的动脉管。作为人体循环动脉的主干道，主动脉对维持人体机体正常起着至关重要的作用。当战场人员受到刺切、枪弹及爆炸破片冲击等伤害时，可能会伤及人体的主动脉。主动脉破裂时，有时可并发心脏破裂，导致受伤者在短时间内因大出血休克死亡。因此，主动脉分布走向对人员易损性分析也是至关重要的一项。通过文献调研，得到如下人体主动脉分布走向图，如图 3.41 所示。

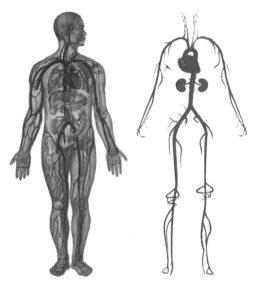

图 3.41　人体主动脉分布走向图

2. 人体目标典型组织特征评价

与战场人员易损性密切相关的关键组织器官主要包括大脑、心脏、肝脏、肺脏、肾脏、肌肉、皮肤和骨骼。

关键功能器官的投影面积采用相同的方法。通过医学手段对成人关键功能器官模型进行数据采集，建立三维模型，然后利用 3d Max 软件进行视角调整和投影面积计算。心脏正面、侧面和俯视三个方向的视图及投影见图 3.42。

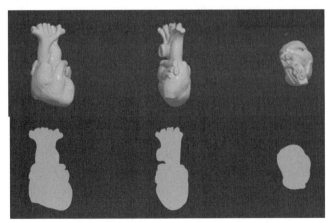

图 3.42　心脏正面、侧面和俯视三个方向的视图及投影

3. 重要器官组织性能参数研究

人体各组织材料的生物力学参数主要从国内外已开展的大量组织材料试验及已有的人体生物力学模型相关文献中调研得到。

无法收集到的人体相关数据通过选取与人体组织相近的动物组织进行替代测试，收集模拟人体（猪）的重要器官（心脏、肺部、肝脏、肠胃）、肌肉、皮肤和骨骼的动静态物理参数和力学性能参数的统计值数据。如对长白猪大腿骨进行弯曲测试，应力 – 应变曲线如图 3.43 所示。

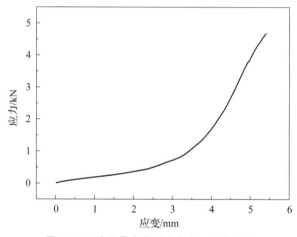

图 3.43 猪腿骨弯曲测试应力 – 应变曲线

4. 人体目标数据库的建立

人体目标数据库可包括战场人员目标标准体模数据库和人体典型组织、重要器官组织等功能区域及其参数响应数据库。通过建立这些数据库，为人体目标建模和等效材料选择提供数据支撑。

3.4.2.2 等效靶的等效方法和等效原则

对于等效靶标，最终的目标是建立真实人体和等效靶标的毁伤等效关系。对于毁伤等效，我们需要在材料力学性能相似的前提下，通过调整材料的几何尺寸、边界条件等建立等效的力学模型，以某些毁伤参数的等效作为判断的标准，如出靶后弹体余速、弹体偏转角度以及空腔尺寸等。因此我们在等效过程中确定主要等效原则的基础上，还是应关注与毁伤相关的具体参数的等效模拟，如空腔尺寸、弹体偏转角度等。因此，在研究等效靶之前，需要确定毁伤元、等效方法和等效缘由。

1. 毁伤元及其特性

破片是轻武器杀伤榴弹所产生的杀伤单元，也是现代战场对人员造成损伤最常见的毁伤元。破片的材质、形状、质量、速度等参数与杀伤性能密切相关。轻武器杀伤榴弹的破片材质主要是钢质和钨合金。其中钨合金密度大，杀伤效果更佳显著。破片形状主要有球形、菱形、立方体、六方柱体等。球形破片具有形状规则、飞行阻力小、存速能力强、侵彻能力强等特点，广泛应用于榴弹预制破片。球形破片直径一般为 2.0 ~ 4.0 mm，每 0.5 mm 为一个系列，破片质量在 0.07 ~ 0.60 g。

为了试验数据的可比性和可靠性，可选取 $\phi4$ mm 的钨球作为预制破片开展破片对生物靶标的侵彻试验研究。$\phi4$ mm 钨球预制破片在榴弹爆炸后的速度为 400 ~ 1 000 m/s。由于人体靶或生物靶及其组织器官均为软质靶，相对于金属、陶瓷等硬质靶而言，软质靶抗破片侵彻能力较弱，均能被 700 m/s 速度下的 $\phi4$ mm 钨球预制破片穿透。破片初速度越高，侵彻动能越大，软质靶对破片的动能损耗和速度衰减程度越小，越不利于分析生物靶标各部位抗破片侵彻能力的差异。因此，为了更好地对比生物靶标或其各部位抗破片侵彻能力，也为了更清晰地对比替代材料与生物靶标的等效性，可选择榴弹预制破片实际服役速度范围的低速段（350 ~ 700 m/s）开展研究。

实弹试验装置采用 53 式 7.62 mm 线膛弹道枪发射钨球预制破片。其中，所采用的钨球质量为 0.6 g，直径为 4 mm。测速装置采用精度为 0.1 m/s 的测速仪。实弹试验装置布置示意图如图 3.44 所示。

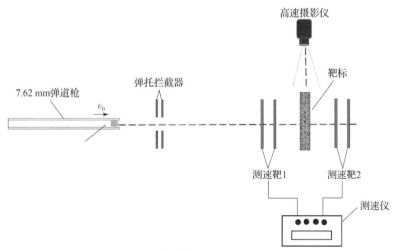

图 3.44　实弹试验装置布置示意图

2. 等效靶的等效方法

通过生物靶标（猪靶）抗破片性能的研究，确定生物靶标抗破片性能的主要影响因素，进而确立生物靶标的关键力学性能参量。针对关键力学性能参量，通过文献调研与力学性能测试，筛选出与猪靶皮肤、重要内脏器官（心脏、肺部、肝脏和肠胃）、骨骼及骨骼肌 4 个典型组织力学性能相近的高分子材料作为替代材料开展研究。采用典型榴弹杀伤预制破片对猪靶典型组织和替代材料开展高速侵彻试验，获取猪靶典型组织与替代材料靶板之间的厚度等效关系，并结合仿真计算获取人体靶标与猪靶之间的厚度等效关系，进而建立人体靶标与高分子材料靶标的厚度等效关系，为人体等效靶标的总体设计提供方法及数据支撑。等效靶等效模拟传递过程如图 3.45 所示。

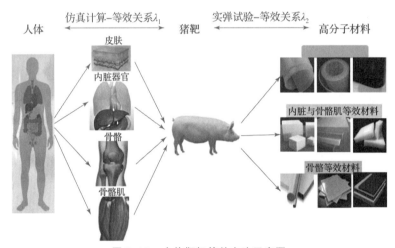

图 3.45　人体靶标等效方法示意图

3. 等效靶的等效原则

关于替代靶板等效原则，选择靶板吸收动能等效原则，开展猪靶与高分子材料替代靶的等效性研究。靶板吸收动能等效原则，是以弹体在侵彻贯穿靶板过程中靶板吸收破片动能值为等效指标及衡量标准。

同时，提出了单位厚度吸收能 E_h 这一概念，见式（3－4）。

$$E_h = \frac{E}{h} \tag{3-4}$$

式中，E 为靶标在钨球侵彻过程中的吸收值；h 为靶标厚度。通过实弹试验获取猪的各部位单位厚度吸收能 E_{h1}，以及其等效替代材料的单位厚度吸收能 E_{h2}，进而获取猪的各部位与其等效替代材料的厚度等效因子。将两个靶板厚度的比值作为厚度等效因子 λ，见式（3 - 5）。

$$\lambda = \frac{h_2}{h_1} = \frac{E_{h1}}{E_{h2}} \tag{3 - 5}$$

基于单位厚度吸收能，提出了单位面密度吸收能 E_{ρ_A} 这一概念，见式（3 - 6）。

$$E_{\rho_A} = \frac{E}{\rho h} \tag{3 - 6}$$

式中，E 为靶标在钨球侵彻过程中的吸收值；ρ 为靶标密度；h 为靶标厚度。

数值上研究典型替代材料和生物靶标的等效性，还包括材料力学性能的相似性、毁伤效果的等效性。

等效材料的相似性体现在准静态的力学参数和动态的本构关系上。在静力学方面，类比的指标主要包括材料的密度、拉伸、压缩、刺穿力、泊松比等基本参数。其密度、拉伸/压缩强度、刺穿力以及泊松比满足一个宽泛的比例范围。在动态力学方面，主要考察材料的动态应力 - 应变曲线的相似性，如非线性弹性效应、应变率效应、塑性效应等性质的相似性，同时保证应力 - 应变曲线的相似性，包括曲线的内凹、外凸性质，增长或者下降趋势等。

对于等效靶标，最终的目标是建立真实人体和等效靶标的毁伤等效关系，具体地，对于毁伤等效，我们需要在材料力学性能相似的前提下，通过调整材料的几何尺寸、边界条件等建立等效的力学模型，以某些毁伤参数的等效作为判断的标准，如出靶后弹体余速、弹体偏转角度以及空腔尺寸等。

3.4.2.3　破片/靶体模拟仿真技术研究

在弹体中低速冲击侵彻弹性大变形高分子材料或者生物材料时，弹体的变形一般较小，而靶体和生物体的变形可能很大。针对此类问题，可采用清华大学张雄教授提出的耦合物质点有限元法 CFEMP。该方法采用物质点法离散大变形物体，用有限元法离散小变形物体，并通过基于背景网格的接触算法实现两者的耦合，可实现对本课题的数值分析全过程模拟。

在具体的离散中，弹体采用有限元离散，靶体采用物质点离散。由于采用标准的钨合金弹丸，在所有模拟中，弹体的离散信息一致，弹体有限元单元的个数为 875 个，有限元节点个数为 976 个。靶体的离散模型采用直接建模或者 CT 灰度值数据。分别对人体皮肤、骨骼、肌肉、内脏等功能器官及其等效材料进行计算机仿真模拟（仿真模拟具体内容见本章第 3 节）。

通过计算机仿真，可以对等效材料进行筛选和验证，也可以进行复合靶标设计、计算和验证。

3.4.2.4　等效模拟靶的设计

等效模拟靶的设计包括两方面的内容，其一是进行等效靶外形、结构的设计，该部分主要由计算机仿真计算完成；其二是不同人体组织或器官等效材料的设计和制作，该部分在人体典型组织、重要器官组织等功能区域及其参数响应数据库的基础上，结合现代高分子材料研究成果，选择和设计与人体组织或器官相对应的等效材料，是建立在材料试验和射击验证基础上的。其中等效材料方面的具体内容见本章前面"人体关键组织器官等效模拟"和第 4 章"人员目标等效材料"，这里主要描述等效靶外形、结构的设计。

对靶标的外形、结构进行设计，利用前面人体目标特征分析、人体目标典型组织特征评价、重要器官组织性能参数研究和人体目标数据库里获得的人体特征参数，结合不同模拟靶结构的要求，进行三维建模，设计等效模拟靶。

按计算机仿真建立的三维模拟靶结构和"人体关键功能器官组织等效方法"研究论证出的组织器官等效材料，根据各个功能区域的特点设计不同类型的等效靶标。单材料靶板比较简单，不在本书讨论的范围。本节重点讨论两种有代表性的等效靶标：多层复合简易人型等效靶和高逼真仿真人体等效靶。

1. 多层复合简易人型等效靶

多层复合简易人型等效靶（简称"简易靶"）按照功能等效法进行计算机仿真设计，主要是吸收能等效和毁伤效应等效。简易靶设计包括三方面的内容：等效材料的选择、正面结构设计和侧面结构（剖面结构）设计。

1）等效材料的选择

材料选择指采用三种等效材料分别替代人体骨骼、皮肤、内脏/肌肉这三种组织或器官（内脏和肌肉单位厚度吸收能相近，故简易靶中采用同一种材料进行等效），来制作简易靶。其具体内容见本章 3.4.1 节"人体关键组织器官等效模拟"和第 4 章"人员目标等效材料"，这里不再讨论。

2）正面结构设计

以"战场人员目标标准体模数据库"中某种人员体型的平均身高及四姿投影为基础，建立人体特征模型，然后对人体模型进行立姿正面投影（见图3.46），建立平面人体投影图形，投影图形就是简易靶外形的正面形状图形。采用 CAD、SolidWorks 等三维软件对关键部位尺寸进行标注，形成关键尺寸检验规范，最终完成简易靶外形的正面形状设计。

3）侧面结构设计

简易靶的主要设计思路在于将人体进行简化处理，即将人体按功能分为 4

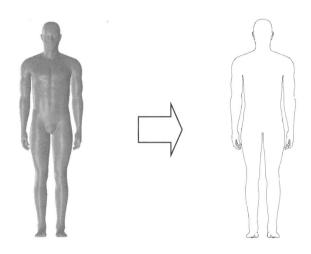

图 3.46　战场人员标准立体模型正面示意图

个区域，依照人体功能区域和其易损性参数响应特征以及人体关键组织器官信息，按照作战任务划归头部、胸部、腹部和四肢四大功能区域，如图 3.47 所示。

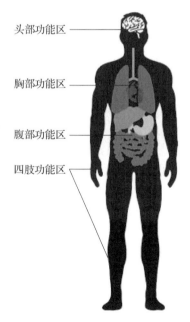

头部功能区

胸部功能区

腹部功能区

四肢功能区

图 3.47　人体作战功能区域划分

功能区域划分之后，将战场人员目标各个功能区域的组织或器官简化为皮肤、骨骼、其他（肌肉、内脏和脂肪）三部分，其对应材料为皮肤等效材料、骨骼等效材料和肌肉内脏等效材料，如果将战场人员目标身体结构简化为"皮肤＋骨骼＋其他＋骨骼＋皮肤"，则等效靶结构为：皮肤等效层＋骨骼等效层＋肌肉内脏等效层＋骨骼等效层＋皮肤等效层，其剖面结构如图 3.48 所示。

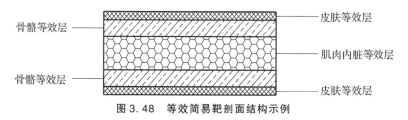

图 3.48　等效简易靶剖面结构示例

简易靶设计具体内容见第 5 章 5.3 节"简易靶的设计"。

2. 高逼真仿真人体等效靶

高逼真仿真人体等效靶（简称"高逼真靶"）按照几何模型等效法进行计算机仿真设计，包括材料等效、结构等效、吸收能等效和毁伤效应等效。高逼真靶设计包括 4 方面的内容：人体外形三维结构、人体内部各组织或器官等功能部位的三维结构、各组织或器官等效材料的设计与制作和等效靶的制作。

高逼真靶等效材料设计指人体骨骼、皮肤、心脏、肺部、肝脏、肠胃、主动脉、肌肉和脂肪等组织或器官的等效材料，由于要求这些等效材料的单位厚度吸收能与人体相应的各组织或器官单位厚度吸收能相等，因此这也是高逼真靶的难点之一。采用现代高分子材料技术和其加工工艺技术，对这些等效材料进行材料设计和制作工艺设计，是制作高逼真靶必不可少的步骤。关于等效材料的设计和制备的具体内容见本章 3.4.1 节"人体关键组织器官等效模拟"和第 4 章"人员目标等效材料"，这里不再讨论。

在前面所讲述的"人体目标数据库"（包括战场人员目标标准体模数据库和人体典型组织、重要器官组织等功能区域及其参数响应数据库）的基础上，进行立体数字人体模型的构建，并对其内部结构按照人体结构进行分割，包括各部位各种组织或器官的三维模型设计。最后通过计算机仿真技术进行结构组装模拟验证和射击功能模拟验证，完成高逼真靶的设计。

高逼真靶的制作是在结构设计和等效材料设计的基础上，采用 3D 打印技术或制作特定模具加工制备各种组织或器官，最后按结构组装，制得高逼真仿真人体等效靶标。高逼真靶的示例模型如图 3.49 所示。

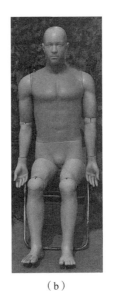

（a）　　　　　　　　　　（b）

图 3.49　构建的三维高逼真靶

（a）立姿高逼真靶；（b）坐姿高逼真靶

附录 3 - A　单位厚度吸收能测试方法（资料性附录）

A.1 适用范围

本测试方法适用于等效材料靶板单位厚度吸收能的测试。

本测试方法采用典型杀爆战斗部典型破片对生物靶或高分子等效材料靶板开展高速侵彻试验，获取等效替代材料靶板单位厚度吸收能。

A.2 定义

A.2.1 吸收能 E_p

将典型破片以相同速度、相同角度贯穿等效替代材料靶板，破片贯穿靶板前后的动能差，用于衡量靶抗破片侵彻能力，单位为 J。靶板吸收能通过式（3 - 7）计算获得：

$$E_p = \frac{1}{2}m_p v_0^2 - \frac{1}{2}m_p v_r^2 \tag{3 - 7}$$

式中，E_p 为典型破片侵彻靶板过程中靶板的吸收能，单位为 J；m_p 为破片质量，单位为 kg；v_0 为破片初速度，单位为 m/s；v_r 为破片剩余速度，单位为 m/s。

A.2.2 单位厚度吸收能 E_h

将破片以相同速度、相同角度贯穿等效替代材料靶板，破片贯穿前后的动能差 E_p 除以靶板厚度（h），得单位厚度吸收能，即 $E_h = E_p/h$，用于评价不同材料的抗破片侵彻能力，单位为 J/cm。

为了减小试验误差，本附录采用不少于三次试验的方式，采用统计分析的方法求某初始速度 v_0 下的单位厚度吸收能 E_h。

试验证明，随着钨球侵彻速度的增加，材料单位厚度吸收能基本呈现线性增加的趋势，也就是说符合下面的计算公式：

$$E_h = Av_0 + B \qquad\qquad (3-8)$$

根据不同初始速度下的试验数据（E_h 和 v_0），采用回归分析的方法求出公式中的 A 和 B 常量（回归公式的 R^2 应大于或等于 90%），然后根据公式计算具体某 v_0 下生物靶或等效靶材料的 E_h。

A.3 测试装置和材料

试验装置布局如图 3.44 所示，包括弹道枪、典型破片、火药、弹托拦截器、测速靶、高速摄影仪等。

A.4 测试步骤（以实例说明）

（1）确定等效靶板位置。将等效靶材料靶板迎弹面与弹道方面垂直，将设计的迎弹点布置在弹道线上。

（2）布设测速仪器。在离弹道枪枪口一定距离处位置安放好靶板，并在材料靶板前后装好测速板，连接并调试好测速仪器。

（3）布设高速摄影仪。在靶板侧面适当位置安置高速摄影仪，并调节好两侧光源，调试好高速摄影仪。

（4）预设破片初始速度。初始速度设置的前提是该速度下破片必须贯穿靶板。根据皮肤、骨骼和肌肉内脏等效材料破片贯穿性能，将典型钨球破片初始速度预设为 400 m/s。

某种典型破片对三种等效靶材料射击预设初速度推荐值见表 3.21。

表 3.21 某种典型破片对等效靶材料射击预设初速度

等效材料	破片质量/g	破片直径/mm	破片速度/(m·s⁻¹)
皮肤等效材料	0.6	4	400 ± 15
骨骼等效材料	0.6	4	400 ± 15
内脏和肌肉 等效材料	0.6	4	400 ± 15

按预设破片初始速度计算火药用量，填装火药，制作发射弹。

（5）填写填装火药量和破片质量记录。

（6）实施射击。装填发射弹到弹道枪，击发发射破片，破片以 0° 入射角侵彻靶板，通过测速板和高速摄影仪捕捉靶前、靶后的破片飞行速度。

（7）记录破片初始速度和贯穿后速度。

（8）测量并记录破片贯穿路径长度 h（靶板厚度）。

A.5 测试结果计算

根据射击记录的参数，计算每次射击靶板的吸收能和靶板单位厚度的吸收能，并将相关记录填写在表 3.22 中。

表 3.22　典型破片对骨骼等效材料靶板每次射击记录和计算结果

序号	材料名称	靶板厚度/ cm	破片质量/ g	靶前速度/ ($m \cdot s^{-1}$)	靶后速度/ ($m \cdot s^{-1}$)	吸收能/ J	单位厚度吸收能/ ($J \cdot cm^{-1}$)
1	骨骼等效材料	1.0	0.61	885	587	133.79	133.79
2	骨骼等效材料	1.0	0.61	892	590	136.51	136.51
3	骨骼等效材料	1.0	0.61	903	602	138.17	138.17
4	骨骼等效材料	1.0	0.61	907	604	139.64	139.64
5	骨骼等效材料	1.0	0.61	910	609	139.45	139.45

采用 Excel 对射击记录的数据作图并求公式，结果如图 3.50 所示。

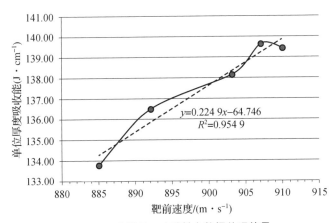

图 3.50　采用 Excel 对射击数据处理结果

即 $A = 0.2249$，$B = -64.746$，则 $E_h = Av_0 + B$ 公式如下。

$$E_h = 0.2249v_0 - 64.746$$

利用该公式求 $v_0 = 900$ m/s 时，GGDX - 1 材料单位厚度吸收能 E_h 如下。

$$E_h = 0.2249 \times 900 - 64.746$$

$$= 137.66 \text{（J/cm）}$$

第 4 章

人员目标等效材料

随着现代科学技术和现代生物技术的飞速发展和相互结合，在多种生产、科研、医学、军事、航天活动中，出现了越来越多的生物仿真等效材料用于特殊环境的情况。人员目标等效材料的研究是生物仿真等效材料的一个重要方向。通过开发具有与人体组织器官类似力学性能的人员目标等效材料，可以为仿生器官、医疗设备和其他生物医学应用提供更好的模拟和测试平台。

|4.1 概述|

4.1.1 人员目标等效材料发展概况

随着现代科学技术和现代生物技术的飞速发展和相互结合，在多种生产、科研、医学、军事、航天活动中，出现了越来越多的生物仿真等效材料用于特殊环境的情况。如用汽车假人代替真人进行碰撞试验，以获取重要的碰撞试验参数；在航空航天事业中用航空假人代替飞行员完成某些试验；飞行员弹射座椅的弹射试验；直升机泊地时飞行员的受力试验；在核辐射区域放置假人进行核辐射数据采集；生物体组织的超声等效；用生物仿真材料制作人工器官；等等。目前对于仿真假人制作材料的研究已经取得一定进展，在我国某些领域已用生物仿真材料成功地制作出了仿真假人。但制作仿真假人的材料应怎样才能尽可能地和真人相似，从而获得更加科学有效的等效性呢？这是一个极其重要的研究课题。

4.1.2 人员目标等效材料研究方法

4.1.2.1 超声等效材料

组织超声等效材料是目前国内外医用超声领域的热门课题。由于离体生物组织有许多局限性，生物组织超声模型成为这项研究中必不可少的工具。国内外已广泛开展研制新型 B 超，并利用计算机模拟、试验验证和定量分析超图像等，对超图像中的某些特征作出理论解释。这些工作都涉及试验样品的选择问题。由于生物体组织离体后声学参数变化很大，而且不易获得和保存，为了验证定量诊断方法的正确性，常常需要制作一些模型来模拟生物体组织。国外对这方面的研究虽有报道，但缺乏详细的资料。

中国科技大学朱世鸿等研制出一种生物组织超声模型的配制方法，这种方法可任意调节样品的衰减系数、声速和散射系数来模拟诸如肌肉、脂肪、肝脏、肿瘤等组织，用此方法做出模型的超图像与临床肝组织、脂肪、肿瘤等具有良好的相似性。

4.1.2.2　辐射等效材料

在辐射剂量学和辐射监测研究，以及放射治疗学中使用的人体（整个或局部）模拟物或具有定尺寸的模型，通常由水或组织等效材料构成，称为人体模型（以下简称体模）。依据体模的主要功能，广义上体模被分为用于剂量测量、校准和影像三类，而每类又可分为身体、标准和参考三种。

身体体模具有人体或人体一部分的形状和组成，它通常在尺寸、形状、空间分布、质量、密度，以及与辐射相互作用等方面等同于人体或人体的一部分。身体体模由各种组织替代物（组织等效材料）组成，其几何形状有简化的，也有逼真的，那些逼真于人的体模有时被称作拟人体模。迄今身体体模已被广泛应用于辐射剂量学中。

辐射组织等效材料是设计、制造和应用仿真辐照人体模型的技术关键。要做到 X 射线在辐照体模内与活体散射、吸收和分布的相似性以满足材料的组织等效性要求。因此对组织等效材料的宏观、中观、微观三个层次上的表征就显得极其重要。根据"参考人"的各组织器官密度和元素组成可以算出人体各种组织有效原子序数、电子密度和质量衰减系数等，用于判断和检验组织等效材料的辐射等效性。

4.1.2.3　生物功能等效材料

人工皮肤、人工肌肉、人工脏器等人工生物功能等效材料是基于人体组织生物功能的基础要求前提，利用非生物组织材料，制备具有生物组织功能的材料。最常用的人工骨骼由氢磷化合物制成，它的化学分子式与骨骼一样，但却不像真骨骼那样具有多孔结构，可以像骨骼一样为身体提供支撑。人工肌肉能像正常的肌肉一样收缩、响应神经和电刺激。利用人工肌肉收缩和伸展的特性，一旦提供的能量足够，用这些肌肉做成的装置就能够完成跳跃、爬山甚至长途旅行等活动，从而能够做成更轻便灵巧的人工义肢，以及塑料心脏或心脏隔膜等与人类器官收缩一致的人工器官。

4.1.2.4 毁伤等效材料

在人员目标毁伤等效材料研究领域，目前国内已有的人员目标等效材料大体上分为三大类：一是明胶、肥皂类黏塑性材料，因其密度与人体肌肉材质比较接近，且具有保留瞬时空腔完整性的特征，在终点弹道试验中大量使用，用于模拟生物软组织；二是猪、羊等生物靶标，因其脏器分布、受伤时的生理表征与人体有一定的相似性，常在终点弹道试验中用于生物效应试验；三是仿生人体靶标，这类靶标外形等效于标准人体，构成材料以硅胶或高分子化合物为主，内部骨骼架构大部分使用铝合金或其他硬质材料，造价较高，多用于碰撞或跌落试验。

对于杀伤性人员目标易损性研究用等效材料，一般为 25 mm 松木板、明胶、塑料模特或活体动物。由于 25 mm 松木板、明胶和塑料模特等简易等效材料以及狗、羊、猪和鼠等动物活体靶标的个体参数与人类在物理、生理特性上存在巨大差异，故等效性较差，达不到预期的试验效果。特别是在各类效能评估试验中，这些简易等效材料和动物无法等效模拟作战人员在战位上的各种姿态和战术动作，不能真实反映杀伤效果。且当前国家靶场、大学和相关单位现用杀伤标准或杀伤判据大都存在相对简单、系统误差较大、计算复杂、没有明确伤情和杀伤程度、使用受限等问题。因此，在上述技术条件下所进行的对战场人员目标失能、失生的评估结果与真实情况差别较大，无法直接作为评估武器杀伤效能的依据，有时甚至出现无法给出试验结论的情况。这种局面严重制约了我军人员目标杀伤效果评估水平的拓展提升。

|4.2 皮肤等效材料|

皮肤等效材料是目前材料学科的研究热点，它的应用非常广泛，通过对人体皮肤表现的特异功能研究和对自然生物结构模拟，得到所需要的功能材料。皮肤等效材料是通过高分子材料复合而成的一种仿生皮肤材料，用于模拟靶标在高速碰撞、毁伤等方面进行评估的"皮肤"，是一种特殊的功能材料。

皮肤覆盖整个人体外表面，是个面积很大的器官。皮肤总质量占人体质量的 5% ~ 15%，总面积为 1.5 ~ 2 m²，厚度因人或部位而异，为 0.5 ~ 4 mm。一个成年人的皮肤展开面积在 2 m² 左右，质量约为人体质量的 16%。它使体内各种组织和器官免受物理性、机械性、化学性和病原微生物的侵袭。人体皮肤结构如图 4.1 所示。

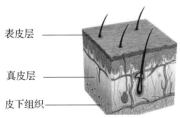

表皮层

真皮层

皮下组织

图 4.1 人体皮肤结构示意图

皮肤的宏观力学性能与其生物组织的微观结构密切相关。皮肤主要包括表皮层、真皮层和皮下组织。活体表皮层的厚度为 $20 \sim 150~\mu m$，其力学性质与该层的水含量有关。真皮层的厚度为 $150~\mu m \sim 4~mm$，其内部的胶原蛋白和弹性蛋白纤维影响着该层的力学性能。在低应变状态时，真皮层对整体皮肤的力学性能有显著影响。下皮层的作用通常认为是隔热、储能和减振。人体皮肤组织是非均匀材料，具有非线性、生物组织结构的特殊性以及物理、力学性能的特异性，生物皮肤组织的力学特性极其复杂，人体皮肤材料的强度和弹性具有明显的方向性（即各向异性），并且不同年龄、性别人群的皮肤力学性能也有所差异。

本质上，皮肤是一种柔软具有弹性的生物组织，作为人体皮肤的等效材料，应该具有同人体皮肤组织相近的力学特性。而高分子弹性体材料具有良好的外观质感和温和的触感，非常适合作为皮肤的等效材料。

4.2.1 硅橡胶皮肤等效材料

目前，对于汽车被动安全的研究，主要包括碰撞生物力学、乘员约束系统以及车身结构抗撞性三个方面。各类研究的目的都在于降低汽车事故对乘员的伤害，这些研究都离不开汽车安全假人。汽车安全假人具有与真人相似的外形、内部结构和响应，在各个重要部位装有传感器，是汽车安全试验中的测试工具，即人体替身。汽车碰撞试验假人皮肤等效材料能最快速、最直接地反映碰撞情况，因此国内外都在积极地进行这方面的研究。

橡胶类弹性体作为皮肤的等效替代材料，目前种类较多，其中硅橡胶多用作仿真假人的制备，硅橡胶室温可固化、脱模简单、不变形、触感柔软、相似度高、安全环保，对人体肌肤无危害，获得 FDA 和 SGS 食品环保认证，在 $-40 \sim 100~℃$ 下可长期使用并保持弹性。硅橡胶最早是由美国以三氯化铁为催化剂合成的。1945 年，硅橡胶产品问世。1948 年，采用高比表面积的气相法白炭黑补强的硅橡胶研制成功，使硅橡胶的性能跃升到实用阶段，奠定了现代硅橡胶生产技术的基础。从二甲基二氯硅烷合成开始生产硅橡胶的国家有美国、俄罗斯、德国、日本、韩国和中国等。中国硅橡胶的工业化研究始于1957 年，多家研究所和企业陆续开发出各种硅橡胶。

室温固化硅橡胶主要分为两类，一类为缩合型，一类为加成型。谢驰等采用不同黏度的 α,ω – 羟基聚二甲基硅氧烷为基体材料，正硅酸乙酯为固化剂，二丁基桂酸锡为催化剂，纳米二氧化硅作为补强填料，混合搅拌，倒模固化，制备出了室温固化缩合型硅橡胶皮肤等效材料。不同混合基胶、固化剂、填料剂和后硫化时间对仿生皮肤材料力学性能是有影响的。由于硅橡胶是非结晶性聚合物，分子链间的相互作用力弱，没有填料剂的硅橡胶强度很差，而填料用量对材料的弹性力学性能影响最大，在硅橡胶基胶中，纳米二氧化硅粒子与周围的固化剂在催化剂的作用下发生脱醇反应，形成的小分子结构分散于材料中，成为材料中的增强点，纳米二氧化硅用量为 5 份时有非常明显的增强作用，但加工成型性能差；硫化时间的长短对材料性能的影响不是太大，但太长或太短都对材料的成型有影响，硫化时间为 3 h 比较合适，制得的仿生皮肤材料力学性能较好；随着混合基用量的增多，材料强度增大的同时传导波的阻抗也增大，仿生皮肤材料的冲击性能下降，因此，混合基的用量对仿生皮肤材料性能有明显的影响。

室温固化加成型硅橡胶，以含乙烯基的聚二甲基硅氧烷作为基体聚合物，以聚甲基氢硅氧烷作为交联剂，在铂催化剂的作用下，通过硅氢加成反应交联成网络结构，反应示意图如图 4.2 所示，同时没有小分子析出，制备硅橡胶主要成分配比如表 4.1 所示。

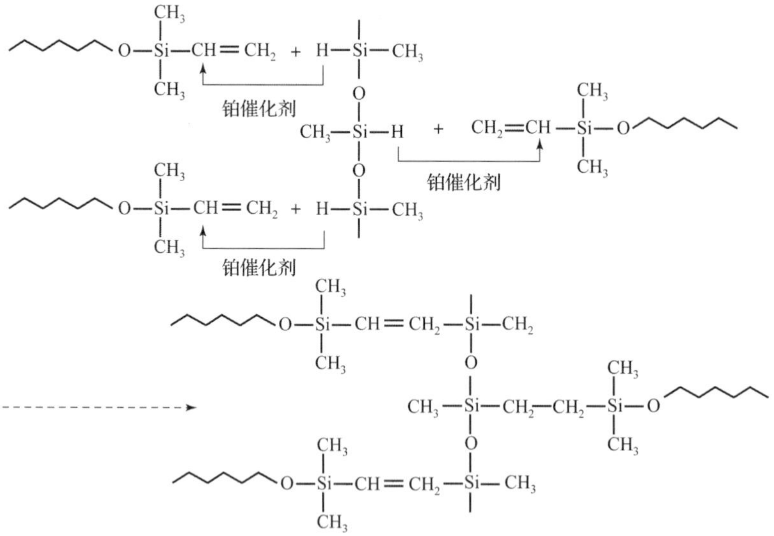

图 4.2 硅橡胶反应示意图

表 4.1　加成型室温固化硅橡胶配方

A 组分		B 组分	
组成	用量/份	组成	用量/份
乙烯基硅油	100 ~ 200	乙烯基硅油	100 ~ 200
铂催化剂	1 ~ 10	含氢硅油	10 ~ 50
二氧化硅	1 ~ 10	二氧化硅	1 ~ 10
氢氧化铝	50	氢氧化铝	50
重钙粉	10 ~ 100	重钙粉	10 ~ 100
硅氧烷偶联剂	1 ~ 10	抑制剂	1 ~ 5

A 组分：将乙烯基硅油和铂催化剂加入搅拌釜，进行搅拌，然后加入硅烷偶联剂，目的是增加粘接性能，然后依次加入二氧化硅、氢氧化铝、重钙粉，在 500 r/min 的转速下，搅拌 10 min，混合均匀，备用。B 组分：将乙烯基硅油、含氢硅油、抑制剂加入搅拌釜，进行搅拌，加入抑制剂是为了保证充足的加工时间，控制反应进行，然后依次加入二氧化硅、氢氧化铝、重钙粉，在 500 r/min 的转速下，搅拌 10 min，混合均匀，备用。在制备硅橡胶片材时，将 A 组分和 B 组分按照 1∶1 混合，真空搅拌，排除气泡，然后倒入模具中成型。

以直径为 4 mm，质量为 0.6 g 的钨球破片对长白猪的皮肤组织和硅橡胶皮肤等效材料进行靶试试验，侵彻速度为 650 m/s，采用表面破坏面积来衡量等效程度，将钨球侵彻硅橡胶等效材料与猪皮进行对比分析，试验结果如表 4.2 所示。钨球破片对硅橡胶等效材料迎弹面的破坏面积与猪皮相比，偏差为 9.2%。

表 4.2　钨球侵彻试验结果

试验材料	入孔直径/mm	出孔直径/mm	入孔面积/mm²
猪皮	4.4	1.5	15.20
硅橡胶皮肤等效材料	4.2	1.6	13.80

4.2.2　聚氨酯皮肤等效材料

聚氨酯弹性体是指在大分子主链上含有较多氨基甲酸酯基官能团的一类

弹性体聚合物。聚氨酯弹性体具有优异的耐磨性、弹性、耐溶剂性、生物相容性。这些综合性能是其他很多商品化橡胶和塑料所不具备的，因此，聚氨酯弹性体在国民经济的许多领域获得广泛应用，已从传统的矿山、油田、机械、纺织行业发展到交通、建筑、医疗等领域，并越来越受到人们的重视。

王文权等分别选取线性低密度聚乙烯（LLDPE）、聚氯乙烯（PVC）两种高分子材料与热塑性聚氨酯（TPU）复合，采用物理共混的方法，通过双转子混炼机加热，配以合适的转速和混炼时间，经压片机制成皮肤薄片。从图4.3中可以看出，线性低密度聚乙烯和聚氨酯复合材料是硬而韧的，具有明显的屈服和塑性形变。随着聚氨酯加入量的增加，虽然屈服应力有所下降，但是变形量有明显提高。从图4.4可以看出，聚氯乙烯和聚氨酯复合材料是软且弹的，没有明显的屈服和塑性形变。20% LLDPE + 80% TPU试样延伸率最高，达到277.79%；80% PVC + 20% TPU试样及20% PVC + 80% TPU试样延伸率有明显的提高；60% PVC + 40% TPU试样延伸率最低为148.94%。同时在试验过程中发现，PVC组的柔韧性很好，与LLDPE组最明显的不同在于触感更接近真实人体皮肤，并且成型较为容易。

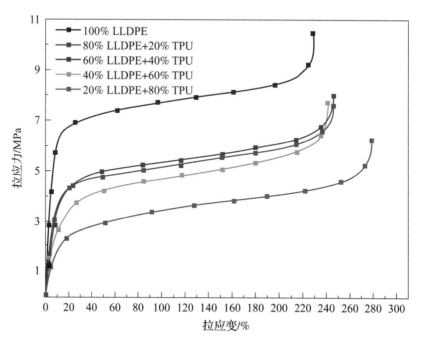

图4.3　线性低密度聚乙烯和聚氨酯共混拉伸性能曲线

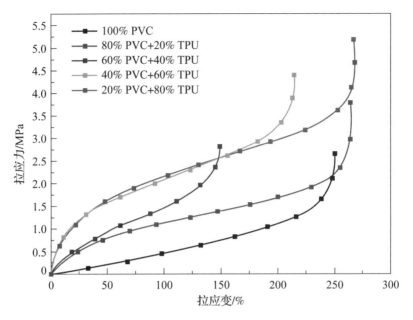

图 4.4 聚氯乙烯和聚氨酯共混拉伸性能曲线

4.2.3 聚氯乙烯皮肤等效材料

聚氯乙烯热塑性弹性体具有压缩永久变形和热变形小、强度高、回弹性优异、消光、耐油耐磨性突出等一般橡胶所具有的特点，主要用于制造汽车部件、建筑材料、电线电缆、软管及管路和制鞋等领域。

聚氯乙烯热塑性弹性体可作为皮肤等效材料使用。湖南大学曹立波等选取邵氏硬度为 40 和 52 的聚氯乙烯制备皮肤等效材料并进行了性能分析测试研究。为方便试验结果间的对比，将所有试验得到的力和位移的时间历程转化为工程应力和应变与时间的关系。标准室温下邵氏硬度为 40 和 52 的聚氯乙烯皮肤等效材料在 4 种不同应变率下的工程应力 - 应变曲线如图 4.5 ~ 图 4.8 所示。由图 4.5 可知，在应变率为 0.001 s^{-1}，应变为 0.3 时，试样硬度为 52 的工程应力 1.14 MPa 是试样硬度为 40 的工程应力 0.43 MPa 的 2.65 倍。由图 4.6 可知，在应变率为 0.01 s^{-1}，应变为 0.3 时，试样硬度为 52 的工程应力 1.28 MPa 是试样硬度为 40 的工程应力 0.49 MPa 的 2.61 倍。这些数据都说明硬度对皮肤等效材料的工程应力 - 应变性能影响很大。

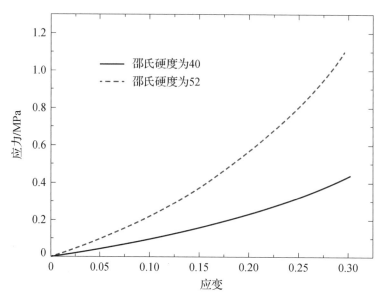

图 4.5　应变率为 0.001 s^{-1}，压缩率为 30% 时不同硬度的工程应力 – 应变曲线

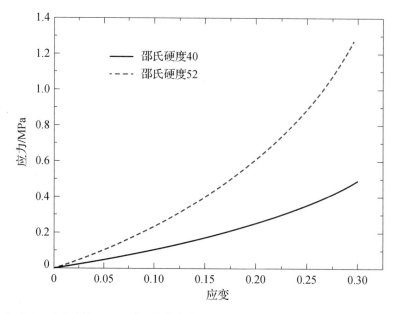

图 4.6　应变率为 0.01 s^{-1}，压缩率为 30% 时不同硬度的工程应力 – 应变曲线

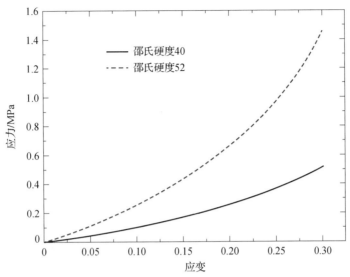

图 4.7　应变率为 0.1 s⁻¹，压缩率为 30% 时不同硬度的工程应力 – 应变曲线

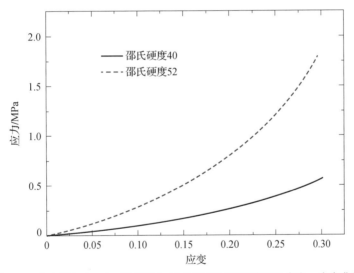

图 4.8　应变率为 2 s⁻¹，压缩率为 30% 时不同硬度的工程应力 – 应变曲线

4.2.4　人工皮肤等效材料

当人体皮肤受到大面积创伤时，最常见的为烧伤、烫伤、切割伤、皮肤溃疡等，皮肤出现严重且大面积缺损难以愈合，这时需要在其表面覆盖人工皮肤。这类人工皮肤材料可以等效皮肤起到保护创面、防止体液和蛋白质流失、防止细菌侵入引起炎症的作用，并对增殖细胞提供支撑。随着材料科学及生物

医学工程科学的发展，对人工皮肤材料提出了更高的要求。人工皮肤材料虽然应用较为广泛，但仍然存在异物反应和感染等风险。理想的组织工程皮肤等效材料应具有能快速并持久地黏附在创面上、促进皮下血管生长、组织相容性良好、创面感染率低、无疾病传播风险等优点，且在移植后可达到恢复、保留或改进人体受损皮肤组织结构和功能的目的。

人工皮肤基本上可分为三个大的类型：表皮等效材料、真皮等效材料和全皮等效材料。表皮等效材料由生长在可降解基质或聚合物膜片上的表皮细胞组成；培养自体表皮移植物的优点是能用少许自体皮肤提供大量可供移植的表皮膜片或细胞，能迅速恢复皮肤的屏障作用，并获得良好的功能和美学效果。谢晓繁等应用差速黏附法、克隆筛选法等分离表皮的干细胞，并加以诱导、调控，结果表明：表面干细胞具有无限增殖和多向分化潜能，为进一步构建组织工程皮肤提供了重大的使用价值。但是在表皮细胞 - 生物材料复合物的培养过程耗时长，细胞膜片菲薄易碎，难以操作，易感染和发生水泡，易于破溃，愈后创面收缩严重等缺点限制了表皮细胞膜片的临床应用。

真皮等效材料是含有活细菌或不含细胞成分的基质结构，用来诱导成纤维细胞的迁移、增殖和分泌细胞外基质。真皮等效材料在皮肤重建过程中具有重要作用，可增加创面愈合后的皮肤弹性、柔软性及机械耐磨性，减少瘢痕增生，控制痉挛，而且有些真皮替代物中存在的活性成纤维细胞可促进表皮生长分化，诱导基底膜形成。因此，皮肤组织工程学中的热点是再造真皮基质。理想人工皮肤的真皮基质应有利于新生血管的长入。基底膜是表皮与真皮的分界，不仅维持皮肤结构的稳定，而且在表皮细胞的黏附、迁移、增生、分化和形态发生中发挥重要作用。朱堂友等在真皮等效材料中加入有抗菌作用的壳多糖，既可提高真皮替代物的抗菌能力、壳多糖的纤维刚性结构，又可增强真皮基质的机械耐受力，延缓创面细菌胶原酶对真皮基质的降解，成功解决了壳多糖在碱性条件下沉淀的难题，使制成的凝胶结构均一，融为一体。李静等将复合壳多糖人工皮肤移植到家兔上，移植后真皮内新生血管明显，真皮基质骨架构建良好，有利于成纤维细胞和血管内皮细胞的迁移、长入，再构建良好。真皮基质中的成纤维细胞可影响血管内皮细胞的生长。成纤维细胞可直接促进血管内皮细胞合成 I 型胶原，后者形成新生血管的基底膜后血管结构才能完整。成纤维细胞还可分泌血管内皮细胞生长因子等，这些生长因子都是血管内皮细胞生长、分化的激动剂，可促进血管内皮细胞增生、分化，形成新血管。

全皮等效材料是指体外制备的含有与正常皮肤相似的表皮和真皮结构的皮肤等效材料。目前，世界上主要有两种类型的人工复合皮肤。一种是应用材料学和生物工程学原理构建的真皮等效材料。该类人工皮肤易于工业化生产，但易感染，移植成功率低，没有表皮层，不利于细胞生长；另一类是应用组织培养方法，以胶原等天然材料为支架构建的人工皮肤替代物。不具备抗感染能力，培养面积小，产量低，移植成功率低。理想的人工皮肤应具备以下特点：

（1）能覆盖并封闭皮肤缺损创面，被受体永久接受和成活。

（2）由于具有与正常皮肤相近的组织结构，具有人体皮肤的全部功能。

（3）移植成活率高，接近正常皮肤生理的愈合质量。

（4）经济易得，皮肤体外构建所需时间能满足临床实用性需要。

（5）安全、不携带病毒。

Ⅰ型胶原蛋白是一种具备生物活性的大分子物质，具有极好的生物相容性的细胞外基质，对细胞的黏附、生长、增殖、分化和迁徙起着重要的作用。目前，中国Ⅰ型胶原基人工皮肤材料的研究和开发尚处于起步阶段，用于人工皮肤材料的Ⅰ型胶原几乎都是来源于动物，无法彻底消除免疫原性，且研制成功的人工皮肤尚未实现血管化，移植存活率较自体断层皮片低。

壳聚糖和甲壳素是制造人造皮肤的理想材料，以壳聚糖为主要原料制备的人造皮肤质地柔软、舒适，与创面的贴合性能好，既透气又吸水，不仅有抑菌消炎作用，而且具有抑制疼痛、止血和促进伤口愈合的功能。随着患者创伤的愈合与自身皮肤的生长，壳聚糖人造皮肤能自行溶解并被机体吸收，不但不会留下碎屑而延缓伤口的愈合，相反还会促进皮肤再生。壳聚糖人造皮肤的使用免除了常规揭除时流血多及减轻了患者的痛苦，对治疗高热创伤特别有效。王坤余等以生态猪皮为原料的 3D - SC 人工皮肤，具有较好的降解性。经系列处理除去表皮及皮内可诱发宿主排斥反应的细胞成分，保留了完整的纤维组织，这种无细胞真皮既无免疫成分，又提供了具有天然结构的真皮支架，可望作为人工皮肤和组织工程支架材料。

组织工程支架材料最基本的特征是与活体细胞直接结合和与生物系统结合。目前皮肤组织工程支架材料种类繁多，性能各异，但还没有一种材料能完全符合组织工程的要求。因此，许多学者将两种或两种以上的材料复合在一起，或对生物材料表面进行各种各样的修饰，促进细胞与材料之间的黏附、提高细胞的生物活性、维持生物功能成为目前组织工程生物材料研究的热点。为种子细胞提供生长和代谢的环境，是人工皮肤研究中的重要内容。目前，用于制备真皮支架的材料种类较多，难以明确分类，一般多根据材料的来源大体分为合成支架材料和天然支架材料。

合成支架材料通过表面仿生技术增强其对细胞的黏附性。合成生物材料主要由聚乳酸、羟基乙酸、羟基丁酸等聚合而成，由于来源广泛、可塑性强、可生物降解，适合于规模化生产。作为组织工程真皮支架的生物材料，一般必须具有以下性能：生物可降解性；良好的生物相容性和细胞亲和性；呈特定的三维多孔结构；一定的力学性能；可加工性及可消毒性。合成生物材料在这些方面均具有相当的优势。

石桂欣等制备了聚乳酸、聚乳酸－己内酯多孔支架，并以生物相容性较好的猪的无细胞真皮为参比，分别把三种材料植入大鼠背部肌层，术后定期取大鼠皮下埋藏组织进行组织学检测。结果说明聚乳酸与聚乳酸－己内酯的生物相容性较差，但并未出现明显的异物排斥反应，两者的生物相容性基本上可以满足组织工程中对支架的要求，这为聚乳酸类人工皮肤的进一步研究提供了有意义的试验依据。

天然支架材料可通过物理或化学方法提高其力学性能和渗透性等，主要包括胶原、葡糖胺聚糖、壳聚糖、明胶等。

胶原广泛存在于人和动物的结缔组织中，具有高度的细胞黏附性，在细胞的迁移中起到支持和润滑的作用，还可诱导一些细胞生长因子的释放，可降解性良好，其产品被广泛应用于组织工程皮肤支架基材。胶原具有生物相容性好，引导组织再生，低抗原性，植入后炎症反应温和，无毒无副作用，可加快创口的愈合，可降解性等优点，已被普遍接受为制备人工皮肤的主要材料。其缺点是降解速度受到体内胶原酶的影响，降解速度快，机械强度差，对于细胞的吸附、生长、增殖还不如聚乙烯薄膜。

胶原海绵作为构建活性人工皮肤的三维支架已得到广泛认可，但其降解受局部因素的影响大，降解速度可控性不如人工多聚物，力学性能差，在液体中很难保持其孔隙结构。因此，目前常采取交联以及添加多糖类物质等来弥补这些缺陷。扬运等的研究表明，添加壳聚糖后胶原海绵的孔隙率和吸水率下降，添加硫酸软骨素后上升，而添加肝素后无明显变化。三种添加剂均可减少基质收缩，增强材料的抗降解性能，但种间差异不明显。与纯胶原海绵相比，复合海绵可进一步促进细胞的吸附和增殖，其中添加壳聚糖和肝素的效果相当，优于硫酸软骨素。此外，曹成波等研制了复合天然三维网络结构胶原组织工程支架材料，并以此为支架材料建立了三层结构的人工皮肤模型。试验证明：这种人工真皮或人工复合皮具有良好的生物活性、渗透性和抗张强度，还具有防止创面积液，保持创面湿润，刺激细胞运动、生长、分化和增殖的功能。

壳聚糖是甲壳素经脱乙酰基后，精制而成的可溶性甲壳素。据报道，壳聚糖具有良好的成膜性、生物降解性和生物相容性。壳聚糖在体外溶菌酶、体内体液的作用下有较明显的降解，对机体较安全，是一种良好的天然医用高分子材料。近几年的研究集中于化学、复合改性以提高其耐降解性与细胞黏附性。

汪皓多年的试验研究表明，壳聚糖医用敷料对烧伤、烫伤、切割伤、皮肤溃疡等有很好的治疗效果，值得进一步推广应用。高珊等采用冷冻干燥法可以成功制备壳聚糖 – 明胶支架，其立体结构与支架性能密切相关。支架的孔隙结构取决于预冻过程中形成冰晶的形状和大小，因此通过调节预冻溶液的固含量、壳聚糖与明胶的配比、预冻温度以及明胶的种类可以控制支架的结构和性能，从而得到满足需要的支架材料。此外，壳聚糖是一种天然多糖，能够为细胞黏附和迁移提供更多的结合位点，其多孔材料具有一定的弹性和柔韧度，与自体皮同时移植修复烧伤创面时，愈合后可明显减小关节活动受限。

4.2.5 皮肤等效材料的测试评估方法

针对汽车安全碰撞试验假人的皮肤肌肉等效复合材料，提出一种超声检测的方法，对材料的弹性模量、组织特性、黏弹性和松弛模量进行测定和分析。结果表明：该方法能反映材料的微观特性，对于汽车安全假人的仿生材料的微观力学性能评定提供了一种先进方法。他们还对汽车碰撞试验假人仿生皮肤材料的冲击性能进行了分析，通过冲击试验，对假人皮肤材料结构的力学性能以及抗冲击强度的等效性进行综合评定，为假人皮肤材料的数据分析提供了一定的依据。此外，他们对人体皮肤等效材料的弹性性能的测试方法进行了研究，研究确定采用静载压入试验法，试验结果表明该方法可行，为研究人体皮肤仿生材料提供了一种有效方法。

由于在汽车碰撞测试时试验模拟人的损伤程度取决于冲量、动量的分配与冲击过程的作用时间，作为试验假人的皮肤材料的弹性、硬度和反弹等力学特性将直接影响冲击能量的衰减、传递和沉积，等效材料的反弹力和损伤因子将影响碰撞冲击响应的加速度和冲击载荷的作用时间，使得反映在假人体内的传感器所获取信号失真，影响汽车碰撞测试对人体损伤程度判定的科学性和准确性。等效皮肤的力学特性是评价试验模拟人员仿真性和等效性的基本指标，也是进行汽车安全模拟计算的基本参数。因此，等效皮肤材料等效性能的测试与评定是研制汽车碰撞试验假人仿生皮肤材料的关键。

4.2.5.1 超声波测试法

由于等效皮肤材料的应用特性要求，汽车噪声振动和安全技术国家重点实验室与四川大学合作，研究了超声波测试和冲击测试的静动态结合方法，建立了硅橡胶皮肤等效材料力学模型，分析在不同制备条件下材料的力学性能，为汽车碰撞试验假人仿生材料的设计、合成、制备提供依据。通过测试等效皮肤材料对超声波声速、衰减、散射和吸收率的变化，对等效皮肤材料的弹性模量、组织特性、黏弹性和松弛模量进行等效性分析与评定。由于超声波在等效皮肤材料试样内的衰减很大，在超声频段，等效材料的动态力学特性表现出黏弹性，所以其声速与温度、频率等有关，考虑等效材料在室温恒定条件下使用，因此评估时只探讨频率对仿生材料动态力学特性的影响。采用超声波脉冲波穿透法测量，使用直接脉冲反射法。考虑到斜探头和材料试件间界面的反射/透射误差的校正困难，测试时使用小直径双晶超声探头和测试固定工具，并选用透射系数高的耦合剂，来保证探头端面和试件之间的良好耦合，从而减小界面间的反射/透射误差。

4.2.5.2　静载压入试验法

人体皮肤组织在受到循环加载或卸载时有滞后现象，在保持应变时，有应力松弛现象，当保持常应变时，表现出蠕变，人体皮肤组织具有各向异性，应力 – 应变关系是非线性的。因此，人体皮肤等效材料力学特性是非弹性的。弹性物体要求其应力和应变之间是单值对应关系，为了确定人体皮肤等效材料的本构方程，必须对等效材料试样进行加载、卸载的多次循环试验，应力 – 应变关系才有重复性。如果在恒应变率下进行多次循环加载和卸载试验，并对加载和卸载进行分支，应力 – 应变关系是唯一的。因为应力 – 应变关系在规定循环过程的每一分支中都是单值对应，所以可以在加载过程中把试样材料当作某种弹性材料，而在卸载过程中当作另一种弹性材料。这样就可借助弹性理论的方法来测试和处理这种非弹性材料，即拟弹性测试原理。根据拟弹性力学原理，采用以规定的负荷加载压入试样表面，如图 4.9 所示，经过规定的保荷时间后卸载，在规定时间内测量试件表面压痕直径，以试件压痕表面面积上的平均压力来评定等效材料弹性性能，其计算公式为

$$E = \frac{F}{S} = \frac{2F}{\pi D - (D - \overline{D^2 - d^2})} \qquad (4-1)$$

式中，E 为材料的弹性值，单位为 g/mm^2；F 为试验负荷，单位为 N；S 为压痕表面面积，单位为 mm^2；D 为测头直径，单位为 mm；d 为压痕直径，单位为 mm。

由图 4.9 推导得压痕深度：

$$H = \frac{1}{2}(D - \overline{D^2 - d^2}) \qquad (4-2)$$

将式（4-2）代入式（4-1）得出

$$E = \frac{F}{\pi DH} \qquad (4-3)$$

因此，测量出试件在加载和卸载时的压痕深度差，按式（4-3）可计算出材料的弹性值。

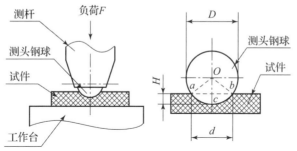

图4.9　测试装置图

四川大学的谢驰、刘念等针对皮肤等效材料力学性能的特异性，对人体皮肤等效材料弹性性能的测试方法进行了研究，提出静载压入试验法进行等效材料的弹性测试，并设计试验装置进行了试验（图4.10）。

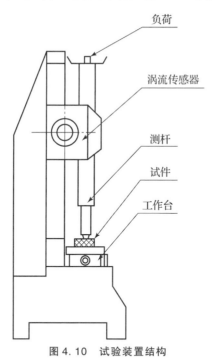

图4.10　试验装置结构

试件大小约为40 mm×40 mm，厚度约为6 mm，60 g负荷加载，以30 s的保荷时间采样测试，测试时间间隔为1 h。表4.3、表4.4分别为A、B两组试验数据。A组是暴露于空气中，B组是泡置于生理盐水中。由于皮肤组织含水量较大，暴露于空气中失水后胶原纤维活性受损，弹性减小，硬度增大，而浸泡于生理盐水中的皮肤由于保持了细胞的渗透压和纤维的活性，弹性变化不大。试验数据表明，随着时间的推移，A 组试样的下压值和反弹值都不断减小，即试样弹性不断减小，弹性特性值增大；而 B 组皮肤组织的下压值和反弹值变化不大，即皮肤组织弹性变化不大。

表 4.3　A 组试验数据

测点	加载压痕深度/mm	卸载压痕深度/mm	弹性计算值/(g·mm⁻²)
1	4.771	2.834	1.973
2	3.771	2.182	2.405
3	2.685	1.256	2.726
4	2.667	0.830	4.561
5	0.613	0.330	13.457
6	2.678	2.115	6.788
7	1.927	1.383	7.025
8	1.247	0.881	10.441
9	0.572	0.376	28.529
10	0.326	0.228	38.998

表 4.4　B 组试验数据

测点	加载压痕深度/mm	卸载压痕深度/mm	弹性计算值/(g·mm⁻²)
1	4.419	2.496	1.987
2	4.815	3.008	2.112
3	4.350	2.985	2.799
4	4.502	3.103	2.732
5	3.998	2.896	3.468
6	2.749	1.952	4.795
7	2.703	1.837	4.043
8	2.673	1.921	5.081
9	2.330	1.576	5.008
10	2.226	1.478	4.745

将试件的试验结果进行对比，同时分析试件在加载负荷改变的弹性特性和随时间变化的弹性特性规律。根据对试验结果的分析可知，该测量方法基本反映了处于不同环境下皮肤组织材料的弹性变化。因此，采用静载压入试验法进行等效材料的弹性测试基本可反映和评定等效材料的弹性特性。

4.3　肌肉等效材料

人体肌肉约 639 块，约由 60 亿条肌纤维组成，肌纤维的形状细长，呈纤维状，直径为 $10 \sim 60~\mu m$，长度从数毫米至数厘米不等。其中最长的肌纤维达 60 cm，最短的仅有 1 mm 左右。肌细胞质内有许多肌原纤维，肌原纤维直径约 $1~\mu m$。大块肌肉约有 2 kg 重，小块的肌肉仅重几克。一般人的肌肉重占体重的 35%~45%。肌肉主要集中在四肢部分，以肱三头、四头肌、臀大肌和股内外侧肌等骨骼肌为主，对人员目标保持运动和作战能力具有重要意义。肌肉组织结构如图 4.11 所示。

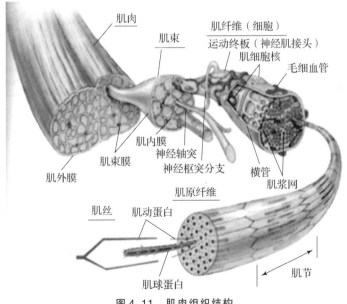

图 4.11　肌肉组织结构

Böl 等使用三种不同的加载模式对肌肉组织进行了一系列试验。结果表明，纤维方向对压缩应力有各向异性贡献。Loocke 等对于猪、牛、羊等生物对象的肌肉进行了单轴无约束压缩试验。压缩试验的应变上限到30%，并根据纤维方向的排布进行了三种不同方向的加载。结果显示在垂直于肌肉纤维方向上，肌肉抵抗外界压缩载荷的能力要大于沿着纤维方向。

人体肌肉为黏弹性稠密介质，弹丸在稠密介质中运动受到牛顿力以及黏滞阻力的影响，因此，对于人体目标肌肉等效材料，一般选用物理参数和黏弹性属性与人体肌肉等效的材料来进行模拟。目前行业内主流人体肌肉等效材料靶标材质的选择一般是明胶或肥皂靶标。明胶是胶原水解产物，在反映弹丸与组织之间能量的传递方面具有直观、易测量等优点，且明胶是一种无脂肪的高蛋白，一定浓度的明胶溶液冷却时，明胶分子束缚大量的水，形成具有黏弹性的凝胶体，有关明胶凝胶化的理论探讨延续至今，但目前它的胶凝机理还未完全清楚。弹道明胶由于弹性和密度都和人体肌肉接近，被广泛应用于人体肌肉组织的替代物，如图4.12所示。目前国内对于弹药杀伤元（破片、弹丸）对人体肌肉组织杀伤威力和作用效果的试验研究和评估的主要等效材料一般为肥皂和明胶。

图4.12　不同水含量的弹道明胶

4.3.1　肥皂肌肉等效材料

肥皂肌肉等效材料为黏塑性材料，其密度与人体肌肉材质比较接近，且易于保存，侵彻空腔是塑性变形，变形到最大尺寸后不会回弹，具有保留瞬时空腔完整性的特征，能够比较方便地观察和测量最大空腔尺寸，如图4.13所示。但是由于肌肉组织具有超弹性，与肥皂的性质差异较大，且肥皂材料因为其不透明性而无法通过高速摄影观察弹体翻滚等杀伤元侵彻靶标的具体过程。

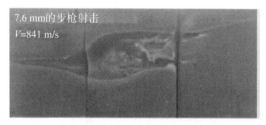

图4.13　普通枪弹射击肥皂时形成的瞬时空腔效应

国内外相关学者对弹丸射击生物模拟物进行了大量研究，Janzon B 等使用 AK4 和 M16A1 两种步枪射击动物组织和软肥皂进行对比研究，结果表明软肥皂可以有效地代替生物组织进行弹丸的毁伤研究。中国空气动力研究与发展中心的陈萍、柳森等开展了 3 mm 直径钢球高速和超高速打击肥皂靶的试验研究。采用 7.6 mm 超高速撞击试验研究的弹道靶设备（见图 4.14），一次试验中可获得 8 张不同时刻的试验过程照片，同时，对靶材的三维外形进行定量测量，包括试验后靶材的弹坑直径、深度和容积以及弹孔直径和容积等损伤参数。

图 4.14　7.6 mm 超高速碰撞靶

高速打击过程，肥皂损伤情况如图 4.15 所示。出现这种现象的原因是弹丸在撞击到靶材表面时产生一种冲击波，这种冲击波是一种很陡峭的压力脉冲，压强值极高，它由撞击界面分别传进弹丸与靶材。由于本书试验条件下弹丸和靶材的密度与材料强度差异很大，在 1.88 km/s 速度撞击下，弹丸保持其完整性，直至贯穿肥皂靶。由于存在冲击波，弹丸在撞击肥皂靶时产生的冲击波波阵面随弹丸一起运动，弹丸在穿过肥皂靶后很短时间内会产生一种压力振荡，振荡周期很短，且在振荡过程中迅速衰减。同时，在撞击初期，钢球的动能转化为内能，从而造成巨大的入口创伤，随着侵彻深度增加，钢球的动能衰减剧烈，转化的内能也随之降低。因此，在高速撞击下肥皂靶的损伤由弹孔入口处向出口处减弱，因此背面出口较为完整。这与肌肉组织侵彻过程非常近似。

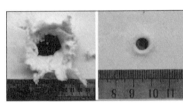

正面入口　　　　背面出口　　　　弹孔剖面　　　　三维扫描复原图

图 4.15　检验肥皂靶损伤情况（$V = 1.88$ km/s，$d = 3.0$ mm）

超高速打击过程，肥皂损伤情况如图 4.16 所示。在超高速下，钢弹丸和肥皂靶可以被看作流体，冲击压力远大于弹丸和靶材材料强度，材料的惯性效应其至可压缩效应或相变效应起重要作用。在撞击瞬时，一个强的冲击波由撞击界面分别传进弹丸与靶材，材料发生广泛的塑性变化、熔化和气化；在侵彻阶段，弹丸连续破碎，驱动弹坑形成；在成坑阶段，弹丸完全破碎后，由于惯性弹坑继续扩张，直到弹坑周围的能量密度减小到不足以克服材料的变形阻力时，弹坑停止扩张，达到最大尺寸，之后由于弹性恢复，弹坑尺寸稍有减小，最终形成半球形弹坑。

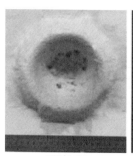  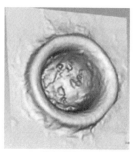

正面入口　　　　　　弹坑剖面　　　　　三维扫描复原图

图 4.16　检验肥皂靶损伤情况（V = 3.52 km/s，d = 3.0 mm）

由此可见，钢球超高速撞击肥皂靶造成的损伤表现为两个方面：一是大尺寸弹坑导致的"体积移除"，二是由于超高速钢球撞击肥皂靶产生的强烈冲击波，破坏区域大于弹坑区域。如果在实战中，生物体在超高速弹丸的撞击下，大尺寸弹坑带来的"组织移除"也会给生物体造成严重创伤，而弹丸与生物体相撞产生的强烈冲击波还会引起伤道附近未直接命中组织、器官的坏死以及骨骼折断、碎裂，从而使得生物体的致伤区域远大于弹坑容积。

4.3.2　明胶肌肉等效材料

明胶材料的密度与肌肉相近，其物理响应也与人体的肌肉响应近似，由于明胶具有丰富的弹性，可以经过褪色处理为透明或半透明状态，与肥皂靶标相比较更容易进行弹丸或破片侵彻试验时的瞬时高速拍摄和测量，因此明胶是用以研究钝击伤致伤机理、投射物能量变化规律的应用广泛的人体肌肉组织等效材料。目前国内已经形成和制定了成熟的明胶靶标评判弹丸和破片杀伤威力的试验方法和标准。

在明胶被杀伤元侵彻的过程中，杀伤元主要受明胶对其的运动阻力，主要是惯性阻力、摩擦力和黏性力。在高速阶段，杀伤元主要受惯性阻力的作用，速度衰减变化。明胶的入口呈现花瓣形且相对光滑，明胶空腔在所观测平面垂直的方向上有膨胀和收缩的过程。在杀伤元与明胶低速碰撞时，明胶的力学行为近似于弹塑性体，在高速碰撞时，明胶的力学特性近似于流体。但是明胶的缺点是需要随配随用，不能长期保存，且使用时对环境的要求较高，在低温条件下无法进行使用。

试验靶标领域，目前主要使用明胶对杀伤元威力进行测量。从 1960 年开始，明胶作为软组织的等效材料在国外被广泛应用于各种研究中。Dzerman 首先测量了枪弹侵彻 10 ℃下 20% 明胶过程中的能量损失，直到 1968 年美国均以这个能量损失的标准来评估枪弹的威力。1975 年，J. Winter 等通过试验测试了明胶的材料参数。同年 Edgewood 靶场弹道研究所使用边长为 30 cm 的明胶块作为模型，提出了预测动能的数学模型，Kokinalkis 等于 1979 年使用高速摄像和计算机仿真对该模型进行了验证。20 世纪 80 年代中期，莱特曼陆军研究所的 Martin Fackler 等使用枪弹对活猪进行了射击试验，并将试验结果与明胶块试验结果进行了对比分析，形成了 Fackler 明胶模型，并将其作为替代动物软组织的材料，声称枪弹在猪后腿肌肉中的侵彻深度、瞬时空腔、弹丸形变和弹丸碎片的空间分布均可以使用明胶材料进行反映。进入 21 世纪后，西方工程人员继续对明胶靶标及其使用进行了深入研究。2008 年，Nagayama 等基于飞片试验得到了 10% 明胶的 Huguenot 曲线，试验表明弹道明胶质点速度与体积声速在一定压力范围内存在近似线性关系，同时还给出了弹道明胶密度随压力的变化曲线。2010 年，Cronin 等、Salisbury 等采用自制的试验装置对 10% 弹道明胶（10% wt.）从低应变率到高应变率（0.01 ~ 1 550 s^{-1}）的应力 – 应变响应进行了研究，试验表明弹道明胶是一种对应变率和温度较敏感的材料。Kwon 等也于 2010 年采用霍普金森压杆试验装置得到了 10% 弹道明胶在应变率 2 000 ~ 3 200 s^{-1}下的应力 – 应变曲线，但其结果与 Cronin 和 Salisbury 等的试验结论不太一致。2011 年，Appleby – Thomas 等采用飞片试验研究了质量分数 25% 的明胶、肥皂和猪油在高速冲击下的力学特性，研究表明随着应变率增加，25% 的明胶呈现出流体弹塑性介质的性质，而肥皂和猪油则表现出明显的应变率增强效应。2011 年，Aihaiti 和 Hemley 等采用布里渊光谱散射技术测量了不同压力状态（环境压力约 12 GPa）下弹道明胶体积声速和泊松比的变化情况。试验表明，在一定压力下 10% 弹道明胶的泊松比大约为 0.37，而一些研究者在数值模拟中经常将明胶考虑为类似橡胶的不可压缩材料（泊松比为 0.5），由于弹道明胶是一种高分子材料且较软，对其物理参数的试验测量技术还不够成熟，已公开发表的试验数据较少且存在不一致性，这给采用数值模拟技术进行终点效应研究带来一定困难。2012 年，美国的 Parker 等研究了温度对 10% 弹道明胶物理性质的影响，试验表明当温度上升到 30.5 ℃时，明胶开始从凝胶转化为溶胶；而当温度降低到 24.4 ℃时，明胶开始从溶胶转化为凝胶。同时，还给出了明胶体积声速随温度的变化曲线。

明胶材料具有与生物肌肉组织相似的力学性能，在反映子弹与组织的能量传递方面具有直观、易测等优点，近年来国内外在研究枪弹对人体的毁伤特性和鉴定其威力特性等方面均采用明胶作为人体肌肉组织的等效替代物。刘坤等针对 SS109 5.56 mm、M74 式 5.45 mm 和 87 式 5.8 mm 枪弹（见图 4.17 和表 4.5）进行了杀伤性能评估，使用明胶代替人体肌肉组织进行侵彻试验。

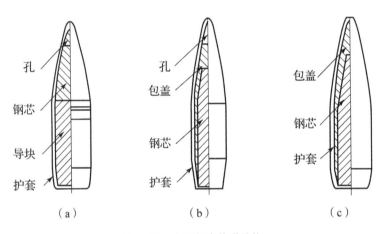

图 4.17　小口径步枪弹结构

表 4.5　弹头结构参数

弹型	m/g	d/mm	l/mm	$I_b/(\text{kg} \cdot \text{m}^2)$
SS109 5.56 mm	4.00	5.70	23.0	1.120×10^{-7}
M74 式 5.45 mm	3.45	5.63	25.4	1.367×10^{-7}
87 式 5.8 mm	4.20	6.01	24.5	1.381×10^{-7}

明胶尺寸为 300 mm × 300 mm × 300 mm，以弹头入靶时刻为计时起点，出靶时刻为计时终点，三种小口径步枪弹侵彻明胶运动过程如图 4.18 所示。图 4.19 所示为三种小口径步枪弹侵彻明胶"颈部"长度对比。

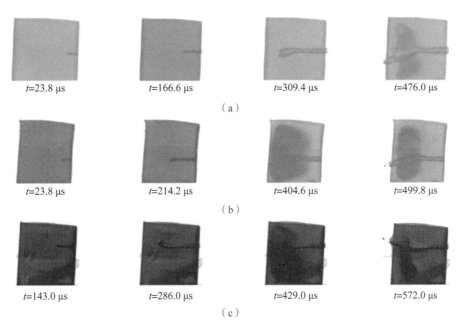

图 4.18　小口径步枪弹侵彻明胶过程

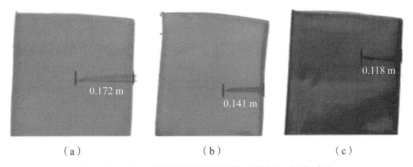

图 4.19　小口径步枪弹侵彻明胶 "颈部" 长度对比

三种小口径步枪弹侵彻靶标实测时间分别为 476 μs、486 μs 和 430 μs；5.8 mm 普通弹在攻角较其他两种小口径步枪弹略小的情况下，出靶偏角较大，SS109 5.56 mm 步枪弹 "颈部" 阶段长度为 0.172 m，相对误差为 1.7%；出靶速度为 390.2 m/s，相对误差为 6.9%；出靶偏角为 101.1°，相对误差为 13%。M74 式 5.45 mm 步枪弹 "颈部" 阶段结束略早，在侵彻位移为 0.141 m 时进入 "翻滚" 阶段，相对误差为 5.7%；出靶速度为 368.4 m/s，相对误差为 4.3%；出靶角度为 197.9°，相对误差为 11.6%。87 式 5.8 mm 普通弹 "颈部" 长度较短，为 0.118 m，相对误差为 11%；出靶速度为 350.1 m/s，相对误差为 1.5%；出靶角度高达 235°，相对误差为 5.2%。三种小口径步枪弹传递给明胶靶标的能量如表 4.6 所示，E 为弹头总能量，ΔE 为传递给靶标的能量。可见，87 式 5.8 mm 步枪弹能量传递率比其他两种弹高。

表 4.6　弹头在明胶靶中能量的传递

弹型	E/kJ	$\Delta E/\mathrm{kJ}$	$\eta/\%$
SS109 5.56 mm	1.388	1.08	78
M74 式 5.45 mm	1.349	1.11	82
87 式 5.8 mm	1.508	1.25	83

　　三种枪弹在设计上都具有高速度、小质量、头弧尖长、长径比大、重心后移、易翻滚、能量释放率高等特点，根据创伤弹道学理论可知，肌体致伤决定性因素包括能量释放率及其在肌体中的翻滚能力。试验结果显示，5.8 mm 普通弹相较 SS109 5.56 mm、M74 式 5.45 mm 步枪弹，"颈部" 长度较短，速度衰减较快，弹头翻滚较快，传递给明胶靶标的能量较大，致伤效果较好。

　　西安现代控制技术研究所梁化鹏等在传统 5.8 mm 制式弹结构基础上，考察了低侵彻弹对明胶材料的侵彻效应。大量试验表明，采用配比为 1∶3∶6 的明胶、冷水和热水制备明胶块，并放入 4 ℃ 恒温箱中备用。4 ℃下质量分数为 10% 的明胶材料的密度及黏弹性与人体肌肉组织较为接近，试验后的弹道轨迹以及弹头变形情况与生物软组织吻合良好。选用的明胶模具尺寸为 20 cm × 20 cm × 40 cm，以 5.8 mm 弹道枪作为发射平台进行弹体侵彻明胶块试验，如图 4.20 所示。

图 4.20　试验现场示意图

　　弹体采用直径为 5.8 mm，长径比为 5，质量为 5.2 g 的开花弹，如图 4.21 所示。弹体速度分别为低速（414 m/s）、中速（618 m/s）和高速（825 m/s）。

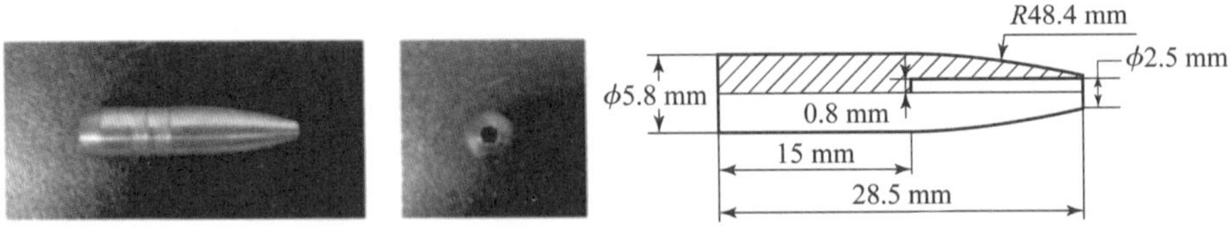

（a）　　　　　　　　（b）　　　　　　　　（c）

图 4.21　试验用开花弹

　　试验结果见图 4.22，开花弹在低速、中速和高速撞击条件下均未穿透明胶块。开花弹以 414 m/s 的速度撞击明胶时，明胶未被穿透，剩余弹体长度为 17.0 mm，弹丸的侵彻深度为 353 mm；开花弹以 618 m/s 撞击明胶时，明胶未被穿透，剩余弹体长度为 12.7 mm，弹丸的侵彻深度为 366 mm；开花弹以 825 m/s 的速度撞击明胶时，明胶未被穿透，剩余弹体长度为 11.2 mm，弹丸侵彻深度为 341 mm。从试验结果中可以看出，开花弹在不同速度区间内均具有良好的低侵彻性能。

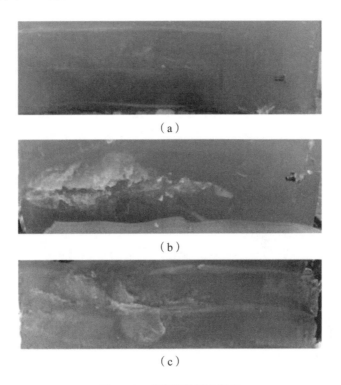

（a）

（b）

（c）

图 4.22　侵彻明胶试验结果

（a）414 m/s；（b）618 m/s；（c）825 m/s

　　弹丸撞击明胶时，弹丸与介质发生能量传递，明胶介质改变原来的静止状态，内部发生运动，此时为克服介质的惯性将产生惯性阻力；明胶属于黏弹性介质，弹丸在明胶介质内运动时将受到来自介质的黏性剪切力，即黏性阻力；同时，明胶介质还具有一定的自身抗力。通过对比理论计算结果和靶试试验结果（见表 4.7），可以看出弹丸速度为 618 m/s 时理论和试验侵彻深度均为最大值，825 m/s 时均为最小值，理论结果和试验结果的变化趋势完全相同。

表 4.7　理论结果和试验结果

起始速度/(m·s⁻¹)	侵彻深度/mm	
	理论值	试验值
414	346	353
618	354	366
825	308	341

对于非侵彻过程，明胶是否能够作为等效材料使用，南京理工大学的曾鑫进行了非侵彻条件下猪体和明胶靶内压力衰减试验研究。以某小口径弹丸侵彻长白猪和明胶，如图 4.23 所示，长白猪（麻醉状态下）+防护材料、明胶靶标+防护材料，防护材料均为 NIJ Ⅲ级防弹插板+警用Ⅱ级防弹材料，将防护材料和靶标连接，然后把整个靶标系统置于试验台上。

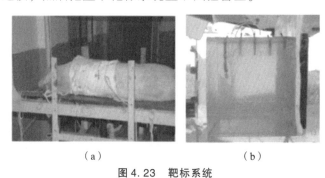

（a）　　　　　　　　　（b）

图 4.23　靶标系统

（a）长白猪+防护材料；（b）明胶靶标+防护材料

通过调节枪弹装药量来控制弹丸撞击防护材料的速度，所有试验在室温下进行，保证弹丸为垂直撞击或接近垂直撞击，弹丸撞击前姿态由高速摄影系统观测并记录。压力试验原理示意图如图 4.24 所示。

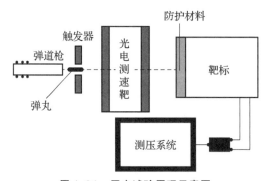

图 4.24　压力试验原理示意图

非侵彻条件下明胶靶标的损伤情况主要表现在材料的屈服变形和失效，无明显的损伤现象，而肌肉的损伤伴随着出血等较明显的现象。将长白猪和明胶压力峰值试验结果列在表 4.8 和表 4.9 中，V_1 表示预定速度，V_2 表示实际速度，E 表示弹丸的动能。

表 4.8　长白猪试验压力峰值结果

编号	$V_1/$ (m·s⁻¹)	$V_2/$ (m·s⁻¹)	E/J	不同位置处的压力峰值/MPa			
				80 mm	100 mm	120 mm	160 mm
1	600	594	732. 1	0. 283	0. 107	0. 021	0. 015
2	600	608	767. 1	0. 307	0. 116	0. 020	0. 012
3	750	746	1 154.8	0. 575	0. 308	0. 044	0. 032
4	750	759	1 195.4	0. 608	0. 313	0. 050	0. 039
5	900	895	1 662.1	1. 672	0. 707	0. 064	0. 044
6	900	914	1 733.5	1. 676	0. 766	0. 065	0. 040

表 4.9　明胶靶标试验压力峰值结果

编号	$V_1/$ (m·s⁻¹)	$V_2/$ (m·s⁻¹)	E/J	不同位置处的压力峰值/MPa				
				80 mm	110 mm	140 mm	180 mm	220 mm
7	600	590	722. 3	1. 211	0. 813	0. 542	0. 356	0. 151
8	600	598	742.0	1. 172	0. 821	0. 549	0. 367	0. 145
9	750	752	1 173.4	1. 390	1. 051	0. 801	0. 512	0. 371
10	750	757	1 189.1	1. 350	1. 011	0. 749	0. 512	0. 378
11	900	895	1 662.1	1. 691	1. 366	1. 231	1. 010	0. 771
12	900	907	1 707.0	1. 694	1. 302	1. 191	0. 980	0. 758

不同速度的弹丸侵彻长白猪或明胶靶标试验得到的距撞击点 80 mm 处的压力峰值相差较大：撞击速度为 600 m/s 时，压力相差 400%，撞击速度为 750 m/s 时，压力相差 200%，而当撞击速度达到 900 m/s 时，压力峰值近似相同。分析发现：长白猪试验和明胶靶标试验中，造成距撞击点 80 mm 处的压力峰值有较大差异的主要原因是长白猪肌肉外有一层皮肤，压力波在肌肉中传递之前必须先经过皮肤中的传递，此过程使压力峰值得到衰减。由表 4.8 及表

4.9 可知，弹丸的撞击速度较低时，弹丸传递给靶标的总能量相对较少，皮肤对压力传递的损失所占总能量的比例就越高；弹丸的撞击速度很高时（900 m/s），弹丸传递给靶标的总能量相对较高，皮肤对压力传递的损失所占总能量的比例就越低。而这种现象在明胶靶标试验中是体现不出来的。

4.3.3 离子聚合物人工肌肉材料

离子聚合物简称离聚物，是一种典型的高分子材料。离聚物高分子在其链段上含有少量亲水性的离子型基团，如羧酸基团、磺酸基团等。这些离子基团基本上都无规地分散在聚合物链上，而且摩尔含量一般在 1%~15%。将离子基团引入高分子骨架上之后，由于基团的可离子化，以及离子键之间的缔合作用，聚合物出现了氢键之间的相互作用、偶极作用等，使离子基团富集，形成离子簇，同时让离聚物具备了更优异的特殊性能。同时，通过改变离子基团的种类、数量，从而使离聚物的韧性、弹性、强度等进一步提升，使离聚物在功能材料领域有了更广泛的应用。

离子交换聚合金属复合材料（Ion - exchange Polymer Metal Composite，IPMC）的基材膜一般为阳离子交换膜，可以起到使阳离子通过、阴离子受阻的效果，因此在 LiCl 盐溶液中浸泡的 IPMC 可以把 Li^+ 置换到离子交换膜内部，从而在材料电极表面外加电场的作用下会发生弯曲变形现象，如图 4.25 所示为其致动的机理示意图。Gennes 研究认为这是由带电的阳离子和溶剂共同迁移作用引起的结果。

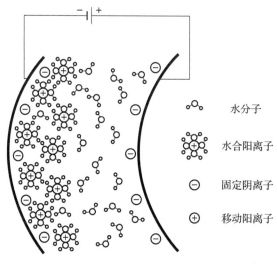

水分子

水合阳离子

固定阴离子

移动阳离子

图 4.25 IPMC 致动机理示意图

IPMC 的离子交换膜也具有吸水性，因此，膜内部的阳离子会与水分子结合形成带正电的水合阳离子，在附加电场的激励作用下，带正电的水合阳离子会向负极移动，从而会使正极游离离子数量减少，负极富集大量体积较大的水合阳离子，所以会导致正极收缩，负极体积膨胀而弯曲形变。因此，材料具有一定的含水率也是保证 IPMC 形变的重要前提。

如果外加电场选用低压交流方波电压，就会看到 IPMC 膜交替产生弯曲形变。IPMC 弯曲形变量与外加电压的大小以及交流方波电压的周期有关，相同电压，形变量会随周期加长而增大。

离子聚合物可以发生较大的位移变化，相较于其他材料如特种陶瓷、形状记忆合金相，它可以在较低的电压下发生形变。表 4.10 将 IPMC 性能与其他电子陶瓷和形状记忆合金材料性能进行了比较。从中可以看出，IPMC 质量更小，并且潜在的抗压能力比电学陶瓷材料高出两个数量级。另外，它的响应时间比形状记忆合金要短，所以可以用它来模仿生物体肌肉的活动设计，同时它还具有低密度、高强度、较大的刺激应变力、固有的振动阻尼等独特的特性。

表 4.10　IPMC 性能与形状记忆合金材料性能比较

性能	IPMC	形状记忆合金	电子陶瓷
执行位移	>10%	<8% 短疲劳寿命	0.1%~0.3%
力/MPa	10~30	大约 700	30~40
响应速度	μs~s 级	s~min 级	μs~s 级
密度	1~2.5 g/mL	5~6 g/mL	6~8 g/mL
驱动电压	4~7 V	NA	50~800 V
功耗	watts	watts	watts
韧性	有弹性、恢复性好	有弹性	易碎、弹性差

当在离子聚合物膜上施加一个 2 V 或是更高的直流电压时，它会向阳极产生弯曲。当电压增加时（增加到 6~7 V），将会引起更大的弯曲位移。如果在膜上施加可变电压，膜就会产生摇摆位移，位移量的大小不仅依赖于电压的大小，同时还与频率相关（图 4.26）。以 0.5 cm×2 cm×0.2 mm 的条形 IPMC，在低频（0.1 Hz 或 0.01 Hz）时就可以产生较大的位移，因此肌肉的运动完全可以利用外部施加的电压来控制。进一步研究发现，人工肌肉的性能很大程度上依赖于作为离子交换媒介的水的含量和会导致压力差的膜界面的脱水率梯

度。用单面膜仿制的微型弯曲臂可以举起几克重的物体，而一对重 0.2 g 的双面膜则可以在 5 V、20 mW 的外加电场下感应出大于 11% 的收缩位移，如图 4.27 所示。同时，双面膜还具有显著的扩展特性，两个 0.2 cm 厚的双面膜叠加可以扩展到大约 2.5 cm 宽。

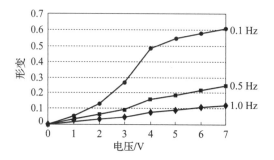

图 4.26　条形 IPMC 的形变与频率和电压的关系

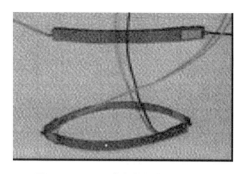

图 4.27　双面膜弯曲与参考膜照片

离子聚合物薄膜可以在相当低的电压、较小的功率下表现出明显的位移，因此可提供肌肉的作用，进行抓取，如图 4.28 所示，制备出一个微型小质量机器人手臂抓取器。手指由垂直灰色的条形和电绕线组成，其中薄膜是背对背地连在一起。当施加电压时，这种绕线结构使得手指产生与人手动作相似的向内或是向外弯曲，从而可以按要求伸开或是闭合抓物器的手指。研制的多手指抓物器一般包括 2～4 个手指，图 4.28 所示的四手指抓物器可以举起 10.3 g 的重物。这个抓物器的原型安装在一个直径 5 mm 的石墨/环氧复合物棒的质量较小的机器人手臂上。这种抓物器工作在频率为 0.1 Hz 的 5 V 方波电压下，在这种条件下，它有足够的时间完成所要求的抓举演示：首先张开手指，抓物器移近被抓物体，再合上手指，然后和手臂一起举起物体。

图4.28　四个重0.1 g 手指所组成的末端手动抓物器在抓起10.3 g 石块

北京化工大学研究团队用纯离聚物和复合材料作为基体材料，碳纳米管代替贵金属作为电极材料来制备人工肌肉材料。通过自制的一个悬臂驱动系统测量所制备的 GO – IPU 基的高纯离聚物基的离子聚合物碳纳米管复合材料（ionic polymer – carbon nanotube composite，IPCC）致动器的致动性能。致动力定义为在一定电场下由 1 g IPCC 致动器产生的力的大小。将 IPCC 膜的一端固定在电极上，另一端固定在平衡上。图 4.29 所示为具有不同含量 GO 的 GO – IPU 基的 IPCC 致动器在 3 V 的电压下，以 10 s 为周期的致动力曲线。从图中可以看出，以 IPU 为基材的 IPCC 显示出 1.54 gf[①]/g 的致动力，而所有的 GO – IPU 复合材料的致动力都比 IPU 基的高。此外，复合膜的致动力随着 GO 填料的增加而增加。此外，25% GO – IPU 基的 IPCC 显示最大的致动力为7.8 gf/g，约为纯 IPU 的 5 倍，由于 GO 的加入增强了复合材料的物理性能，这提高了离子的传输程度，从而增强了致动力。

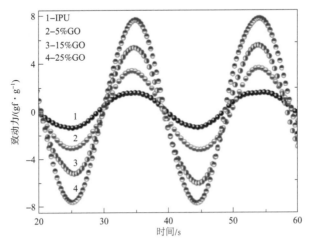

图4.29　不同 GO 含量的复合材料基的 IPCC 在 3 V 电压下，周期 10 s 下的致动性力曲线

---

① 1 gf = 9.8×10^{-3} N。

对于在 IPCC 表面电场的驱动时间和致动力之间的关系也进行了测试，如图 4.30 所示。可以看出，随着电场周期时间的增加，从 5 s 到 20 s，纯 IPU 基的 IPCC 致动力从 0.35 gf/g 增加到 0.83 gf/g，如图 4.30（a）所示。在 25% GO - IPU 基的 IPCC 中也观察到了同样的趋势（图 4.30（b））。根据致动机理，这是由于周期增长以后，正负电场之间转换变缓，会使更多的水合阳离子向负极移动，使得负极产生更大的膨胀，正极产生更大的收缩，从而使致动力变大。

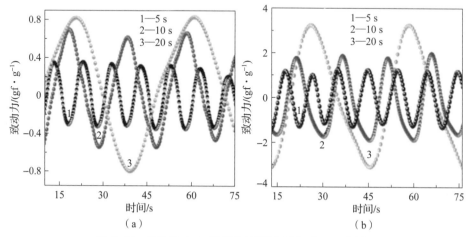

图 4.30　IPU 基（a）和复合材料基（b）在 2 V 电压，
周期为 5 s、10 s、20 s 下的致动力曲线

图 4.31 所示为以纯 IPU 和不同含量的 GO - IPU 复合材料为基材的 IPCC 在 3 V 电压下，以 10 s 为周期的位移曲线。以距离铜电极 20 mm 处的点进行测量记录。从图中能够明显看出，随着氧化石墨烯添加量的增加，末端位移值逐渐变大，25% GO 最大值达到 2.2 mm，远远大于纯 IPU 的 0.36。根据致动机理，由于水合阳离子的迁移引起材料产生膨胀弯曲变形，这也与前面提到的物理性能一致。

IPCC 膜的应变（ε）是由其尖端位移计算得到的，具体可参考 T. Sugino 等的报道。如图 4.32 所示，纯 IPU 的应变值最小，值为 0.09%。从图中能够看到，GO - IPU 复合材料的应变值随着 GO 添加量的升高而增大。25% GO - IPU 显示出最大的值，为 0.37%，约为纯 IPU 基的 4 倍。

对纯 IPU 基和 GO 复合膜基的 IPCC 的耐久性也做了分析，如图 4.33 所示。随着时间的推移，纯 IPU 基的 IPCC 执行器的最大和最小位移之间的差值大大降低。然而，随着时间的推移，GO - IPU 基的 IPCC 执行器的位移没有明显的减小。这是由于 IPCC 在测试过程中要保持水分的存在，才能形成比较大的水合阳离子基团，从而发生偏移，而复合材料中有 GO 的加入，氧化石墨烯的层状结构可以保护层间液体免于蒸发，从而提高致动器的耐久性。

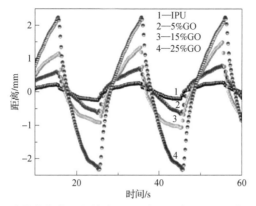

图 4.31 不同 GO 含量的复合材料基的 IPCC 在 3 V 电压下，周期 10 s 下的位移曲线

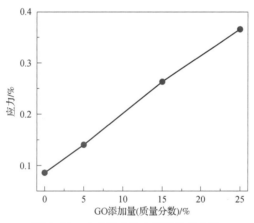

图 4.32 应力随 GO 含量变化的曲线

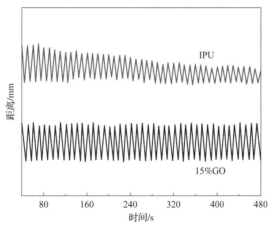

图 4.33 IPCC 的耐久性曲线

15% GO – IPU 基的 IPCC 的形状记忆性能如图 4.34 所示。IPCC 薄膜的原始状态如图 4.34（a）所示。在外力作用下，将矩形 IPCC 样条在 85 ℃ 1 mol/L 的 LiCl 下弯曲至 135°，然后将变形的 IPCC 样条保持在 0 ℃ 以下的 LiCl 溶液中 10 min，以得到 IPCC 的临时状态（图 4.34）。再将临时状态的 IPCC 样品放到 85 ℃ 1 mol/L 的 LiCl 溶液中恢复，以获得恢复状态（图 4.34（c））。IPU 基和 GO – IPU 复合膜基的 IPCC 样条的固定率（R_f）和恢复率（R_r）见表 4.11。不同样品的 R_f 值在 98% 左右，几乎相同。然而，随着 GO 含量的增加，R_r 值显著变化，从第一次循环 R_r 值为 55%（纯 IPU 基的 IPCC）增加到 R_r 值为 82%（25% GO – IPU 基的 IPCC）。有趣的是，所有的样品在循环中都表现出良好的耐久性，例如 IPU 基的 IPCC 的 R_r 值从第一个循环的 55% 到第三个循环的 54% 略有下降。类似地，GO – IPU 复合膜基的 R_r 值在周期中略有下降。

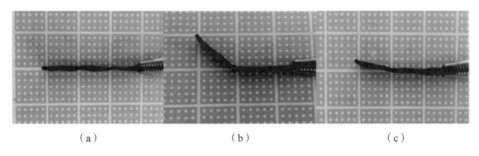

（a） （b） （c）

图 4.34 IPCC 的形状记忆性

（a）初始状态；（b）临时状态；（c）恢复状态

表 4.11 IPU 和 GO – IPU 基的 IPCC 的固定率与恢复率

循环	IPU		5% GO		15% GO		25% GO	
	R_f	R_r	R_f	R_r	R_f	R_r	R_f	R_r
1	99	55	98	66	99	74	99	82
2	99	54	99	66	98	73	98	82
3	98	54	99	65	97	72	98	81

同时对 IPCC 样条的形状记忆恢复速率也做了研究，如表 4.12 所示。可以看出，GO – IPU 复合膜基的 IPCC 的形状记忆恢复速率随 GO 含量的增加而增加。形状记忆行为是由温度改变导致的聚合物相变导致的，因此，与纯 IPU 基相比，GO – IPU 复合材料基的高速形状恢复响应是由于 GO 的高导热性。

表 4.12　IPU 和 GO – IPU 基的 IPCC 形状记忆恢复速率

循环	IPU/((°)·s⁻¹)	5%GO/((°)·s⁻¹)	15%GO/((°)·s⁻¹)	25%GO/((°)·s⁻¹)
1	3.2	3.7	4.0	4.5
2	3.2	3.6	3.9	4.4
3	3.1	3.5	3.9	4.3

为了评估形状记忆 IPCC 的致动性能，我们也研究了基于形状记忆膜的 IPCC 在临时状态下和恢复状态下的致动力情况，如图 4.35 所示。图 4.35（a）显示的是在临时状态下 IPCC 作为执行器的致动力行为。IPCC 在临时状态下的致动力随着 GO 含量的增加而增加，从纯 IPU 基的 0.6 gf/g 增加到 25%GO – IPU 基的 5.6 gf/g。可能是因为 GO 和 IPU 在矩阵中的相互作用足够强大，可以将致动行为保持在临时状态。而 IPCC 处于恢复状态下的致动力曲线如图 4.35（b）所示。所有样品的最大致动力值均高于临时状态下的，而且接近于初始状态。

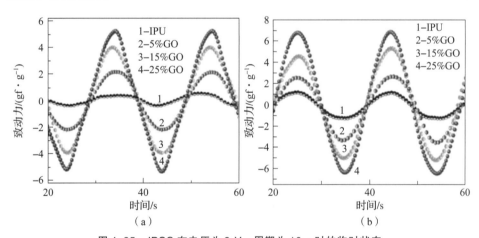

图 4.35　IPCC 在电压为 3 V，周期为 10 s 时的临时状态
（a）临时状态下的致动力曲线；（b）恢复状态下的致动力曲线

4.3.4　碳纳米管纤维人工肌肉材料

碳纳米管是已知强度最大的材料，具有很高的拉伸强度和电导率。1999 年，Baughman 等首次报道了基于碳纳米管的电驱动器件。这种驱动器中间是绝缘的双面胶，两面均粘贴一层单壁碳纳米管膜。对两个碳纳米管膜施加电压时，大量电荷进入碳纳米管（图 4.36），溶液中相反电荷的离子会吸附在碳纳

米管表面，离子间的静电排斥力会使碳纳米管伸长及膨胀。不同离子的排斥力不同，导致驱动器的弯曲形变。

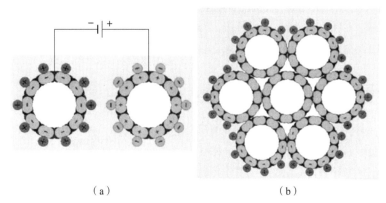

（a）　　　　　　　　　　　　　（b）

图 4.36　电荷注入碳纳米管驱动器示意图（a）和电荷在碳纳米管束表面分布示意图（b）

此后，研究人员开始尝试提高碳纳米管人工肌肉的驱动速度。Madden 等将碳纳米管混入薄膜或纤维中，得到多孔的碳纳米管复合材料，显著地提高了材料的充电速度和驱动速度。但是纤维或膜厚度的增加，电极距离的增加或者电解液导电性的降低，都会导致驱动速度下降。

2009 年，Baughman 等发现直接纺丝制备的碳纳米管膜可以组装成人工肌肉。这种长方形的碳纳米管膜是由无数根平行取向的碳纳米管组成的。但是过高的驱动电压和工作温度以及必须在真空中使用等限制了其应用。2011 年，Baughman 团队利用碳纳米管纤维制备了一种可以提供转动应变的人工肌肉。碳纳米管纤维作为工作电极浸入电解质溶液中，其一端连接电极，另一端粘贴上一个可自由旋转的桨。对其施加电压时，桨会旋转，撤掉电压后，桨回到原位，如图 4.37 所示。但其重复性不佳，而且必须在电解质溶液中使用。

图 4.37　旋转碳纤维

碳纳米管作为一种新型的人工肌肉材料，其一些特性越来越被人们所重视。首先，碳纳米管人工肌肉的应力较大，可以达到十几兆帕。其次，碳纳米管人工肌肉所需要的驱动电压较小，一般仅需几伏，较为安全。最为独特的一点是，碳纳米管人工肌肉能够产生旋转应变，这是目前其他材料难以做到的。复旦大学彭慧胜教授研制了取向的碳纳米管纤维，与聚丙烯酸复合，制备出了基于取向碳纳米管纤维的人工肌肉。首先，合成可用于纺丝的碳纳米管阵列。在表面修饰有二氧化硅薄层（1 μm）的硅片上，通过电子束蒸发镀膜仪依次镀上厚度为 10 ~ 30 nm 的 Al_2O_3 缓冲层和 0.5 ~ 1.5 nm 的催化剂铁膜。以乙烯为碳源，氩气和氢气为载气，通过化学气相沉积法在上述催化剂基底上合成碳纳米管阵列。然后利用干法纺丝方法，从碳纳米管阵列中拉出碳纳米管带；以带有尖头探针的纺锤将碳纳米管带连接后旋转纺出纤维，如图 4.38 所示，碳纳米管纤维可长达数米，其断裂强度为 102 ~ 103 MPa，电导率为 102 ~ 103 S/cm。

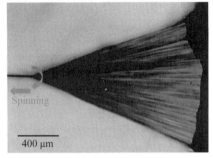

图 4.38　通过碳纳米管阵列制备取向碳纳米管纤维

　　图 4.39 所示为纯碳纳米管纤维的扫描电镜照片，纤维直径约为 8.6 μm。从图中可以看出，碳纳米管纤维由许多取向的碳纳米管束缠绕形成，纤维中碳纳米管之间存在空隙。将纯碳纳米管纤维浸入聚丙烯酸前驱体溶液中，将附着前体溶液的纤维置于培养皿中，加热，单体发生原位聚合，得到碳纳米管/聚丙烯酸复合纤维，与纯纤维相比，复合纤维中碳纳米管束的表面更为光滑，且其平均直径由 28 nm 增加到 52 nm，这是由于高分子包裹在碳纳米管外表面所致。同时碳纳米管束的间距也有所下降，这是因为高分子碳纳米管之间存在较强的相互作用致使碳纳米管被高分子链拉得更紧密，其断裂强度和电导率可分别提高 2.5 倍和 1.2 倍。

　　在此基础上，进一步把取向碳纳米管纤维发展为一类新型的人工肌肉，碳纳米管纤维特有的取向螺旋结构（图 4.40）使其能够直接将电能转换为转动和收缩机械能。把一根碳纳米管纤维两端固定在纸片上，并连接到电源两极，纤维中间略为弯曲，用显微镜进行观察。在脉冲电流下，纤维在通电时拉直，而电流去除后纤维重新弯曲，响应速度很快。将纤维刚好拉直，在显微镜下观察，通电时纤维转动，撤掉电流时回到原位。

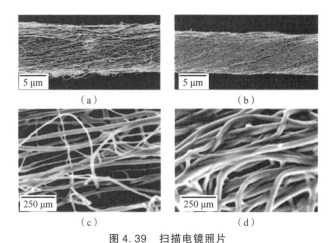

图 4.39　扫描电镜照片

（a）纯碳纳米管纤维；（b）取向碳纳米管聚丙烯酸复合纤维；

（c），（d）（a）和（b）的局部放大照片

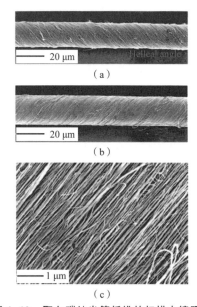

图 4.40　取向碳纳米管纤维的扫描电镜照片

（a）右旋的碳纳米管纤维；（b）左旋的碳纳米管纤维；（c）（b）的放大照片

　　对碳纳米管纤维通以电流，纤维的左右两端以使螺旋度增大的方向相向转动，对于连接在该纤维右端的钟摆，纤维转动带动钟摆转动，其具体转动方向如图 4.41（a）所示。通电时，马达纤维转动带动钟摆抬起纸片，撤去电流，马达纤维失去扭转力，纸片回到原始位置。钟摆转动的角度以及纸片被提升的高度用摄像机拍摄，并逐帧观察。

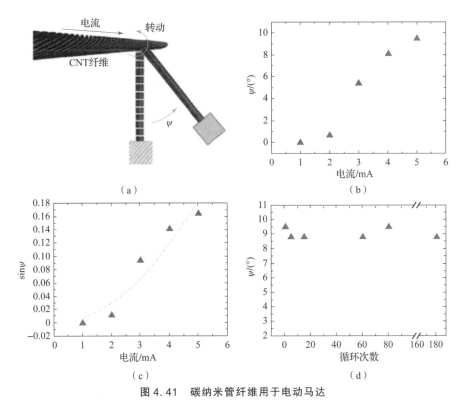

图 4.41　碳纳米管纤维用于电动马达

（a）转动马达装置及其转动示意图；（b）转动角度的大小与所施加电流大小的关系；

（c）$\sin\psi$ 与所施加电流大小的关系（虚线为拟合曲线，证明转动力矩的大小和电流的

二次方近似成正比）；（d）转动角度与脉冲电流循环次数的关系

对上述纤维马达两边加 5 mA 的电流时，钟摆按所述方式转动，转动的角度为 9.5°。对 0.302 mg 的纸片，其力矩 τ 按 $\tau = m \cdot g \cdot L \cdot \sin\psi$ 计算，式中 m 为纸片的质量，g 为重力加速度常数，L 为钟摆长度，ψ 为钟摆转动角度，因此得到力矩为 4.2 nN · m。纤维质量约为 4 μg，即纤维可以带动超过自重 75 倍，摆长大于自身半径 1 000 倍的钟摆转动。碳纳米管纤维在通电时也会产生收缩，直接提升纸片的高度，提升距离约 1 mm，该过程中纤维克服重力对纸片所做的功约为 3×10^{-9} J，功密度约 0.75 J/kg。整个测试过程处于力学非平衡状态，因此计算的功和功密度值应远低于碳纳米管纤维的最大可能值。

此外，对不同电流下该纤维马达旋转的角度 ψ 进行测试，如图 4.41（b）所示，转动角度对电流也具有依赖性。然后以角度的正弦值 $\sin\psi$ 对电流作图，如图 4.41（c）所示。因为 $\tau = m \cdot g \cdot L \cdot \sin\psi$，而 m、g、L 对于同一钟摆数值相同，即 $\tau\sin\psi$ 由拟合结果看出，该曲线近似 $\tau \propto I^2$，符合安培定律。考察了该纤维马达在单个脉冲周期为 6 s 的 4 mA 脉冲电流下的稳定性，如图 4.41

（d）所示，在超过 180 个循环过程中其转动角度基本不变。试验中该纤维马达被累计重复使用数小时甚至更长时间，仍能稳定重复上述过程。这为新型、高性能人工肌肉的设计、制备和应用提供了一个新的思路。

4.3.5　蛋白质人工肌肉材料

加拿大不列颠哥伦比亚大学的 Li 和 Gosline 等使用人工蛋白质来模仿肌联蛋白（titin）的分子结构，应用人工蛋白质成功研制出一种新型固态生物材料，如图 4.42 所示，这种材料可以非常逼真地模拟肌肉的弹性性质。通过合成人工蛋白质构造肌肉等效材料在材料科学和人体组织工程上极具应用前景。

图 4.42　人工蛋白质肌肉等效材料

肌联蛋白是一种巨型蛋白质，它在肌肉的被动弹性上发挥着非常重要的作用。改性后的蛋白质形态像一串水珠，是实际肌联蛋白体积的 1%。它们所具有的特点是，在承受拉力时打开，以消化能量和防止人体组织在过大拉力下受到损伤。肌联蛋白结构如图 4.43 所示。

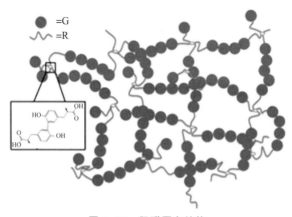

图 4.43　肌联蛋白结构

该人工蛋白质所制备的肌肉等效材料性质与橡胶类似，其在低应力下表现出较高的弹性，而在高应力下则表现出其强硬性质。这些生物材料的力学性质还可以按需要进行调整，模仿各种不同类型的肌肉。此外，这种材料还具有完全可水解和生物降解的性质。应力－应变循环曲线如图4.44所示。

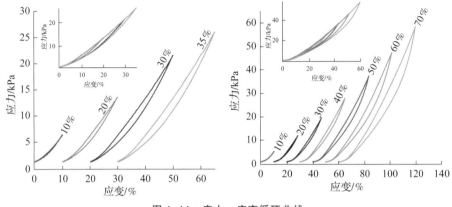

图 4.44　应力－应变循环曲线

|4.4　骨骼等效材料|

人体共有206块骨头，分为颅骨、躯干骨和四肢骨三大部分。其中，有颅骨29块、躯干骨51块、四肢骨126块。人骨中含有水、有机质（骨胶）和无机盐等成分。其中水的含量较其他组织少，平均为20%~25%。在剩下的固体物质中，约40%是有机质，约60%是无机盐。无机盐决定骨的硬度，而有机质则决定骨的弹性和韧性。二者形成复杂而规律的三维结构，使得骨骼具有断裂韧性高、弹性模量低、硬度适中等特点。骨骼的功能是运动、支持和保护身体，是人体的坚硬器官。制作骨骼等效材料，在力学性能和生物学性能方面要尽量与骨骼相似。现有的骨骼等效材料主要有金属材料、天然生物材料、钙磷盐陶瓷材料、人工合成高分子材料。每类材料具有各自的优缺点。

（1）金属材料，密度低，具有很强的力学性能及较好的抗腐蚀性，但长期使用容易析出金属离子，对人体产生毒副作用，同时金属力学性能较高，容易导致应力遮挡现象，造成假体松动。

（2）天然生物材料，有利于细胞的黏附、增殖和分化，具有良好的生物相容性，同时可以根据目标组织的成分进行材料仿生设计，但是力学性能较差，不具有稳定的塑形能力。

（3）钙磷盐陶瓷材料，具有良好的生物相容性、骨诱导性和生物活性，并且没有免疫原性和细胞毒性，但脆性大，韧性和血溶性较差，孔隙率不可控制，成型困难，在体内降解较慢。

（4）人工合成高分子材料，具有较好的生物降解速度和力学性能，稳定性高，便于成型加工，但是降解过程形成酸性副产物，容易引发炎症且细胞黏附能力差。

4.4.1 金属骨骼等效材料

随着世界人口数量的不断增长，关节炎、癌症等疾病引起的人骨功能障碍的患者不断增多，因此人体骨骼修复和替换的需求越来越庞大。在医用植入体发展的早期，植入体材料的标准是具有合适的物理性能及无毒。随着社会的发展，人类生活水平不断提高，对于健康的定义更加严格，医用植入体的标准不仅要求具有合适的物理性能，还需要具有诱导成骨细胞的增殖生长的能力。金属材料是最常用的骨替换材料之一，主要用于医学领域，金属材料常作为受力器件植入体内，最常用的金属骨骼替代材料有不锈钢（铁基）和钛基材料。

4.4.1.1 不锈钢骨骼等效材料

奥氏体不锈钢，广泛用于制作金属植入体，其中，316 及 316L 不锈钢尤其引人关注。316 不锈钢是标准的含钼奥氏体不锈钢，钼元素的添加提高了不锈钢在生理盐水中的耐蚀性。同 316 不锈钢（质量分数为 0.08%）相比，316L 不锈钢（质量分数为 0.03%）的碳含量更低，进一步提高了材料在氯离子环境中的抗点蚀和间隙腐蚀性能。并且 316 及 316L 不锈钢是非磁性的，更适宜用作金属植入体材料。316L 不锈钢耐蚀性好，机械强度高，但不具有骨诱导力，植入人体后，与人体间的结合仅为机械嵌合，不能产生化学性结合，诱导骨细胞依附及生长，容易松动脱落。

目前，现有研究主要通过两种方法改善金属的生物活性。其一是通过在生物金属材料的表面镀上生物活性涂层，但是研究发现，种植后初期，具有羟基磷灰石（HA）涂层的植入体与骨产生结合的概率高于没有涂层的植入体；但随着时间的延长，具有涂层的植入体的骨性结合却逐渐减少。HA 与金属的物理性能包括热膨胀系数及弹性模量差异较大，且 HA 陶瓷涂层与金属间结合力较小，随着时间的推移，涂层中的 HA 从种植体金属表面溶解、剥脱或被吸收。其二是通过粉末冶金的方法，向金属基体中添加 HA 粉末，制备整体金属 – HA 生物复合材料。但是粉末冶金方法对模具要求高，且难以满足个性化要求。激光选区熔化技术通过将三维模型分层切片处理，激光束逐层熔化金属粉末或复合粉末，实现三维自由成型，非常适合于根据患者骨损伤的实际情况定制植入体。华中科技大学快速成型中心利用 SLM 技术成型金属与生物活性纳米羟基磷灰石（nHA）复合材料，实现骨骼修复体个性化定制，同时通过 SLM 冶金过程，形成金属与陶瓷微接触界面，提高金属材料的自然愈合能力。

采用机械球磨的方法制得三种不同比例的 316L–nHA 混合粉末，在经过工艺优化的基础上，采用 SLM 工艺制备了 316L–nHA 复合骨骼等效材料。图 4.45 所示为 SLM 成型工艺中，不同扫描速度下不同配比的 316L–nHA 复合材料的致密度。从图 4.45 中可以看出，随着 nHA 含量增加，复合材料的致密度呈下降趋势；当 nHA 的体积分数为 5%、10% 和 15% 时，纯 316L 不锈钢及 316L–nHA 复合材料的平均相对致密度分别为 98.7% 98.2% 96.3% 和 95.9%；随着扫描速度增大，纯 316L 不锈钢和 316L–5% nHA 的致密度呈下降趋势，316L–10% nHA 的致密度几乎不变，316L–15% nHA 的致密度升高。

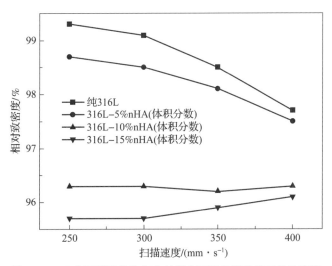

图 4.45　四种不同配比的复合材料在不同扫描速度下的致密度

不同配比的复合材料在不同扫描速度下的抗拉强度如图 4.46 所示。结果显示，随着 nHA 含量增加，抗拉强度呈下降趋势，但当扫描速度达到 350 mm/s 时，316L–5% nHA 复合材料的抗拉强度达到 634.6 MPa，略高于纯不锈钢的。当 nHA 含量增加到 10% 及以上时，抗拉强度明显降低，其值分布在 123.9～264.4 MPa。随着扫描速度的增大，纯不锈钢的抗拉强度呈下降趋势，316L–5% nHA 及 316L–15% nHA 复合材料的抗拉强度呈先升高后下降的趋势，316L–10% nHA 复合材料的抗拉强度呈上升趋势。

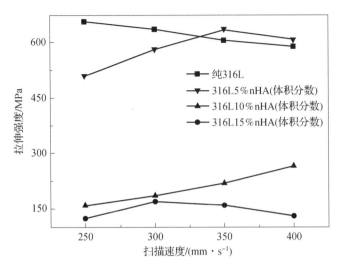

图 4.46　不同扫描速度下复合材料试样的拉伸强度变化曲线

图 4.47 所示为复合材料在不同扫描速度下的工程应力－应变曲线，在 250 ~ 350 mm/s 的扫描速度范围内，复合材料的力学性能·（拉伸强度和伸长率）升高，当扫描速度为 400 mm/s 时，复合材料的力学性能下降。

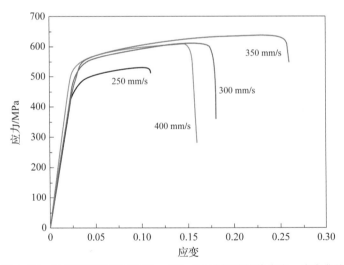

图 4.47　不同扫描速度下 316L－5% nHA 试样的拉伸应力－应变曲线

图 4.48 所示为扫描速度为 350 mm/s 时不同材料的断口形貌。纯 316L 不锈钢（见图 4.48（a））和 316L－5% nHA 复合材料（见图 4.48（c））断口形貌中，部分区域（图 4.48（a）中区域Ⅰ和图 4.48（c）中区域Ⅱ）出现沿晶

断裂，呈现出脆性断裂特征；部分区域（图 4.48（a）中区域Ⅱ和图 4.48（c）中区域Ⅰ）出现韧窝（见图 4.48（b）和（d）），属于韧性断裂，整个拉伸断口属于混合断裂方式。316L – 10% nHA 及 316L – 15% nHA 复合材料中，断口上出现大量"人"字形撕裂带（见图 4.48（e）中区域Ⅰ和图 4.48（f）中区域Ⅱ），呈现脆性断裂特征。

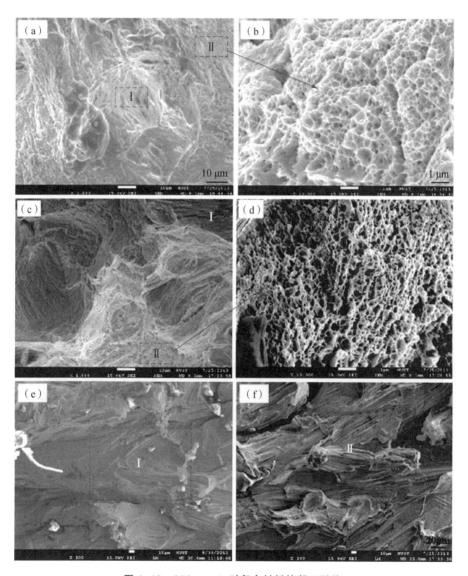

图 4.48　350 mm/s 时复合材料的断口形貌

（a）（b）纯 316L；（c）（d）316L – 5% nHA；（e）316L – 10% nHA；（f）316L – 15% nHA

从拉伸特性来看，向纯 316 L 不锈钢中添加少量 HA 对材料的拉伸性能影响较小，材料呈现混合型断裂方式；但随着 nHA 含量的增加，复合材料强度明显降低，呈脆性断裂。

图 4.49（a）所示为未经打磨抛光处理的 SLM 成型 316L – 15% nHA 复合材料试样原始表面形貌，观察面平行于熔池的扫描方向。复合材料的表面粗糙，有大量的点状突起。高倍 SEM 观察发现，材料表面为一层白色物质（见图 4.49（b））。图 4.49（c）、（d）和（e）的面能谱结果表明，Ca、P 和 Fe 元素分布均匀。这表明经过 SLM 过程后，nHA 均匀地分布在熔池上部的金属基体中。这是由于球磨混粉后，nHA 颗粒均匀地包裹在 316L 不锈钢颗粒的表面，在 SLM 过程中，熔池内部经历快速冷却，表面张力形成梯度，熔体发生对流，在毛细管流的作用下，金属颗粒表面较轻的 nHA 颗粒被推挤到熔池上部。与涂层工艺中的金属 – 陶瓷界面以机械咬合的方式结合相比，该种金属 – 陶瓷结合方式没有成分突变界面，以弥散的金属 – HA 微结合界面存在，具有冶金结合特性，结合强度更高。因此，SLM 成型的 316L – nHA 复合材料在人体酸性应用环境中具有良好的抗失效能力。

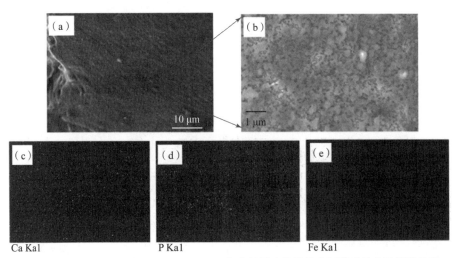

图 4.49 250 mm/s 时，316L – 5% nHA 复合材料试样原始表面微观形貌及能谱分析
（a）低倍形貌；（b）高倍形貌；（c）Ca 元素面能谱；（d）P 元素面能谱；（e）Fe 元素面能谱

图 4.50（a）～（c）所示为扫描速度为 250 mm/s 时，不同 nHA 含量的试样显微组织。纯不锈钢（见图 4.50（a））中没有微裂纹，316L – 5% nHA（见图 4.50（b））试样出现了连续的扩展微裂纹，裂纹长度为数百微米。316L – 10% nHA（见图 4.50（c））试样裂纹密度增大，且各裂纹互相连通。SLM 工艺是一个急熔急冷的过程，激光与粉末作用的时间一般只有几毫秒，熔

体具有较高的温度梯度和冷却速度，因此制件内易产生热应力并随着时间的推移不断积累在制件内部，当制件内部的残余应力超过材料的屈服强度时，制件内部即产生裂纹释放应力。本研究中，nHA 的热膨胀系数（$a = 169 \times 10^{-6}℃^{-1}$）与 316L 不锈钢的热膨胀系数（$a = 196 \times 10^{-6}℃^{-1}$）差异进一步加大了制件内部的残余应力。另一方面，nHA 中含有大量的热裂纹敏感元素 P，在 SLM 过程中，nHA 分解出的 P 更进一步加剧了裂纹的产生。因此，SLM 工艺成型的 316L–nHA 复合材料中极易产生裂纹。随着 nHA 含量的增加，试样内部裂纹密度急剧增大，且裂纹相互贯通（见图 4.50（c）），大量裂纹的聚集导致试样在拉伸时性能显著下降。同时，在拉伸力的作用下，试样沿裂纹被撕裂。不同方向的裂纹扩展，最终裂纹尖端相交于一点，发生断裂，形成"人"字形撕裂带。因此，当 nHA 含量由 5% 增加到 10% 时，致密度及抗拉强度出现了显著的变化，断裂方式也转变成脆性断裂。

图 4.50（b）、（d）和（e）所示为 316L–5% nHA 复合材料试样在不同扫描速度下的微观形貌。当扫描速度较低时（250 mm/s），裂纹密度更高（见图 4.50（b））；随着扫描速度的增大（300 mm/s），裂纹密度减小（见图 4.50（d））；当扫描速度达到 400 mm/s 时，试样没有明显裂纹（见图 4.50（e））。当激光扫描速度较低时，熔池的冷却速度相对较慢，nHA 颗粒作为难熔的杂质被排向晶粒边界，由于 nHA 中富含 P 元素，在晶粒边界造成偏析，产生热裂纹。当激光扫描速度较高时，熔池的冷却速度快，一部分 nHA 颗粒还未到达边界，熔池就发生凝固，裂纹减少。即随着扫描速度增大，裂纹减少，裂纹造成的孔隙率下降，但熔池宽度变小导致孔隙率升高，在两种因素的共同影响下，最终造成复合材料致密度下降趋势较纯 316L 不锈钢的缓和，nHA 含量较高时，致密度甚至增大。同时，随着扫描速度的增大，虽然 316L–5% nHA 复合材料的致密度下降，但由于在微观上一部分 nHA 颗粒作为增强相包裹在晶粒中，宏观上裂纹显著减小，最终导致力学性能出现先上升后下降的趋势，在扫描速度为 350 mm/s 时抗拉强度达到最大值，高于纯 316L 不锈钢的。

SLM 工艺涉及非常复杂的冶金过程，向纯 316L 不锈钢添加 nHA 增加了其冶金过程的复杂性。一方面，部分 nHA 在不锈钢中作为陶瓷增强相出现，不同 nHA 含量及不同 SLM 工艺条件会导致不同的复合机理出现；另一方面，当扫描速度增大时，孔隙率增加，裂纹密度降低，材料的缺陷是受这两个因素耦合影响的。综合两者可知，抗拉强度随扫描速度的变化规律其实是多个因素耦合的结果，因此，不同 nHA 含量会表现出不同的变化趋势。当 nHA 含量较低时，增大扫描速度可以避免裂纹产生或降低裂纹密度，但当 nHA 的含量达到一定值时（体积分数 >10%），P 元素的增多增加了材料对裂纹的敏感性，此时增大扫描速度对裂纹抑制作用较小。微观组织观察表明，nHA 均匀分布在熔池上部的金属基体中，呈现金属 – HA 微界面结合特征，具有冶金特性，结合强度较高；nHA 的添加使复合材料中产生了微裂纹，随着 nHA 含量增加，裂纹密度增大，材料的致密度下降，力学性能降低；同时随着扫描速度的增大，裂纹密度减小，nHA 含量较高时，增大扫描速度对裂纹抑制作用较小。在适当的材料配比和工艺条件下，利用 SLM 工艺可制备出满足承重骨修复体力学性能要求的 316L – nHA 复合材料，有望用于承重骨修复。

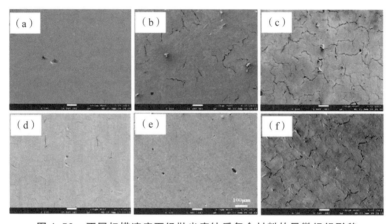

图 4.50 不同扫描速度下经抛光腐蚀后复合材料的显微组织形貌

（a）纯 316L，250 mm/s；（b）316L – 5% nHA，250 mm/s；（c）316L – 10% nHA，250 mm/s；
（d）316L – 5% nHA，300 mm/s；（e）316L – 5% nHA，400 mm/s；（f）316L – 10% nHA，350 mm/s

4.4.1.2　钛合金骨骼等效材料

钛及其合金具有优良的力学性能和良好的生物相容性，得到最为广泛的应用。与传统的不锈钢和钴铬合金相比，钛及钛合金材料由于其低弹性模量、高比强度、优异的生物相容性和耐腐蚀性等特点，更适宜作为骨骼等效材料。钛合金主要用于替代人体的硬组织，因此，要求其必须具有高的强度和与人体皮质骨接近的低弹性模量。目前，国际上研发成功的低弹性模量 β 型钛合金包括：Ti13Nb13Zr，Ti12Mo6Zr2Fe，Ti12Mo5Zr5Sn，Ti15Mo，Ti16Nb10Hf，Ti15Mo2.8 Nb0.2Si，Ti15Mo5Zr3Al，Ti30Ta，Ti45Nb，Ti35Zr10Nb，Ti35Nb7Zr5Ta，Ti29Nb13Ta44.6Zr（TNTZ），Ti8Fe8Ta 和 Ti8Fe8Ta4Zr。

俄罗斯研发了一种新型钛合金，即 Ti51 – Zr18Nb，它具有低的弹性模量（47 GPa）和高的可逆变形量（2.83%）。这个合金的设计原理在于：当二元 Ti – Zr 合金中加入铌时，由于钛与锆的原子半径不同而引起了电子结构的特殊变化，从而形成机械不稳定 β 相，这种机械不稳定 β 相能在变形过程中发生

β→ω 相变。美国也开发了多种低模量的 β 钛合金，其中替代骨骼的较理想的合金为 Ti－35Nb－7Zr－5Ta（Ti－Osteum）和 Ti－13Mo－7Zr－3Fe（TMZF），而 TMZF 合金具有更低的弹性模量，接近于人体骨骼模量的低弹性模量。

人体骨骼的弹性模量为 10～30 GPa，而目前钛合金的弹性模量普遍高于人体骨骼，其中 Ti－Nb－Sn 系钛合金的弹性模量较低，为 40 GPa。研究者发现，某些钛合金的弹性模量存在各向异性，沿某一个晶向生长获得的单晶材料可获得小于 40 GPa 的弹性模量，用这种单晶制作的骨骼等效材料其模量匹配度高，等效效果较好。

3D 打印技术的发展为骨骼等效材料的制备提供了新思路。武汉大学人民医院通过 3D 打印的方法，以 CT 等影像资料为模板，制作了完美贴合肋骨及胸骨柄的 3D 胸骨模型，最后打印出 1:1 钛合金胸骨肋骨等效材料，如图 4.51 所示。3D 打印技术很好地解决了材料问题，打印的钛合金骨骼强度高，质量小。

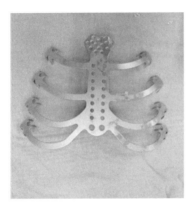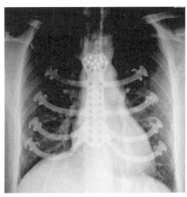

图 4.51　钛合金胸骨肋骨等效材料

4.4.2　高分子骨骼等效材料

高分子材料在硬组织替代领域最早应用于骨骼。第一例应用高分子材料的是以聚甲基丙烯酸甲酯作头盖骨。时至今日，环氧树脂、尼龙、聚酯、聚乙烯、聚四氟乙烯都已成功用作骨骼等效材料。

4.4.2.1　环氧树脂骨骼等效材料

环氧树脂本身具有很强的黏性并且在热固性树脂中，其黏度较低，适合多种加工成型工艺。温和室温下就可固化成型，固化过程中收缩率低，尺寸稳定性好。固化后的材料具有优良的力学性能和化学稳定性，耐霉菌，便于长期储存使用。此外，环氧树脂作为通用热固性树脂，其最大的特点就是价格低廉，有助于降低靶标材料成本。

　　针对某型刺钉器效应试验与评价问题，采用环氧树脂等作为人体脚骨骼结构材料，通过硬度检测仪测定多种环氧树脂及其复合材料的硬度，然后与人脚骨皮质（脚掌部管状骨）的硬度进行数据对比，如表4.13所示。从表中的数据可以看出，人体管状骨皮质厚度为2 mm，管状骨直径为10～11 mm，骨皮质平均硬度为55.03 HV，计算出管状骨横截面平均贯通硬度约为11 HV，环氧树脂的平均硬度为11.43 HV，接近足骨皮质的硬度。

表4.13　环氧树脂与人体足骨皮质硬度值　　　　　　HV

序号	样品材料	硬度值						平均值
		1	2	3	4	5	6	
1	环氧石膏1	18.74	17.69	17.15	18.09	19.81	19.43	18.48
2	环氧石膏2	12.63	13.62	12.82	13.01	12.08	13.26	12.91
3	环氧树脂	11.56	11.09	11.24	10.21	12.82	11.63	11.43
4	足骨皮质1	55.36	47.63	49.04	57.13	60.94	58.99	54.85
5	足骨皮质2	41.41	58.96	55.36	62.99	57.14	54.29	55.03

注：所测数据是样品截面硬度。

　　按男性"标准人"足尺寸浇注，环氧树脂人足模型制作分4步：第1步用石膏模具复制"标准人"男性完整小腿及脚骨骼的副性模型（阴模）；第2步用所选环氧树脂浇注小腿及脚骨骼的正性模型（阳模）；第3步将此正性模型放入完整小腿及脚的副性模型中；第4步用等效人体软组织的硅橡胶浇注完整小腿及脚的正性模型（如图4.52所示）。

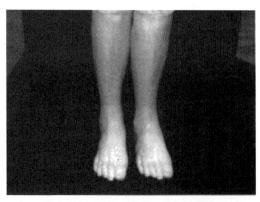

图4.52　环氧树脂基人体脚模靶标

研制了钉刺效应等效人足靶标，开展了生物对比试验及人足等效研究。为了验证等效人足材料选择的合理性，用木工射钉枪发射 2 cm 长钢钉，分别对人足骨皮质和环氧树脂块进行贯穿试验，结果证明，二者的进钉深度相当。随后，用刺钉器对上述等效人足进行穿刺试验，并与相同条件下的生物试验进行比较，结果表明，二者穿刺情况基本一致。

向环氧树脂基体中加入玻璃纤维布可以提高环氧树脂的韧性。工艺过程主要包括以下 4 个步骤，配胶：将一定比例的环氧树脂和固化剂加入搅拌釜中搅拌均匀；浸布：在玻璃纤维布表明均匀涂抹上述胶液，涂抹均匀后，在上面覆一层玻纤布，再次涂抹胶液，涂抹均匀后，根据所需的厚度，重复浸布操作；烘布：将上述环氧玻纤复合材料置于烘箱中，在 50 ℃下烘干 20～30 min，得到半固化复合材料；压延固化：将环氧玻纤复合半固化片按照以下程序进行热压，140 ℃/2 h、160 ℃/2 h、180 ℃/2 h、200 ℃/2 h，热压压力为 20 MPa，保压 6 h，得到环氧玻纤复合板材。

通过实弹试验获得了不同侵彻速度下环氧树脂/玻璃纤维复合骨骼等效材料的单位厚度吸收能，如表 4.14 所示。

表 4.14　骨骼等效替代材料抗破片侵彻代表性结果

种类	密度/ $(g \cdot cm^{-3})$	子弹质量 /g	靶前速度 $/(m \cdot s^{-1})$	靶后 速度/ $(m \cdot s^{-1})$	单位厚度吸 收能 $/(J \cdot cm^{-2})$	单位面密 度吸收能 $(J \cdot m^2 \cdot kg^{-1})$	穿透 情况
环氧树脂/玻璃纤维复合骨骼等效材料	1.34	0.6	400	75	46.31	3.46	穿透
	1.34	0.6	408	94	47.29	3.53	穿透
	1.34	0.6	486	188	60.26	4.50	穿透
	1.34	0.6	538	260	66.55	4.97	穿透
	1.34	0.6	570	288	72.59	5.42	穿透

由图 4.53 可知，GGDX－1 的单位厚度吸收能随着钨球侵彻速度的提升线性增加。当速度为 400 m/s 时，骨骼等效替代材料的单位厚度吸收能为 46.31 J/cm，单位面密度吸收能为 3.46 J·m²·kg⁻¹。

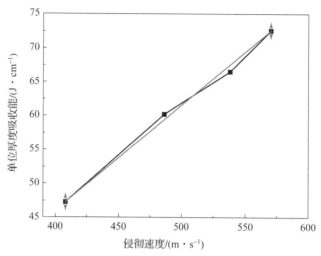

图 4.53　不同侵彻速度下 GGDX–1 的单位厚度吸收能

4.4.2.2　聚乙烯骨骼等效材料

聚乙烯（PE）是五大合成树脂之一，是我国合成树脂中产能最大、进口量最多的品种。聚乙烯主要分为低密度聚乙烯、高密度聚乙烯和超高分子量聚乙烯三大类。低密度聚乙烯的柔软性、伸长率、冲击强度和渗透性较好；高密度聚乙烯的熔点、刚性、硬度和强度较高，抗腐蚀性优良，吸水性小；超高分子量聚乙烯冲击强度高，耐疲劳，耐磨。将高密度或超高分子量聚乙烯与羟基磷灰石复合，可制备羟基磷灰石/聚乙烯骨骼等效材料。

羟基磷灰石（HA）是人体骨组织的主要无机成分，具有良好的生物相容性以及骨传导性，能与机体组织键合，是良好的骨移植替代材料。然而，无孔隙羟基磷灰石密度大，脆应力较低，抗疲劳应力低，断裂韧性小，只能应用于非承力部位。在 nHA 中加入聚乙烯材料，复合后二者相互补强，提高了纳米羟基磷灰石人工骨的力学强度和韧性。研究结果表明，羟基磷灰石与高密度聚乙烯作为基质合成的复合材料的各项性能要优于与中或低密度聚乙烯复合的材料。

早在 20 世纪 80 年代初期，Bonfield 等开发了 AH/HDPE 复合材料，其弹性模量与韧性断裂强度接近于人体皮质骨。但是，HA 粒子与 HDPE（高密度聚乙烯）基体间界面结合强度低，影响了其作为承重骨骼的等效效果。罗庆平等采用磷酸单酯偶联剂对 HA 进行表面改性处理，通过 PL 偶联剂的"桥联"作用，改善了 HA 与高密度聚乙烯两者间的界面结合性能，提高 HA 在高密度聚乙烯基体中的分散度，使性能差异很大的 HA 与 HDPE 形成较为稳固的键合，大大提高了新型 HA/HDPE 复合物的力学性能。Huang 等使用原位生物矿化过程对 HA/HDPE 进行处理，结果使冲击强度和抗拉强度分别达到 712 J/m 和 96 MPa，比未经处理的复合材料提高了 3 倍多，同时经过生物矿化处理的 HAP 晶体以化学键生长在 HDPE 上，且以纳米尺寸分散在聚合物中，从而大大提高了复合材料的力学性能。

虽然 HA/HDPE 的力学性能有所提高，但使用纯的 HDPE 制得的复合材料的脆性还很大，不能作为骨的理想替代品。超高分子量（4×10^6）聚乙烯（UHMWPE）是另一种聚乙烯产品。根据 ASTM D 4020 的定义：UHMWPE 为平均分子量大于 3 100 000 g/mol 的线性聚乙烯，与 HDPE 相比具有更高的韧性、耐磨性，以及较高的耐冲击性，但黏度很大，不易进行加工。为了降低黏度，K. L. K. Lim 等以 50∶50 的质量比率把 UHMWPE 与 HDPE 混合在一起，使得 HDPE/UHMWPE 混合物的黏度大大降低，易于挤压成型，HA 的最大复合加入量也由原来在 HDPE 中加入 30%（质量分数余同）增加到加入 HDPE/UHMWPE 中的 50%。同时材料的弹性模量也有所提高，力学性能也比单纯的 HA/HDPE 复合材料大大增强了。Fang Liming 等采用组合溶胀/双螺杆挤压、压膜成型进而热拉伸的方法加工成型了 HA 体积分数为 0.5 的纳米 HA/UHMWPE 生物复合材料。在此法中，溶胀是解决 UHMWPE 高黏度难加工的关键步骤。在 HA/UHMWPE 混合物中加入无毒的石蜡油作为溶胀剂，使 UHMWPE 中 HA 的掺入量由原来的 25% 提高到 30%，并且使复合材料保持了 UHMWPE 原有的极佳的韧性。扫描电镜和能量弥散 X 射线分析表明，nHA 在 UHMWPE 基质中均匀分散，UHMWPE 链沿着热拉伸的方向有效地排列，经过热拉后复合物的屈服强度达到（100 ± 22）MPa，相当于皮质骨的抗拉水平。

4.4.2.3　聚乳酸骨骼等效材料

聚乳酸是以乳酸为主要原料聚合得到的聚合物，原料来源充分而且可以再生。聚乳酸的生产过程无污染，而且产品可以生物降解，实现在自然界中的循环，因此是理想的绿色高分子材料。聚乳酸相容性与可降解性良好。在医药领域应用非常广泛，可生产一次性输液用具、免拆型手术缝合线等。聚乳酸具有良好的抗拉强度及延展度，可以各种普通加工方式生产，如熔化挤出成型、射出成型、吹膜成型、发泡成型及真空成型等。采用熔融共混工艺可制备聚乳酸 – 纳米羟基磷灰石（PLA – nHA）复合仿生人工骨材料。

该材料具有可调控的力学强度及强度衰减速度，聚乳酸（PLA）的酸性降解产物可被 nHA 缓冲，同时 HA 具有良好的生物相容性及生物活性，并且 nHA

的骨诱导性及多孔结构为细胞的生长、组织再生及血管化提供有利条件，该材料由于具有重大应用前景而备受关注。然而，该材料的缺陷在于采用熔融沉积成型技术（FDM）打印过程中，PLA 作为一种热塑性高分子材料容易发生翘曲变形，而 HA 作为一种陶瓷材料成型较为困难，从而导致仿生人工骨的打印精度不高。

哈尔滨工业大学张俊杰等研究 PLA – nHA 的打印过程，对影响 PLA – nHA 复合材料成型精度的工艺参数进行优先级排序。工艺参数优先级顺位由大到小依次是成型室温度、成型速度、喷头温度、分层厚度和成型角度。成型室的温度宜选为 70 ~ 80 ℃，成型速度宜选为 70 ~ 80 mm/s，喷头温度宜选为 200 ~ 210 ℃，对于分层厚度的选取，考虑到之后需要打印的股骨曲面形状较为复杂，在成型过程中存在着严重的台阶效应，为了获得较高的成型精度，选择 $H = 0.1$ mm，而成型角度对打印精度的影响相当小，基本认为没有影响，在打印过程中一般根据实际的加工需求进行选取。

4.4.3　骨骼辐射等效材料

仿真辐照体模是从 20 世纪 40 年代起随着原子能科学技术的发展而产生的一门新兴技术，到 70 年代末已开始进入实用阶段。目前已成为放射防护、诊断、肿瘤治疗、医学教育和辐射标准研究中能代替"真人"进行各种辐射模拟试验的重要工具。其中辐射等效人工骨材料的设计和制作已成为国内仿真体模标准化、系列化开发的关键环节之一。国外，ICRU 在 1975 年前后，提出了骨的组成和密度，并补充了"参考人"的数据，这就为模拟人骨材料的研究提供了丰富的信息，但是对于等效材料的理论设计和等效性测试标准化方面，迄今还没有一套完整系统的可行方法。自 20 世纪 80 年代以来，四川大学与有关科研单位通过协作，相继研制出了我国男性、女性辐照体模。20 世纪 90 年代至今已先后开发出多种系列等效辐照体模，并在辐射等效材料研究方面取得了明显的进展。

对组织辐射等效材料的基本要求是，其对射线的作用或效应与所模拟的组织相近。等效材料按射线作用类型可分三类，即电离辐射（X – 射线、γ – 射线）等效材料、带电粒子辐射等效材料和中子作用等效材料。本书介绍的主要是电离辐射等效材料。其主要要求是：材料在特定能量区内（15 ~ 1 000 keV）对辐射作用的质量衰减系数 μ_ρ 和线性衰减系数 μ 与所模拟的组织相近，并满足等效误差分级要求。迄今，组织等效材料设计的方法有以下 4 种：有效原子系数法、元素数据法、基本数据法和扩展 Y 法。对于这 4 种方法，目前的主要问题在于对辐射等效材料的设计其理论指导意义不强，误差较大，适用性较差，具有一定的局限性。四川大学李立新等提出的等效材料设计方法是从电离辐射与物质相互作用出发，根据骨组织辐射吸收分布的特异性，导出质量衰减系数与能量之间的相关数学模型和材料配方选择等效性的方程组，以解决人工骨辐射等效材料的设计问题。

根据 ICRP 报告提供的骨成分，包括表皮骨、骨松质、红骨髓和总骨的成分作为依据，进行材料设计，表 4.15 列出了这 4 种骨组织的成分及含量。根据表 4.15 骨组织的含量计算 4 种骨组织对应能量点的质量衰减系数，列于表 4.17 中。对骨组织 10 种元素直接进行回归，常见化合物和元素的回归结果见表 4.16，4 种骨组织的回归结果见表 4.17。

表 4.15　骨组织元素组成与质量百分比含量　　　　　%

元素 组织	H	C	O	N	P	S	Na	Mg	K	Ca
表皮骨	3.39	15.50	44.10	3.97	10.20	0.31	0.06	0.21	—	22.20
骨松质	8.66	40.31	40.35	2.58	2.30	0.46	0.08	0.06	0.23	4.97
红骨髓	10.18	47.48	39.67	2.18	0.30	0.15	0.01	—	0.17	—
总骨	7.00	22.70	48.60	3.90	7.00	0.20	0.30	0	0.20	9.90

表 4.16　化合物和元素的 $\mu_\rho \sim E$ 相关回归结果

系数 物质名称	A（×1 000）	B	K	显著水平	相关系数
BP	1 482	32 345	2.9	40 419	0.999 9
EVA	1 771	1 614	2.9	1 666	0.997 9
$CaHPO_4$	1 433	25 509	2.9	971 027	0.999 9
$CaCO_3$	1 417	32 460	2.9	593 214	0.997 9
PP	1 706	1 515	2.9	1 669	0.997 9
PE	1 811	1 420	2.9	1 265	0.997 2
Na	1 321	11 492	2.9	37 752	0.999 8
Ca	1 713	75 524	2.9	50 781	0.999 7
C	1 583	1 626	2.9	2 299	0.998 5

系数 物质名称	A（×1 000）	B	K	显著水平	相关系数
H	3 171	191	2.9	5.957 7	0.678 1
O	1 523	4 223	2.9	19 284	0.998 8
N	1 557	2 705	2.9	19 284	0.998 0
P	1 118	31 076	2.9	84 711	0.999 9

表 4.17　四种骨组织的 $\mu_\rho \sim E$ 相关回归结果

系数 组织	A（×1 000）	B	K	显著水平	相关系数
表皮骨	1 483	22 321	2.9	1 285 624	0.999 9
骨松质	1 665	7 244	2.9	66 971	0.999 9
红骨髓	1 721	2 721	2.9	6 341	0.999 4
总骨	1 597	12 473	2.9	268 547	0.999 9

如果骨组织选用三种待用材料配方，取 $i=3$，则：

$$AE^{-K} + B = (W_1 A_1 + W_2 A_2 + W_3 A_3)E^{-K} + (W_1 B_1 + W_2 B_2 + W_3 B_3)$$

由此可见，要使待用材料与模拟组织等效，则待用材料各组分加权平均组合起来的回归系数必须与所模拟的骨组织回归系数互相对应，可得下列方程：

$$W_1 A_1 + W_2 A_2 + W_3 A_3 = A$$
$$W_1 B_1 + W_2 B_2 + W_3 B_3 = B$$
$$W_1 + W_2 + W_3 = 1$$

把此设计求解配方方法应用于骨组织等效材料中，可以很方便地找出各组织合成所需的待用材料和配方。如模拟红骨髓，等效材料可选用 PP(W_1) + EVA(W_2) + BP(W_3) 三种材料进行配方。利用上述方程组，代入三种材料及红骨髓组织相应的回归系数 A、B 值，可得

$$1\ 706W_1 + 1\ 771W_2 + 1\ 482W_3 = 1\ 721$$
$$1\ 515W_1 + 1\ 614.5W_2 + 32\ 345W_3 = 2\ 721$$
$$W_1 + W_2 + W_3 = 1$$

解方程组得 $W_1 = 0.600$，$W_2 = 0.362$，$W_3 = 0.038$。即红骨髓等效材料的计算

配方为：PP 为 60%，EVA 为 36.2%，BP 为 3.8%。

通过对 4 种骨组织对辐射衰减特性的分析，能有效地建立质量衰减系数 μ_ρ 与能量 E 之间的相关数学模型和材料的等效性方程，可为人工骨辐射等效材料的设计、材料的选择与定量的确定提供具体的实施方案，从而较好地解决人工骨辐射等效材料的设计问题。

4.4.4　人工骨骼快速成型技术

快速成型技术是基于离散 – 堆积成型原理的新型数字化成型技术，它基于三维造型软件或借助逆向工程技术构建三维实体模型，并生成快速成型系统识别的三维模型文件，根据实际加工情况，设定打印工艺参数并在打印平台的垂直方向按照一定厚度进行分层得到一系列层片轮廓信息，最后利用成型系统加工出所需模型，并进行必要的后处理，具体工艺流程如图 4.54 所示。

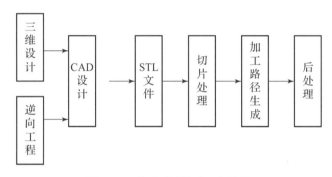

图 4.54　快速成型技术工艺流程

利用快速成型技术打印仿生人工骨的典型工艺主要有：光固化快速成型技术（SLA）、激光烧结快速成型技术（SLS）、熔融挤压快速成型技术（FDM）、低温沉积快速成型技术（LDM）和三维打印快速成型技术（3DP）。现在常用的几类成型系统在实际应用过程中都具有各自的优缺点，表 4.18 列出了上述 5 类典型快速成型技术的成型原理、成型材料及成型特点，实际打印过程中，可根据不同的成型材料选择合适的打印技术。

表 4.18　典型快速成型技术

快速成型技术类别	成型原理	成型材料	成型特点
光固化快速成型技术（SLA）	光敏材料在一定强度的"光波"照射下发生固化效应	光敏树脂	精度相对较高，成型表面较好，速度较快

快速成型技术类别	成型原理	成型材料	成型特点
激光烧结快速成型技术（SLS）	利用高能量的激光束照射在固体粉末上瞬间熔化并冷却固化	陶瓷、金属等粉末	成型精度好，设备较为昂贵，适合复杂结构的打印
熔融挤压快速成型技术（FDM）	加热喷头将低熔点的材料进行熔化并挤压，之后冷却固化	低熔点的各类合成高分子材料及树脂等	操作简单，打印成本低，可打印复杂结构，成型速度快
低温沉积快速成型技术（LDM）	加热具有一定黏度的混合溶液并挤压，混合溶液在低温下进行液相分离和固化	溶于有机溶液的各类合成高分子材料及钙磷盐等陶瓷材料	具有生物活性，成型精度差，成型困难
三维打印快速成型技术（3DP）	利用黏结剂将每一层的粉末进行粘接	陶瓷、金属、塑料、石膏等各类粉末材料	不需要支撑，成型速度快，黏结剂有毒

近年来，国内外大量研究工作者利用快速成型技术对仿生人工骨的研究展开了积极探索，并取得了一定成果。在打印精度方面的研究主要有：Baker 等对人体颅骨缺损部位进行了 CT 扫描，并采用 SL 成型技术，研究了不同工艺参数下获得颅骨模型的精确性，并最终获得了具有精细复杂结构的颅骨模型，该试验为人类仿生人工骨的研究工作奠定了基础；吴永辉等采用可降解生物材料制备出具有骨骼内孔的三维骨支架，并在支架的孔隙处填充羟基磷灰石和二氧化锌的混合物，利用高温烧结的方法制备出含有许多内孔结构的仿生人工骨；Landere 等利用液相三维分散快速成型技术，制备出了与人体正常器官相符的支架，该技术不仅能获得良好的表面质量和完好的孔隙结构，而且具有较好的生物活性，可适用于大多数天然生物材料及其复合材料的打印；贺健康等基于逆向工程技术、3D 打印技术及模具技术，对钛合金及多孔陶瓷复合材料进行系统化定制，结果获得了外形轮廓较原始模型偏差较小的仿生人工骨，且能符合医学对假体精度的要求，同时具有较好的力学强度和生物活性，其应用前景较好；Florencia Edith Wiria 等采用 SLS 技术对高分子材料聚乙烯醇粉末进行烧结，基于有限元数值模拟及试验加工结果，研究了不同烧结温度对仿生人工骨打印精度的影响，确定了最佳工艺参数；戎帅等借助逆向工程及快速成型技术建立脊柱三维模型，通过设计钉道及钉道导板，结合椎弓根置钉技术，使得操

作变得简便，而且可以准确地控制置钉的位置及角度，减小了相邻脊髓和组织神经的损伤。

在成型系统设备方面的研制主要有：颜永年等提出低温沉积技术，并开发出具有多喷头结构的成型设备，利用低温沉积技术对左旋聚乳酸与羟基磷灰石及纳米胶原的复合材料进行制备，得到了具有多孔结构的骨支架模型，该方法的优点在于能保证生物材料及细胞的活性。之后与第四军医大学合作研究了兔的桡骨修复试验，首先将兔子的桡骨人为切断，然后把制备的人工骨植入兔子桡骨缺损处，研究发现兔子桡骨缺损处生成了新的骨骼。Jin－Hyung Shim 等针对耳软骨打印技术的研究，开发出了 6 喷头 3D 打印系统，如图 4.55 所示。并在此基础上重点研究了压力大小、进料速度及喷头直径对仿生人工骨支架成型精度的影响，最终获得了较好的耳软骨支架。

图 4.55　6 喷头 3D 打印系统结构示意图

在力学性能方面的研究主要有：M. W. Naing 等将尼龙高分子材料与 SLS 激光烧结技术相结合，制备出了具有高孔隙率的仿生人工骨，对其进行力学性能分析，试验结果表明该材料具有较好的抗压刚度和抗压强度，满足了人体对植入物的力学性能要求；B. C. Tellis 等采用 FDM 技术对聚丁烯对苯二酸酯进行研究，通过改变喷头喷丝的成型方向以及喷丝间隔控制支架孔隙大小，研究了不同打印方式下骨支架的力学强度，试验表明通过调节不同打印方式，支架力学强度变化较大，该试验为仿生人工骨基于力学方面的研究奠定了基础；林山等以珊瑚羟基磷灰石粉末和左旋聚乳酸按不同配比均匀混合，采用激光烧结技术成功制备了带有良好孔隙结构的仿生人工骨，研究了不同配比下人工骨的力学强度及制备精度的影响；袁梅娟等通过 CT 扫描获取正常人体股骨 DICOM 图像，运用 Mimics 三维重建软件获得人体股骨 CAD 模型，并建立一个可用于有限元分析且与真实股骨相近的仿真模型，进行力学性能分析，之后选择具有良好生物相容性和降解性的材料左旋聚乳酸，采用低温沉积技术进行股骨制造，获得了具有良好宏观结构和微观孔隙结构的股骨支架，并分别对不同扫描方向的股骨进行压缩，研究股骨的变形，为后期股骨植入人体的研究奠定了基础，试验结果如图 4.56 所示。

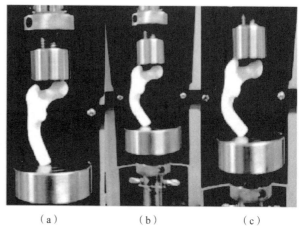

图 4.56　股骨的力学仿真及变形分析

（a）0°/90°扫描方向；（b）0°/45°扫描方向；（c）0°/60°扫描方向

在仿生人工骨上进行细胞培养、繁殖、黏附及相容性等方面的研究主要有：Bose 等采用 FDM 技术对生物陶瓷材料进行研究，成功制备出具有多孔结构的仿生人工骨模型，研究表明，骨支架模型具有良好的孔隙率和流通性能，有利于细胞的黏附和繁殖；邓伟采用复合喷射低温沉积工艺（MSLDM）制备了 PLGA/β-TCP 复合骨支架，并研究了明胶改性对 PLGA/β-TCP 仿生支架的孔隙率、力学性能、亲水性、降解率、蛋白吸附能力的影响，同时对仿生支架进行了体外细胞相容性测定，结果表明利用明胶改性的 PLGA/β-TCP 仿生支架的亲水性得到改进，并且体外降解性不受影响，具有良好的细胞相容性，其优良的特点在骨组织工程的应用方面具有较大前景。Jeong Joon Yoo 等对纳米羟基磷灰石进行激光烧结，加工出半球形的多孔性骨支架，试验表明该支架的压缩强度远远高于正常人体骨骼，而且该支架有利于细胞的生长，之后将该支架植入兔子股骨缺损部位进行研究，发现该材料具有很好的骨诱导性，促进了股骨缺损部位组织的生长及愈合作用；Inzana 等利用低温沉积技术打印了由磷酸钙和胶原蛋白混合溶液制成的网状仿生支架,并移植到小鼠股骨缺损部位进行观察,发现该种材料具有很好的相容性,诱导生成了新的股骨;Gao G 等将聚乙二醇二甲基丙烯酸酯、脊髓充质干细胞以及具有生物活性的纳米粒子充分混合,利用 3D 喷墨技术制备了网状三维骨支架,随后将其植入细胞并进行培养,发现纳米粒子的加入对骨诱导能力具有重要作用;金光辉等采用激光烧结技术对 PCL – nHA 混合粉末进行打印,测定了该材料不同质量分数配比下的孔隙率及抗压强度,并将兔子的骨髓充质干细胞移植到上述支架中,研究了细胞的黏附情况及细胞增殖,研究表明,该材料具有良好的力学性能及骨诱导性,试验结果如图 4.57 所示。

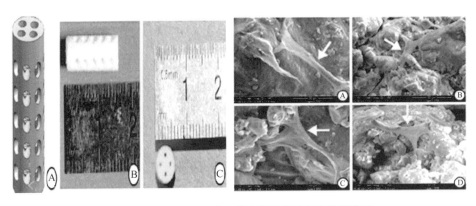

图 4.57　PCL – nHA 人工骨支架模型及细胞黏附情况

综上所述,近些年国内外利用快速成型技术研究仿生人工骨的重点主要集中于以下几点:

(1)快速成型系统的研制,以扩大不同成型材料的打印,满足不同打印的需求。

(2)基于不同材料及快速成型技术研究仿生人工骨的成型精度,主要包括系统的开发及成型工艺参数的合理选择。

(3)研究不同材料与细胞的相容性及有毒性等,在符合生理要求的情况下,仿生人工骨不能引起人体组织细胞的突变和不良组织反应。

(4)研究仿生人工骨材料的细胞黏附及繁殖,仿生人工骨必须具有良好的骨传导性和骨诱导性,既能促进新骨的生长,又能促进骨的愈合。

(5)研究仿生人工骨的力学性能,仿生人工骨必须具有良好的力学性能,且能与人体组织各个部位的力学性能匹配。

就目前而言,国内外基于快速成型技术对仿生人工骨的研究已经取得较大成果。

|4.5 脏器等效材料|

心脏、肝脏和肺脏是身体的主要脏器。成人心长径为 12 ~ 14 cm，横径为 9 ~ 11 cm，前后径为 6 ~ 7 cm，质量在成人男性中为 240 ~ 350 g，女性为 220 ~ 280 g。心脏的 4 个心腔体积大致相等，在安静情况下都是约 70 mL。成人的肝脏质量相当于体重的 2%。据统计，我国成人肝的质量，男性为 1 157 ~ 1 447 g，女性为 1 029 ~ 1 379 g，最重可达 2 000 g 左右，肝的长、宽、厚约为 25.8 cm、15.2 cm、5.8 cm。肺脏由大量的肺泡和气管组成，男性的肺脏一般在 1 000 ~ 1 300 g，女性的肺脏在 800 ~ 1 000 g。

现代医学的发展对材料的性能提出了严格而多样化的要求，金属材料和无机材料都难以满足这样的要求，而合成高分子材料与作为生物体的天然高分子材料有着极其相似的化学结构，因而合成高分子材料可以部分取代或全部取代生物体的有关器官。

医用功能高分子材料是利用高分子化学的理论，功能高分子的研究手段，根据医学的需要，研制人工器官以及相应医用功能材料的一门年轻的边缘科学。随着医用功能高分子研究的不断进步，人体的所有脏器都将可以用高分子材料制成的人工脏器所取代，这将对探索人类生命的秘密，战胜危害人类的疾病做出极大贡献。

高分子材料用于医疗领域时，重要的问题在于其是否具有安全性、稳定性和对生物的适应性。作为医用高分子材料，必须从原料开始，精密细致地加以筛选，并满足以下条件：

（1）化学性质不活泼，不会因与体液接触而发生变化。

（2）对周围组织不会引起炎症和异物反应。

（3）不会致癌。

（4）不会发生变态反应和过敏反应。

（5）长期埋植在体内也不会丧失抗拉强度和弹性等物理力学性能。

（6）具有抗血栓性。

（7）能经受必要的消毒措施而不产生变性。

（8）易于加工成所需要的形状。

在满足材料的基本物理力学强度的基础上，为保证医用功能高分子材料的绝对安全可靠，还必须进行筛选试验，主要包括材料性质试验、溶出生物试验和生物学试验三个方面。

随着科学的发展，由高分子材料制成的人工脏器正在从体外使用型向内植型发展。为满足医用功能性、生物相容性的要求，把酶和生物细胞固定在合成高分子材料上，能够克服合成材料的缺点，从而制成各种满足医学要求的脏器。

4.5.1 脏器辐射等效材料

放射治疗是治疗和控制肿瘤的重要手段之一。在放射治疗中肿瘤靶区所受剂量是否准确直接关系到放射治疗的效果。剂量校准是指对放疗射束在靶标某一深度处的剂量进行测量并与标准值比对。体模靶标作为放射治疗质量保证工作中的一个重要工具，该类型模拟人体靶标，根据人体参数，集成了人体的重要脏器，用与人体脏器具有相近散射和吸收系数的脏器辐射等效材料制成。脏器辐射等效材料具有外部形态相似性、辐射等效性、结构仿真性、辐射剂量可测试性。脏器辐射等效材料具有对 X 射线和 γ 射线的组织等效性，为射线在人体器官内的能量沉积分布规律研究、放射治疗中准确剂量控制、放疗计划的制订与执行及放射治疗质量保证技术研究提供基础和参考。

参考人体模体格参数，参照《GBZ/T 200 辐射防护用参考人》推荐值，部分推荐值见表4.19，主要组织器官的基本元素质量百分比见表4.20。根据组织器官有效原子序数计算公式（式（4-4）），可得该元素组成下的有效原子序数 Z_{eff} 参考值，见表4.21。利用式（4-5）得该元素组成下的单位质量电子密度 B_m 参考值。心、肝、肺、肾及肠的电子密度值近似，$B_m \approx 3.03 \times 10^{23}$ 个·g^{-1}。

$$Z_{eff} = \left[\sum_1^n (a_i Z_i^{294}) \right]^{\frac{1}{294}} \tag{4-4}$$

式中，Z_i 为各元素的电子数；a_i 为该元素的电子数占材料总电子数的百分比。

$$B_m = Z \times N_A / M \tag{4-5}$$

式中，Z 为材料的有效原子序数；N_A 为阿伏伽德罗常数，$N_A = 6.02 \times 10^{23}$ /mol；M 为材料的摩尔质量，单位为 g/mol。

表4.19 体格参数部分推荐值

性别	年龄/岁	身高/cm	体重/kg	坐高/cm	胸围/cm	体表面积/m²
男	20~50	170	63	92	88	1.9

表4.20　主要组织器官基本元素质量百分比

器官	H	C	N	O	合计
心脏	10.4%	13.9%	2.9%	71.8%	99.0%
肝脏	10.3%	18.6%	2.8%	67.1%	98.8%
肺脏	10.3%	10.5%	3.1%	74.9%	98.8%
肾脏	10.3%	13.2%	3.0%	72.4%	98.9%
肠	10.6%	11.5%	2.2%	75.1%	99.4%

表4.21　主要组织器官有效原子序数参考值

器官	心脏	肝脏	肺脏	肾脏	肠
Z_{eff}	6.885	6.783	6.942	6.897	6.958

参考人体模外形和内部器官构造符合人体解剖结构，器官的质量、尺寸和几何形状满足人体医学解剖参数。综合考虑不同组织器官对辐射的敏感性、肿瘤发生率及参考人体模的仿真完整性，内部模拟脏器包括心脏、左右肺脏、肝脏、左右肾脏和大小肠。器官之间用模拟肌肉和脂肪低密度组织等效材料进行填充和密封。在器官内各设置一个用于放置探测器（探测器直径为17 mm）的孔道。孔道贯通体模前后，孔道中心与器官几何中心重合，置入指型电离室后，孔道前段用组织等效材料填充，在非使用状态下孔道由组织等效材料完全填充。利用熔融沉积制造（FDM）技术和光固化3D打印技术分别打印各个器官。参考人体模三维示意图如图4.58所示，部分器官三维图及部分实体模型如图4.59所示。

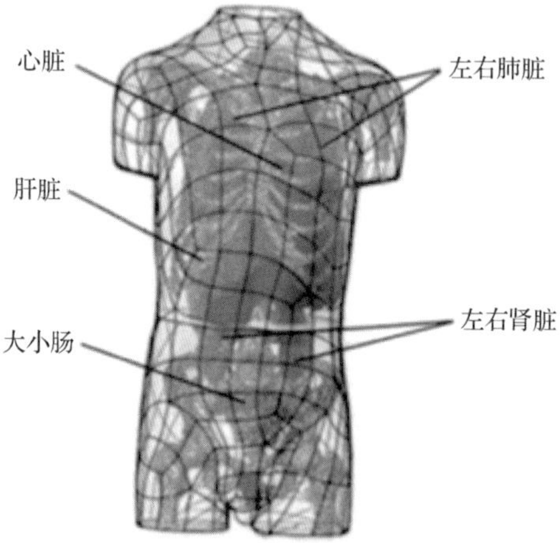

图4.58　参考人体模三维示意图

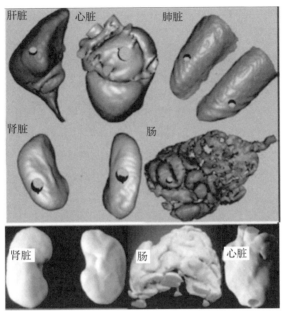

图 4.59　体模内部分器官三维图及部分实体模型

对脏器等效材料的辐射等效性进行测量与评价，将测量值与人体标准参数值进行比较，确认参考脏器等效材料辐射响应特性接近真实人体。辐射等效性主要包括密度、C/H/O/N 组成比、有效原子序数、电子密度、质量衰减系数。

可利用固体密度计直接测量器官材料的密度。器官材料实测密度值及与标准值偏差见表 4.22。表 4.22 中器官密度标准值来自 GBZ/T 200《辐射防护用参考人》，各器官材料实测密度值与标准值偏差均在 4% 以内，满足使用要求。

表 4.22　器官材料实测密度值及与标准值的相对偏差

器官	肾脏	肺脏	心脏	肝脏	肠
实测密度 /(g·cm⁻³)	1.037	0.305	1.078	1.070	1.050
标准值 /(g·cm⁻³)	1.050	0.260	1.060	1.060	1.040
相对偏差/%	1	4	2	1	1

在配备打印材料时，确定元素组成比，并通过元素分析仪得到器官材料实际元素组成比，见表 4.23。

表 4.23 器官材料实测元素组成比

元素	H	C	N	O	其他
质量百分比	6.350%	51.460%	0%	40.960%	1.230%

通过调研国内外仿真辐照体模设计，利用 3D 打印技术可制备脏器辐射等效材料，并对制作材料的密度、元素组成比例、有效原子序数、电子密度进行理论计算和试验测量，结果证明该脏器辐射等效材料的辐射特性与人体脏器近似，具有人体组织等效性，可利用该等效材料进行脏器内吸收剂量研究。

4.5.2 脏器毁伤等效材料

心、肝、肺等内脏质软且有一定的弹性，尤其肺部结构多孔，密度低，因此根据脏器的特点，本项目制备多孔泡沫材料，作为脏器的等效替代材料，具体采用的是聚氨酯泡沫材料（NZDX - 6）。

软质聚氨酯泡沫是聚氨酯系列产品中使用量最大的一个品种，具有质轻、柔软、耐老化、回弹性好、压缩变形小等多种优良特性，广泛用于交通运输、建筑、工业设备等领域，但是其最大的不足之处在于阻燃效果差，因此在制备聚氨酯泡沫时，需要添加阻燃剂。氢氧化铝是最为常用的阻燃填料，但是填充量要在 60% 以上才具有阻燃效果，这样大的填充量大大降低了树脂的流动性。而氢氧化镁受热时发生分解吸收燃烧物表面热量起到阻燃作用，同时释放出大量水分稀释可燃物表面的氧气，分解生成的活性氧化镁附着于可燃物表面又进一步阻止了燃烧的进行。活性氧化镁不断吸收未完全燃烧的熔化残留物，从而使燃烧很快停止，同时消除烟雾，阻止熔滴，是一种性能极佳的环保型无机阻燃剂。因此本项目采用氢氧化镁代替氢氧化铝作为阻燃剂。

按照表 4.24 的配方将聚醚多元醇、泡沫稳定剂、催化剂、水混合均匀，作为 A 组分；根据聚醚多元醇和水的用量计算出异氰酸酯的用量，将其作为 B 组分。向 A 组分中加入氢氧化镁阻燃剂。调节 A、B 组分温度为 25 ℃ 左右，将 B 组分迅速倒入 A 组分内，以 1 400 r/min 的转速搅拌 4 s，自然发泡如图 4.60 所示。为了制备片材，我们将混合料立即倒入涂有脱模机的模具中发泡。将泡沫放入 55 ℃ 的鼓风干燥箱熟化 2 h，即可得到弹性聚氨酯泡沫。

表 4.24 软质聚氨酯泡沫配方

原料	主要作用	质量份
聚醚 4110	主要反应物	25.00

续表

原料	主要作用	质量份
聚酯 FC300	主要反应物	18.00
聚乙二醇 400	主要反应物	3.50
PCL210N	主要反应物	3.50
聚醚 403	主要反应物	10.00
复合催化剂 1	催化反应	0.40
复合催化剂 2	催化反应	5.00
辛酸亚锡	催化反应	0.025
硅油 8805	泡沫稳定剂	1.800
141b	发泡剂	28.50
氢氧化镁	无卤阻燃剂	4.00
水	化学发泡剂	0.60
异氰酸酯 PM - 200	主要反应物	1.05

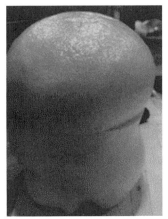

图 4.60　制备的聚氨酯泡沫

4.5.3　人工脏器等效膜材料

　　人工组织与人工器官作为人体病损组织与器官的替代物已在临床获得广泛应用,如不锈钢、钛合金等人工骨骼材料,可对损坏的骨骼进行替代和修复。而对人体脏器而言,难以进行修补,因此高分子膜材料的涌现为人体医用材料开辟了新的来源。

高分子膜是指天然或人工合成的高分子分离膜，可借助于外界能量或化学位差的推动对双组分或多组分的溶质和溶剂进行分离、分级、提纯和富集等。高分子膜的出现和应用不仅使传统的化工分离概念及过程发生了革命性改变，而且在医疗卫生上也得到广泛的应用，给广大病人带来了福音。高分子分离膜在医疗卫生上的应用非常广泛，从医药用纯水的制备和蛋白质、酶、疫苗的分离、精制及浓缩，到人工肝、人工肺、人工肾等人工脏器，无一不是以中空纤维高分子膜作为分离过程的核心组件。由于生物体本身的拒绝异物侵入的本能，当人工脏器材料与生物体或血液接触时，生物体就会发生一系列异物反应，刺激组织细胞异常发育，甚至产生肿瘤致癌或产生凝血、溶血等症状。为了防止组织细胞坏死和血栓以及人工脏器在生物体内体液和血液等作用下发生老化及分解变质的现象，人工脏器用高分子材料必须满足以下条件：

（1）纯度高，不含有对人体有害的杂质。

（2）具有生物相容性，包含两个方面，即组织相容性和血液相容性。组织相容性指在生物材料的使用过程中，对人体组织不产生任何破坏，且耐生物老化；血液相容性即当生物材料与血液接触不产生凝血和溶血。

（3）无毒性，使用中不引起发炎及异常反应等。

（4）稳定持久的生理惰性及一定的力学性能。

（5）可严格消毒而不变形。

（6）质优价廉。

表4.25概括了迄今为止透析膜所用的材料，它们的范围广泛，包括了以纤维素为基础的材料，如再生纤维素和醋酸纤维素，合成聚合物如聚丙烯腈（PAN）、聚甲基丙烯酸甲酯（PMMA）、乙烯-乙烯醇共聚物（EVAL）、聚砜（PSF）、聚醚砜（PES）、聚醚砜/多芳基化合物合金（PEPA）和聚酰胺。超过50%的正在使用的透析膜由再生纤维素制造，主要是由于对它们的研究较早和价格低。近年来，主要注意力集中在以聚醚砜制造的膜上面。聚醚砜具有许多优点，包括消毒时的稳定性好、扩散性能好、血液蛋白质的吸收低、使用一段时间后膜的降解率低等。

表4.25　人工肾所使用的透析膜

膜材料	生产厂商	构造	评论
铜氨法再生纤维素（RC）	Akzo Asahi Chemical Terumo	平板式、中空纤维式 中空纤维式 中空纤维式	首次用于临床透析 第一种日本透析膜

膜材料	生产厂商	构造	评论
脱乙酰基纤维素	Cords：Dow Teijin	中空纤维式 中空纤维式	第一种中空纤维透析膜 蒸汽消毒
醋酸纤维款（CA）	Cords：Dow Toyobo	中空纤维式 中空纤维式	蛋白质过滤膜
聚丙烯腈（PAN）	Rhone Poudenc Asahi Chemical	平板式 中空纤维式	第一种由合成聚合物制造的膜 第一种用于清除 β_2 - 小球蛋白的不对称透析膜
聚甲基丙烯酸甲酯（PMMA）	Toray	中空纤维式	用特征吸附，γ 射线消毒，以清除 β_2 - 小球蛋白
乙烯 - 乙烯醇共聚物（EVAL）	Kuraray	中空纤维式	抗凝血酶原透析膜
聚醚砜/多芳基化合物合金（PEPA）	Freserius	中空纤维式	用于清除 β_2 - 小球蛋白的不对称透析膜
聚砜（PSF）	Nkkiso	中空纤维式	易于控制渗透率的不对称透析膜
聚酰胺（PA）	Grambro	中空纤维式	用于清除 β_2 - 小球蛋白的不对称透析膜

4.5.3.1　膜式人工肾脏

高分子分离膜在人工脏器上的应用以人工肾的研究和开发最为广泛，人工肾是人工脏器临床应用最成功的例子之一。肾脏在人体内担负着排泄和维持体液稳定的功能。人工肾是临床上用于急、慢性肾功能衰竭的有效治疗方法之一。它是使血液流过具有选择性分离的半透膜，把血液中有毒物质排出的治疗装置，它能代替部分肾功能，故称为人工肾透析器。聚合物纺丝液经特殊截面的喷丝头挤出而成型的中空纤维，在电子显微镜下观测可明显发现纤维壁上有许多微孔，这些微孔直径在 $0.001 \sim 3\ \mu m$ 时，中空纤维的膜壁就具有超滤、透析及气体弥散交换的特性。中空纤维可用作透析膜及气体交换弥散膜这一性能使之具有了在医疗领域的新用途，目前主要用于人工肾脏透析器的滤材。因为透析时产生的净化作用是由装置单位体积的膜表面积所决定的，中空纤维膜的充填密度比普通膜透析装置大 20 ~ 30 倍，利用小型中空纤维透析交换装置可获得大的透析交换效果，从而使巨型人工肾脏成为可携带式的小型人工肾脏变为可能。

国际上 20 世纪 60 年代先后使用铜氨中空纤维和醋酸中空纤维膜组装成人工肾透析器在医院临床上使用，并一直沿用至今。由于纤维素类中空纤维透析器不能把血液中一些中等分子量有害物质清除出去，因长期积累而引发另一种不治之症，进入 20 世纪 90 年代后，国外又开发出聚砜中空纤维透析器并已商品化。

东华大学于 20 世纪 80 年代末至 90 年代初先后研制成改性聚丙烯腈人工肾和共混聚醚砜人工肾，它们能清除血液中中分子量和低分子量的有毒物质，而且后者的性能比前者更为优良。

4.5.3.2　膜式人工肺

膜式人工肺已广泛应用于心血管手术的体外循环，欧美几乎 100% 应用膜式人工肺进行体外循环，国内应用估计也在 50% 左右。由于国情，鼓泡式人工肺仍会有一定的市场。膜式人工肺也广泛应用于呼吸衰竭的抢救治疗即体外生命支持（ECLS）或体外膜氧合（ECMO），对植入性人工肺的研究也取得了成果。

与中空纤维人工肾脏透析器同理，用中空纤维作人工肺的气体交换"氧化"膜，通过增加"氧化"膜在血液容器中的充填密度可大大提高膜式氧交换人工肺的血液"氧化"速度，同时避免了气态氧（气泡）与血液的直接接触，实现了氧气的分子弥散溶解，并使氧分子弥散与滤泡两种作用合二为一，简化了人工肺装置的内部构造，可降低手术时血液的用量和溶血程度，以及血清蛋白变性程度。可用作人工肺氧化膜的中空纤维有聚丙烯腈、聚甲基丙烯酸甲酯、聚乙烯醇、聚乙烯、聚丙烯等。目前开发研制较成熟的是聚丙烯中空纤维。

4.5.3.3　膜式人工肝脏

人工肝的基本构思与人工肾类似，主要是基于利用透析膜两侧溶质浓度梯度作为传质动力，将血液中高浓度溶质跨膜传递到透析液中，使血液得到净化。但是人工肝支持系统中的装置与人工肾方法还有所区别，特别是因为肝衰竭患者血液中需要和不需要的分子具有相似的生物化学性质，而且在透析中除了要解决一些小分子结构的毒素外，还要解决一部分中分子结构的毒素。对此问题，通常采用改进的血液过滤方法，或是采用血浆置换和联合活性炭吸附等方法来实现人工肝支持系统。

血液过滤是利用膜孔筛分的原理，在负压作用下，利用过滤器将血液中大分子溶质及血细胞截留在过滤膜一侧，而中分子、小分子溶质随同水分一起经膜孔筛分后跨膜传递到膜另一侧；血液过滤与血液透析相比，中分子物质清除率较高，具有较好的临床应用效果。

目前人工肺只适用于心脏手术短时间的应用，而对于因患肺炎等疾病造成心肺功能不全的患者，可以采取体外循环和应用人工肺的方法进行血液供氧，临时代替肺的功能，以等待人体肺功能的恢复，这种方法称为 ECMO。若要使 ECMO 在数周内连续工作，必须防止蛋白质沉着造成的气体交换功能下降，防止气体中水分对膜的渗漏，防止血栓的生成。开发完全人工肺植入人体以取代已衰竭或失去功能的人体肺的工作正在进行中。已经试验过的完全人工肺，包括膜状或海绵状等形式，使用的高分子材料多数为硅橡胶或硅橡胶的共聚物。

加拿大皮埃尔、莫林等研制的一种人工肺，构造比较简单，没有电子或机械仪器，是用具有特殊性能的人造海绵制成的。这种立方体型的人工肺，每侧长 3.81 cm，能分离气体和血液，并能测定气体和血液需要的精确混合量。它像天然肺一样，内含毛细管，具有海绵样的性能。这种叠层弹性材料组成的人工肺，在肋骨的搏动下，能像一架手风琴那样呼吸，曾对绵羊进行试验，但要把这种人工肺移植到人体中，尚需解决排异反应和凝血等问题。

4.5.3.4　膜式人工胰脏

人工胰脏是以移植的异体或动物胰岛为基础开发的生物学新材料，胰岛是胰脏内分泌胰岛素的细胞群，胰岛分泌的胰岛素是控制糖尿病的重要激素。为了避免排异反应，人工胰脏所用的活性胰岛表面覆盖一层高分子膜，这层膜应既能防范淋巴及抗体的排异伤害，又能透过胰岛分泌物。已研制成功并埋入人体的胰脏有空心微粒型、盒式扩散型，近年来又开发了中空纤维型人工胰脏，其性能更好。

4.5.4　人工血管

人工血管发明于 20 世纪 50 年代，在生物血管供应有限，组织工程化血管还不能完全应用于临床的情况下，人工血管的出现对推动外科重建手术发展，维护人类健康方面做出了巨大贡献。人工血管取材于合成材料，具有取材方便、易于消毒灭菌、无存储条件限制等特点，临床应用不受来源、长度、口径大小限制，是目前最常用的血管代用品。人工血管材料发展经历了合成纤维、真丝材料和高分子聚合物等演变，制作工艺也有机织、编织、针织和铸型等方法，但这些材料和工艺都必须满足人工血管的一些基本性能要求，而这些要求也是人工血管研究发展的基础。一般来说，人工血管材料应具有持久的强度、合适的微孔和良好的顺应性这三项基本要求。

人工血管作为体内血管的永久代用品，首先应保持持久的强度、可靠的耐降解抗腐蚀性和良好的抗机械疲劳能力，这是人工血管在移植后能耐受长期血流冲击不发生变形破裂的关键。移植后人工血管发生变形和破裂的原因主要有以下几方面：

（1）移植后血管发生膨胀：管径膨胀主要因材料结构疲劳所致，在纤维织物型血管代用品中，以针织人造血管为多，而在非织物型聚四氟乙烯膨体（ePTFE）中，以管壁较薄和外壁无增强膜者多见。

（2）术后吻合口破裂：手术缝合因素和材料力学原因都可造成吻合口破裂，前者主要是人工血管吻合缘张力过高所致，而后者是因为人工血管剪切端缺乏稳定力学强度的结果。在织物型人工血管中，机织人工血管的切端容易松散，而针织纬编人工血管切端容易脱散；而材料径向力学强度缺乏导致针孔滑移是非织物型聚四氟乙烯膨体吻合口破裂的主要原因。

（3）移植血管破裂：目前常用的涤纶和聚四氟乙烯膨体人工血管发生移植后管壁破裂的比较少见，但偶尔会出现因手术钳夹或反复高压消毒导致管壁纤维受损而导致的破裂，但多数会因为人工血管材料化学稳定性降低导致材料力学强度减退。理想的人工血管材料既要有最佳的化学惰性，能在体内保持持久的强度，又应具有很好的生物相容性，能与体内组织紧密亲和。

管壁微孔的大小是人工血管的一个重要参数性能，根据 Wesolowski 的定义，在 120 mmHg（1 mmHg = 0.133 kPa）压力下，每平方厘米人工血管每分钟漏血量称为孔度。不论采用何种材料或工艺制成的人工血管，管壁构造中都应具备合适的孔度。人工血管植入体内后，管壁内因吸附大量血浆蛋白会形成假膜，而人工血管单位面积内含孔数量和孔径大小对维持假膜起重要作用，如果孔度不够，仅靠表面血液弥散无法维持新内膜的营养，最终会导致蛋白变性裂解，引起局部吞噬和活化反应，并通过化学趋化作用引起平滑肌细胞和成纤维细胞移行增生，最终导致移植血管狭窄闭塞。相反，如果孔径过大，可能会在人工血管周围形成血肿或假性动脉瘤。因此临床上多采用管壁孔度较高的人工血管进行周围血管重建，而在胸主动脉等大血管移植时采用较密实的人工血管。目前血管外科常用的聚四氟乙烯膨体人工血管孔径一般在 30 μm 左右，含孔率约85%，但这类人工血管在小口径动脉重建中仍会发生严重的内膜增厚和再狭窄。通过调整人工血管材料和合理的孔径安排，促进管壁外血管组织向管腔内生长，形成类似于动脉管壁中的滋养血管结构，对于稳定人工血管内假膜组织，促进内皮细胞生长，维持长期通畅率可能具有一定作用。相信这种促进人工血管移植后管壁内血管生成的方法将是血管材料研究的一个重要方向。

人体动脉管腔随血压变化而出现的"脉动"对稳定血流起着重要作用。同样，人工血管管壁也应具备随血流压力相应地收缩和舒张的能力。这种在压力变化下出现的容积变化称为顺应性，是人工血管性能的重要指标，又分为径向顺应性和纵向顺应性，分别代表人工血管在承压状态下管径和长度的变化能力。采用顺应性和自体动脉相似的人工血管进行血管重建，可以避免吻合口因移植血管僵硬，出现局部湍流而激活血小板，引起血栓形成和内膜增生，最终导致吻合口狭窄闭塞。目前采用的人工血管材料顺应性都远低于人体动脉。表4.26 列举了各类人工血管材料的顺应性，数值表示为 100 mmHg 压力下管径的变化率。从表 4.26 中可以发现，人体股动脉的顺应性值最高，而 ePTFE 人工血管顺应性最低。相对而言，人工材料中聚氨酯（PU）顺应性和弹性最好，是目前小口径人工血管研制的主要材料。此外，人工血管的结构也会对顺应性有不同的影响。例如，纬编结构的人造血管由于纱圈的横向移动性大于纱圈的纵向移动性，因此与机织结构的人造血管相比，它的顺应性更接近人体动脉。

表 4.26　各类人工血管材料顺应性

名称	顺应性/%
针织涤纶	1.97
凝胶涂层涤纶	0.90
机织涤纶	0.80
聚氨酯（中孔型）	2.90
标准 ePTFE	0.22
薄型 ePTFE	0.60
人体股动脉	4.10

人工血管的基本性能都是为了满足抗凝和抗血栓要求，目前研究进展主要体现在新材料选择、血管内修饰和涂层及人工血管内皮化三方面。

涤纶和聚四氟乙烯膨体人工血管是目前最常用的移植血管，直径 > 6 mm 的 ePTFE 人工血管具有较好的长期通畅率，而直径 < 4 mm 的长期通畅率则很低。虽然 ePTFE 材料有很好的生物惰性和血液相容性，但由于材料顺应性太

低，仍可出现血小板黏附、聚集而导致血栓形成，是人工血管早期闭塞的主要原因。聚氨酯材料由于具有良好的顺应性和抗血栓特性，是目前血管材料研究的热点，与ePTFE人造血管相比，聚氨酯人工血管具有与人体动脉更接近的弹性模量，在吻合口周围动脉搏动可以与人工血管形成"谐动"，避免涡流形成造成血小板激活，减少吻合口内膜增生。然而，常规聚氨酯材料植入体内后可能会出现致癌的降解产物，因此影响了聚氨酯人工血管在临床的大规模应用。近10年，聚氨酯材料发展很快，出现了一些更具生物稳定性的聚氨酯人工血管，如corvitat©，其材料是碳酸盐和甲氨酯多聚化合物，外膜增强型设计有PET网和蛋白涂层，具有很好的径向支撑力，无须外支撑环，节约了手术中修剪调整支撑环的时间。此外thoratect©和puletec©分别由聚醚氨酯脲（polyetherurethaneurea，PEUU）和聚醚氨酯（polyetherurethane，PEU）材料构成，具有高伸长、高抗拉强度和高压力保留等优良弹力组合性能，工艺设计上孔度安排合理，并预制了孔隔离膜，可以限制组织的过度生长。这些最新的商品化聚氨酯人工血管长期通畅率还有待进一步检验。

人工血管材料表面亲水性提高，可使其界面自由能降低，减少血浆蛋白吸附，使人工血管内假膜形成薄而均匀，避免血栓形成，如在聚合物材料表面连接聚环氧乙烷（PEO）侧链，就是一种很有前途的工艺方法。在人工血管材料表面耦合肝素，也可以提高人工血管抗凝活性，但肝素能否保持长久生物活性尚需进一步研究。此外，通过某些特殊涂层材料，如采用碳涂层人工血管可以减少血小板聚集，但长期通畅率并未见明显改善。还有一种采用磷脂多聚体（MPC）涂层制成的复合多聚体人工血管，在动物模型体内1个月没有发现血栓和假膜形成，但长期能否抑制内膜增生仍然值得怀疑，因为MPC虽然有类似细胞膜样磷脂结构，具有抗血栓形成作用，但是多聚化合物在机体内吸附血浆蛋白的效应仍然存在，吸附蛋白的自组装作用可能会影响其长期的抗血栓活性。

Herring等在1978年首先采用体外培养的犬静脉内皮细胞，混合全血成细胞悬液后与人工血管预凝并移植在犬腹主动脉段，结果发现种植和不种植内皮细胞的两种人工血管，4周后的无血栓率分别为76%和22%。内皮细胞种植能明显降低血小板对人工材料表面的接触，增加内皮细胞产生的前列环素，降低血小板产生的血栓素（TXA2），提高人工血管通畅率。此后20多年内皮细胞种植技术不断改进，如采用胶原或纤维蛋白涂层，人工血管种植内皮细胞存活率有较大提高。此外，用碱性和酸性成纤维细胞生长因子以及血管内皮生长因子等也可以增加种植内皮细胞的活性。尽管内皮细胞种植试验研究结果令人鼓舞，但广泛应用于临床仍有很大技术障碍。主要问题包括内皮细胞来源、细胞培养规模以及治疗时效性等。目前人工血管内皮化研究的另一个方向是内皮祖细胞种植，内皮祖细胞（EPC）是未分化的内皮细胞，属于成体干细胞，可以继续分化增殖成为内皮细胞。外周循环中 EPC 占单个核细胞比例为 0.01% ~ 0.10%。研究发现 EPC 在内皮损伤修复和血管形成方面具有重要作用，如果人工血管移植后能吸附大量 EPC，可以达到细胞自我种植，自身内皮化的作用。目前有采用 EPC 表面抗原 CD34 和 FLK – 1 抗体作为血管涂层的人工血管，其内皮化结果比较满意。EPC 种植也需要有细胞外基质与之黏附，而特定的黏附基序可以通过信号传导来控制细胞的分化、增殖或凋亡。如果能掌握细胞特定的黏附基序，就有可能创造细胞自我种植的最佳环境，这也将是血管移植材料研究的一个重要方向。

人工血管完全代替自身血管或许只是人类的梦想，但随着新材料的发现和对人体血管生物学的进一步认识，以及通过组织工程和基因工程等其他途径的努力探索，人类离这个梦想会越来越近。

4.5.5　人工心脏

心脏病、癌症和脑血管病已成为威胁人类生命的三大疾病，而心脏病居首位，世界每年有数百万人死于心脏病。对严重心脏病的治疗，一是移植他人的心脏，二是移植人工心脏。他人心脏来源困难，成功的可能也较小，人们寄希望于人工心脏。

人类患心脏病大多是左心室机能衰退而造成的，整个心脏全部失灵的情况不多。因此人工心脏按使用情况分为两类，即左心室人工心脏和全人工心脏（TAH）。美国开发了"左心室同轴对称辅助泵"。此设备是气动的，压缩空气使聚氨酯橡胶球式泵腔张合，帮助输送血液。球囊外包围金属钛壳，在钛壳和球囊与血液接触的表面按严格规定栽植了聚酯纤维，以有利于生物衬里的生成。通过手术将此设备安置在左心室顶部（入血口）和主动脉（出血口）之间，压缩空气管从胸腔和腹部引出。美国犹他大学采用聚氨酯橡胶球做旁路道球囊，用狗试验了多年，一些狗活得一直很好，该技术将用于临床。

美国的维克研制了有两个心室的人工心脏，外有铝壳保护，铝壳外还有一层聚合物包膜。铝壳内每个心室各有一中间夹丁基橡胶的聚氨酯橡胶隔膜，每个隔膜上方都有两个反向活门。右心室的，一个连接右心房，另一个连接肺动脉；左心室的，一个连接左心房，另一个连接主动脉。隔膜下部空间与压缩空气管相连。两条压缩空气管从腹部引出到体外与心脏驱动装置相连，全套设备均由电子计算机控制，整个系统如同两个联立的双缸内燃机，交替往复运动不止。1982 年，de Vries 等首次进行了人类永久性 TAH 植入术，他们使用的是型号为 JARVIK-7 的人工心脏（见图 4.61），是世界上第一个试图永久性植入人体的人工心脏，其使患者存活 112 天，开创了 TAH 的新里程碑。到 1993 年全世界已有 240 个以上的 TAH 作为心脏移植前的过渡应用于临床，并已获得术后生存 603 天的辉煌成绩。2001 年 7 月，美国已经成功将 TAH 用于人体。2004 年 10 月 18 日，名为 cardiowest 的人工心脏获得美国食品与药品管理局的批准，成为世界上首个正式进入临床使用的人工心脏。

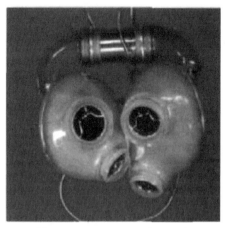

图 4.61　JARVIK-7 人工心脏

现在临床应用的心室辅助装置（VAD）主要有隔膜泵和叶轮泵两种。隔膜泵的结构和工作原理是模仿自然心脏而设计的，它的核心结构是一个由柔韧性材料围成的腔囊。囊腔与自然心脏的心腔一样，用于容纳血液，腔两端连接进、出口导管，并在两接口处分别放置单向阀门（瓣膜），以保证血液单向流动。对囊腔壁施以外力时腔内容积被迫变化，容积减小时血液由出口流出，增加时则接纳从体内流入的血液。如此周而复始，完成泵血功能，与自然心脏的工作极为相似。目前有几种隔膜泵已可常规应用于心力衰竭病人的临时左心室和右心室辅助。电动式隔膜泵是目前临床应用最广的植入式 VAD。这些装置包括 Abiomed BVS 5000、Thoratec VAD、Berlin Heart VAD、Medos VAD、Novacor VAD、HeartMate VAD、Thoratec 外置式 VAD 等。装置的选择不但要根据病人的具体特征和病人心衰的病理，而且还要根据装置的特点、可利用性以及外科人员的经验来进行。

我国人工心脏的研究开展也比较早。1965 年我国研制出第一个心室辅助装置，并以射流作为驱动；1978 年我国召开第一次全国人工心脏会议，有力地推动了我国在人工心脏方面的研究；中国医学科学院首先报道以自制囊状辅助泵进行山羊左心辅助试验，动物存活 11 天；1985 年上海仁济医院研制的推板泵用于绵羊左心辅助，动物存活 15 天；1986 年上海第二医科大学将气动辅助泵用于小牛左心辅助，动物存活 18 天；1996 年钱坤喜等报道应用自制叶轮泵对小牛进行左心辅助，动物存活 62 天；1998 年钱坤喜等报道应用自制叶轮泵对法乐三联症术后低心排病人进行双心室辅助 43 h，后病人因肾功能衰竭死亡；1990 年罗征祥、叶椿秀开始研制气动隔膜泵——罗叶泵，于 1993 年获国家实用新型专利证书；1996 年广东省心血管病研究所、北京安贞医院、上海仁济医院共同承担国家"九五"攻关项目"左心辅助循环装置的研制及试验与临床运用"，使心脏辅助循环的研究有了较快的发展；北京安贞医院研制的轴流泵在 120 h 连续运转过程中，血泵的表面温度变化小，密封性能好，对血液成分的破坏也在允许范围内；广东省心血管病研究所研制的罗叶泵经过改进于 1998 年开始临床试用，至 2000 年 3 月，4 例病人因心脏术后严重低心排应用了罗叶泵，其中 1 例经左心循环辅助后心肌功能恢复，顺利撤离左心辅助装置（LVAD），病人存活，是国产 LVAD 临床应用成功的第 1 例；2001 年广东省心血管病研究所承担国家"十五"攻关项目"气动左心辅助循环装置的开发与临床运用"；2001 年，上海同济大学附属东方医院使用德国产的"柏林心"，完成了亚洲首例人工心脏植入手术；2005 年 12 月 14 日，中德合资的 cardiotech 人工心脏研究机构正式入驻上海南汇医疗器械产业基地，这标志着中国在竞争激烈的人工心脏研究领域逐渐开始"进入角色"。

近 10 年，国外在人工心脏的研究与临床运用进展迅速，许多产品已商业化，性能良好，在临床运用中抢救了许多重症心力衰竭病人的生命，但是诸如术后出血、血栓栓塞、感染、肾功能衰竭、多器官功能衰竭等并发症发生率仍较高，严重影响患者的生存率。研制小型化、高功能、少并发症、为病人提供高生活质量的完全植入式人工心脏成为人工心脏领域的发展方向。许多专家认为至少在近期内 VAD 更有助于终末期心衰病人的治疗。TAH 要成为心脏移植的替换物，仍然是一个未知数。国外 VAD 价格昂贵，研制价格适宜的国产 VAD 是我国急需的研究课题。但在我国目前社区医疗水平较低及经济不发达的条件下，可植入式 VAD 的推广应用肯定有许多困难。因此，研究短期、非置入式、控制精细的 VAD 仍是我国人工心脏研究的一个重要方向。

除此之外，人工喉、气管、食道、血管、胆管、膀胱、尿道、子宫等也在研制和用于临床。目前，人工脏器的研制已涉及人体内脏的绝大部分领域。研制的方向向着小型化、体内化和与人体长期适应方面发展。高分子材料在人工脏器方面的应用前景也非常广阔。总之，要想制成像自然心脏那样精确的组织结构、完全模拟其功能的人工心脏是极不容易的，需要医学、生物物理学、工程学、电子学等多学科的综合应用和相当长时期的研究。

|4.6 血液等效材料|

血液为生物体内流动、在心脏和血管系统内循环的不透明红色液体，是人体最大的流动结缔组织。其主要成分为血浆、血细胞，是生命系统中的结构层次。血液的主要功能是携氧、运输氧和营养物质，移除二氧化碳和代谢产物，以及免疫防御等。人工血液可代偿性地取代人体血液携带氧气的功能，把肺部呼吸的氧气输送到体内各个组织器官。近年来，由于战争、严重自然灾害、恐怖事件等原因，对血液代用品的需求巨大，仅靠血库供血难以满足需求。采用人工合成血液救治患者，对于世界性的血液短缺有重要启示，这种替代血液不需要血型的匹配，不需要冷藏，在常温状态下可以保持三年之久，对于缺乏足够血源的偏远地区而言，这可能是挽救失血患者生命的最佳选择。人工血液的获得主要有三种方式：化学替代品、天然替代品和血红蛋白替代品。目前，英国科学家成功研制出一种血液的替代品——"塑料血"，它由可携带铁原子的塑料分子构成，可以像血红蛋白那样把氧气输送至全身。"塑料血"就是化学替代品中的典型。

人工合成的"氟碳化物溶液"则是另外一种较为出名的替代品。对于氧气来说，氟碳化物是一个相当好的溶剂，可以自肺里携带氧气至人体内的各部分组织与器官，让细胞进行新陈代谢。在执行完它的救命功能之后，氟碳化物又可经由呼吸作用自肺排出，或经由排汗的过程由皮肤表面排出。美国科学家在试验中意外发现，老鼠可在"氟碳化物溶液"中存活长达数小时，后来证实这种溶液含氧能力特别强，而且不会与生物体的组织发生化学反应。由于氟碳化物不溶于水，所以通常是以乳化的方法将其制成大约 200 nm 大小的颗粒分散液，再以点滴的方式注入病人的静脉里。与人体红血球的尺寸（1 ~ 8 μm）相比，经乳化后的氟碳化物纳米颗粒相当小，其携带氧气的面积可以大幅提高，且可以穿过红血球无法通过的阻塞血管，达到实时救命的目的。目前氟碳化物仍在临床试验阶段。

血红素的分子量约为 64 500 Da，主要存在于红血球中，由 4 个肽链所组成，分别为两个 α 链与两个 β 链，每一个 α 链由 141 个氨基酸所组成，而 β 链则由 146 个氨基酸所组成。每条 α 链及 β 链上皆有一个原血红素基与之相连，其中的亚铁离子（Fe^{2+}）可以利用配位键的方式与一个氧分子结合，能够可逆地行使携氧与释氧的功能，因此每一个血红素分子最多可以携带 4 个氧分子。

在人体内，当红血球行经肺脏时，由于肺泡里的氧分压高达 100 mmHg，因此红血球里的每一血红素分子都可以充分地携带氧气。当携氧的红血球行经人体的各部分组织或器官时，由于氧分压降至约 40 mmHg，红血球里的血红素分子便将其所携带的氧分子释放出来，以参与附近细胞的新陈代谢作用。血红素与氧分子的亲和力，与红血球内的一重要分子（2,3 - DPG）有相当密切的关系。

经由纯化过程所取得的血红素溶液，由于红血球被打破，造成 2,3 - DPG 分子的流失，导致血红素对氧的亲和力过高，而降低了其在人体组织或器官中的释氧功能，因此若以血红素为基质来制备人工替代血液，必须对纯化出来的血红素溶液做适当的物理或化学修饰，以符合人体的生理要求。目前以血红素为基材发展的人工替代血液，大致可分为包覆型人工替代血液、基因重组型人工替代血液与聚合型人工替代血液等。

（1）包覆型人工替代血液：以磷脂质经由乳化技术将血红素包覆起来，形成直径为 100～200 nm 大小的颗粒，如此可以避免血红素在体内被快速分解掉，增加其在人体血液循环中的半衰期，且在人体胶体渗透压的限制下，可以有正常的血红素浓度。在包覆过程中同时也把 2,3 - DPG 分子包覆在磷脂质里面，以调控血红素分子对氧分子的亲和力。

（2）基因重组型人工替代血液：主要是利用基因技术，将血红素的 α 或 β 链的基因转殖到大肠杆菌里面，由大肠杆菌来表现，制造出血红素分子。利用基因技术可以改变 α 或 β 链上某些特定的氨基酸，例如将 β 链上第 108 个氨基酸由原来的天门冬胺酸改变成赖氨酸，可以使得血红素对氧的亲和力降低。

（3）聚合型人工替代血液：又可分为分子内部交联型血红素、分子与分子间交联型血红素与共轭交联型血红素。

①分子内部交联型血红素：血红素分子内部的交联可以用 PLP（pyridoxyl 5′- phosphate）分子代替 2,3 - DPG 分子，作为修饰血红素对氧分子亲和力的交联剂。由于 PLP 和 2,3 - DPG 对脱氧状态的血红素分子结合的位置相同，因此可以稳定其去氧结构，使血红素对氧的亲和力降低。这样的分子内部交联也同时稳定了血红素的四聚体结构，避免其在人体血液循环过程中被快速分解掉，因此可以改善血红素分子在人体内滞留的半衰期。

②分子与分子间交联型血红素：分子内部交联后的血红素分子，若进一步以另一交联剂将血红素分子与分子间交联起来，则可以使其在人体血液循环中的半衰期有效增加达 6～7 倍。目前较常用的交联剂为戊二醛。

聚合血红素最重要的就是控制其分子量分布及适当的携氧能力，较适当的分子量大小在 20 万～40 万 Da，以不超过 50 万 Da 为佳，也就是相当于 2～8

个血红素分子聚合的大小。若聚合程度过高，则聚合后的血红素溶液黏度会过大，导致血液流变性质的改变。若血红素分子聚合程度过低，则无法得到适当的携氧能力以及在人体内的适当半衰期。

然而戊二醛与血红素分子进行的聚合反应很快，所制造出来的聚合血红素分子量分布往往相当广，容易造成许多过聚合的高分子聚合物。此外，戊二醛聚合血红素无法在储存及加热过程中维持稳定结构，容易释放出对人体有害的戊二醛分子，因此戊二醛并非制造聚合血红素最佳的交联剂。

③共轭交联型血红素：利用交联剂将血红素分子以共价键结的方式键结在水溶性高分子链上，目的除了增加血红素分子的体积以减缓血红素分子由肾丝球体漏出外，亦可避免血液中其他蛋白质的吸附，以降低人体免疫系统的攻击。

"芦荟提取液"的发现为血液找到了新的替代品类型——天然替代品。科学家发现，注射芦荟提取液可以帮助暂时维持身体器官的正常运作。因此，国内外关于血液代用品研究开发的发展呈现活跃的趋势。

全世界每年要输 3 000 万单位血液，由于血液供给不足，在未来 30 年里每年约缺 400 万单位血液，能适用人体全部血型的人工血液将补偿这种短缺。美国 FDA 最近已批准一种含氟化物高分子胶体溶液，作为血液代用品上市，即氟碳化物，这是一种由碳和氟组成的分子，用血浆或水混合后输入血流中，氟碳化物在全身循环，同红细胞中血红蛋白一样，向组织输送氧气。可存在的问题是氟碳化物虽然无毒，但不易被身体排泄，容易在体内组织里堆积，以后可能引起健康问题。随着生物技术的进展，科学家们将人类血红蛋白的基因转入细菌和植物制造人类血红蛋白，科学家们已经发现一种能合成人类血红蛋白的烟草植物，但是研制过程经费昂贵且不能产生足够的血红蛋白以满足市场的需要。用脂质体包封血红蛋白成为血液替代品的研究也很多，然而由于一般脂质体的稳定性较差，且包封血红蛋白的脂质体不具有天然红细胞的形态和可变形性，因此脂质体的研究大部分停留在试验阶段，能投入临床应用的不多。值得注意的是，关于血红蛋白作为血液代用品的研究出现了新的进展，研究人员运用化学修饰将多个血红蛋白分子缩聚为一个分子，制成了由 2 ~ 6 个分子组成的血红蛋白聚合体，提高了输送氧的效率。日本早稻田大学、庆应大学和熊本大学研究小组成功开发出可以大量生产和长期保存的人工血液，使用这种人工血液输血不必担心病毒感染和血型不符。我国科学家通过改型、去免疫化等手段，成功地将动物血红蛋白转化为安全有效的人血液代用品，表明我国已拥有自主知识产权的工艺技术路线，在人血液代用品的研究开发方面达到了国际同类研究先进水平。

|4.7　等效材料测试方法|

实现对科学假人等效材料性能的测试研究是仿真假人研究中一项重要的内容。它能为不断完善仿真假人的研究和制作提供科学的依据，使之更具有同真人等效的性能。生物仿真等效材料的测试内容主要包括静态力学性能、动态力学性能和靶试试验等，其相应的测试方法也各种各样。

4.7.1　等效材料静态力学测试方法

等效材料的静态力学测试可以更加全面地与生物组织的力学性能进行等效对比分析，丰富等效材料数据。不同部位等效材料的静态力学测试如表 4.27 所示。

表 4.27　不同部位静态力学测试

等效材料	静态测试性能
皮肤等效材料	拉伸强度、刺穿力
肌肉等效材料	压缩强度
骨骼等效材料	压缩强度、弯曲强度
内脏等效材料	刺穿力

以皮肤等效材料为例，采用万能试验机，将哑铃形皮肤等效材料样条夹在夹具中间，如图 4.62 所示，定力为 500 N，拉伸速率为 500 mm/min。

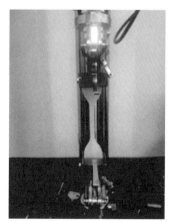

图 4.62　皮肤等效材料拉伸试验

1）压缩强度测试

以肌肉等效材料为例，采用万能试验机，将一块圆柱形肌肉等效材料置于万能试验机压缩夹具中间，如图4.63所示，压缩速率为1 mm/min，定力为90 kN，进行压缩测试。

图4.63　骨骼肌替代材料压缩试验

2）刺破强力

以内脏等效材料为例，为获得内脏组织的抗刺穿性能，将样品置于刺锥下部，进行刺穿性能测试，刺锥的下降速度为100 mm/min，直至试样被刺破，如图4.64所示，记录其最大值作为该试样的刺破强力。

图4.64　内脏等效材料抗刺穿性能测试

3）硬度测试

等效材料硬度测试的测试设备为一台容栅尺测试仪，测试仪采用容栅尺传感器作为信号采集部件，对所测的等效材料施加一恒力，获取应变 – 时间信息，测试仪取源于邵氏硬度计的设计方案。测头装有一根弹簧，固定测头弹簧的最大量程为 2.54 mm，与之对应的材料邵氏硬度为 100。弹簧采用特殊合金材料，在小范围内应力变化很小。对于不同测试对象而言，由于是比较测量，为简化起见，将弹簧产生的压力视作恒力。测头前部采用聚酯类材料，据此可以测出恒力作用下不同等效材料的应变量。将位移的最大值与弹簧所限制的测头最大量程之比经过换算公式 $H_a = (S/2.54) \times 100$ 计算，H_a 就是所测的生物组织的邵氏硬度。

4.7.2　等效材料动态力学测试方法

4.7.2.1　振动冲击响应测试方法

生物力学等效软质材料是研制各种动态模拟靶标所需的软组织等效材料。为了保证靶标在试验中能真实有效地反映人体在相同受试条件下的各种响应，皮肤等效材料必须与真人皮肤具有相似的生物力学性能。戢敏等针对软质材料硬度低、模量小、极易变形等特点，提出了动态振动冲击响应法。该方法基于共振原理和杆状材料的纵向振动理论，通过测试试件的共振频率推算材料的弹性模量。优点在于实现了软质材料的非接触式测量，克服了因材料不均匀性导致的试件制作困难和夹持变形引起的测试数据不稳定问题。

试验是在共振原理测试的基础上改进设计而成的。如图 4.65 所示，测试系统主要由脉冲锤、压电式加速度传感器、压电式力传感器、电荷放大器、数字信号分析仪（FFT 分析仪）及钢轴（长 $L = 0.9$ m，直径 $\phi = 0.03$ m）等组成。考虑到所测硅橡胶基试件为软质材料，不易实现直接激振，故将试件两端部分别铰孔，各嵌入一个带内螺纹的有机玻璃套筒，由此实现钢轴与试件、试件与传感器之间的螺纹连接。

测试时，利用脉冲锤敲击悬挂钢轴的右端面进行人为激振，注意敲击时锤头应垂直于钢轴端面，锤击结束则迅速收回脉冲锤，以免产生连击现象。每次锤击的力度和时间应尽可能相同，在脉冲信号衰减至零时方可进行下次锤击，以免造成信号叠加。由此产生的激励脉冲信号传递到钢轴左端的软质圆柱试件，对试件进行激励。力传感器测量输入的激振力，加速度传感器拾取响应信号，测量输出的振动运动。对激振力和响应信号进行分析，可得系统的传递函数和响应信号的频谱。基于共振原理，从频谱图中找出峰值所对应的频率，其中值最小的即试件的一阶固有频率。

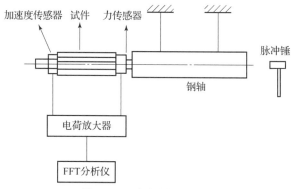

图 4.65 试验结构示意图

选取邵氏 A 硬度 35，长度为 60 mm 的试件进行测试，经数字信号分析仪可得其加速度脉冲的频谱、时域信号及传递函数，如图 4.66 ~ 图 4.68 所示。为提高频率显示精度，频率范围为 0 ~ 2 000 Hz，根据固有圆频率公式，推算出该硅橡胶基试件的弹性模量为 1.345 2 MPa。

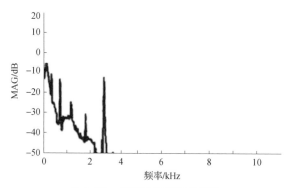

图 4.66 加速度传感器的频谱

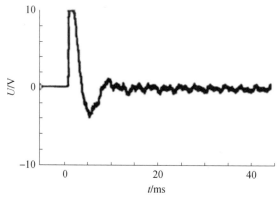

图 4.67 加速度传感器的时域信号

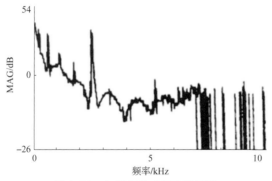

图 4.68　加速度传感器传递函数

4.7.2.2　应力波测试方法

生物软组织具有明显的非线性、各向异性以及黏弹性。作为人体软组织替代材料的生物力学等效软质材料，同样要求其具有与人体软组织相近的力学特性，故对其力学性能的测试直接关系到其与人体软组织力学等效性的判定。由于生物力学等效软质材料具有硬度低、模量低、应变率高，温度、时间效应明显，形状和体积的不均匀性和不规则性，材料的强度和弹性具有明显的方向性（即各向异性），比强度、比模量高等一系列特点，决定了传统的固体材料力学性能测试方法和测试系统不能完全适用于生物力学等效仿真软质材料的测试，因此雷经发开发和研制了针对等效仿真软质材料力学性能的应力波测试分析方法。

脉冲应力波法测量方法所需仪器组件如图 4.69 所示，主要由脉冲锤、压电式加速度传感器和压电式力传感器以及电荷放大器、FFT 分析仪、钢棒（长 $L = 0.9 \text{ m}$，直径 $D = 30 \text{ mm}$）等组成。由于硅橡胶基试件属于软质材料，无法直接实现激振，因此，可先在试件两端部铰孔，然后分别安装一个攻好螺纹孔的有机玻璃套筒，钢棒与试件、试件与传感器之间即通过此套筒实现连接。试验时，通过脉冲锤敲击悬挂钢棒端面来实现激振。

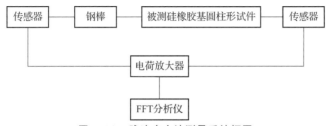

图 4.69　脉冲应力波测量系统框图

试验过程中，为了使试验结果稳定可靠，选取三组不同硬度的硅橡胶基试件，每组有两个试件，对每组试件都进行多组测试。以邵氏 A 硬度 35，长度

60 mm的试件为例，测试结果如图4.70所示。

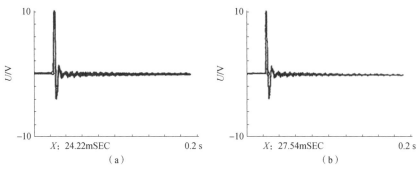

图4.70　加速度传感器的时域脉冲信号

（a）脉冲起始时间；（b）脉冲停止时间

从一个加速度脉冲在试件上往返一次的时域响应中可以看出脉冲信号起始触发时间和脉冲结束时间，由此可计算出一个脉冲信号在试件中往返一次的时间Δt，根据固体中的弹性波理论，细长杆中应力波的纵波波速如式（4-6）所示。

$$C_1 = \sqrt{\frac{E}{\rho}} \qquad (4-6)$$

式中，C_1为应力波纵波波速，E为弹性模量，ρ为材料的密度。由式（4-6）可知，要测算试件的弹性模量，除了要知道试件材料的密度ρ之外，还要知道应力波在试件中的传播速度。可根据式（4-7）计算得到应力波在硅橡胶基试件中的纵波波速C_1。

$$C_1 = \frac{2L}{\Delta t} \qquad (4-7)$$

在求得冲击应力波传播速度后，根据一端固定一端自由的纵向振动理论公式，可计算得到试件的一阶固有频率，如式（4-8）所示。

$$f_m = \frac{C_1}{4L} \qquad (4-8)$$

将通过振动冲击响应测试方法与应力波测试方法测得的硅橡胶基试件一阶固有频率及弹性模量的数据进行比较，如表4.28所示。

表4.28　硅橡胶基试件一阶固有频率及弹性模量的两种测试结果比较

材料邵氏A硬度	试件长度 L/mm	一阶固有频率f_m/Hz		材料弹性模量 E/MPa	
		应力波法	相对误差	应力波法	相对误差
25	57.2	134.2	0.59%	0.988 0	0.32%
	90	85.3	0.35%	0.979 4	5.86%

材料邵氏 A 硬度	试件长度 L/mm	一阶固有频率 f_m/Hz		材料弹性模量 E/MPa	
		应力波法	相对误差	应力波法	相对误差
35	60	150.6	0.40%	1.356 1	0.81%
	90	102.5	2.50%	1.412 2	4.98%
45	57.3	170.7	0.41%	1.586 4	0.76%
	91	111.1	1.00%	1.696 2	2.03%

两种测试方法的试验结果存在一些误差，这是由于设备采样精度的影响、试件加工制作精度的影响、脉冲锤激励产生的冲击应力波相对试件的方向对应力波传播方向的影响、试验用悬丝的材料和直径的影响和周围环境对系统振动情况的影响共同作用导致的。但总体来说误差较小，基本满足工程上不同测试方法所得结果误差在 5% 以内的要求，两种方法相互印证了彼此的有效性和可靠性。

4.7.2.3　霍普金森压杆测试方法

生物软组织材料在高应变率加载（高速撞击）下的测试主要使用分离式霍普金森压杆（split hopkinson pressure bar，SHPB）试验技术。Saraf 等采用改进的霍普金森杆装置测量了尸体主要器官（胃、心、肝和肺）的动态剪切特性，发现其均有明显的应变率效应，但作者没有考虑试样的各向异性。Pervin 等基于采用空心铝杆的 SHPB 装置对牛的肝脏组织的动态力学特性进行了测试，试验表明沿肝脏表面和垂直肝脏表面的组织力学性能基本一致。

对于替代材料动态压缩性能的测量，采用分离式霍普金森压杆（SHPB）获得材料不同应变率条件下的动态应力 – 应变曲线，由曲线读取出动态压缩强度及失效应变等参数。将试样放置于入射杆和透射杆之间，通过气室推动撞击杆使之以一定的速度撞击入射杆，在入射杆端面形成入射应力波向试样方向传播。当入射波到达试样与入射杆的接触面后，一部分应力波被反射，反射波沿入射杆以拉伸波的形式返回，另一部分波通过试样传播到透射杆。在入射杆和透射杆上分别粘贴应变片（即应变传感器），利用应变片把杆中传播的应力波转化成电压信号，由超动态应变仪对电压信号进行放大处理，由数据采集系统记录，并由数据处理软件处理得到应力 – 应变曲线。SHPB 试验装置实物与示意图如图 4.71 所示。

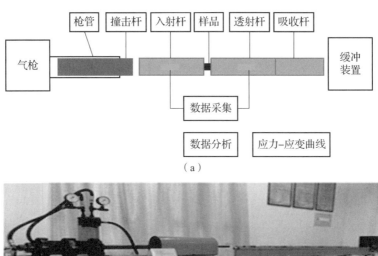

图 4.71 霍普金森压杆试验装置

（a）示意图；（b）实物

数据处理原理是根据一维弹性波传播理论计算出试样的应力和应变，获得材料的动态力学性能。一维弹性波传播理论计算公式如图 4.72 所示。

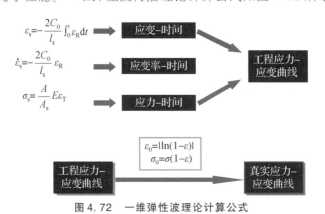

图 4.72 一维弹性波理论计算公式

数据采集及处理：数据采集是通过虚拟软件 TopView2000 完成的，该软件拥有多通道控制、显示、分析以及输出功能，自动校准功能，自动报警功能，数据自动分析显示功能。可针对具体试验要求，设定采样频率、采集长度、记录延时、测量电压范围、抗混叠滤波器信号截止频率等信息。

数据处理由 D – Wave 软件完成，D – Wave 软件操作流程如图 4.73 所示。根据一维弹性波传播理论，将应力 – 时间、应变 – 时间、应变率 – 时间公式编辑到 D – Wave 软件程序中，运行计算出试样的应力和应变，输出应力 – 应变曲线。

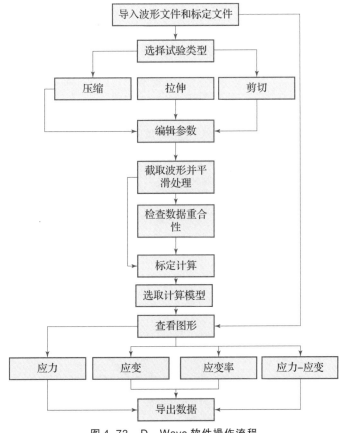

图 4.73　D – Wave 软件操作流程

根据上述方法，分别对皮肤等效材料、肌肉等效材料、内脏等效材料和骨骼等效材料进行霍普金森压杆试验测试，测试结果如下所述。

1）皮肤等效材料

如图 4.74 所示，分别选取两种皮肤等效材料（PFDX1 和 PFDX2），随着加载应变率的提高，PFDX1 屈服应力从 0.96 MPa 增加到 4.84 MPa，其屈服应变也随应变率的增加而增大，由 11% 增加到 31%；PFDX2 屈服应力从 3.97 MPa 增加到 15.89 MPa，其屈服应变也随应变率的增加而增大，由 11% 增加到 70%。上述数据表明，PFDX1 和 PFDX2 材料在动态压缩条件下与皮肤的动态压缩强度相近，延展性较好，具有高聚物的高弹性和黏弹性的特点，是替代皮肤的理想材料。

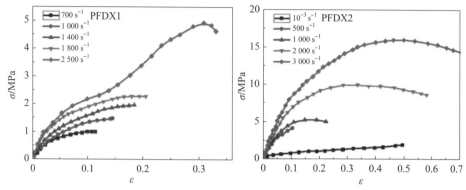

图 4.74　皮肤等效材料动态压缩应力 – 应变曲线

2）肌肉等效材料

如图 4.75 所示，肌肉等效材料（JRDX – 1）与肌肉的动态压缩强度范围相同，均处于 0～1 MPa；且动态响应规律相同，随着应变和应变率的增加，应力也相应增加，且增加速率越来越高；二者均具有较高的韧性，在应变为 50% 时仍不破坏。在动态压缩性能方面，JRDX – 1 材料是肌肉理想的替代材料。

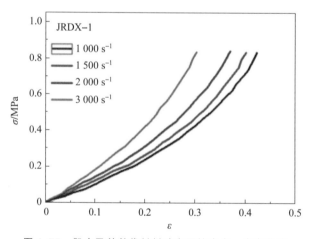

图 4.75　肌肉及其替代材料动态压缩应力 – 应变曲线

3）内脏等效材料

低密度的 PU 泡沫和 EVA 泡沫与猪的肺部、肝脏动态力学性能相近，将低密度的 PU 泡沫和 EVA 泡沫作为研究对象，开展其动态力学性能研究。其中，NZDX – 6 和 NZDX – 7 分别为密度为 0.21 g/cm³ 和 0.15 g/cm³ 的 PU 泡沫和 EVA 泡沫。

由图 4.76 可知，PU 泡沫和 EVA 泡沫的动态响应规律与肺部和肝脏基本一致。当应变为 40% 时，在 2 000 s⁻¹ 条件下，肝脏的压缩强度为 0.42 MPa，肺部的压缩强度为 0.34 MPa；相同条件下，NZDX－6 和 NZDX－7 的压缩强度分别为 0.35 MPa 和 0.37 MPa；EVA－3 和 EVA－5 的压缩强度分别为 1.4 MPa 和 6.43 MPa。

以上数据表明，EVA－3 和 EVA－5 的压缩强度明显高于肝脏和肺部，而 NZDX－6 和 NZDX－7 与肝脏、肺部的动态力学性能等效性较好。NZDX－6 和 NZDX－7 两种泡沫是内脏的理想替代材料。其中，考虑到肺部密度较低，选用密度较低的 NZDX－7 作为肺部的替代材料，选用密度较高的 NZDX－6 作为肝脏的替代材料。

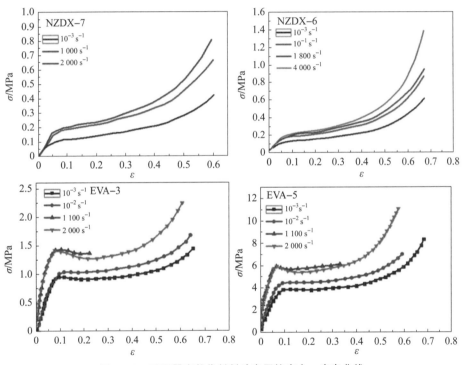

图 4.76　重要器官替代材料动态压缩应力 - 应变曲线

4）骨骼等效材料

图 4.77 分别为聚醚醚酮（GGDX－1）、聚甲醛（GGDX－2）和环氧树脂（GGDX－3）的动态应力 - 应变曲线。由图可知，当应变率为 1 000 ~ 4 000 s⁻¹ 时，GGDX－1 的流变应力基本不变（约 190 MPa）；GGDX－2 的流变应力也基本不变（60 ~ 100 MPa）；而 GGDX－3 的流变应力随着应变率的增加而增加，由 260 MPa 增加到 540 MPa。对比这三种替代材料的破坏应变可

知，GGDX-2 的塑性最好，GGDX-3 的塑性最差。

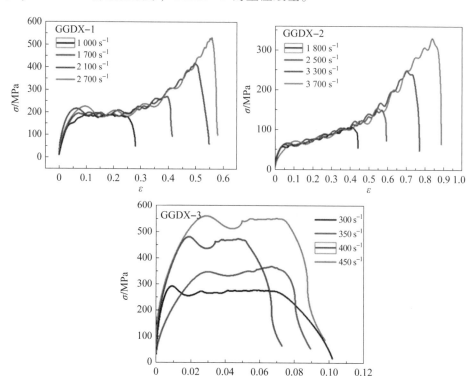

图 4.77　骨骼替代材料的动态压缩应力 - 应变曲线

基于骨骼动态力学性能分析可知，骨骼中部动态压缩强度最高，为 150 ~ 220 MPa，替代材料中 GGDX-1 和 GGDX-3 具有较高的动态压缩强度，尤其是 GGDX-1 的动态压缩强度与骨骼非常接近。此外，骨骼较脆，破坏应变很低（1%~2%），替代材料中 GGDX-3 的破坏应变很低，当应变率为 400 s^{-1} 时，破坏应变仅为 5%。综合考虑材料的动态压缩强度与破坏应变，GGDX-1 和 GGDX-3 是骨骼的理想替代材料。

4.7.3　等效材料靶试试验测试方法

由于国际人道主义法等禁止对人体开展创伤试验，无法通过试验或者数据检索的方法直接获取人体各组织器官的抗破片侵彻效能，所以在研究过程中多采用动物组织器官用作实弹试验，通过实弹试验获取动物组织器官与等效材料的等效关系，等效方法示意图如图 4.78 所示。

目前，枪弹伤试验应用较大的动物是猪、羊、犬。其中，由于羊、犬肢体骨骼肌不够丰满，形成的枪弹伤道较短，又因猪的皮肤构造与人体皮肤相似，骨骼肌丰满，尤其是四肢部位能形成完整伤道，所以多选用与成年人体重近似的长白猪开展研究。

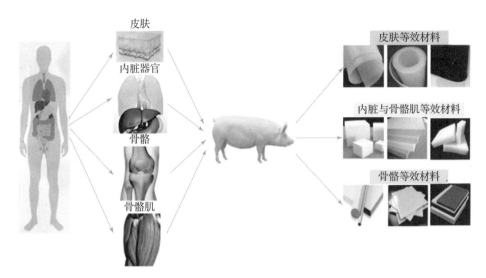

图 4.78　组织器官与等效材料之间的等效关系示意图

确定生物组织器官抗破片性能的主要影响因素，进而确立生物靶标的关键力学性能参量。针对关键参量，筛选出与长白猪皮肤、重要内脏器官、骨骼及骨骼肌这 4 个典型部位关键参量相近的材料作为替代材料开展研究。

4.7.3.1　等效材料靶试等效原则

关于等效材料靶试等效原则，大致可以分为以下 4 种，即材料强度等效原则、临界穿透速度等效原则、吸收动能等效原则和剩余穿深等效原则。

对于等效材料靶试试验而言，吸收动能等效原则更能较为准确地评价生物组织与等效材料的等效性。吸收动能等效原则，是以弹体在侵彻贯穿目标过程中材料吸收破片动能值为等效指标及衡量标准，即以统一规格破片，以相同速度垂直侵彻贯穿厚度为 H_1 生物组织与厚度为 H_2 等效材料时，若二者吸收能相同，即认为厚度为 H_1 的生物组织与厚度为 H_2 的等效材料具有等效关系（图 4.79）。假设不考虑弹体（破片）磨蚀及变形带来的影响，侵彻过程弹体损失的动能可以在已知弹体质量、初速以及剩余速度的情况下，通过下面公式计算获得。

$$E_p = 1/2\ m_p\ v_0^{\ 2} - 1/2\ m_p v_r^{\ 2} \qquad (4-9)$$

式中，m_p 为弹体质量；v_0 为弹体初速度；v_r 为弹体剩余速度。

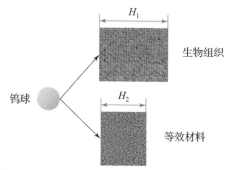

图4.79 生物组织与等效材料的等效方法示意图

同时，提出了单位厚度吸收能 E_h 这一概念，见式（4-10）。

$$E_h = E/h \qquad (4-10)$$

式中，E 为靶标在钨球侵彻过程中的吸收值；h 为靶标厚度。通过实弹试验获取长白猪各组织器官的单位厚度吸收能 E_{h1}，以及其等效材料的单位厚度吸收能 E_{h2}，进而获取长白猪各组织器官与其等效材料的厚度等效因子。将两个厚度的比值作为厚度等效因子 λ。

$$\lambda = h_2/h_1 = E_{h1}/E_{h2} \qquad (4-11)$$

基于单位厚度吸收能，提出了单位面密度吸收能 $E(\rho_A)$ 这一概念，见式（4-12）。

$$E(\rho_A) = E/(\rho h) \qquad (4-12)$$

式中，E 为靶标在钨球侵彻过程中的吸收值；ρ 为靶标密度；h 为靶标厚度。

4.7.3.2 靶试试验设备及试验参数

杀伤元（破片）是轻武器杀伤榴弹所产生的杀伤单元。破片的材质、形状、质量、速度等参数与杀伤性能密切相关。轻武器杀伤榴弹的破片材质主要是钢质和钨合金。其中，钨合金密度大，杀伤效果更加显著。破片形状主要分为球形、菱形、立方体、六方柱体等。球形破片具有形状规则、飞行阻力小、存速能力强、侵彻能力强等特点，被广泛应用于榴弹的预制破片。球形破片直径一般为 $2.0 \sim 4.0$ mm，每 0.5 mm 为一个系列，破片质量在 $0.07 \sim 0.60$ g。

其中，$\phi 4$ mm 钨球预制破片在榴弹爆炸后的速度为 $400 \sim 1\,000$ m/s。相对于金属、陶瓷等硬质靶而言，靶标对象为生物组织及其等效材料，均为软质靶，软质靶抗破片侵彻能力较弱，4 mm 钨球，700 m/s 速度条件下均能被穿透。破片初速度越高，侵彻动能越大，软质靶对破片的动能损耗和速度衰减程度则越小，越不利于呈现出生物组织抗破片侵彻能力的差异。因此，为了更好地对比生物组织抗破片侵彻能力，也为了更清晰地对比等效材料与生物组织的等效性，需要将榴弹预制破片实际服役速度范围控制在低速段（400～700 m/s）。

　　试验可采用 53 式 7.62 mm 线膛弹道枪发射钨球预制破片，钨球质量为 0.6 g，直径为 4 mm。将钨球置于尼龙弹托中，将钨球和弹托一同发射出枪口后，弹托在空气阻力作用下与破片分离，分离后的弹托瓣被弹托拦截器挡住，钨球则穿过拦截器上的中心孔直接撞击靶板。发射时火药采用 4/7 硝化棉火药，通过调控装药量使破片初速达到 400～700 m/s 的范围。钨球、弹托实物及分瓣式弹托尺寸如图 4.80 所示。

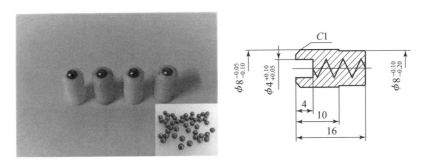

图 4.80　钨球、弹托实物及分瓣式弹托尺寸

　　为了测量钨球初始入射速度及穿透靶后的剩余速度，靶前及靶后分别放置测速靶（通断靶），通过测速仪测出钨球通过测速靶的时间 t_1、t_2，从而计算出钨球的靶前初始速度和靶后剩余速度。实弹试验布置示意图如图 4.81 所示。

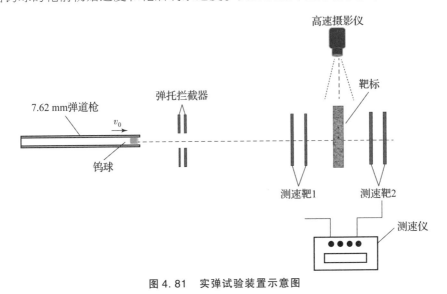

图 4.81　实弹试验装置示意图

由于钨球破片尺寸较小，弹托直径大，如果弹托因未成功分离与破片一同撞击生物靶板，对生物靶板的损伤程度远大于破片自身带来的损伤，致使钨球对生物靶板的侵彻效果被弹托毁伤效果掩盖。

图4.82所示为采用高速摄像机拍摄的钨球破片侵彻猪肉的瞬间过程。图4.82（a）所示为弹托未分离，跟随破片一同高速撞击猪肉的过程；图4.82（b）所示为弹托分离，仅破片自身高速撞击猪肉的过程。由图可知，这两种情况下猪肉均沿子弹侵彻反方向大量飞溅。不同的是，弹托与破片一同撞击时猪肉的破坏程度更加显著，反向飞溅更严重，且贯穿后出口破坏面积也更大。因此，在着靶前必须实现弹托分离，才能保证侵彻过程的准确性。

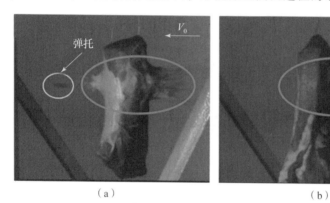

图4.82　钨球破片侵彻猪肉过程

（a）弹托未分离（随钨球一同着靶）；（b）弹托分离（未着靶）

为了实现弹托分离，可以在弹道上设置拦截器，如图4.83所示。弹托出枪口后沿周向分离，在高速飞行过程中被弹托拦截器拦截，钨球破片与弹托分离后从拦截器中心孔中穿过。通过高速摄影仪拍摄的弹托运动轨迹也证实了弹托被成功拦截，图4.83也清晰观察到了弹托被拦截器有效拦截后留下的撞击凹坑。

图4.83　弹托拦截器实物

通过实弹试验开展了相同装药量和不同装药量条件下发射稳定性验证试验，并通过改变装药量实现了破片发射速度的控制（表4.29）。

表 4.29　相同装药量和不同装药量条件下的弹速测量结果

序号	破片质量/g	装药量/g	弹速/($m \cdot s^{-1}$)
1	0.6	0.9	340
2	0.6	1.0	382
3	0.6	1.0	424
4	0.6	1.0	410
5	0.6	1.0	421
6	0.6	1.0	423
7	0.6	1.0	396
8	0.6	1.0	403
9	0.6	1.1	449
10	0.6	1.6	589
11	0.6	1.7	638

图4.84 给出了不同装药量下的初始弹速值，以及装药量与初始弹速的关系曲线。由图可知，初始弹速随着装药量的增加而提升，且初始弹速与装药量之间呈现较好的线性增长关系；在相同装药量条件下，初始弹速稳定性较好，当装药量为 1 g 时，平均初始弹速为 407 m/s，误差为 ±15 m/s。

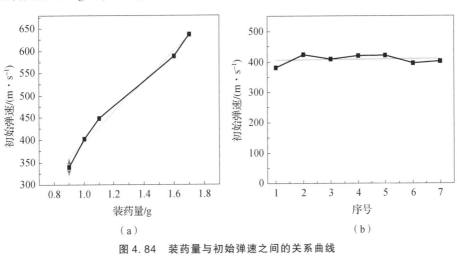

图 4.84　装药量与初始弹速之间的关系曲线

（a）不同装药量；（b）相同装药量

第 5 章

人员目标简易靶标

战场人员目标易损性模拟，以战场人员目标为研究对象，以易损性为核心，以等效模拟靶标、杀伤判据和"数字假人"研究为落脚点，所以其最终目的是要以非生物材料设计并制作战场人员易损性等效模拟靶标。

根据等效模拟的三个层次，对应的就是三种等效模拟靶：毁伤特征等效法对应的就是松木靶板/明胶靶或其他材料靶板，其材料和结构单一，往往是针对单一毁伤特征进行评价，一般用于武器弹药某方面单一特性的评估；目标功能等效法对应的就是第 3 章描述的等效简易靶标，具有一定的结构等效性质，可用于部分较为复杂的毁伤特征的综合评价，如吸收能评价、毁伤效应评价等；几何模型等效法对应的就是高逼真靶标，由于其结构和材料与人体高度相似，可用于模拟实际战场人员易损性的综合评价。这三种等效靶的功能均可用于杀爆战斗部作用条件下对人员目标杀伤效果的等效评价。

　　本章所讲的简易靶，就是指第 3 章描述的"多层复合简易人型等效靶"的简称。这里称之为"简易靶"，主要有两方面的含义：其一是该模拟靶标不具有人员目标的所有特征，只具有部分人体特性，而且其易损性也只关注动能破片的吸收动能和毁伤效应的模拟；其二指该靶标侧面（剖面）结构简化，重量也比实际人体轻，便于搬运、储存和使用。

　　本章内容主要是讲述简易靶的发展历程和功能、简易靶的材料要求、简易靶的设计、简易靶的制备、简易靶的技术要求、简易靶的检测方法等。

|5.1　简易靶标发展与功能|

简易靶可以定义为在杀爆战斗部作用条件下，通常选择等面积（体积）人体功能器官形状等效材料并以一定的简化原则构建模拟人体靶标，用于检验对人员目标的杀伤效果。

5.1.1　人员目标等效靶标的发展历程

现代战争中，战场人员是毁伤目标最为脆弱的被攻击对象之一，会受到各种枪弹及典型破片的袭击与杀伤，导致作战人员即刻死亡或丧失作战能力。大量研究数据表明，其中 70% 以上的士兵伤亡是因破片和枪弹所致，因此如何评价破片对战场人员目标的易损性及毁伤效应是各国重要的研究议题。我国人员目标等效靶标的发展经历了非均质松木靶、均质单一材料靶、多种材料复合靶和高逼真靶等阶段。目前研究较多的是均质单一材料靶和多种材料复合靶，高逼真靶也有少数部门和单位在进行技术开发。

1. 单一材料靶

在弹丸威力测试领域，我国现行的试验标准还是 20 世纪苏联援华专家提出的：用能否穿透 25 mm 厚松木板检验杀伤元是否具有杀伤能力。1956 年，在攻 42 手榴弹威力试验中，苏联专家斯捷潘诺夫顾问建议"用一面刨光的厚

25 公厘①的红松木板"围绕手榴弹组成不同半径的木板靶，将穿透木板靶的弹片计为杀伤破片。此后，苏联专家撤走，而我们在后续的枪弹威力试验中仍然照搬这一杀伤标准。限于当时国内的技术状况和所能提供材料的条件，松木具有取材方便、质轻、硬度适中、强度和弹性模量较大、易加工、绿色环保等特性，是当时最佳的选择。例如，我国科研人员以 25 mm 厚红松木靶作为人体模拟靶，用小钨球侵彻二级防弹头盔以及三级软体防弹衣加 25 mm 松木靶开展侵彻试验，以研究防弹头盔和防弹衣对人员的防护效能。目前，对于人员目标，常用尺寸为 1.5 m × 0.5 m × 0.025 m 的松木板作为其抵抗破片冲击的等效靶。这里的等效概念是指：模拟的松木板凡被一定尺寸的破片所击穿，则认为真实人员在遭受同样破片的攻击下丧失战斗能力。

松木是一种非均匀、各向异性的天然高分子材料。木质靶标存在各向异性、产品一致性差、易吸水、易变形、易燃烧、易腐蚀、易生物蛀蚀、四季更替时材料的状态和性能变化较大等问题。松木靶作为一种非生物的侵彻方法，其材料力学性质的不稳定性严重影响着试验结果的可信度，随着近些年相关试验要求的提高，现行标准引起的争议越来越严重。如安保林、赫雷、周克栋、徐诚等通过试验获得了 4.50 ~ 7.62 mm 口径杀伤元生物靶标杀伤效果与 25 mm 厚松木板侵彻的对比，发现 25 mm 厚松木板无法精确评估低速枪弹的致伤力。对于橡皮霰弹，松木板的不一致性对试验结果的影响很大，对于同一批橡皮霰弹，对不同的松木靶板，试验结果不同，造成安全考核可信度低。

为了给弹丸靶场试验结果的评估提供依据，提出了必须探索质地均匀、性能稳定的人体新型等效靶材料，以替代松木材料的要求。中国白城兵器试验中心李晓辉等人，针对目前威力试验对人体模拟靶提出的质地均匀、冲击性能稳定、密度与人体接近等性能要求，开展人体新型等效靶材料的设计与抗弹丸侵彻性能研究，并获得人体新型等效靶材料与松木板抗侵彻性能的厚度等效关系，获得与 25 mm 松木板具有相同抗弹性能的新型等效靶板。新型等效靶板实弹射击数据离散性更小，抗弹性能更稳定。

2. 简易靶

单一高分子材料均质靶性能稳定，目前处于推广应用状态，但其只适用于制作单一毁伤特征模拟靶。人员目标由各种组织和器官组成，而且这些组织和器官性能各异，其毁伤效应采用一种材料是不可能模拟出来的。在战场模拟背景下，需要根据人员目标几何尺寸和相关生理参数，建立等效模拟靶模型，并

---

① 长度计量单位，1 公厘 = 1 mm，现已淘汰。

建立等效模拟靶与人体物理损伤度与毁伤效能映射关系，确定等效模拟靶功能区域与作战人员关键功能关联区域关联关系；按照功能区域确定与功能相关组织或器官等效材料的类型，以制备多种材料复合靶。

由于人体组织比较复杂，在目前技术条件下完全按照真实的人体易损性特性模拟制作多种材料复合靶，难度较大，代价也非常高；同时，由于在多数的等效模拟场合，研究者并不是关注所有人体易损性特性，往往只关注几个关键易损性特性，因此，在单一组织或器官等效材料研究的基础上，采用一定的等效方法，制作由不同组织或器官的等效材料组成的简易模拟靶就成了研究人员的选择。简易靶是采用不同等效材料对人体不同组织的仿真模拟，根据人体结构设计而成的人员目标易损性模拟靶标。之所以称之为简易靶，是因为这种模拟靶只具有部分人体特性，只关注吸收动能和毁伤效应的模拟。简易靶适用于在杀爆战斗部作用条件下检验或评价破片对人员目标的杀伤效果。

3. 高逼真靶

高逼真靶是模拟靶标中与实际人体最为接近一种等效靶标，是在简易靶的基础上，外观完全按照人体特性参数进行仿真建模，部分内部组织或器官结构也是按照人体结构特性参数进行建模，部分组织或器官等效材料也与人体组织或器官性能更接近。理论上的高逼真靶，也就是所谓的"数字假人"，其结构和材料完全按照人体结构特性参数来进行模拟，针对不同的毁伤元，其毁伤效应与人体基本相同。在目前的技术条件下，还不可能真正做到"数字假人"程度的高逼真靶。目前国内做得较好的高逼真靶有医用模拟假人和碰撞模拟假人两个领域，也只是针对关键要素进行等效模拟。如四川大学的林大全等按照中国成人统计参数建立了中国人体仿真模型，同时研究了组织辐射等效假人的等效材料，制作出医用仿真辐照人体模型，被国际辐射剂量单位与测量委员会命名为"成都剂量体模"。四川大学的陈爽、谢驰、刘念等基于人体力学和有限元分析法，针对95%国产碰撞假人设计中的关键性问题进行了设计和分析，建模构建了安全碰撞假人的外形模型，并针对皮肤等效材料力学性能的特异性对人体皮肤等效材料弹性性能的测试方法进行了研究。

单一材料靶、简易靶和高逼真靶的特性和功能区别见表5.1。

表5.1 单一材料靶、简易靶和高逼真靶的特性和功能区别

特性或功能	单一材料靶	简易靶	高逼真靶
外形	靶板 （方形靶板）	正面人形 侧面矩形	立体人形

特性或功能	单一材料靶	简易靶	高逼真靶
内部结构	单一结构	区分4个功能区按组织或器官与材料等效系数设计厚度	按人体功能器官结构和位置建模与布置
材料	单一材料	三种材料	多种材料
	性能与组织或器官无关系	等效材料性能与组织或器官相似且存在等效关系	等效材料性能与组织或器官尽可能相同
毁伤特性	单一特性	多种特性	全面评价
成本	低	一般	高
搬运、储存和使用	最方便	较方便	不方便

5.1.2 简易靶的应用场景

简易靶在各武器试验基地、靶场及作战部队，用于武器弹药杀伤效能评估、弹药杀伤能力的测试、防护器材防护能力验证和作战人员技能评价等场合。对于减少部队作战人员和执行任务警察的伤亡以及武器装备的进阶，起到非常重要的作用。

具体应用场景如下：

（1）可用于杀爆弹或其他形式远程弹药对单人舱室内杀伤效果评估。

（2）可用于杀爆弹或其他形式远程弹药对集团杀伤效果评价。

（3）可应用于某型弹药杀伤能力的测试。

（4）可用于防护器材防护能力的检验。

（5）可应用于作战人员技能评价（正面可1∶1标注重要器官位置）。

|5.2 简易靶的材料要求|

简易靶是由不同人体组织器官等效材料组成的。等效材料是指用于等效评价杀爆战斗部作用条件下对人体组织器官杀伤效果的非生物体材料。如前面所讲的硅橡胶可作为皮肤等效材料。人体不同组织器官的物理特性不同，其抗破片性能自然也不同，因此对不同的组织器官的等效材料，其要求也是不同的。

通过实弹射击得到的长白猪不同组织器官的抗破片性能见图5.1。

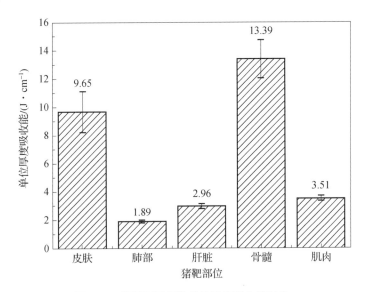

图5.1　猪靶不同部位单位厚度吸收能对比

注：图中数据为破片侵彻速度400 m/s条件下的统计值

从图5.1可以看出，肺部、肝脏和肌肉的单位厚度吸收能明显低于其他两者，因此把肺部、肝脏和肌肉这三种组织器官简化为一种等效材料——"肌肉内脏等效材料"。在考核破片对人员目标杀伤效果条件下，简易靶的人体关键器官等效材料就可以简化为皮肤、骨骼、肌肉内脏等三种组织器官的等效材料。

通过猪靶抗破片侵彻试验、猪靶物理性能测试和文献调研可知，密度、弹性模量和泊松比是影响生物靶板抗破片侵彻性能的关键参量。

从简易靶使用环境和功能方面来考虑，还必须考虑等效材料必须是均质材料、易加工、原材料易获得、储存稳定性能好、环境适应性好、外观感触与生物靶相近等问题。

综合上述对简易靶等效材料的要求，等效材料初次选择原则：考虑等效材料的密度、弹性模量、泊松比等关键参量和成本、可加工性能、储存稳定性能、环境适应性及外观感触等关键因素，结合打靶时单位面积吸收能和单位厚度吸收能等数据，作为选择等效材料的原则和依据，对现有高分子材料进行调研、筛选。

5.2.1 简易靶人体关键组织器官等效材料

由第 3 章中对组织等效模拟材料的选择方法和步骤可知，等效模拟材料的选择、设计和制备分为三个阶段：第一阶段为初选，第二阶段为复选，第三阶段为设计和制备。其中第二阶段结束后选择的等效模拟材料即可用于简易靶的制作，第三阶段为针对高逼真靶设计和制作材料。

5.2.1.1 简易靶人体关键组织器官等效材料初步选择

简易靶关键组织器官等效材料选择第一阶段初选：以密度、弹性模量、泊松比等参量和外观感触等因素为选择关键等效材料的基本依据。同时，从使用的角度，要求等效材料生产技术成熟、成本不高、储存稳定性好、环境适应性好、耐气候老化性能好，此外还要求具有环保性和阻燃性。

下面将皮肤、骨骼和肌肉内脏三种组织器官的等效材料中初选入围的最有代表性的几种材料进行简要介绍。

1. 人体皮肤等效材料

按照等效材料初次选择原则为基本依据，常见的可作为皮肤等效材料的有室温固化加成型硅橡胶（简称"硅橡胶"）、橡胶或塑料涂覆织物（简称"涂覆织物"）或其他软质材料。

硅橡胶是以线型有机硅氧烷为基础聚合物（生胶），加入交联剂、补强剂和其他配合剂，经配合、硫化形成的弹性体，它具有使用温度范围广、耐气候老化的优点。硅橡胶按其商品形态，分为混炼硅橡胶与液体硅橡胶两大类。混炼硅橡胶，通常也称为热硫化硅橡胶或热固化硅橡胶，是由线型高聚合度（5 000~10 000 个硅氧烷结构单元）的聚有机硅氧烷配合补强填料，及赋予各种性能的添加剂配制成的基料。使用时，配合硫化剂，经成型、硫化制成制品。这种橡胶与其他橡胶一样，要经过配料、混炼、压片、成型、硫化等工序才能制作制品，因此也常称为混炼硅橡胶。液体硅橡胶与混炼硅橡胶不同，是由中等聚合度的线性有机硅氧烷为基础配合物，配合填料、各种助剂及添加剂配制的具有自流平或触变性的基料。使用时一般不用大型加工设备，可根据品种及用途挤出、注型、涂覆后，在大气中或加热硫化成型为弹性体。双组分加成型室温硫化硅橡胶硫化交联时不产生其他小分子，对环境友好；其硫化时间主要取决于催化剂用量和温度，故利用催化剂用量和温度的调节可以控制其硫化速度。硅橡胶密度和强度也可通过调整配方设计来进行调整，其性能稳定、环保、阻燃、手感与人体皮肤相似，是医用材料和人体皮肤等效材料的理想材料之一。热固化硅橡胶和室温固化硅橡胶可选择硬度为 20～30（邵氏 A）的橡胶，其手感与皮肤更接近。

橡胶/塑料涂覆织物是由纤维增强材料–织物和韧性聚合物基体–橡胶/塑料涂层通过涂覆、干燥工艺加工而成的一种柔性复合材料，其中橡胶/塑料层处于涂覆织物的面层；织物作为基础骨架材料，具有一定的力学强度，对橡胶/塑料覆层材料起着支撑作用。该种材料比热固性或热塑性聚合物基体复合材料有较大的变形范围，较高的承载能力和良好的抗疲劳性能。材料在低应力作用时呈低刚度性能，而在高应力作用时能够呈现出较高的强度和刚度，是该材料的一个显著特性。橡胶/塑料涂覆织物常用基材一般有棉布、玻璃纤维布、涤纶（聚酯）布、锦纶（尼龙）布和芳纶布等。涂覆材料早期以软质 PVC 和丁基胶乳为主，现在根据功能要求采用的涂层材料有聚四氟乙烯（PTFE）、聚氯乙烯、硅树脂、氯丁橡胶、聚氨酯（PU）、热塑性聚氨酯（TPU）、聚丙烯酸酯、丁腈橡胶等具有特定功能特点的涂覆材料，可根据使用环境和要求进行选择。橡胶/塑料涂覆织物及其制品在橡胶/塑料行业起着重要作用，广泛用于工业、农业、医药业、航海和航空等领域。其中硅橡胶、PU 或 TPU 涂覆聚酯布产品在手感上与皮肤相似，强度高，也是皮肤等效材料的理想材料之一。

2. 人体骨骼等效材料

人体骨骼相对密度在 1.2 左右，强度和弹性模量较高。以相对密度、强度和弹性模量为基本参量，可作为骨骼等效材料的高分子材料有聚醚醚酮（PEEK）板（简称"PEEK"）、玻纤增强环氧树脂（简称"玻纤环氧"）或其他硬质塑料。

PEEK 是在主链结构中含有一个酮键和两个醚键的重复单元所构成的高聚物，属半结晶特种高分子材料，一般采用与芳香族二元酚缩合而得的一类聚芳醚类高聚物。PEEK 是一种具有耐高温、自润滑、易加工、耐化学药品腐蚀和高机械强度等优异性能的特种工程塑料，韧性和刚性兼备。PEEK 具有与人体骨组织相似的弹性模量和硬度，可以有效避免金属植入材料的应力屏蔽效应，生物相容性优良，再加上相对密度可调整为与骨骼相似，所以被逐渐应用到生物医学领域。

在医疗器械领域，PEEK 可在 134 ℃下经受 3 000 次循环高压灭菌，这一特性能满足灭菌要求高、需反复使用的手术和牙科设备的制造，加上它的抗蠕变和耐水解性，用它可制造需高温蒸汽消毒的各种医疗器械。尤为重要的是，PEEK 无毒、质轻、耐腐蚀、易加工、生物相容性好、刚性和尺寸稳定，是与人体骨骼最接近的材料，因此可采用 PEEK 代替金属制造人体骨骼，作为人工骨修复骨缺损，在医疗器械领域有大量应用，比较适合制作骨骼仿真材料。

环氧树脂是一种性能优异的热固性树脂，分子中含有两个或以上环氧基。由于具有良好的粘接性、耐腐蚀性、绝缘性以及高强度等优异性能，环氧树脂成为聚合物基复合材料中应用最广泛的基体树脂。玻璃纤维（GF）增强环氧树脂（EP）复合材料也称玻璃钢，是目前研究比较成熟、应用最广的一种环氧复合材料，具有重量轻、比强度高、比模量高、耐疲劳、耐热性、耐腐蚀、电性能优异等特点。GF/EP 的相对密度为 1.2 ~ 2.0，只有碳钢的 1/5 ~ 1/4，密度可调整为与骨骼相似；而其拉伸强度却接近甚至超过碳素钢，某些环氧玻璃钢的拉伸、弯曲和压缩强度甚至能达到 400 MPa。GF/EP 可以根据不同的使用环境及特殊的性能要求，自行设计复合制作而成，因此只要选择适宜的原材料品种，基本上可以满足各种不同用途对于产品使用时的性能要求。由于其较高的强度和模量，可设计性强，工艺成熟，成本相对较低，可作为人体骨骼等效材料。

3. 人体肌肉、脂肪和内脏器官等效材料

人体肌肉、脂肪、心脏、肝脏相对密度在 1.0 左右，肺部相对密度在 0.67 左右，强度和弹性模量较低。由于肌肉、脂肪和内脏器官等组织器官的单位厚度吸收能相差不是很大，在简易靶中可以采用同一种材料进行等效模拟。以密度、强度、弹性模量等参量为基本依据，可作为肌肉等效材料的有聚氨酯软质泡沫材料（简称"PUR"泡沫）、硅橡胶或其他软质泡沫材料等。

聚氨酯（PU）全称为聚氨基甲酸酯，制备过程中添加多元醇、异氰酸酯、催化剂和发泡剂等，主要是通过多元醇的—OH 和异氰酸酯的—N＝C＝O 发生聚合反应生成—NHCOO—基团。聚氨酯可以分为软质聚氨酯、半硬质聚氨酯和硬质聚氨酯。聚氨酯软泡多为开孔结构，软泡具有密度小、柔软度、高回弹性能且保温防水等优点。对于软质聚氨酯，发泡剂主要是水，与硬质聚氨酯不同的是，在原料异氰酸酯的选用上以及发泡工艺上有所不同，可以调控原料的配比来控制硬度和密度。PUR 软质泡沫可用于模拟人体脂肪、肺部的等效材料。聚氨酯半硬泡的弹性模量介于 70 ~ 700 MPa，抗冲击性能好，保温隔热性能优异，具有缓冲防振的作用。聚氨酯半硬泡密度小，吸水率低，不易随着温度和湿度的变化产生变形，抗压缩和变形复原性能好。PUR 半硬泡的弹性体可用于模拟肌肉、肝脏、心脏等组织器官的等效材料。PUR 通过对不同多元醇和异氰酸酯进行选用，可用于生产性能要求不同的产品；通过对发泡剂和稳定剂用量的调节，可制作出不同密度、不同开孔形式的材料。通过 PUR 的这种可设计性，可制作不同 PUR 材料分别模拟人体肌肉、脂肪、肝脏、心脏和

肺部等强度要求不高的不同组织器官的等效材料。

硅橡胶通过调节补强填充剂和发泡剂用量，达到调节其密度、回弹性和模量的效果，用于模拟不同密度和模量要求的人体软质组织器官的等效材料。

5.2.1.2　简易靶人体关键组织器官等效材料复选

简易靶人体关键组织器官等效材料复选指通过破片射击试验和仿真模拟等方法来计算等效材料，确定生物组织器官与等效材料的等效系数，并验证等效材料的毁伤效应的等效性。综合等效系数、毁伤效应的等效性和模量等因素，确定生物组织器官等效材料的类型。

简易靶组织器官等效材料设计原则：为了简化结构，减薄简易靶厚度，需要对皮肤、骨骼和肌肉内脏等组织器官等效材料厚度进行减薄处理，因此材料等效系数（λ = 等效材料厚度/组织器官厚度）推荐值：皮肤材料等效系数 λ_p = 0.5 ~ 1.0，骨骼等效系数 λ_g = 0.18 ~ 0.23，肌肉内脏等效系数 λ_j = 0.25 ~ 0.30。

现以骨骼等效材料的复选过程为例来进行说明：

（1）选择四肢骨中尺寸较长、结构均匀的后肢股骨作为研究对象开展试验。由于骨骼质地较硬且呈管状，不能同肺部、肝脏等软组织器官随意叠加进行增厚设计，故保留了猪后肢骨骼原有厚度（约 30 mm），骨骼试样如图 5.2 所示。

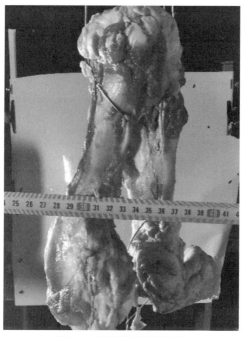

图 5.2　猪后肢骨试样实物

（2）破片（0.6 g）速度选择400 m/s进行实弹射击，试验结果见表表5.2。

表5.2　猪后肢骨抗破片侵彻试验结果

试样类型	厚度/mm	子弹质量/g	靶前速度/$(m \cdot s^{-1})$	吸收能/J	单位厚度吸收能/$(J \cdot cm^{-1})$	穿透情况
猪后肢骨	30	0.6	400	40.17	13.39	穿透

由表5.2可知，30 mm厚猪后肢骨对于0.6 g，400 m/s的钨球破片吸收能为40.17 J，单位厚度吸收能为13.39 J/cm。

（3）按骨骼等效系数$\lambda_g = 0.2$进行计算，则等效材料理想单位厚度吸收能E_h'为：$E_h' = E_h/\lambda_g = 13.39 \ J/cm \div 0.2 = 66.95 \ J/cm$。

对两种骨骼等效材料进行模拟仿真分析，模拟计算出PEEK在破片400 m/s初速、吸收能为67 J时对应厚度值约为10 mm（取整）；GF/EP在破片400 m/s初速、吸收能为67 J时对应厚度值也约为10 mm（取整）。

（4）以猪皮的等效材料GF/EP（10 mm）和PEEK（10 mm）作为靶板，4 mm钨球破片（0.6 g）速度选择400 m/s进行实弹射击，进行5次实弹射击，按附录3-A的方法计算等效材料在预设理论速度下的单位厚度吸收能，计算结果见表5.3。

表5.3　骨骼等效材料抗破片侵彻试验结果

试样类型	厚度/mm	子弹质量/g	靶前速度/$(m \cdot s^{-1})$	吸收能/J	单位厚度吸收能/$(J \cdot cm^{-1})$	穿透情况
PEEK	10	0.6	400	61.12	61.12	穿透
GF/EP	10	0.6	400	68.66	68.66	穿透

（5）从单位厚度吸收值理论上来说，GF/EP单位厚度吸收能与理论计算值更接近，可以选择GF/EP作为骨骼的等效材料；同时，GF/EP比PEEK成本低很多，所以选择GF/EP作为骨骼的等效材料是最理想的。

通过第二阶段优选出的骨骼等效材料可应用于简易靶标的制作。

5.2.2　简易靶等效材料技术要求

经过多次实弹射击和等效材料试验测试，简易靶三种人体关键功能器官组织等效材料性能要求推荐值见表5.4。

表 5.4　人体关键功能器官组织等效材料性能指标要求（推荐值）

检测项目		性能分级	皮肤等效材料	骨骼等效材料	肌肉内脏等效材料
初始性能	密度*/(g·cm⁻³)	C	0.9~1.2	1.7~2.1	0.6~1.1
	拉伸强度*/MPa	C	≥1.0	≥150	≥1.0
	伸长率*/%	M	≥50	≤50	≥100
	氧指数*	C	≥26	≥26	≥26
	挥发物含量/%	M	<3	<3	<3
	单位厚度吸收能/(J·cm⁻¹)	C	12.5±2	66±8	10.0±2
热空气老化后	伸长率保持率/%	N	≥50%	≥50%	≥50%
	外观	N	无明显变化	无明显变化	无明显变化
湿热老化后	伸长率保持率/%	N	≥50%	≥50%	≥50%
	外观	N	无明显变化	无明显变化	无明显变化
防霉菌	防霉菌/级	N	<3	<3	<3

注：1. C 为关键指标，M 为重要指标，N 为一般指标。C 级和 M 级为型式检验时或鉴定时必须检验项目；N 级为参考项目，必要时检验。

2. 带"＊"号为日常检验项目和出厂检验项目。

3. 皮肤、骨骼和肌肉内脏等效材料单位厚度吸收能进行实弹射击时的靶板厚度分别为 0.5 cm、5 cm、3 cm，破片初速设为 400 m/s。

|5.3　简易靶的设计|

简易靶是根据战场作战任务背景需求，秉持"先进、适用、经济"的设计原则，依据战场人员目标标准体模和人体组织器官等效替代材料的研究成果，进行战场人员目标简化等效靶标的设计与制作而成的靶标。简易靶材料厚度分布按人体功能区域的实际结构和等效材料的等效系数进行设计，实现了产品的模块化、可重复利用、便捷组装等功能。

在前面人体特征模型、毁伤元与人体组织器官和等效材料的毁伤等效关系研究的基础上，简易靶设计主要包括：选择等效材料并确定等效材料的等效系数、正面人形结构参数的确定和不同部位剖面材料的厚度分布。

5.3.1　战场人员易损性等效简易靶等效材料的选择

简易靶等效材料选择并确定等效材料的等效系数在本章第 2 节已经介绍过，这里不作重点讲述。本节以下述三种等效材料为示例进行材料选择和简易靶制作说明：

（1）皮肤等效材料：硬度为 20～30（邵氏 A）的硅橡胶。

（2）骨骼等效材料：密度为 1.9 g/cm³ 左右的玻纤增强环氧树脂。

（3）内脏肌肉等效材料：密度为 0.6～1.0 g/cm³ 的 PUR 泡沫。

此外，为了适当将简易靶厚度缩小，便于其搬运和储存，确定的等效材料等效系数如下：

皮肤材料等效系数 $\lambda_p = 0.5 \sim 1.0$；骨骼等效系数 $\lambda_g = 0.18 \sim 0.23$；肌肉内脏等效系数 $\lambda_j = 0.25 \sim 0.30$。

5.3.2　战场人员易损性等效简易靶正面结构

战场人员易损性等效简易靶要求其正面（迎弹面）具有与某标准体型模拟人体投影面积相等的形状，可以 1∶1 标示人体易损性关键组织器官的位置。

以"战场人员目标标准体模数据库"中某种人员体型的平均身高及四姿投影为基础，采用 3D 技术建立人体特征模型，然后对人体模型进行立姿正面投影，建立平面人体投影图形，投影图形就是简易靶外形的正面形状图形。采用 CAD、Solidworks 等三维软件对投影的关键部位尺寸进行标注（图 5.3），形成关键尺寸检验规范，最终完成简易靶外形的正面形状设计。

5.3.3　战场人员易损性等效简易靶剖面结构

战场人员目标结构厚度简化设计原则：战场人员各功能区域皮肤厚度均相同；人员目标胸部厚度采用心脏、肝脏、肺部等三个部位吸收能最高的部位的参数作为胸部功能区域的设计参考；战场人员目标等效靶各功能区域吸收能等于人体相应部位吸收能；战场人员目标各功能区域总厚度相等。

简易靶 4 个功能区域剖面结构设计包括以下 4 方面的内容：人体各功能区域的结构参数和单位厚度吸收能计算、人体各功能区域的吸收能计算、各功能区域等效材料等效厚度计算和在保证人体各功能区域吸收能不变的前提下对肌肉内脏等效层和骨骼等效层厚度进行微调，保证简易靶各部位总厚度一致。

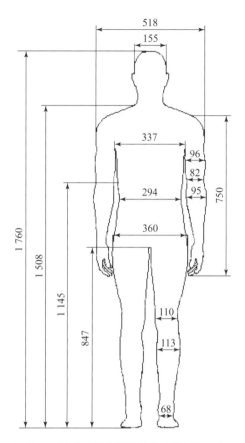

图 5.3　投影后得到靶标的简易靶正面形状

5.3.3.1　等效靶 – 生物靶 – 人体等效关系传递

在进行简易靶侧面结构设计之前，首先需要明确人体 – 生物靶 – 简易靶三者之间的等效传递关系。只考虑破片对人员目标侵彻条件下，在建立简易靶和战场人员目标个体间杀伤效果等效关系的过程中，一般先采用杀爆战斗部典型破片对生物靶主要组织或器官等功能部位和替代材料开展侵彻试验，获取生物靶主要功能部位和对应等效材料的单位厚度吸收能参数；然后通过人体功能部位厚度参数和生物靶单位厚度吸收能参数计算得到人体功能部位抗破片侵彻吸收能；最后通过等效靶不同功能部位抗破片侵彻吸收能等效于人体关键器官抗破片侵彻吸收能，完成"等效靶 – 生物靶 – 人体"间侵彻效果的等效性传递。三者等效关系见图 5.4。

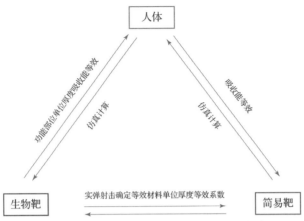

图 5.4　等效靶 – 生物靶 – 人体等效关系传递

图 5.4 规定了三个重要的等效原则：其一是生物靶与人体相同组织器官单位厚度吸收能相等，其二是人体和简易靶相同功能区域吸收能相等，其三是简易靶等效材料的等效系数由生物靶和材料通过实弹射击参数确定。

5.3.3.2　人体各功能区域的结构参数和单位厚度吸收能

通过现代解剖学技术和光影技术（如 CT）以及三维成像技术，可获得人体各功能区域人体结构参数。以人体头部为例进行说明。

人体头部主要包括头部皮肤、头骨和颅腔三个部分，头骨三视图见图 5.5。

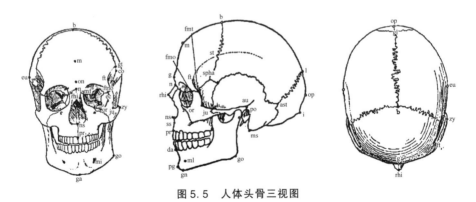

图 5.5　人体头骨三视图

侯志鹏利用医学影像技术（计算机断层成像技术），使用计算机进行自动活体颅骨测量。通过使用双 snake 模型对序列图像分别进行颅骨轮廓的准确提取，然后利用提取出轮廓的特点，使用一种简单高效的三维重建方法构建三维模型。随后基于该三维模型提出一种利用查找相对应的点与面的手段来准确测

量颅骨厚度的方法。采用该方法实现颅骨各块骨骼厚度等特征的测量，其测量
结果见图 5.6 和表 5.5。

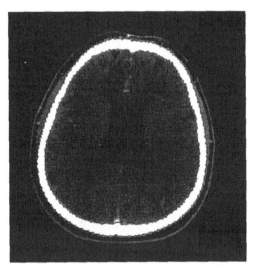

图 5.6　双 snake 模型检测出的颅骨内外轮廓

表 5.5　人体颅骨三种骷髅厚度变化系数

检测项目	样本数量 n	厚度平均值 X_{cp}	标准偏差 σ	厚度变化系数 V
前额骨	36	13.470 3	1.392 3	10.34%
顶骨	28	15.044 1	1.793 0	11.92%
枕骨	78	11.239 1	0.770 1	6.85%

由文献资料获取人体头部眉间上点的头部皮肤、前后颅骨和颅腔厚度，再
利用第 3 章方法通过生物靶实弹射击获得猪头部相关组织的单位厚度吸收能，
按照图 5.4 等效传递方法，即可进行头部各组织等效厚度计算。

5.3.3.3　人体各功能区域的吸收能计算

在生物靶实弹射击确定生物靶各部位组织器官单位厚度吸收能的基础上，
按人体组织和器官的结构参数和该组织器官的单位厚度吸收能计算人体组织的
吸收能。人体头部、胸部、腹部和腿部 4 个功能区域吸收能计算代表性点位，
如图 5.7 所示。

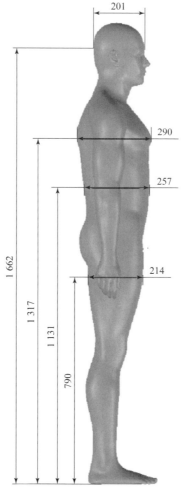

图5.7　人体头部、胸部、腹部和腿部吸收能计算代表性点位

以人体头部眉间上点位置（见图5.5中的"on"点和图5.7所示点）前后贯穿计算头部的吸收能为例，计算方法见表5.6。通过该方法可以计算出人体头部吸收能 $E_{tp} = E_{1p} + E_{2p} + E_{3p} + E_{4p} + E_{5p}$。

表5.6　人体头部吸收能计算方法（位置：眉间上点）

序号	头部组织位置	人体组织单位厚度吸收能/($\mathbf{J \cdot cm^{-1}}$)	人体组织厚度/$\mathbf{cm}$	组织吸收能/$\mathbf{J}$
1	头部前皮肤	E_{1h}	h_1	$E_{1p} = E_{1h} \times h_1$
2	头部前骨骼厚度	E_{2h}	h_2	$E_{2p} = E_{2h} \times h_2$

序号	头部组织位置	人体组织单位厚度 吸收能/$(\mathrm{J \cdot cm^{-1}})$	人体组织厚度/ cm	组织吸收能/ J
3	头部内腔厚度	E_{3h}	h_3	$E_{3p} = E_{3h} \times h_3$
4	头部后骨骼厚度	E_{4h}	h_4	$E_{4p} = E_{4h} \times h_4$
5	头部后皮肤	E_{5h}	h_5	$E_{5p} = E_{5h} \times h_5$

按表 5.6 所示方法，可根据不同功能区域的结构参数和单位等效厚度计算出胸部、腹部和四肢等功能区域的总吸收能。

5.3.3.4　各功能区域等效材料等效厚度计算

各功能区域的各种等效材料的等效厚度是在人体结构参数和材料等效系数的基础上计算得到的，计算方式见表 5.7。

表 5.7　人体头部等效材料厚度计算

头部组织位置	人体组织 厚度/cm	材料等效 系数	材料等效 厚度/cm	等效材料单位厚度 吸收能/$(\mathrm{J \cdot cm^{-1}})$	材料 吸收能/J
头部前皮肤	h_1	λ_1	$h_1' = h_1 \times \lambda_1$	E_{1h}'	$E_{1p} = E_{1h}' \times h_1'$
头部前骨骼厚度	h_2	λ_2	$h_2' = h_2 \times \lambda_2$	E_{2h}'	$E_{2p} = E_{2h}' \times h_2'$
头部内腔厚度	h_3	λ_3	$h_3' = h_3 \times \lambda_3$	E_{3h}'	$E_{3p} = E_{3h}' \times h_3'$
头部后骨骼厚度	h_4	λ_2	$h_4' = h_4 \times \lambda_2$	E_{2h}'	$E_{4p} = E_{2h}' \times h_4'$
头部后皮肤	h_5	λ_1	$h_5' = h_5 \times \lambda_1$	E_{1h}'	$E_{5p} = E_{1h}' \times h_5'$

由于材料等效系数 = 人体组织单位厚度吸收能/等效材料单位厚度吸收能，因此按表 5.6 和表 5.7 所计算的组织吸收能与材料吸收能是相等的，保证了简易靶各功能区域吸收能等于人体各功能区域吸收能。

通过上述步骤，完成人体头部简易靶剖面结构的设计，采用相同的方法可分别完成人体胸部、腹部和四肢等功能区域的剖面等效厚度分布设计。

5.3.3.5　各功能区域厚度调整

由于人体不同部位组织结构不同，不同组织的等效材料单位厚度吸收能不同，因此各部位材料的组成和厚度分布是不同的。为了保证简易靶结构的牢固、便利和可靠，简易靶4个功能区在保证各功能区总骨骼等效厚度的前提下，均采用前后骨骼等效层的形式；为了使简易靶在生产、包装、运输、储存过程中更有利于管理和更便利，最后根据各部位总吸收能和材料单位厚度吸收能对骨骼和肌肉内脏两个等效层厚度进行微调，在保证各功能区域总吸收能不变的前提下，形成各功能区域总体厚度一致的等效简易靶剖面结构。简易靶剖面结构示意图如图5.8所示。

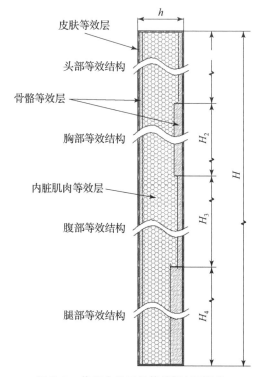

图 5.8   战场人员目标等效靶剖面结构

|5.4 简易靶的制作方法和要求|

简易靶均采用高分子材料为基材，其成型加工工艺在很大程度上决定了产品的形状精度和产品使用性能。高分子材料成型加工就是赋予高分子材料最终形状和使用性能的成型加工工艺过程，即利用一切可以实施的技术和手段使聚合物原料成为具有一定外形又有使用价值的物件或定型材料的工艺过程。高分子材料成型加工包含两方面的功用，一是赋予制品以外形（包括形状和尺寸）；二是通过控制组分、配比以及加工工艺条件，对制品内部的结构和形态进行控制，以保证制品性能的需要。

大多数情况下，高分子材料的成型加工过程包括 4 个阶段：

（1）原材料的准备，如聚合物和添加物的预处理、配料、混合等。

（2）使原材料产生变形或流动，并成为所需的形状。

（3）材料或制品的固化。

（4）后加工和处理，以改善材料或制品的外观、结构和性能。

成型加工技术不仅要适应被加工物料的形态，而且要适应材料在加工过程中发生的一系列化学或物理变化，故物料形态的不同决定了其成型方法的不同。高分子材料成型加工通常有以下几种形式：手工成型、乳液成型、浇注成型、涂覆/压延成型、纺丝成型、模压成型、挤出成型、注射成型、发泡成型、切削加工（车、铣、刨、钻）成型和 3D 打印技术成型等。

5.4.1　简易靶的制作方法

本节按前面章节选定的三种等效材料——硅橡胶、玻纤增强环氧树脂（GF/EP）和 PUR 为例进行简易靶的制作方法说明。

简易靶的制作顺序：第一步为骨骼等效材料——GF/EP 的制作成型；第二步为肌肉内脏等效材料——PUR 的制作成型；第三步为皮肤等效材料——硅橡胶的制作成型。

5.4.1.1　GF/EP 的制作成型

GF/EP 是指由玻璃纤维（GF）增强环氧树脂（EP）而形成的复合材料，其中 EP 为起黏合和固化作用的基材，GF 为补强材料。GF/EP 具有重量轻、比强度高、比模量高、耐疲劳、耐热性、耐腐蚀、电性能优异等特点。GF/EP 复合材料可通过调节 GF 和填充剂用量来调节等效材料的模量、密度和变形等关键性能参数，使之与人体骨骼相近，能满足要求简易靶的使用要求，为骨骼等效材料的不二选择。

1. GF/EP 原材料准备

环氧树脂（epoxy resin，EP）通常是指分子结构中含有两个或多个环氧基团的一类分子量较低的预聚物的总称，其中最有代表性的 EP 为双酚 A 型环氧树脂（其结构见图 5.9）。EP 分子中的环氧基和羟基是环氧树脂固化反应的活性中心，其中反应活性很高的环氧基是其最大特征。EP 可与多种活性官能团发生反应，进行交联固化或改性。在特定的温度和化学试剂存在的条件下，EP 中的环氧基团可以与胺、酸酐、酸等各种共聚反应物反应，开环后形成一种三维的、具有网状交联结构的高分子聚合物。这种网状交联的高分子聚合物具有优秀的机械强度、优异的耐腐蚀性和优良的电绝缘性。EP 本身具有很强的黏性，并且在热固性树脂当中，其流动性较好，适合多种加工成型工艺，成型工艺技术成熟。此外，EP 作为通用热固性树脂，其最大的特点就是价格低廉，使用 GF/EP 复合材料作为骨骼等效材料具有很高的性价比，有助于控制靶标材料成本。

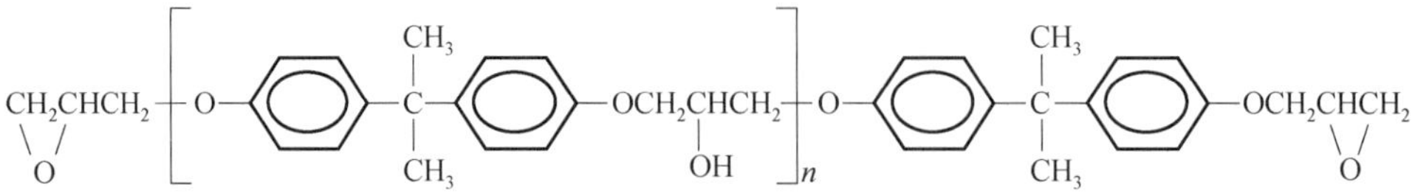

图 5.9　双酚 A 型环氧树脂单体

EP 与固化剂反应方程式如下：

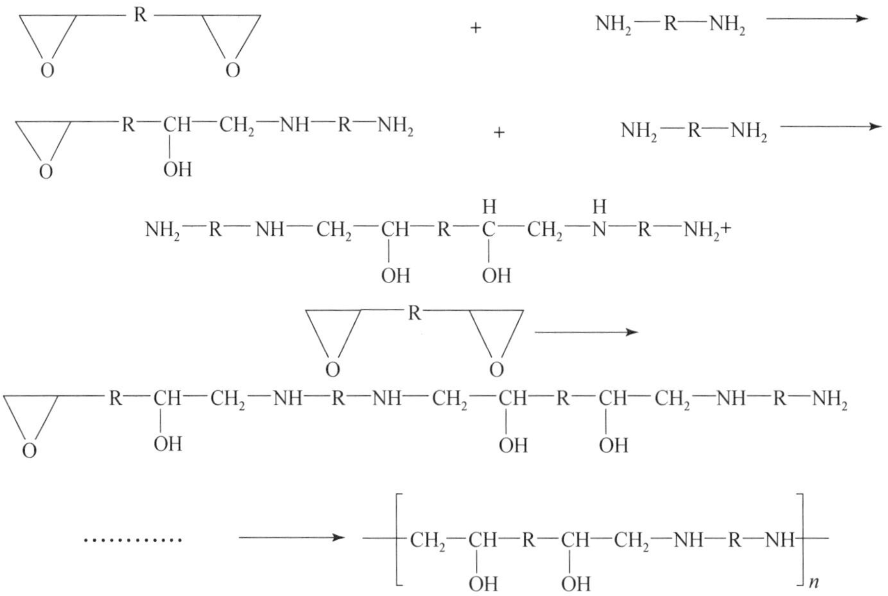

玻璃纤维（glass fiber，GF）是非结晶型无机纤维，是一种性能优异的无机非金属材料，通常作为复合材料中的增强材料。GF 具有拉伸强度高、伸长率小（3%）、弹性系数较高、耐化学性好、吸水性小、具有不燃性等特点。

GF/EP 复合材料选用的原材料及其作用见表 5.8。

表 5.8　GF/EP 复合材料选用的原材料及其作用

材料类别	原料名称	原料作用
黏结基材	双酚 A 型环氧树脂	优异的防腐性能
固化剂	聚酰胺 650	使环氧树脂固化
	T31	
增强材料	玻璃纤维粉	赋予产品优异的力学性能
活性稀释剂	环氧丙烷丁基醚	稀释环氧树脂
非活性增塑剂	邻苯二甲酸二丁酯	增加柔韧性
硅烷偶联剂	KH - 560	促进有机无机物间的反应
阻燃剂	聚磷酸铵	起阻燃作用，增加氧指数
	三嗪大分子成炭剂	
填料性	SiC	增加耐磨性
	石英粉	增加硬度

2. 配料混合

将一定比例的环氧树脂和固化剂分别与其他材料按配方分为 A 组分和 B 组分，分别加入搅拌釜中搅拌均匀。

3. 注射成型

A、B 两组分原料经计量、混合、注入模具，在模具中迅速交联并固化成所需的环氧树脂制品。

5.4.1.2　PUR 发泡成型

心、肝、肺等内脏和肌肉等组织器官质软且有一定的弹性，尤其肺部结构多孔，密度低，因此根据肌肉和脏器的特点，采用聚氨酯泡沫材料（PUR）作为脏器的等效替代材料。

1. PUR 原材料准备

PUR 是聚氨酯系列产品中使用量最大的一个品种，聚醚多元醇作为主要原料，与异氰酸酯反应生成氨基甲酸酯。该产品具有质轻、柔软、耐老化、回弹性好、压缩变形小等多种优良特性，广泛用于交通运输、建筑、工业设备等领域，但是其最大的不足之处在于阻燃效果差，因此在制备肌肉内脏等效材料时，需要添加阻燃剂。氢氧化镁是我们最为常用的阻燃填料，其受热时发生分解吸收燃烧物表面热量起到阻燃作用，同时释放出大量水分稀释可燃物表面的氧气，分解生成的活性氧化镁附着于可燃物表面又进一步阻止了燃烧的进行。活性氧化镁不断吸收未完全燃烧的熔化残留物，从而使燃烧很快停止，同时消除烟雾，阻止熔滴，是一种性能极佳的环保型无机阻燃剂。水作为发泡剂对环境无污染，体现了环保性。

聚氨酯泡沫塑料的软硬取决于所用的羟基聚醚或聚酯，使用较高分子量及相应较低羟值的线型聚醚或聚酯时，得到的产物交联度较低，为软质泡沫塑料；若用短链或支链的多羟基聚醚或聚酯，所得聚氨酯的交联密度高，为硬质泡沫塑料。PUR 的密度可根据填充剂用量来进行调节。根据 PUR 在密度、模量和弹性方面的可设计性，可根据肌肉和内脏的不同特性，采用 PUR 原材料生产不同质地和弹性的等效材料。

PUR 包括聚醚型和聚酯型两类，其中聚醚型 PUR 的聚醚多元醇分子结构中，醚键内聚能低，并易旋转，故由它制备的聚氨酯材料低温柔顺性能好，耐水解性能优良，虽然力学性能不如聚酯型聚氨酯，但原料体系黏度低，易与异氰酸酯、助剂等组分互溶，加工性能优良。而聚酯型 PUR 是指将二元酸与过量的多元醇反应，制成含羟基的聚酯作为羟基组分，再与二异氰酸酯或多异氰酸酯反应得到的一类高分子化合物，具有较好的耐温性，但脆性大。两种类型的聚氨酯并用，能改善各自的缺点，形成符合要求的肌肉内脏等效材料。

2. 配料混合

按照表 5.9 的配方将聚醚多元醇、泡沫稳定剂、催化剂、水混合均匀，作为 A 组分；根据聚醚多元醇和聚酯多元醇的用量计算出异氰酸酯的用量，将其作为 B 组分。向 A 组分中加入氢氧化镁阻燃剂。

表 5.9　软质聚氨酯泡沫配方

原料	主要作用
聚醚 4110	主要反应物
聚酯 FC300	主要反应物
聚乙二醇 400	扩链剂
PCL210N	主要反应物

续表

原料	主要作用
聚醚 403	主要反应物
复合催化剂 1	催化反应
复合催化剂 2	催化反应
辛酸亚锡	催化反应
硅油 8805	泡沫稳定剂
141b	发泡剂
氢氧化镁	无卤阻燃剂
水	化学发泡剂
异氰酸酯 PM – 200	主要反应物

3. 注射成型

调节 A、B 组分温度为 25 ℃左右，采用专用的 A、B 组分混合设备将 A 组分和 B 组分迅速混合并注射到模具内，自然发泡，如图 5.10 所示。也可将带有发泡材料的模具放入 55 ℃的鼓风干燥箱熟化 2 h，即可得到弹性聚氨酯泡沫。

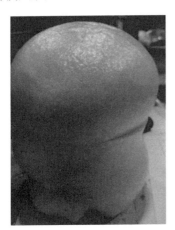

图 5.10　制备的聚氨酯泡沫

5.4.1.3　硅橡胶的制作成型

皮肤等效材料采用的硅橡胶为加成型室温固化硅橡胶，以含乙烯基的聚二甲基硅氧烷作为基体聚合物，以聚甲基氢硅氧烷作为交联剂，在铂催化剂的作用下，通过硅氢加成聚合反应交联成网络结构，反应示意图如图 5.11 所示，同时没有小分子析出。

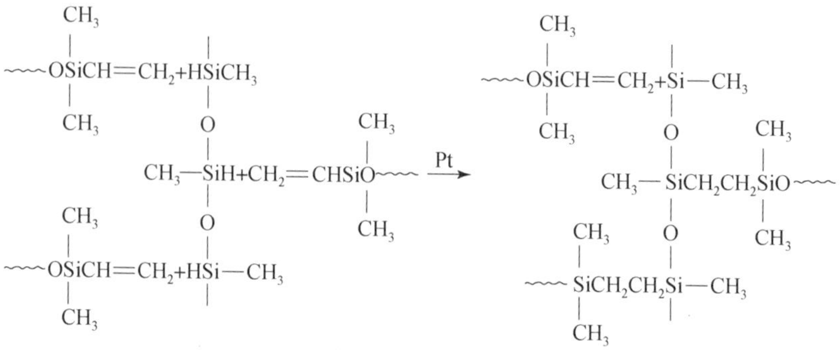

图 5.11　硅橡胶加成聚合反应示意图

1. 硅橡胶原材料准备

制备硅橡胶主要材料及其主要作用如表 5.10 所示。

表 5.10　加成型室温固化硅橡胶主要材料及其作用

A 组分		B 组分	
组成	主要作用	组成	主要作用
乙烯基硅油	反应基材	乙烯基硅油	反应基材
Pt 催化剂	反应催化剂	含氢硅油	反应交联剂
二氧化硅	补强剂	二氧化硅	补强剂
氢氧化铝	阻燃剂	氢氧化铝	阻燃剂
重钙粉	密度调节剂	重钙粉	密度调节剂
硅氧烷偶联剂	增加补强填充材料与硅油的相容性	抑制剂	增加补强填充材料与硅油的相容性

2. 配料混合

A 组分：将乙烯基硅油和 Pt 催化剂加入搅拌釜，进行搅拌，然后加入硅烷偶联剂，目的是增加黏结性能，然后依次加入二氧化硅、氢氧化铝、重钙粉，在 500 r/min 的转速下，搅拌 10 min，混合均匀，备用。B 组分：将乙烯基硅油、含氢硅油、抑制剂加入搅拌釜，进行搅拌，加入抑制剂是为了保证充足的加工时间，控制反应进行，然后依次加入二氧化硅、氢氧化铝、重钙粉，在 500 r/min 的转速下，搅拌 10 min，混合均匀，备用。

3. 浇注成型

在制备硅橡胶片材时，将 A 组分和 B 组分按照 1∶1 混合，真空搅拌，排除气泡，然后倒入模具中成型（浇注成型示意图见图 5.12）。

图 5.12　加成型硅橡胶浇注成型示意图

通过调控重钙粉的含量，本项目制备了密度为 $(1.05 \pm 0.5)\,\text{g/cm}^3$ 的室温固化硅橡胶材料。

5.4.1.4　简易靶的制作成型

简易靶制作方式有两种，一种是组装成型：三种材料单独成型，然后按所设计的结构进行组装；一种是直接成型：按顺序进行生产，每生产一种材料成型一种，皮肤浇注完成后自动完成组装。

组装成型：三种材料生产相互不干涉，相当于生产不同的零部件，最后按装配图组装。这种传统制作方式的优势是对设备、人员和工艺要求低，产品各部分可拆卸、可更换；缺点是多了一道组装工序，需要对半成品部件进行中转和库存管理，产品质量控制点增多，产品精度也相对较低。

直接成型：泡沫注射成型时需要将前后两块 GF/EP 板定位在模具中，直接将泡沫成型在两块 GF/EP 板中间；硅橡胶浇注成型时需要将 GF/EP 和泡沫复合板定位在模具中，然后直接进行浇注封装成型，硅橡胶固化完全后，将产品从模具内拿出来后直接成型为简易靶，不需要组装工序。这种成型方式的优点是产品直接成型，省去半成品部件的中转、库存，这省去了组装这一道工序；而且产品精度更高，质量更容易控制，质量更好。其缺点是对泡沫成型和硅橡胶浇注成型的模具定位精度要求更高，对生产设备和工艺要求以及人员操作要求也更高。

5.4.2　简易靶的固定方式和使用要求

制备的简易靶标如图 5.13（a）所示，平板靶标采用便捷的方式进行固定，具体操作如下：在平整的塑料板上面切出方形小口，其大小刚好能将简易平面靶标按图 5.13（b）中所示的方式插入。

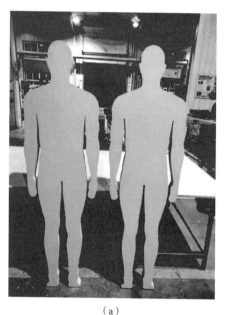

（a）　　　　　　　　　　　　　　　　（b）

图 5.13　简易靶标及其固定方式

（a）初步制备的简易靶标；（b）简易靶标的简易固定方式

简易靶在使用上要求安装方便且快速，要求在 5 min 内完成靶标布置和安装。在靶试现场使用简易靶标时，采用四方牵伸的方式对简易靶标进行加固，先实现靶标的初步固定，然后利用肩部预留的孔眼，在 4 个方向上利用铁丝牵伸加固，最终完成简易靶标的固定，如图 5.14 所示。

（a）　　　　　　　　　　　　　　　（b）

图 5.14　简易靶标现场固定示意图

（a）简易靶标加固前；（b）简易靶标加固后

|5.5　简易靶的技术要求|

简易靶技术要求包括三方面内容：简易靶结构尺寸、简易靶等效功能和简易靶通用要求。

5.5.1　简易靶结构尺寸

简易靶结构主要包括两方面内容，一方面是简易靶正面形状和关键部位结构参数，一方面是侧面（剖面）形状和结构参数。

5.5.1.1　简易靶正面形状和结构

某型战场人员易损性等效研究中，为了可以在简易靶上 1：1 标示人体易损性关键组织器官的位置，要求简易靶正面（迎弹面）具有与某标准体型模拟人体投影面积相等的形状。其正面结构和关键特征参数见图 5.15 和表 5.11。

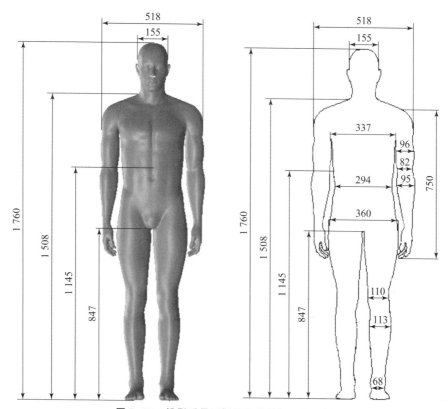

图 5.15　投影后得到靶标的简易靶正面形状

表 5.11　战场人员目标等效靶正面关键特征参数

特征部位	参数值	公差
靶标身高/mm	1 760	±15
肩部高度/mm	1 508	±15
手部长度/mm	750	±5
腿部长度/mm	847	±5
膝部高度/mm	490	±5
头部宽度/mm	155	±2
肩部宽度/mm	518	±5
胸部宽度/mm	337	±3
腹部宽度/mm	294	±3

续表

特征部位	参数值	公差
臀部宽度/mm	360	±4
膝部宽度/mm	109	±2
肘部宽度/mm	82	±2
靶标厚度/mm	60	±2

5.5.1.2　简易靶侧面（剖面）形状和结构

某型战场人员目标等效靶剖面结构横向为："皮肤等效层 + 骨骼等效层 I + 肌肉内脏等效层 + 骨骼等效层 II + 皮肤等效层"，等效靶剖面纵向按不同部位分为头部、胸部、腹部和腿部 4 个区域（手及手臂等效厚度采用与之相邻的胸部等效结构），其剖面结构及关键特征参数见图 5.16 和表 5.12。

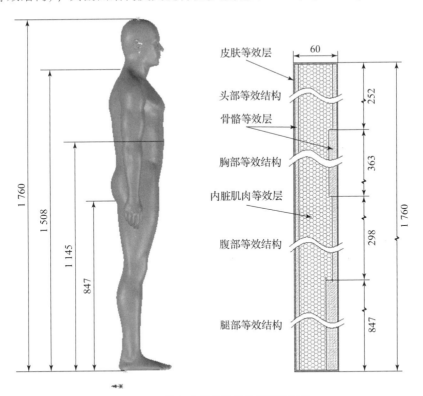

图 5.16　战场人员目标等效靶剖面结构

（a）人体侧面投影分区；（b）等效靶标侧面剖视图

5.5.2 简易靶等效功能

通过对靶标的外形、结构进行设计，利用"人体关键功能器官组织等效方法"研究论证出的组织器官等效材料，通过仿真模拟和实弹射击验证其等效性。

在特定条件下，等效靶标的头部、胸部、腹部和腿部4个功能区域的贯穿吸收能量与某型战场人员目标相应部位贯穿吸收能量等效，可用于模拟陆军典型武器弹药效能手册和我军杀伤性武器战备科研、试验、训练和战争领域的人员目标毁伤效能评估任务；也可用于模拟杀爆战斗部作用条件下对人员目标杀伤效果的测试与评估。某型战场人员目标等效靶标头部、胸部、腹部和腿部4个功能区域的贯穿吸收能量见表5.12。

表 5.12　某型战场人员目标等效靶剖面关键特征参数

特征部位	结构组成/mm					高度/mm	吸收能[1]/J
	皮肤等效层	骨骼等效层 I	肌肉内脏等效层	骨骼等效层 II	皮肤等效层		
头部	2	5	45.5	5.5	2	252	153.2
胸部	2	5	39.7	11.3	2	295	232.6
腹部	2	5	44.3	6.7	2	366	169.1
腿部	2	5	34.4	16.6	2	847	305.0
公差	±0.2	±0.1	±1	±0.1	±0.2	±5	±10% E_p

注1：破片以垂直靶标正面的角度、在900 m/s侵彻作用下贯穿等效靶标后损失的动能。

5.5.3 简易靶通用要求

简易靶通用要求包括技术成熟性、靶标安装和布置操作、环境适应性、环保性能、储存性能以及包装、运输和储存要求等。

5.5.3.1 技术成熟性

等效靶标的制备加工技术应较为成熟，原材料易获得，成本低廉，制备工艺技术成熟度高，制备方法便捷易实施。

5.5.3.2　靶标安装和布置操作

为了实现便捷组装和可重复利用,靶标与底座的安装要求组合简单,拆卸方便,易于搬运、快速替换等,便于在野外移动场所组合使用。要求能在 1 ~ 3 min 完成靶标与底座的安装与替换,底座要求可重复利用。

5.5.3.3　环境适应性

可在戈壁、山地、平原等不同地形地势环境下保持稳定的姿势,满足使用温度范围(−35 ~ 50 ℃),具有防雨、防潮湿、防霉菌、防老化和其他有害侵害的功能。

5.5.3.4　环保性能

靶标材料及其原材料、必要的辅料、制备过程等应绿色环保、无毒无污染。

5.5.3.5　储存性能

等效靶标具有良好的储存性能,在室内自然温度(25 ℃)、相对湿度 ≤90% 的条件下保质期不低于 5 年(60 个月)。

5.5.3.6　包装、运输和储存要求

1. 包装与标识

标识:产品包装应有标识,标识应包括生产厂名和地址、产品的名称和牌号、尺寸规格、生产批号、数量和生产日期等内容。

包装:产品采用箱式包装,单个靶标产品单独包装、存放,在包装、存放和运输过程中不得承受挤/压力,靶标产品不得直接堆码存放。检验合格证及检测报告应随产品装箱,检测报告中应包含测试项目、技术指标值以及实测值。

2. 运输

本产品系非危险品,可用多种运输工具运输。

在运输和装卸过程中,应小心轻放,避免挤压,应有防日晒雨淋的措施,严禁锐利物损坏包装及内部产品。

3. 储存

产品应储存于相对干燥的库房内，严禁烟火，避免阳光直晒。

产品在符合本标准规定的包装、运输和储存条件下，自生产之日算起保质期为 5 年。

产品储存超过一年未使用，重新抽查进行一次外观检测和动态检测（靶标贯穿吸收能检测）。

|5.6 简易靶及其材料的检测方法|

等效靶标及其材料的检测方法可分为静态检测和动态检测。

5.6.1 简易靶及其材料的静态检测

根据等效靶标及其材料的性质，其静态检测的主要指标有靶标外形尺寸和材料的密度、拉伸强度和伸长率、单位厚度吸收能、极限氧指数、环保性能、耐储存性能、耐湿热性能和抗霉菌性能等。

5.6.1.1 靶标外形尺寸

整体靶标外形尺寸采用精度为 1 mm 的卷尺进行测量，符合图 5.15 和表 5.11 尺寸和公差的要求。

解剖后材料的厚度检测采用精度为 0.1 mm 的游标卡尺进行测量，符合图 5.16 和表 5.12 尺寸和公差的要求。

等效靶标外观表面光滑、无毛刺、无尖锐物，安全可靠；表面不应有凹痕、划伤、污染；表面不应起泡、脱落和磨损。

5.6.1.2 密度的检测

等效材料采用排水法测试密度，一般参照 GB/T 533—2008《硫化橡胶或热塑性橡胶密度的测定》执行。

5.6.1.3 拉伸强度和伸长率的检测

硅橡胶或其他橡胶类皮肤等效材料的应力－应变性能检测，一般参照 GB/T 528—2009《硫化橡胶或热塑性橡胶拉伸应力应变性能的测定》执行。

涂覆织物强度和伸长率的检测参照 HG/T 2580—2008《橡胶或塑料涂覆织物拉伸强度和拉断伸长率的测定》执行。

聚醚醚酮（PEEK）类骨骼等效材料的应力 - 应变性能检测，一般参照 GB/T 1040.3—2006《塑料拉伸性能的测定　第 3 部分：薄膜和薄片的试验条件》执行。

玻璃纤维增强环氧树脂类骨骼等效材料的应力 - 应变性能检测，一般参照 GB/T 1447—2016《纤维增强塑料拉伸性能试验方法》执行。

泡沫的测试方法和其他塑料类材料的测试方法参照 GB/T 1040.3—2006《塑料拉伸性能的测定　第 3 部分：薄膜和薄片的试验条件》执行。

5.6.1.4　极限氧指数的检测

根据国家标准 GB 8624—2012《建筑材料及制品燃烧性能分级》，与"不易燃"对应的燃烧等级为 A 级、B1 级或 B2 级，极限氧指数要求大于或等于 26。

不同的材料采用不同的标准进行极限氧指数性能测试，具体执行标准如下：

GB/T 10707—2008《橡胶燃烧性能的测定》；

GB/T 8924—2005《纤维增强塑料燃烧性能试验方法氧指数法》；

GB/T 2406.2—2009《塑料用氧指数法测定燃烧行为　第 2 部分：室温试验》。

5.6.1.5　环保性能测试

环保性能主要是体现在材料的挥发物含量低，无刺激性气味。

一般参照 GB 18586—2001《室内装饰装修材料聚氯乙烯卷材地板中有害物质限量》执行，满足等效材料无刺激性气味、无掉粉掉渣，挥发物含量 < 3% 则判定为合格。

挥发物含量计算公式如下：

$$挥发物含量 = \frac{试验前的质量 - 试验后的质量}{试验前的质量} \times 100\%$$

5.6.1.6　耐储存性能检测

等效材料制成的靶标一般要求在室内自然温度（25 ℃）、相对湿度≤90% 的条件下的保质期不低于 60 个月。

对于以橡胶或塑料树脂为主要基材的等效材料，根据橡胶和塑料的老化特性，利用时温等效的方法进行加速老化性能测试。按阿累尼乌斯方程进行时温等效转换计算，一般参照 ASTM F 1980—2016《医疗器械无菌屏障系统加速老化的标准指南》执行。

在材料热变形温度许可情况下，参照表 5.13 选择合适的温度和时间进行老化测试。

表 5.13　等效材料加速老化温度和时间参考表

编号	储存温度 TRT/ ℃	储存时间 T_0/ 天	老化温度 TAA/ ℃	老化因数 Q_{10}	老化时间 AAT/ 天	老化时间 AAT/ h	计算公式
1	25	1 800	80	2	39.77	955	$AAT =$
2	25	1 800	90	2	19.89	477	$\dfrac{T_0}{Q_{10}^{[(TAA-TRT)]/10}}$
3	25	1 800	100	2	9.94	239	

注：AAT：加速老化时间，进行老化试验所需的时间，天数或小时；

T_0：储存时间，天数或小时；

Q_{10}：温度增加 10 ℃或减少 10 ℃的一个老化因数，通常选择 2；

TAA：加速老化温度，进行加速老化试验时的温度，通常不高于 60 ℃或不高于材料性能转变温度；

TRT：实时老化样品的储存温度，通常选择 25 ℃。

采用恒温恒湿试验箱进行加速老化试验，参照 GJB 92.1—1986《热空气老化试验方法测定硫化橡胶储存性能导则》执行。

耐老化性能确定为扯断伸长率保持率，要求老化后具有良好的扯断伸长率保持率。

5.6.1.7　耐湿热性能测定

等效材料制成的靶标可能在室外或室内较潮湿的条件下使用，为了评价其防潮湿性，一般采用 GJB 150.9A—2009《军用装备实验室环境试验方法　第 9 部分：湿热试验》进行防潮湿测试。

防潮湿性能确定为扯断伸长率保持率，要求湿热试验后具有良好的扯断伸长率保持率，其计算公式如下：

$$伸长率保持率 = \frac{湿热后的伸长率}{湿热前的伸长率} \times 100\%$$

每 5 个周期进行一次性能测试，取两次性能变化结果的平均值作为试验结果。

5.6.1.8 抗霉菌性能测试

等效材料制成的靶标可能在室外或室内较热和较潮湿的条件下使用，会导致靶标材料产生霉菌，为了评价其抗霉菌性，一般采用 GJB 150.10A—2009《军用装备实验室环境试验方法 第 10 部分：霉菌试验》进行防霉菌性能测试。

5.6.2 简易靶及其材料的动态检测

5.6.2.1 等效靶标各部位贯穿吸收能性能测试

吸收能 E_p（absorbed energy）的定义为：典型破片在某一初始速度、某一角度条件下贯穿等效替代生物靶或等效靶标，破片贯穿前后的动能差 E_p，用于衡量靶标抗破片侵彻能力，单位为 J。

等效靶标各部位贯穿吸收能的检测方法是根据吸收动能等效原则，以破片在侵彻贯穿靶标过程中靶标吸收破片动能值为等效指标及衡量标准。

等效靶标各部位贯穿吸收能的测试方法和测试条件参见附录 3 – A 中有关贯穿吸收能相关内容，计算方法与计算单位厚度吸收能相同，只是不考虑靶标的厚度。

5.6.2.2 等效材料单位厚度吸收能性能测试

单位厚度吸收能 E_h（absorption energy per unit thickness）的定义为：典型破片在某一初始速度、某一角度条件下贯穿生物靶或等效靶后，破片贯穿前后的动能差 E_p 与破片贯穿路径长度 h 的比值，即 $E_h = E_p/h$，用于评价不同材料的抗破片侵彻能力，单位为 J/cm。

不同材料的单位厚度吸收能的测试方法和测试条件参见附录 3 – A。

5.6.3 简易靶及其材料的质量一致性检验

5.6.3.1 检验分类

检验形式分为型式检验和出厂检验。

5.6.3.2 型式检验

型式检验应对产品的性能指标进行全面考核。当有下列情况之一者应该实行型式检验：

（1）新产品定型鉴定时。

（2）正常生产，每年进行一次。

（3）产品原材料、生产工艺、配方有重大改变，可能影响产品性能时。

（4）停产 6 个月及以上，恢复生产时。

（5）国家质量监督机构提出型式检验要求时。

（6）在关键设备、原材料等发生重大变化时进行鉴定检验。

5.6.3.3　出厂检验

以相同批次原料、相同工艺条件同期连续生产的产品为一批。

每批产品由中心质检部按照本标准要求检验合格后方可出厂，并出具产品的检验合格证。出厂检验项目为：外观质量、尺寸规格、密度、拉伸强度、伸长率、氧指数。

凡出厂检验指标不合格的产品均不得出厂。

5.6.3.4　抽样

抽取样本的方法：应按简单随机抽样从批中抽取作为样本的单位产品。每项性能指标测试按照相应标准规定进行取样和抽样。

抽取样本的时间：样本可在批生产出来以后或在批生产期间抽取。

5.6.3.5　判定规则和复检规则

判定规则：产品应由本中心质检部门按照本标准规定的试验方法进行检验，依据检验结果和本标准中的要求对产品做出质量判定。

复检规则：若某项指标检验结果不符合本标准要求时，应重新取样对该产品进行复检，以复检结果作为该批产品应用的判定依据。

第 6 章

人员目标高逼真靶标

人员是现代战争中战斗力的主角，是现代武器系统效能发挥的决定性因素。将仿真体模应用在军事工程领域，依据几何模型等效法构建人员目标高逼真靶标，其特点是外部形态和人体相似，材料组织等效，内部结构仿真。在现代战争中应用新式武器时，使用高逼真人体靶标模型替代真实人体，作为目标人员的"替身"，可开展高精度、高分辨率目标易损性/战斗部威力评估的研究。

本章内容主要包括：高逼真人体靶标概述、高逼真人体靶标模型建立原则、高逼真人体靶标制作，以及高逼真人体靶标信号采集系统设计。

|6.1　概述|

仿真人体模型是随着第二次世界大战原子弹爆炸的灾难和核技术在医学和其他领域的应用而产生的新的科学命题。它是按照相似性原理，实现外部形态的相似性、材料组织等效性、内部结构的仿真性、能量的可测试性设计的人体模型。整合了理、工、医等学科，是现代生命科学、医学、物理学、材料学、计算机及制造科学交叉学科的产物。仿真体模是按人体参数设计，用具有与人体组织相同或相近散射和吸收系数的材料制成的具有骨骼、肌肉及脏器的体模，器官分布也基本按照真实人体分布，外形由简单型向拟人化型发展；是形态高度人型化，结构功能仿生化，对外部环境反应智能化的"人体替身"；是各种物质波作用的"稳定受体"；是危险场所进行人体模拟的"实验工具"；是具有传感、自适应、自调节、损伤程度自我评价的"智能测量仪器"。仿真体模从20世纪40年代起随着原子能科学技术的发展而产生，到70年代末已开始进入实用阶段，设计的辐照仿真人体模型如图6.1所示。

图 6.1　辐照仿真人体模型

　　欧美等国家从 20 世纪 40 年代就开始对仿真体模进行研究。世界上第一个安全仿真体模萨姆塞拉（Sierra Sam），是美军于 1949 年专门为其飞机的弹射座椅设计的。20 世纪 50 年代美国安德森研究所（Alderson Research Laboratory）研究出了用于弹射试验的体模 GARD - CG。

　　我国仿真体模的研究起步较晚，在 20 世纪 80 年代由"中国模拟人之父"林大全教授带头起步。我国几个高校和科研单位针对仿真体模从不同方面进行了研究。吉林工业大学采用多刚体动力学原理建立了一般人体二维仿真模型，开发出汽车碰撞过程中人体仿真程序。湖南大学采用有限元的方法对一般人体颈部动力学响应特性进行了分析。清华大学成立汽车碰撞国家重点实验室，对混合 III 型仿真体模（Hybrid III Dummy）的内部结构及标定方法进行了较深入的研究。四川大学 2001 年 8 月首次在国内研制中国汽车安全试验仿真体模，经中国汽车质量检测中心检测达到国际体模检验要求。2002 年承担了空军总装备部航空弹射救生仿真体模研究子课题，完成了人体结构制造、仿生皮肤肌肉的研制和传感器的安装设计。2004 年成功为上海比亚迪汽车有限公司研制了汽车碰撞试验仿真体模。2005 年为中国直升机设计研究院研制了直升机防坠毁仿真体模。第三军医大学和四川大学开展了大量智能化、数字化仿真体模研究。近些年来，我国不断地深入对仿真体模的研究，加强仿生技术的发展，从最初单一的几何形态模拟发展为现在形态结构功能等的高度仿生。迄今为止，我国仿真体模所采用的仿生技术，大致可归纳为几何形体仿生、材料仿生、结构功能仿生、物质能量传递仿生和生物信息传感仿生等类别。建立的医学训练仿真人体模型和弹射仿真人体模型如图 6.2、图 6.3 所示。

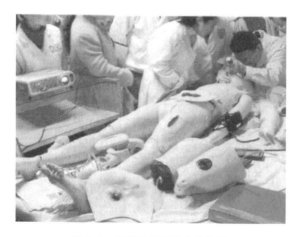

图 6.2　医学训练仿真人体模型

图 6.3　弹射仿真人体模型

东方智能化仿真体模是用与人体组织厚度等效和吸收相似的组织等效材料制成的具有骨骼、肌肉、脏器的体模，是对大量中国成年人的各项参数进行统计后研制出的能代表大多数中国成年人的标准体模。它具有外部形态相似性、组织材料等效性、内部结构仿真性等特点，是按照中国成年男子50百分位参数制作的体模，并参考了中国参考人相关数据，其外形参数如表 6.1 所示。可运用人体的外形参数模型来实现其外部形态的仿生。

表 6.1　东方智能化仿真体模主要外形轮廓参数

外形参数名称	身高	体重	坐高	头颈长	头围	肩宽
参数值	170 cm	65 kg	91 cm	26 cm	55 cm	36 cm
外形参数名称	胸围	胸宽	胸厚	腰围	臀围	臀宽
参数值	75.5 cm	28 cm	24 cm	75.5 cm	85 cm	32 cm

目前，仿真人体模型主要扮演着 5 个重要角色：医院每天的第一个病人进行仪器的性能检验；新医疗法的第一批受试者，检验其科学性、安全性和实用性；军事装备的第一批参战人员，检验武器的杀伤能力和防护器材的防护能力；高速运载工具的第一批乘客，以检验其安全性、舒适性和生命保障系统；旅游区、新建筑的第一批游客和住户，以便对其辐射水平、安全性进行客观评价，已成功应用于医学工程、安全工程、环境工程、人机工程和军事工程等领域。

目前，我国关于仿真人体模型的研究多集中在仿真辐照体模、碰撞试验假人和医学训练等领域。本章的高逼真人体靶标则侧重仿真人体模型在军事领域的应用。人员是现代武器系统效能发挥的决定性因素，将仿真体模应用在军事工程领域，研究具有高逼真度的人体靶标模型，让仿真人体模型替代真人，作为目标人员的"替身"，用于开展高精度、高分辨率目标易损性/战斗部实点威力评估的研究，在试验中收集杀爆弹破片击中靶标的相关数据，开展爆炸性武器致伤物理因素对人员的易损性评估，可提高爆炸性武器弹药的设计水平，为评估目标战场生存能力、优化战斗部威力提供支持。

|6.2　高逼真人体靶标模型的建立原则|

根据我国仿真体模学科的带头人林大全教授提出的体模相似性原理，仿真人体模型应具有以下五大特性：

（1）外部形态与人体相似性。

（2）材料组织等效性。

（3）内部结构仿生性。

（4）物质能量信息传递的可测试性。

（5）人体损伤及安全的可评估性。

高逼真人体靶标模型具有与特定人员目标几何模型等效性，外部形态和人体相似，材料组织等效，内部结构仿真。由于人体尺度具有差异性，体模构建过程中需要考虑到人体尺度的差异。人体尺度一般是指人体所占有的三维空间，包括人体高度、宽度和胸廓前、后径，以及人体各部分肢体的大小等。通常由直接测量的数据通过统计分析得到。人体尺度随国家、地区、种族、性别、年龄、职业、健康状况和生活状况等不同而有所差异，因此在选择仿真人体模型的尺寸时必须具有代表性。

首先，必须是目标人员的人体尺寸特征，并以此为设计依据。目标人员的人体体表测量可以通过人体三维扫描仪完成。中国标准化研究院具有先进的人体测量试验平台，用于研究人体的形态特征，可为人体建模相关的人体测量提供技术支持。也可以从相关数据库中选取对应目标人员的特征参数。

其次，必须选择合适的百分位数。例如，军人和普通人的身高存在差异性，因此，用于军用的仿真人体模型所参考的是第 90 百分位数的人体尺寸，而用于汽车安全碰撞的仿真人体模型所参考的是第 50 百分位数的人体尺寸。将一组数据按照从小到大的顺序排列起来，并累计相应的百分位，那么某一百分位所对应的数据的值就叫作这一百分位的百分位数。人体测量的数据常以百分位数 PK 作为一种位置指标、一个界值。一个百分位数将群体或样本的全部测量值分为两部分，有 $K\%$ 的测量值等于和小于它，有 $(100 - K)\%$ 的测量值大于它。例如，在设计中最常用的是 P5、P50、P95 三种百分位数。其中第 5 百分位数是代表"小"身材，是指有 5% 的人群身材尺寸小于此值，而有 95% 的人群身材尺寸均大于此值；第 50 百分位数表示"中"身材，是指大于和小于此人群身材尺寸的各为 50%；第 95 百分位数代表"大"身材，是指有 95% 的人群身材尺寸均小于此值，而有 5% 的人群身材尺寸则大于此值。

使用百分位数时，应注意两点：

（1）百分位数是针对特定群体对象的。例如，具有第 95 百分位身高的一个成年男性，高于该群体（或群体的样本）中 95% 的人；而该百分位正是基于这一特定群体（或样本）之上的。

（2）百分位数仅是一个理论性的统计概念。例如"第 90 百分位的男性"

只是所有取值都在第 90 百分位的身体尺寸的一个总称而已，而不表示它所对应的被测者的所有身体尺寸都处在第 90 百分位数上。

在一般的统计方法中，并不列举出所有的百分位数的数据，往往通过已知的样本数据，利用样本的均值和标准差来求得某百分位数人体尺寸，或计算某一人体尺寸所属的百分位数。在确认了类型及要求后，选择适合的人体尺寸百分位数，建立合理的人体参数数据库，有助于体模的设计。选定了尺寸，才能对仿真人体模型进行进一步的设计。

依据选定的人员目标，构建高逼真人体靶标模型。首先研究目标人体的各种参数，依据人体主要特征结构，通过参数测量和数据处理，将模型设计所需要的数据按照既定的格式书写；对人体几何表达进行分析，包括人体的骨骼、肌肉、皮肤、内脏等的分析，为构建高逼真人体靶标模型提供参考。所有模型数据均采用点云数据，几何形状均为曲面造型复杂的人体或人体中某一部位模型。基于这些特点，选择一款既适合于处理点云数据，又方便处理人体造型曲面的软件——3ds Max。

将文件导入后，利用 3ds Max 构造模型，采用功能器官组织的等效材料，依据不同材料不同的加工方式，构建皮肤、肌肉、各内脏功能器官、骨骼等人体组织及器官，通过 3D 打印、浇注、模具成型等一系列工艺完成相关组织器官的制备，并在模型的重要部位安装传感器。

当然，也可以选择 SolidWorks、UG、Pro/E 等参数化三维模型 CAD 软件。SolidWorks、UG 和 Pro/E 都是采用参数化设计的，基于特征的实体模型化系统，近年来深受设计人员喜爱的 CAD 软件。可以采用具有智能特性的基于特征的功能去生成模型，而且这些软件具有贯穿所有应用的完全相关性，即任何一个地方的变动都将引起与之有关的每个地方的变动。

为了安装、拆卸方便，进一步提高安装速度，在设计时应避免采用多种螺钉，尽可能采用通用件，且采用统一的一种或两种规格，力争在组装和拆卸过程中能够快速识别，而且应尽量实现轻量工具安装，最好做到免工具装卸，使整个安装、拆卸过程人性化。高逼真人体靶标模型费用较高，经过试验后，仿真人体模型必会受到一定的损坏。为了节约成本，设计高逼真仿真人体靶标模型时考虑能实现部分维修。因此，在设计时，需强化模型模块设计，一旦该体模部分损坏后可以实现区域替换，而尽量不让整个模型报废，既延长了高逼真仿真人体模型的使用寿命，也在一定程度上降低了成本，节约了资源，且保护了环境。

6.2.1　高逼真人体靶标模型结构设计

3ds Max 是当今运行在 PC 上最广泛的三维动画和建模软件，具有极为精彩的图像输出质量和快速的运算速度、丰富的特殊效果。该软件的三维造型、二维放样、帧编辑、材质编辑、动画设置等都在统一的界面中完成，以一体化、智能化界面著称。它具有功能强大、操作方便、易学易用的特点，在国内外广泛流行。运用 3ds Max 能够方便地实现仿真人体模型的整体外观模型设计。建立高逼真人体靶标模型时，首先根据特定人员目标的特征参数构建相当体模，构建的人体结构如图 6.4 所示。

在上述基础上，考虑到人体的主要功能区域，分别构建人体内脏器官、骨骼、肌肉等，利用软件对人体器官、骨骼、肌肉等进行绘制。

建立人员目标仿真模型的主要步骤有：

（1）分析人体骨架和肌肉的结构图，对人体结构有一个整体认识。

（2）采集人体结构数据，通过人机工程分析，确定主要的构架与体积空间。

（3）根据以上分析，绘制出仿真模型结构的平面三视图，要保证三视图之间各部分的位置、大小相互协调统一。将三视图导入 3ds Max 中，调整合适的比例和位置。

（4）根据导入的三视图开始建模。在建模过程中，布线应该注意从大到小，从整体到细节；为了保持模型的平滑，尽量避免采用三角面；精简网格，对于有细节的地方可以适当地加大网格的密度；在建模前期要注意布线的合理性，后期重点放在对细节的刻画上。

图 6.4　构建的人体结构

（5）给模型附材质，调节灯光。要灯光和材质同步调节，最终使模型有一个自然的明暗效果。灯光主要采用三点照射法，由于模型比较复杂，在需要的地方再增加补光。

（6）文件导出。导出 STL 格式，利用快速成型技术制作模具。

高逼真人体靶标模型构建中还要考虑到关键人体功能器官和组织，主要包括心脏、肝脏、肺脏、肾脏、肌肉、皮肤和骨骼等。

1）主要脏器

心脏：成人心脏长径为 12~14 cm，横径为 9~11 cm，前后径为 6~7 cm。心脏质量，成人男性为 240~350 g，女性为 220~280 g。心尖圆钝，游离，由左心室构成。心底由左、右心房构成，与出入心脏的大血管根部相连，是心脏比较固定的部分。心脏的 4 个心腔体积大致相等，在安静情况下都是约 70 mL。

肝脏：人体正常肝呈红褐色，质地柔软。成人的肝质量相当于体重的2%。据统计，我国成人肝的质量，男性为 1 157~1 447 g，女性为 1 029~1 379 g，最重可达 2 000 g 左右，肝的长、宽、厚约为 25.8 cm、15.2 cm、5.8 cm。

肺脏：成人有 3 亿~4 亿个肺泡，总面积近 100 m²，比人的皮肤表面积还要大好几倍。男性的肺脏一般重 1 000~1 300 g，女性的肺脏重 800~1 000 g。肺容积是指肺内容纳的气体量，通过测定不同幅度的呼吸动作所产生的容量改变，协助评价肺功能，适用于支气管肺疾病、胸廓和胸膜疾病、神经肌肉疾病的评判。包括：深吸气量、功能残气量、肺活量、肺总量、潮气量、补吸气量、补呼气量及残气量等。肺总量（TLC）：深吸气后肺内所含的气体量，我国成人男性约为 5 000 mL，女性约为 3 500 mL。

肾脏：肾脏为成对的扁豆状器官，呈红褐色，位于腹膜后脊柱两旁浅窝中。长 10~12 cm，宽 5~6 cm，厚 3~4 cm，重 120~150 g；左肾比右肾稍大。肾纵轴上端向内、下端向外，肾纵轴与脊柱所成角度为 30°左右。肾脏一侧有一凹陷，叫作肾门，它是肾静脉、肾动脉出入肾脏以及输尿管与肾脏连接的部位。由肾门凹向肾内，有一个较大的腔，称肾窦。肾窦由肾实质围成，窦内含有肾动脉、肾静脉、淋巴管、肾小盏、肾大盏、肾盂和脂肪组织等。肾外缘为凸面，内缘为凹面，凹面中部为肾门，所有血管、神经及淋巴管均由此进入肾脏，肾盂则由此走出肾外。肾静脉在前，肾动脉居中，肾盂在后。

2）肌肉

人体肌肉约 639 块，约由 60 亿条肌纤维组成，其中最长的肌纤维达60 cm，最短的仅有 1 mm 左右。大块肌肉约有 2 kg 重，小块的肌肉仅重几克。一般人的肌肉重量占体重的 35%~45%。肌肉按结构和功能的不同又可分为平滑肌、心肌和骨骼肌三种，按形态又可分为长肌、短肌、扁肌和轮匝肌。平滑肌主要构成内脏和血管，具有收缩缓慢、持久、不易疲劳等特点，心肌构成心壁，两者都不随人的意志收缩，故称不随意肌。骨骼肌分布于头、颈、躯干和四肢，通常附着于骨，骨骼肌收缩迅速、有力、容易疲劳，可随人的意志舒缩，故称随意肌。肌肉常见参数有生理横截面积、肌肉结构指数、肌肉长度、肌腱长度、肌肉最大收缩速度等。

3）皮肤

表皮由复层扁平上皮构成，由浅入深依次为角质层、透明层、颗粒层和生发层。角质层由多层角化上皮细胞（核及细胞器消失，细胞膜较厚）构成，无生命，不透水，具有防止组织液外流、抗摩擦和防感染等功能。生发层的细胞不断增生，逐渐向外移行，以补充不断脱落的角质层。生发层内含有一种黑色素细胞，能产生黑色素。皮肤的颜色与黑色素的多少有关。真皮由致密的结缔组织构成，由浅入深依次为乳头层和网状层，两层之间无明显界限。真皮厚度为 0.07~0.12 mm；手掌和脚掌的真皮层较厚，约 1.4 mm；眼睑和鼓膜等处较薄，约 0.05 mm。乳头层与表皮的生发层相连，其中有丰富的毛细血管、淋巴管、神经末梢和触觉小体等感受器。网状层与皮下组织相连，其内有丰富的胶原纤维、弹力纤维和网状纤维。它们互相交织成网，使皮肤具有较大的弹性和韧性。网状层内还有丰富的血管、淋巴管和神经末梢等。皮肤覆盖全身表面，是人体最大的器官之一，约占体重的 16%。成人皮肤面积为 1.2~2.0 m²。全身各处皮肤的厚度不同，背部、项部、手掌和足底等处最厚，腋窝和面部最薄，平均厚度为 0.5~4.0 mm。

4）骨骼

人体共有 206 块骨，分为颅骨、躯干骨和四肢骨三大部分。其中，有颅骨 29 块、躯干骨 51 块、四肢骨 126 块。人骨中含有水、有机质（骨胶）和无机盐等成分。其水的含量较其他组织少，平均为 20%~25%。在剩下的固体物质中，约 40% 是有机质，约 60% 以上是无机盐。无机盐决定骨的硬度，而有机质则决定骨的弹性和韧性。骨的无机盐部分称为骨盐，包括下列成分：84% 的 $Ca_3(PO_4)_2$，10% 的 $CaCO_3$，2% 的柠檬酸钙，1% 的 $Mg_3(PO_4)_2$，2% 的 $NaHPO_3$。从这些数字可以看出，骨盐是以钙及磷的化合物为主。它们以结晶羟磷灰石和无定形的磷酸钙分布于有机质中。人骨由 25.6% 的钙（Ca）及 12.3% 的磷（P）组成，其 Ca 和 P 的比例为 1.6，还有钠（Na）、镁（Mg）、钾（K）等。

选定人员目标后，依据目标人员的身体特征参数，进行扫描数据采集，建立几何模型。利用 3ds Max 构建的人体骨骼和器官模型如图 6.5 所示，主要构建了人体的骨骼、主要功能组织器官（包括心脏、肝脏、肺脏、脾脏、胃及肠道等），其构造与构型与人体解剖学结构一致或接近。利用 3ds Max 软件设计人体的三维结构，生成 STL 文件，通过文件转换，导入 3D 打印机系统进行识别，对于适用于 3D 打印的组织或器官，可直接进行制作。

计算机辅助设计已经成为仿真人体模型设计中重要的辅助手段。在设计中，通过计算机进行模拟、仿真、评价、分析和修改，增强了设计的可视化程度，降低了生产成本，并大大提高了设计的品质和效率。3ds Max 丰富的建模技术能够

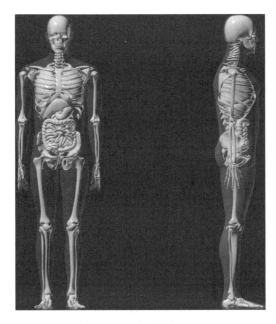

图 6.5　构建的人体模型

较为方便和真实地表现出现实世界中看到的万物，并且其优秀的动画表现艺术几乎可以将现实和理想中的动画完美地展现出来。3ds Max 综合了相当多的建模方式，其中多边形是使用 3ds Max 进行复杂角色建模的首选，多边形有 Editable Mesh 和 Editable Poly 两种编辑方式，都是通过对点、边和面进行操作来造型的。仿真皮肤采用的主要建模方式就是 3ds Max 中的多边形（polygon）建模。

6.2.2　高逼真人体靶标模型参数优化

建模完成后对关键部位进行有限元分析，建立等效、简化的有限元模型，根据对比结果，对建立的模型进行仿真标定，对仿真模型进行优化。

|6.3　高逼真人体靶标的制作|

6.3.1　高逼真人体靶标骨骼制作

骨是人体内坚硬的器官，主要由骨质构成，具有支持、保护和运动身体的功能。骨与骨连结构成人体的支架，称骨骼，占人体体重的 1/10～1/5。每块骨均是一个器官，具有一定的形态，有血管和神经分布，能不断地进行新陈代谢，并具有修复、改建和再生的能力。成人骨共有 206 块（图 6.6），按其所在部位分为中轴骨（包括颅骨和躯干骨）和附肢肌（包括上肢骨和下肢骨），其中只有 177 块直接参与人体运动。

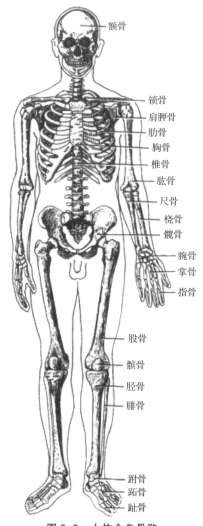

图 6.6 人体全身骨骼

由于功能不同，骨的形态多种多样，大致可分为长骨、短骨、扁骨和不规则骨等，如图 6.7 所示。

骨的主要功能如下：支撑人体，骨与骨相连接形成骨骼，支持人体的软组织和支撑全身重量；保护内脏，骨骼形成体腔壁，可保护大脑及内脏器官，并

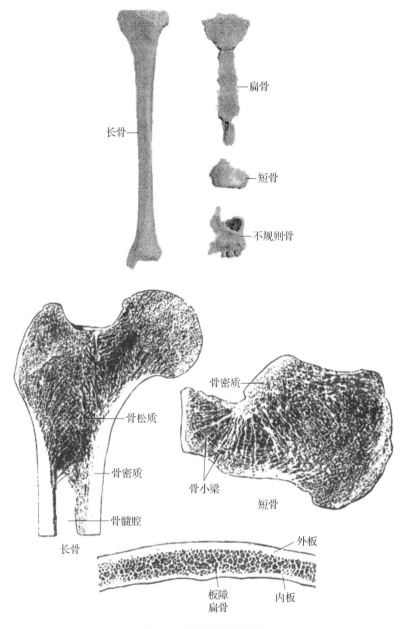

图 6.7　骨的分类及构造

帮助呼吸。骨骼作为人体的支撑材料，具有较高的强度。

　　聚醚醚酮，英文名称 poly – ether – ether – ketone（简称 PEEK），主要是以 4,4' – 二氟二苯甲酮、对苯二酚、无水碳酸钠为原料，二苯砜为溶剂，在无水条件下于 300 ~ 340 ℃进行亲核缩聚合制得，是具备超高性能的半结晶性、热塑性特种工程塑料。PEEK 树脂属于特种工程塑料中耐热等级最高的种类之一。PEEK 以其优异的耐磨性、生物相容性、化学稳定性等优点成为目前最具应用前景的人工骨基体复合材料，并可独立作为人工骨替换材料使用。纯 PEEK 的弹性模量为 (3.86 ± 0.72) GPa，经碳纤维增强可至 (21.1 ± 2.3) GPa，与人骨的弹性模量最为接近，可以有效避免植入人体后与人骨产生的应力遮挡以及松动现象。医用 PEEK 是通过美国食品和药物管理局（FDA）认证的"最佳长期骨移植"材料。

20 世纪 70 年代末，英国帝国化学工业公司（Imperial Chemical Industries，ICI）成功研制出了 PEEK 树脂。21 世纪初，德国 Degusga 公司收购了中国吉大高新材料有限公司 80% 股权，成为第二家可以生产 PEEK 树脂的公司。印度 Ghada 公司与 Victrex 公司合作成为第三家生产经营 PEEK 树脂的公司。美国 Dupont 公司、中国吉林大学等也先后开发出了具有自主知识产权的 PEEK 产品。

PEEK 树脂的主要特性有如下几点：

（1）耐热性：PEEK 熔点为 334 ℃，玻璃化转变温度为 143 ℃，能够在 250 ℃下长期使用，在 300 ℃下短期工作。

（2）耐冲击性：PEEK 树脂具有良好的耐冲击性。

（3）耐磨性：PEEK 树脂的耐磨性相当于聚酰亚胺，与 HIO wheel 材质对磨时的磨耗量只有 2.7×10^{-4} g/1 000 h。

（4）耐药性：PEEK 树脂对于常用化学药品耐药性非常强，只溶于浓硫酸。

（5）耐水性：PEEK 树脂在 23 ℃下的饱和吸水率只有 0.5%，且耐热水性好，可在 200 ℃的高压热水和蒸汽中长期使用。

制备方式是采用 3D 打印技术直接成型聚合物材料。3D 打印技术，又称为快速成型技术（rapid prototyping，RP 技术）或增材制造（additive manufacturing）技术，是指基于三维数据模型，通过连续的物理层制造，逐层堆加材料制造实体部件。该技术 20 世纪 80 年代初期在美国诞生，并且伴随着计算机科学、材料科学发展而在全球范围内快速发展，是一门前沿科学技术。应用于高分子材料的 3D 打印技术依据打印原理的不同可以分为熔融沉积成型（fused deposition modeling，FDM）、立体光固化成型（stereo lithography appearance，SLA）、三维粉末黏结成型（three dimensional printing and gluing，3DP）以及选择性激光烧结成型（selective laser sintering，SLS）等。四种比较典型的 3D 打印机的工作原理与主要成型特点对比结果详见表 6.2。

表 6.2 3D 打印成型技术对比

3D 打印成型技术	成型原理	打印材料	成型特点
熔融沉积成型（FDM）	3D 打印机的控制系统依据打印零件的 X–Y 平面的截面外侧边线轮廓和打印零件内部的辅助填充线条控制喷头在 X–Y 平面运动，喷头内的打印材料在高温熔化后经过冷却凝固，完成单层堆积打印，喷头每打印完一层，控制系统将喷头向 Z 轴方向移动一段距离 ΔZ，最终实现零件打印	低熔点树脂、塑料等，如 ABS、PLA	较低的打印成本，材料要求低，操作方便，成型速度快
立体光固化成型（SLA）	根据所要打印的外轮廓扫描出单层图形，放置在工作台上的光敏树脂材料的外表面被具有较大光照强度的光波照射后产生固化，依据开始扫描出来的轮廓路径进行打印成型	光敏树脂	成型速度快，表面精度高
三维粉末黏结成型（3DP）	打印机的喷头通过喷洒黏结剂将打印所需的金属粉末黏结在一起，这些黏结剂的喷洒路径是依据成型零件的外侧截面轮廓进行的，铺设完一层，喷头移动一段距离，直到叠加完成零件	金属粉末材料	不需要打印支撑结构，成型速度快，能打印彩色零件
选择性激光烧结成型（SLS）	通过控制激光束的照射使金属粉末受到高温熔化，然后再历经固化，铺设完毕一层再铺设下一层，直到完成零件的打印	金属粉末，如铜粉、合金粉末等	能打印金属材料，成型零件强度高

与其他技术相比，基于 FDM 技术的 3D 打印机操作环境简单安全，打印零件过程中不产生有毒性气体或化学性物质，适合在家庭和办公室中使用，对打印材料的要求相对不高，打印材料具有成本低、利用率高、输送快捷简便等优势。同时，对于一些结构复杂的产品，传统的加工工艺因其加工设备具有局限性，使零件在设计与加工过程中往往会由于加工工艺本身无法达到制造要求而对零件的制造精度产生影响，造成有的结构不易成型。但是，基于 FDM 技术的 3D 打印机能够很好地改善上述问题。FDM 技术一般适用于热塑性高分子材料，制造的产品拥有精度高、表面质量好和加工成本低等特点。FDM 成型机及其工作原理如图 6.8 所示。

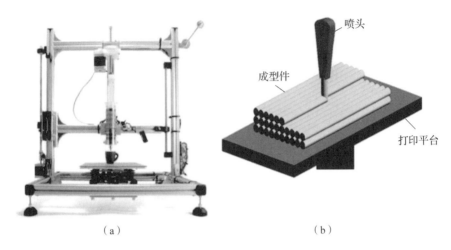

（a） （b）

图6.8　FDM成型机及其工作原理

（a）FDM成型机；（b）FDM工作原理

基于FDM技术的3D打印机工作原理如图6.9所示。基于FDM技术的3D打印机主要分为三个系统，分别是机械系统、控制系统和软件系统，独自依靠3D打印机的机械结构是无法正常完成打印工作的，3D打印机还需要控制系统以及相关固件、切片软件等协同工作才能成功打印出3D打印制品。控制系统包括外接电路、温度控制系统、动力控制系统、工作流程控制系统等，这些控制系统起到控制和监测等作用，与机械系统和软件系统协同完成打印工作。控制器将上位机传递过来的G代码进行解码，并根据G代码中的信息来控制步进电动机和挤出机构、散热装置。同时，步进电动机的位置和温度信息都会反馈给上位机。软件系统负责将导入的三维模型切片分层，按照设置好的加工工艺参数生成所需的G代码。一台完整的3D打印机包括工作平台、送丝机构、挤出机构、动力装置，以及完成打印所需的固件和控制系统等部分。其中，工作平台提供打印场所，送丝机构提供丝材动力，挤出机构负责加热和挤出丝材，步进电动机提供动力来源，控制系统负责扫描路径。FDM工艺实现成型的过程就是打印材料的叠加过程。送丝机构向挤出机构提供丝材，丝材在加热腔内受热后变成熔融态并输送进入喷嘴，喷嘴在外界控制系统的操纵下进行二维平面的路径打印，每打印成功一个平面，喷头向上移动一个距离再进行下一平面的打印，最终实现三维立体结构的打印，在此过程中工件的整体通过一层一层的黏结打印来完成。

FDM工艺通过加热和挤出热塑性材料层层堆积，以创建三维物体。其整个工作的工艺流程包括：借助三维建模软件（CAD、SolidWorks、Pro/E）完成

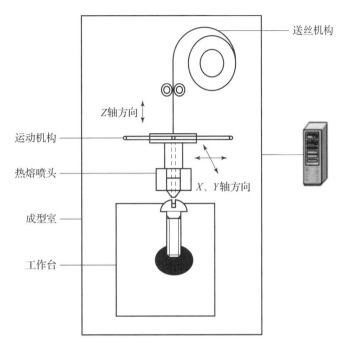

图 6.9　基于 FDM 技术的 3D 打印机工作原理

模型构造并转变成 STL 格式文件输出；切片软件进行分层切片处理，生成 gcode 文件；3D 打印机三维成型；再进行后期加工处理，如图 6.10 所示。

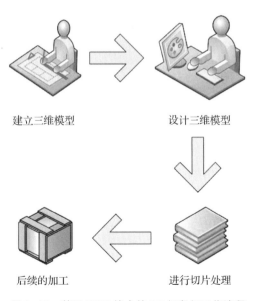

图 6.10　基于 FDM 技术的 3D 打印机工作流程

采用熔融沉积成型技术（FDM）制备聚醚醚酮材料人体颅骨植入物，流程如下：

（1）采用 CT 等医疗仪器获取患者颅骨待植入部位的医学图像数据。

（2）将步骤（1）中获取的患者待植入部位的医学图像数据输入计算机上的商业软件 Mimics 中，对医学数据进行处理，利用其逆向功能实现颅骨植入物的三维数字模型，并转成 3D 打印机系统可以识别的 STL 格式文件，如图 6.11 所示。

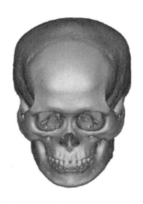

图 6.11　在 Mimics 软件中头骨的三维重建

（3）将步骤（2）得到的 STL 格式文件导入商业软件 IntamSuite 中，该软件为 3D 打印机附带的切片软件，然后在该软件中调整模型放置角度，设置打印层厚为 0.1 mm，填充密度为 100%，打印速度为 60 mm/s，并开启冷却风扇，生成支撑，获取颅骨模型的 gcode 格式文件。

（4）准备直径为 1.75 mm 的聚醚醚酮线材，然后将备好的聚醚醚酮线材放入烘干机中以 140 ℃烘干 2 h，以获得干燥的可用来打印的线材。

（5）设置 3D 打印机的参数，该 3D 打印机的型号为 FUNMAT HT 3D 打印机，在打印过程中确保喷嘴温度为 380~420 ℃，箱体环境温度为 80 ℃，打印底板温度为 130 ℃，并开启 3D 打印机的风扇冷却。

（6）打印前在打印机底板上涂抹一层固体胶，并保温一段时间后再调平底板，并适当调整喷嘴与底板之间的距离，即可开始进行打印。

（7）打印完成后，取出打印机中的颅骨制件，去除支撑后，将其放入烘干机中进行保温，保温温度为 175~250 ℃，保温时间为 2 h，以获取符合质量要求的颅骨植入物。

得到了一组 PEEK 颅骨植入物成型的较优的工艺参数组合。在 PEEK 颅骨植入物试样的 FDM 加工制备过程中，最佳制备工艺参数组合为：打印角度为 0°，喷嘴温度为 420 ℃，环境温度为 80 ℃，热处理温度为 250 ℃。

图 6.12 列出了几种典型的采用 3D 打印的骨骼，采用同样的方法进行制作。

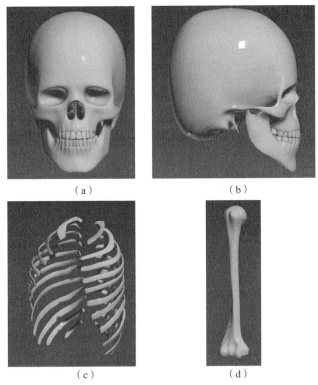

（a）　　　　　　　　　　（b）

（c）　　　　　　　　　　（d）

图 6.12　几种典型的采用 3D 打印的骨骼

（a）头骨正面；（b）头骨侧面；（c）肋骨；（d）下肢大腿骨

6.3.2　高逼真人体靶标内脏器官制作

人体内的软组织器官结构极其复杂多样，对于软组织的仿真十分困难，选择如有限元算法等常用方法，要么运算量过大，并且需要强大的硬件来支持该运算，要么精度达不到研究需求。这些都是在对软组织建模仿真中需要尽量避免的。

3ds Max 有着自己的一套对真实物理进行模拟的系统，这套系统经常使用在仿真模拟领域。3ds Max 软件最主要的功能是三维模型的建立，一个好的模型是其他各种仿真模拟效果的基础，而 3ds Max 提供的丰富又多样化的建模手段完全可以应对各种不同的应用形式。从标准模型的建立与修改，到模型的放样和创建复合对象，再到高级的面片建模，3ds Max 完善的建模功能使其能够方便快捷且逼真地重现现实世界中所能看到的所有事物。同时，能实现不同精度模型建立的可堆叠建模步骤使得 3ds Max 可以在感兴趣的区域能够基于二维影像来建立高精度三维模型，其他区域用较低精度，这样可更好地实现精度和时间的均衡，符合软组织建模及其应用要求。其经过数十年、十几个版本优化成型的 reactor 动力学系统对于真实环境的物理力学模拟已经达到能够真实模拟实际情况的程度。通过 3ds Max 对基于影像的软组织器官的仿真模拟进行研究，在 3ds Max 中建立软组织模型，并对模型运用仿真模拟方法进行分析。

3ds Max 作为一款专业的三维动画软件，其主要有 4 种方式的建模方法。包括：多边形建模法、NURBS 建模法、PATCH 建模法以及基于插件的建模法。在实际应用过程中，3ds Max 软件最基本的建模方法是多边形建模法，修改器功能随着软件版本的不断更新变得日益强大，这种建模手段已经可以满足大多数情况的需要。由第一代 3ds Max 软件及其前身 3D Studio 开始，软件的基本建模方法就一直是多边形建模法。现实中，任何物体其实都可以看作由大大小小的多边形堆积起来的，通过变形或堆积一个或者多个立体多边形，就可以建立任意物体的几何模型。基于这种思路，多边形建模法其实就是通过建立基础多边形，通过调整边数及面数，建立新的面并通过这个新的面挤出新的多边形，之后利用不同的修改器调整多边形的形状，反复整个过程最终就可以得到设计者们所需要建立的几何模型。而其他三种建模方式，在特定情况下可以作为对多边形建模的补充。

对于人体软组织而言，由于其固有的生理解剖特点，不能简单地用 3ds Max 软件直接进行模拟，必须分析其生理学特点，利用图形学对其特征进行细化和描述，然后利用 3ds Max 软件对其进行可视化再现。

人体内的诸多软组织器官，在解剖学结构表面形态上大多属于外部表现为表面光滑的组织器官。可以先忽略一定精度并将其斜面看作类似其梯形面的表现形态，在初步模型建立后就可以通过平滑处理使其圆滑并接近真实器官。在不考虑器官内部具体结构的前提下，将其整体构建多边形进行面的分割，最终依靠平滑拟合。再通过模具成型的方式对人体的脏器器官进行加工。模具采用 3D 打印，模具材质采用高强度铝合金材质，质轻，同时强度满足内脏器官用聚氨酯泡沫材料的发泡要求。

人体内脏器官成型工艺流程如图 6.13 所示。

基于 3ds Max 中多边形建模法，构建了肝脏器

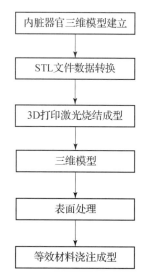

图 6.13　人体内脏器官成型
工艺流程

官的几何模型。肝脏是人体中最大的消化系统软组织器官，它的外形呈不规则的楔形。肝脏整体由肝左叶、肝右叶以及一系列韧带组织构成，内部约 2/3 的部分由无数肝细胞构成，其余部分为肝内管道，包括肝动脉、门静脉、肝静脉等。由于肝脏主体都是由肝细胞所构成的组织，在建立模型时主要考虑的是这部分结构。肝脏这类非中空结构的软组织器官，使用基于多边形建模法的几何模型构建，可以有效增加模型构建的效率。在使用多边形建模方法前，首先要对即将构建的个体有一个大致的形状概念。

由图 6.14 可以大体知道，肝脏是一个正面成类三角形，侧面类弯曲的梯形不规则几何体。这样，对肝脏的几何模型构建就有了多边形建模的基础模型，如图 6.15 所示。

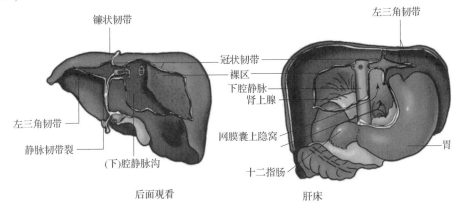

图 6.14　肝脏的双视图

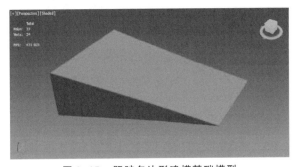

图 6.15　肝脏多边形建模基础模型

通过多边形建模法，增加布线（Edit Edges、Edit Spline……）、挤出（Face Extrude……）、变形（Edit Poly、Morpher……），同时借助建立参考层，得到了基于多边形建模法的肝脏几何模型。再通过平滑、优化等工作对模型进行优化处理，最终得到可以用来进行仿真模拟的工作肝脏几何模型（图 6.16 和图 6.17）。

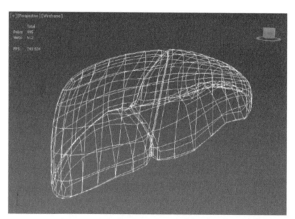

图 6.16　基于多边形建模法构建的肝脏几何模型线框图

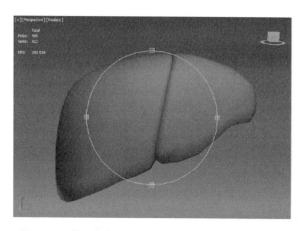

图 6.17　基于多边形建模法构建的肝脏几何模型外观

采用模具成型的方式，先利用 3D 打印机打印模具，打印出的模具作为器官的成型模具，通过专业 3D 打印服务供应商，利用选择性激光熔融 3D 打印成型，根据人体器官模型，制成精确型高强度模具。

模具制作完成后，将配制的发泡材料混合料通过浇注设备注入模具中，闭模发泡 10～15 min，得到浇注的器官，过程如图 6.18 所示，其中，采用的材料为与内脏材料密度相近、强度相近、应力 – 应变曲线相似的聚氨酯发泡材料。

构建的其他内脏器官，如心脏、肺脏、胃肠等的模型如图 6.19～图 6.21 所示，对应的脏器制作流程和工艺与肝脏相同。

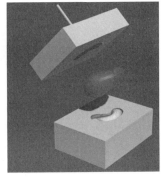

（a）　　　　　　　　　　　　（b）

图 6.18　模具浇注制备肝脏示意图

（a）闭模浇注；（b）开模后得到的器官

（a）　　　　　　　　　　　　（b）

图 6.19　构建的心脏几何模型

（a）正面图；（b）侧面图

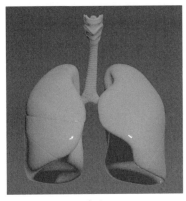
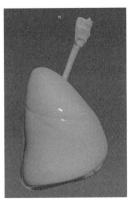

（a）　　　　　　　　　　　　（b）

图 6.20　构建的肺脏几何模型

（a）正面图；（b）侧面图

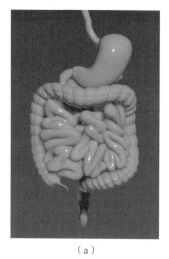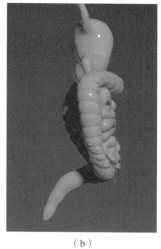

（a） （b）

图 6.21 构建的胃肠几何模型

（a）正面图；（b）侧面图

6.3.3 高逼真人体靶标皮肤与肌肉的制作

Hybrid Ⅲ 假人采用的皮肤材料为聚乙烯增强溶胶，增塑溶胶是聚乙烯的液体形式，通过加热固化形成最终产品。通过改变配方，可以具有不同的物理性质和属性，包括颜色、硬度（邵氏 A 硬度 10 ~ 98）等。将液态的溶胶抽取真空后灌入铝制模具后放入烤箱加热到一定温度后取出，冷却至 40 ℃ 后拆模取出皮肤部件，再经过后续打磨处理即可完成仿真人体模型皮肤部件的制作。制作过程中需要控制的工艺参数很多，主要包括环境温度、湿度、灌料温度、硫化温度、升温速度、硫化时间、冷却方式、冷却速度等。Hybrid Ⅲ 假人采用聚氨酯泡沫材料模拟人体的肌肉，当前研究主要集中在聚氨酯泡沫的微观结构及化学配方对其力学性能的影响研究，对制备参数的影响研究不多。

国内的林大全团队开发的智能化汽车安全碰撞假人取得了重要突破，对于假人皮肤的选材集中在聚乙烯、聚氯乙烯、橡胶等高分子材料，邵氏 A 硬度在 40 ~ 60。

为制作汽车碰撞假人皮肤，选取线性低密度聚乙烯、聚氯乙烯两种高分子材料为基础材料，以热塑性聚氨酯为共混材料，采用物理共混的方法，通过双转子混炼机加热，配以合适的转速和混炼时间，经压片机制成皮肤薄片。经过多次筛选，选择韩华牌 3224 型线性低密度聚乙烯（LLDPE）颗粒作为基础材料，选择韧性好、性质稳定的 AVALON 牌 65 AE 型热塑性聚氨酯（TPU）粒料作为共混材料。由于聚氯乙烯受热时性质不稳定，为了降低受热分解对皮肤样品性能的影响，加入一定的添加剂。选择添加剂的种类和作用及添入量如表 6.3 所示。

表 6.3　添加剂的种类、作用和添入量

添加剂	作用	添入量（质量百分比）/%
复合铅盐稳定剂	热稳定剂	5
邻苯二甲酸二锌酯	塑化剂	12
硬脂酸	稳定剂	0.5
硬脂酸钙	稳定剂	1
硬脂酸锌	稳定剂	1
石蜡	脱模剂	0.5

　　按照皮肤和肌肉的几何特性参数建立几何模型。制作时，先将骨骼进行组装，再将制作的人体内脏器官与骨骼进行固定组合，获得的人体骨骼和器官组合如图 6.22 所示，组合后将其放入模具中，进行浇注，浇注过程采用液体有机硅或双组分聚氨酯材料。

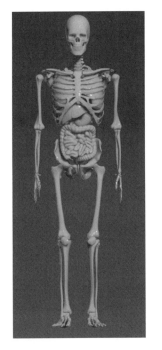

图 6.22　人体骨骼和器官组合

|6.4　高逼真人体靶标数据采集系统设计|

数字信号处理是先把测试中获取的模拟信号变成数字信号，然后用计算机进行处理，所以系统的输入是取自工程实际的模拟信号。信号处理从传感器采集开始，经过信号调理、转换、数据传输、数据处理和数据分析，这整个从信号中获取信息的过程称为数据采集。数字信号处理系统为软、硬件结合控制，采用自主开发软件，专用性强，处理速度快，效率高。具有以下优点：

（1）高度的灵活性。可以灵活地改变系统的参量和工作方式，以满足系统多功能和自适应化的需要。这使它不但能对付各种复杂任务和环境所提出的要求，而且还可利用它来对模拟信号处理系统进行仿真试验。

（2）极好的重现性、可靠性和稳定性。

由于数字信号处理系统是由少数类型的标准器件所构成，宜于采用性能可靠一致的大规模集成电路，而且系统的工作完全由高稳定性的时钟控制，这就使它有完善的重现性以及高度的稳定性和可靠性。

（3）高精度、高分辨率和大动态范围。在这个系统中，由于有足够的字长位数和存储容量，可实现高精度、高分辨率和大动态范围的信号处理。

（4）具有直接的可实现性。可实现信号的快速傅里叶变换，为分析连续信号和系统提供实际手段。

传感器是实现测量的首要环节，如果没有传感器对原始信息进行有效的转换，那么一切准确的测量都将无法实现。

6.4.1　传感器的选型

常见的压力和加速度传感器按测量原理可以分为压电式传感器和压阻式传感器。

压电式传感器的制备一般是基于正压电效应。压电式传感器内部的压电晶体在某个固定方向的外力作用下发生电极化现象，压电晶体的某两个表面会产生符号相反的电荷，当撤去外力后，晶体又恢复到不带电的形态。压电晶体表面电荷的极性会随着外力的作用方向转变而转变，电荷量的大小与外力的大小成正比。

压阻式传感器是基于半导体材料的压阻效应在半导体材料的基片上经扩散电阻而制成的。压阻式传感器的基片可以直接作为测量传感元件，扩散电阻在基片内接成电桥形式。基片在外力作用下发生变形时，各电阻值也会随之改变，相应的电桥就会产生不平衡输出。压阻式传感器频率响应好、便宜、耐用，但是结构复杂、信噪比不高。压阻式加速度传感器通常采用悬臂梁结构。在悬臂梁的自由端，装有敏感质量块，靠近梁的根部附着固体硅电阻应变片，其结构如图 6.23 所示。当悬臂梁自由端的质量块感应到外界加速度作用时，将此加速度转变为惯性力，使悬臂梁受到弯矩作用，产生应力。此时附着在悬臂梁上的固态硅电阻应变片的长度发生变化，从而使应变片的阻值改变。

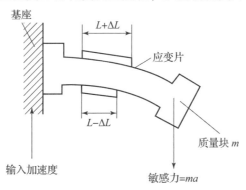

图 6.23　压阻式加速度传感器示意图

相比而言，压电式传感器具有频带宽、灵敏度高、信噪比高、结构简单、工作可靠和重量轻等优点。压电式传感器的缺点是部分压电材料需要进行防潮处理，而且压电式传感器输出的直流响应差，需要使用电荷放大器来弥补这一缺陷。目前，随着低噪声、小电容、高绝缘电阻电缆和配套仪表的出现，压电式传感器的使用变得更为方便，它广泛使用在工程力学、生物医学、电声学等技术领域。压电式加速度传感器是以压电材料作为敏感材料，在压电晶片上以一定的预紧力安装一个惯性质量块，底部螺钉与被测件刚性固连，其结构如图 6.24 所示。当外界力作用时，压电晶片内部就产生极化现象，在其表面产生电荷，其电荷量与敏感块感应的外界加速度呈正比，与电荷放大器配接，输出与加速度呈正比的电压量。

采用高逼真靶标搭建测试系统开展人员目标易损性研究，需要传感器重量低、信噪比高、灵敏度高、工作可靠。因此，选用这些性能更为优异的压电式压力传感器和压电式加速度传感器，并对传感器的具体选型进一步提出重量、频率响应特性、线性范围、灵敏度和使用环境等方面的要求。压电式压力传感器和压电式加速度传感器的质量应不大于 10 g，尺寸尽可能小，以减小传感器嵌入在人体靶标内部时对靶标完整性和试验数据精度的影响；压电式压力传感器和压电式加速度传感器的频率响应特性要高，由于钝击损伤研究参考文献中

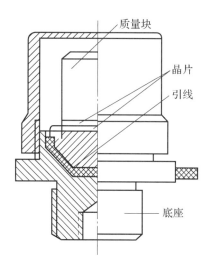

图 6.24　单端中心压缩式压电加速度传感器

弹丸侵彻软防护下假人靶标产生的冲击波的频率为 30 kHz，为保证所测得冲击波不失真，所选用传感器的共振频率应该 3 倍大于冲击波的频率，拟采用传感器共振频率不小于 100 kHz；压电式压力传感器和压电式加速度传感器的线性范围要宽，传感器的线性范围越宽，其量程越大，并且能够保持较高的精度。由于压电式传感器是自发电式传感器，压电晶片只有在受到动态力的作用下才会产生电荷，因此实际上它不能达到真正的直流响应。其下限频率取决于与其相连的电荷放大器，要特别注意其低频响应。根据各类钝击损伤研究参考文献，压电式压力传感器的测压范围应超过 ±10 MPa，压电式加速度传感器的量程应大于 1 000g；压电式压力传感器和压电式加速度传感器的灵敏度应尽可能高，并能适用环境满足 −10 ~ 80 ℃，尽可能选用具有防水功能的传感器，不具备防水功能的传感器使用前应进行防水处理。

6.4.2　传感器的布设

试验中，冲击波的压力和加速度测试非常复杂，其测量结果对测试系统的特性尤其是传感器的布置方式特别敏感。

过程中要特别注意以下几点：

（1）传感器的安装位置和方向与实际需要测量的脏器的空间位置的匹配度。

（2）传感器在介质中的安装方式。

（3）传感器与介质之间是否有相对位移。

（4）传感器的标定方法。

各压力传感器和加速度传感器应该对应真实人体中内脏的位置。研究钝击损伤试验中一般会测量心脏、左右肺、肝脏、胃以及胸骨 T6 节等处的冲击波参数，这些器官骨骼相对于真实人体在模具后端面坐标系中的坐标分别为心脏（34，10）、右肺（33，17）、左肺（33，4）、肝脏（20，16）、胸骨的 T6 节（28，12）。压力传感器和加速度传感器埋设在这些位置后需要实时记录其埋设深度，传感器距模具端面的位置即传感器的埋设深度，实际试验中各内脏器官处传感器的埋设深度各有不同。

参 考 文 献

[1] 谢驰, 陈爽, 林大全, 等. 仿生皮肤等效材料超声波测试方法的研究 [J]. 中国测试, 2012, 38: 1-4.

[2] 郭彪, 孔小林, 张林锐, 等. 一种模拟外军主动防护系统的靶标 [J]. 兵器装备工程学报, 2019, 40: 86-89.

[3] 刘莎, 王占涛, 汪涛, 等. 一种基于面源黑体的某型红外动态模拟靶标研制 [J]. 宇航计测技术, 2017, 37: 10-17.

[4] Khatib B, Gelesko S, Amundson M, et al. Updates in management of cranio-maxillofacial gunshot wounds and reconstruction of the mandible [J]. Facial Plastic Surgery Clinics of North America, 2017, 25 (4): 563-572.

[5] 李婷婷, 彭超群, 王日初, 等. Fe-Al、Ti-Al 和 Ni-Al 系金属间化合物多孔材料的研究进展 [J]. 中国有色金属学报, 2011, 21: 784-795.

[6] 袁慎坡, 李树奎, 宋修纲, 等. 一种 W-Ni-Al-Fe 系易碎钨合金材料的研究 [J]. 材料工程, 2007 (09): 26-29.

[7] 赵红梅, 史洪刚, 马少华, 等. 易碎钨合金穿甲弹芯的注射成形研究 [J]. 兵器材料科学与工程, 2006, 29 (5): 59-63.

[8] 胡兴军. 高密度钨合金在弹用材料中的应用及研究进展 [J]. 稀有金属与硬质合金, 2009, 37: 65-67.

[9] 曹兵. 不同破片对模拟巡航导弹油箱毁伤实验研究 [J]. 火工品, 2008 (5): 10-13.

[10] 谢长友, 蒋建伟, 帅俊峰, 等. 复合式反应破片对柴油油箱的毁伤效应试验研究 [J]. 高压物理学报, 2009, 23: 447-452.

[11] 王海福, 郑元枫, 余庆波, 等. 活性破片引燃航空煤油实验研究 [J]. 兵工学报, 2012, 33: 1148-1152.

[12] 熊漫漫, 闫文敏, 徐诚, 等. 牛皮模拟靶标的弹道损伤特性 [J]. 兵工学报, 2022, 43: 29-36.

[13] Jussila J, Leppaniemi A, Paronen M, et al. Ballistic skin simulant [J].

Forensic Science International, 2005, 150 (1): 63 – 71.

[14] Bir C A, Resslar M, Stewart S. Skin penetration surrogate for the evaluation of less lethal kinetic energy munitions [J]. Forensic Science International, 2012, 220 (1 – 3): 126 – 129.

[15] Bir C A, Stewart S J, Wilhelm M. Skin penetration assessment of less lethal kinetic energy munitions [J]. Journal of Forensic Sciences, 2005, 50 (6): 1426 – 1429.

[16] Thali M J, Kneubuehl B P, Dirnhofer R. A "skin – skull – brain model" for the biomechanical reconstruction of blunt forces to the human head [J]. Forensic Science International, 2002, 125 (2 – 3): 195 – 200.

[17] 苏丽丽, 石雅琳, 韦永继. TODI 型热塑性聚氨酯弹性体的制备与性能研究 [J]. 化学推进剂与高分子材料, 2011, 9: 82 – 84, 88.

[18] Xiong M M, Qin B, Wang S, et al. Experimental impacts of less lethal rubber spheres on a skin – fat – muscle model [J]. Journal of Forensic and Legal Medicine, 2019, 67: 7 – 14.

[19] 聂伟晓, 温垚珂, 董方栋, 等. 破片侵彻戴防弹头盔头部靶标钝击效应数值模拟 [J]. 兵工学报, 2022 (9): 1 – 8.

[20] 赖西南. 颅脑爆炸伤救治中的几个问题 [J]. 创伤外科杂志, 2010, 12: 481 – 483.

[21] 张子焕, 许民辉, 赖西南. 装甲车乘员爆炸伤研究进展 [J]. 创伤外科杂志, 2012, 14: 561 – 564.

[22] 康建毅, 赵德春, 王建民, 等. 投射物钝挫伤的研究进展 [J]. 创伤外科杂志, 2009, 11: 468 – 470, 473.

[23] 赵欣, 王玮. 高速投射物致远达效应的研究进展 [J]. 西南国防医药, 2009, 19: 749 – 751.

[24] 任常群, 周树夏. 颌面部高速投射物伤研究进展 [J]. 西北国防医学杂志, 2010, 31: 51 – 53.

[25] 温垚珂, 闫文敏, 张俊斌, 等. 手枪弹对人体肩部模拟靶标杀伤效应研究 [J]. 医用生物力学, 2021, 36: 169.

[26] 杨云斌, 钱立新, 卢永刚. 战斗部威力/目标易损性评估软件研究 [J]. 现代防御技术, 2008, 36: 66 – 70, 164.

[27] 罗少敏, 徐诚, 陈爱军, 等. 步枪弹侵彻带软硬复合防护明胶靶标的数值模拟 [J]. 兵工学报, 2014, 35: 1172 – 1178.

[28] 张春红, 林大全. 探析我国仿真人体模型中的仿生技术 [J]. 机械,

2009, 1 (36): 1 - 4.

[29] 王刚. 基于工业设计思想的航空安全实验假人的研究 [D]. 成都: 四川大学, 2006.

[30] 孙毅. 仿生学研究的若干新进展 [J]. 科技情报开发与经济, 2006 (11): 143 - 144.

[31] 戢敏, 袁中凡, 林大全. 仿真假人人体参数的计算和分析 [J]. 中国测试技术, 2003 (4): 37.

[32] 李言俊, 高阳. 仿生技术及其应用 [J]. 安阳工学院学报, 2005 (1): 27 - 31.

[33] 陈佳佳. 暖体人体体模的研究与制作 [D]. 上海: 东华大学, 2015.

[34] 庄达民. 人体测量与人体模型 [J]. 家电科技, 2004, 7: 83 - 86.

[35] 叶海, 魏润柏. 基于暖体假人的热环境评价指标 [J]. 人类工效学, 2005, 11 (2): 26 - 28.

[36] 黄建华. 国内外暖体假人的研究现状 [J]. 建筑热能通风空调, 2006, 25 (6): 24 - 29.

[37] 缪丽. 基于工业设计的汽车碰撞试验假人研究及应用 [D]. 成都: 四川大学, 2005.

[38] 黄建兵. 人机工程学在工程机械驾驶室布置设计的应用研究 [D]. 长春: 吉林大学, 2004.

[39] 赵选科, 王莲芬, 何俊发. 次声波及次声武器 [J]. 大学物理, 2005 (05): 57 - 58.

[40] 孙海涛, 李吉友, 王宁. 基于3D打印的个性化体模在放疗剂量验证的研究 [J]. 中国医疗器械杂志, 2021, 45 (4): 454 - 458.

[41] 高莹, 李毅, 马瑾璐. 肿瘤放射治疗剂量个体化验证仿真体模及其建立和应用: 中国, CN104258505B [P]. 2017 - 03 - 01.

[42] 戎帅, 滕勇, 乌日开西·艾依提, 等. 基于3D打印技术的腰椎多节段峡部裂个性化手术治疗 [J]. 中国矫形外科杂志, 2013, 21 (21): 2222 - 2226.

[43] Holmeri. Thermal manikin history and applications [J]. European Journal of Applied Physiology, 2004, 92 (6): 614 - 618.

[44] Wissler E H. Steady - state temperature distribution in man [J]. Journal of Applied Physiology, 1961, 16 (16): 734 - 740.

[45] 王欢, 马崇启, 吕汉明. 出汗暖体人体体模的研究现状与发展方向 [J]. 产业用纺织品, 2017, 35 (10): 1 - 7.

［46］ 雷中祥，钱晓明. 出汗暖体人体体模的研究现状与发展趋势［J］. 丝绸，2015，52（9）：32－36.

［47］ Goldman R F. Tolerance time for work in the heat when wearing cbr protective clothing［J］. Military Medicine，1963，128：776.

［48］ Mecheel S J，Umbach K H. The textile and clothing－physiological requirements to be met by therapeutic thermal segments［J］. Schriftenr Zentralbl Arbeitsmed Arbe Itsschutz Prophyl Ergonomie，1981，6：205－211.

［49］ 李书政. 简体暖体人体体模的研制［D］. 上海：东华大学，2014.

［50］ 陈浏. 暖体出汗人体体模的开发现状及其研究方向［J］. 纺织科技进展，2009（2）：87－89.

［51］ 朱秉臣，曹俊周. 特种功能服装的研制和开发［J］. 产业用纺织品，1989（6）：19－24.

［52］ 谌玉红，姜志华，倪济云，等. 出汗人体体模及其应用［J］. 天津工业大学学报，2004，23（5）：102－104.

［53］ 谌玉红，姜志华. 中国－瑞典暖体人体体模测试服装热阻的比较试验［J］. 中国个体防护装备，2001（3）：4－7.

［54］ 朱利军，张渭源，卫兵. 暖体人体体模内部热损失率的试验研究［J］. 中国纺织大学学报，2000，26（2）：14－16.

［55］ 向娟. 东华大学仿生人体体模研究团队持续攻关，提升我国功能服装防护水平［J］. 上海教育，2011（21）：64.

［56］ 边吉. 东华大学高科技成果在神舟七号上应用［J］. 产业用纺织品，2008，26（10）：47－48.

［57］ 杨凯，焦明立，陈益松，等. 暖体人体体模软质模拟皮肤的研究及其应用［J］. 纺织学报，2008，29（12）：74－77.

［58］ Wang Y Y，Huang Z W，Luy H，et al. Heat transfer properties of the numerical human body simulated from the thermal manikin［J］. Journal of the Textile Institute Proceedings and Abstracts，2013，104（2）：10.

［59］ 王发明，胡锋，周小红，等. "Walter"暖体人体体模测试服装的热湿传递特性［J］. 现代纺织技术，2007，15（6）：32－34.

［60］ 常维娜. 基于出汗头的帽子热湿舒适性的测量研究［D］. 上海：东华大学，2010.

［61］ 李菲菲. 基于出汗暖体人体体模服装热湿舒适性能研究［D］. 杭州：浙江理工大学，2014.

［62］ Olesen B W，Scholer M，Fanger P O. Discomfort caused by vertical air temperature differences [J]. Indoor Climate, 1979, 36: 561 – 578.

[63] Hoppep R. Indoor climate [J]. Experientia, 1993, 49 (9): 775.

[64] Fanger P O, Ipsen B M, Langkilde G, et al. Comfort limits for asymmetric thermal radiation [J]. Energy & Buildings, 1985, 8 (3): 225 – 236.

[65] Wyon D P, Larsson S, Forsgren B, et al. Standard procedures for assessing vehicle climate with a thermal manikin [C] //Subzero Engineering Conditions Conference & Exposition, 1989.

[66] Tanabe S, Arense A, Bauman F, et al. Evaluating thermal environments by using a thermal manikin with controlled skin surface temperature [J]. Ashrae Transactions, 1994, 100 (1): 39 – 48.

[67] Nielsen P V. The importance of a thermal manikin as source and obstacle in full – scale experiments [C] //Proceedings of the 3rd International Meeting on Thermal Manikin Testing, 1999.

[68] Huizenga C, Huiz, Arense A. Model of human physiology and comfort for assessing complex thermal environments [J]. Building & Environment, 2001, 36 (6): 691 – 699.

[69] Nilsson H O, Holmer I. Comfort climate evaluation with thermal manikin methods and computer simulation models. [J]. Indoor Air, 2010, 13 (1): 28 – 37.

[70] Melikov A. Breathing thermal manikins for indoor environment assessment: important characteristics and requirements [J]. European Journal of Applied Physiology, 2004, 92 (6): 710 – 713.

[71] Cheong K W D, Yu W J, Kosonen R, et al. Assessment of thermal environment using a thermal manikin in a field environment chamber served by displacement ventilation system [J]. Building & Environment, 2006, 41 (12): 1661 – 1670.

[72] 陶培德. 人体与环境的热湿交换研究及数学模拟 [J]. 制冷学报, 1991 (1): 26 – 32.

[73] 徐文华. 暖体人体体模在人与热环境研究中的应用 [C] //中国系统工程学会. 第一届全国人—机—环境系统工程学术会议论文集, 1993.

[74] 叶海. 人体的对流辐射换热与热舒适 [D]. 上海: 同济大学, 1999.

[75] 张昭华. 热湿舒适性研究中暖体人体体模的应用 [J]. 中国个体防护装备, 2008 (1): 23 – 25.

[76] 韩雪峰, 翁文国, 付明. 高温环境中发汗暖体人体体模的热生理数值模

型［J］. 清华大学学报：自然科学版，2012，52（04）：536 – 539.

［77］ 张超，秦挺鑫，吴甦，等. 基于暖体人体体模的热环境下人体安全评价［J］. 清华大学学报：自然科学版，2014，54（02）：264 – 269.

［78］ 赵朝义，呼慧敏，邱义芬，等. 室内热环境舒适性评价用暖体人体体模系统及其评价方法：中国，201710312899. 4［P］. 2017 – 08 – 08.

［79］ 王瑞，赵朝义，呼慧敏，等. 基于暖体人体体模的环境热舒适评价技术研究［J］. 人类工效学，2018，24（2）：43 – 47.

［80］ 占强，杨絮. 人体体模能代替你吗 – 碰撞试验人体体模介绍系列之简介篇［J］. 世界汽车，2007，3：86 – 89.

［81］ 中国汽车技术研究中心. C – NCAP 中国新车评价规程［S］. 2018.

［82］ 郝霆，王雍. 汽车碰撞试验及 Hybrid Ⅲ（人体体模）应用分析［J］. 城市车辆，2003，1：21 – 23.

［83］ 刘志新，武永强，马伟杰. 中国体征碰撞测试假人开发路径研究［J］. 中国工程科学，2019，21（3）：103 – 107.

［84］ Iwata K，Tatsu K，Saeki H，et al. Comparison of dummy kinematics and injury response between WorldSID and ES – 2 inside impact［J］. SAE International Journal of Transportation Safety，2013，1（I）：192 – 199.

［85］ Scherer R，Bortenschlager K，Akiyama A，et al. WorldSID production dummy biomechanical re – sponses［C］//Proceedings of the 21 th Enhanced Safety of Vehicles Conference，2009.

［86］ Trosseille X，Petitjean A. Sensitivity of the WorldSID 50th and ES – 2 re thoraces to loading configuration［J］. STAPP Car Crash Journal，2010（54）：259 – 287.

［87］ Damm R，Schnottale B，Lorenz B. Evaluation of the biofidelity of the WorldSID and the ES – 2 on the basis of PMHS data［C］//Proceedings of the International Conference of the Biomechanics of Impact，2006（9）：225 – 237.

［88］ Hynd D，Carrol J，Been B，et al. Evaluation of the shoulder thorax and abdomen of the WorldSID pre – production aide impact dummy［R］. Research Laboratory Published Project Report，2004.

［89］ Ruhle H，Moorhouse K，Donnelly B，et al. Comparison of WorldSID and ES – 2re biofidelity using an up – dated biofidelity ranking system［C］//Proceedings of the 21th Enhanced Safety of Vehicles Conference，2009.

［90］ Tylko S，Dalmotas D. WorldSID responses in oblique and perpendicular pole tests［C］//Proceedings：Interna – tional Technical Conference on the

Enhanced Safety of Vehicles. National Highway Traffic Safety Administra –
tion，2005.

[91] Page M. Performance of the prototype WorldSID dummy in side impact crash
tests［C］//Proceedings of 17th International Technical Conference on the
Enhanced Safety of Vehicles，2001.

[92] 黎和俊，杨震，周大永，等. 混Ⅲ假人、GHBMC 人体以及中国人体模
型的正碰损模伤型差异［J］. 中国机械工程，2021，32（15）：1836 –
1843.

[93] 李沛雨. 碰撞载荷下考虑人体差异的胸腔参数化建模及损伤研究［D］.
北京：清华大学，2017.

[94] 张恺. 面向自适应约束系统的多体征乘员碰撞仿真与损伤分析［D］.
长沙：湖南大学，2018.

[95] 杜雯菁，罗道，黄晗，等. 基于中国人体 CT 数据的股骨和胫骨参数化
模型的开发［J］. 清华大学学报：自然科学版，2019，59（3）：
211 – 218.

[96] 李朝青. 单片机 & DSP 外围数字 IC 技术手册［M］. 北京：北京航空航
天大学出版社，2005.

[97] 赵峰，曾勇明. 仿真体模研制及在胸部 CT 应用的进展［J］. 重庆医学，
2011，40（23）：2371 – 2373.

[98] 林大全，张纪淮，王星泉，等. 中国模拟人非均匀组织等效辐照体模研
制［J］. 医学物理，1985，2（3）：23.

[99] 安瑞金，黄岗. CT 图像质量和辐射剂量的影响因素研究［J］. 生物医
学工程与临床，2009，13（2）：92 – 95.

[100] 鲍莉，李学胜. 小儿头部 CT 扫描中 mAs 变化对辐射剂量的影响［J］.
生物医学工程与临床，2009，13（6）：513 – 515.

[101] 蒋伟，林大全，樊庆文，等. 成都剂量体模（CDP）组织等效材料辐
射等效性评价［J］. 中国测试技术，2006，32（6）：67 – 71.

[102] ICRP. Radiological protection in paediatric diagnostic and interventional radi-
ology［M］. Oxford：Pergamon Press，2013.

[103] Pages J，Buls N，Osteaux M. CT doses in children：a multicentre study
［J］. British Journal of Radiology，2003，76：803 – 811.

[104] 郑钧正. 关注 CT 普及应用所凸显的医疗照射问题［J］. 世界医疗器
械，2015，21（1）：41 – 44.

[105] Demarco J J，Cagnon C H，Cody D D，et al. Estimating radiation doses

from multidetector CT using Monte Carlo simulations：Effects of different size voxelized patient models on magni - tudes of organ and effective dose［J］. Physics in Medicine and Biology，2007，52（9）：2583 - 2597.

［106］ Nipper J C，Williams J L，Bolch W E. Creation of two tomographic voxel models of paediatric patients in the first year of life［J］. Physics in Medicine and Biology，2002，47（17）：3143 - 3164.

［107］ Lee C，Williams J L，Lee C，et al. The UF series of tomographic computational phantoms of pediatric patients［J］. Medical Physics，2006，32（12）：3537 - 3548.

［108］ Lee C，Lodwick D，Hurtado J. The UF family of reference hybrid phantoms for computational radiation dosimetry［J］. Physics in Medicine and Biology，2009，55（2）：339 - 363.

［109］ Nagaoka T，Kunieda E，Watanabe S. Proportion - corrected scaled voxel models for Japanese children and their application to the numerical dosimetry of specific absorption rate for frequencies from 30 MHz to 3 GHz［J］. Physics in Medicine and Biology，2008，53（23）：6695 - 6711.

［110］ Kim S，Yoshizumi T T，Toncheva G，et al. Estimation of absorbed doses from paediatric cone - beam CT scans：MOSFET measurements and Monte Carlo simulations［J］. Radiation Protection Dosimetry，2009，138（3）：257 - 263.

［111］ 王栋，邱睿，潘羽晞，等. 基于物理体模CT图像的1岁儿童体素体模构建［J］. 原子能科学技术，2016，50（4）：757 - 762.

［112］ 井赛，张谷敏，孙旭，等. CT辐射剂量检测仿真人体模的研制［J］. 医疗卫生装备，2017，38（11）：31 - 34.

［113］ Diekmann S，Siebert E，Juran R，et al. Dose exposure of patients undergoing comprehensive stroke imaging by multidetector - row CT：comparison of 320 - detector row and 64 - detector row CT scanners［J］. AJNR Am J Neuroradiol，2010，31：1003 - 1009.

［114］ 张加易，袁中凡，林大全，等. 组织辐射等效材料等效性验证方法的探讨［J］. 中国测试技术，2006，32（2）：24 - 26，61.

［115］ Winslow J F，Winslow D E，Fisher R F，et al. Construction of anthropomorphic phantoms for use in dosimetry studies［J］. J Appl Clin Med Phys，2009，10：2986.

［116］ 孙善麟. 用于工效学领域的虚拟人体模型体模型研究概论［J］. 人类

工效学，1998（004）：52 – 57.

[117] 朱彦军，姜国华. 虚拟现实中虚拟人体模型概述［J］. 计算机仿真，2004，21（1）：11 – 13.

[118] 罗娜，吴毅，杨希川，等. PBL 教学模式在皮肤性病学教学中的探索与应用［J］. 重庆医学，2016，45（7）：994 – 995.

[119] 钟世镇，牛憨笨，罗述谦，等. 中国数字化虚拟人体研究的发展与应用［C］//北京：第 208 次香山科学会议，2003.

[120] 高巍. 浅谈三维虚拟人体模型的构建与应用［J］. 智能制造，2015（2）：52 – 54.

[121] 贾春光，段会龙，吕维雪. Visible Human 计划的发展与应用［J］. 国外医学生物医学工程分册，1997（5）：13 – 18.

[122] 高巍. 虚拟人机关系下数控机床造型设计研究［J］. CAD/CAM 与制造业信息化，2014（1）：50 – 53.

[123] 丁祎，胡平，郭竹亭. 汽车布置 CAD 设计中数字化三维人体模型应用的研究［J］. 中国汽车工程学会，2003.

[124] 勒厚忠，周凯，王冠军. 运动员人体三维建模研究［D］. 北京：清华大学精密仪器与机械学系制造工程研究所，2007.

[125] 唐毅，葛运建，陈卫，等. 数字运动员人体模型及其仿真研究［J］. 系统仿真学报，2003，15（1）：56 – 58.

[126] Lüthi A，Böttinger G，Theile T，et al. Freestyle aerial skiing motion analysis and simulation［J］. Journal of Biome chanics，2006，39：7811.

[127] 魏学礼，肖伯祥，郭新宇. 三维激光扫描技术在植物扫描中的应用分析［J］. 中国农学通报，2010（20）：373 – 377.

[128] 李上. CATIA 三维人体模型的建立［J］. 中国科技博览，2013（16）：378 – 379.

[129] 梁清昊，等. 计算机人体仿真及其在载人航天中的应用［J］. 航天医学与医学工程，1997（6）：465 – 468.

[130] 季白桦. 航天员舱内活动的计算机动态仿真［D］. 北京：北京航空航天大学，1998.

[131] Norman I Badler，Cary B Phillips，et al. Simulating Humans［M］. Oxford：Oxford University Press，1993.

[132] 刘锦德，敬万钧. 关于虚拟现实——核心概念与工作定义［J］. 计算机应用，1997（3）：1 – 4.

[133] 林大全，宋锦平，王远萍，等. 强调放射治疗头 – 颈部仿生模型及临

床应用 [J]. 中国医学物理学杂志, 2003, 20 (2): 75 – 77.

[134] Xu X G, Chao T C, Bozkurt A. VIP – Man: An image – based whole body adult male model constructed from color photographs of the visible human project for multiparticle Monte Carlo calculations [J]. Health Phys, 2000, 78 (5): 476 – 486.

[135] 李彩霞, 林大全, 王远萍, 等. 数字化的虚拟人体和仿真人体模型的发展及医学应用 [J]. 中国医学影像技术, 2005 (11): 1764 – 1766.

[136] 高旭东, 郭敏, 孙韬, 等. 炮射温压弹对人员目标的毁伤效能研究 [J]. 弹箭与制导学报, 2011, 31 (3): 4.

[137] 宋文渊. 杀爆弹战斗部自然破片有限元建模分析 [J]. 弹箭与制导学报, 2008 (03): 121 – 122, 130.

[138] 徐诚, 陈菁, 张起宽, 等. 步枪弹对复合防护人体上躯干冲击有限元分析 [J]. 弹道学报, 2014, 26 (03): 92 – 97.

[139] Klopcic J T, Reed H L. Historical perspectives on vulnerability/lethality analysis [R]. ADA361816, 1999.

[140] Bourget D, Baillargeon Y, Northrop S. Witness pack calibration for human vulnerability assessment [A]. Jeo Carleone. 20th International Symposium on Ballistics (Ⅱ) [C]//Florida: National Defense Industrial Association, 2002.

[141] 缪丽. 基于工业设计的汽车碰撞试验假人研究及应用 [D]. 成都: 四川大学, 2005.

[142] 唐刘建, 温垚珂, 徐诚, 等. 手枪弹侵彻软防护人体胸部靶标的数值模拟 [J]. 兵器装备工程学报, 2018, 39 (01): 106 – 110, 117.

[143] 孙非, 闫文敏, 张俊斌, 等. 手枪弹入靶参数对软防护人体钝击影响分析 [J]. 系统仿真学报, 2021, 33 (01): 215 – 221.

[144] 初善勇. 杀伤爆破弹毁伤威力等效评估研究 [D]. 沈阳: 沈阳理工大学, 2020.

[145] 刘蓓蓓. 爆炸反应装甲等效靶研究 [D]. 南京: 南京理工大学, 2015.

[146] 张蔚峰. 爆炸式反应装甲的等效靶研究 [D]. 南京: 南京理工大学, 2003.

[147] 罗文波, 杨挺青, 安群力. 非线性黏弹体的时间 – 温度 – 应力等效原理及其应用 [J]. 固体力学学报, 2001, 22 (3): 219 – 224.

[148] 秦仕勇. 杀爆型地雷对无装甲车辆的毁伤研究 [D]. 南京: 南京理工大学, 2012.

［149］李月姣. 温压炸药爆炸毁伤效应及评估软件的开发［D］. 南京：南京理工大学，2012.

［150］赵晓旭，韩旭光，吴浩，等. 制导杀爆弹毁伤效能评估的应用研究［J］. 北京理工大学学报，2019，39（06）：551－557.

［151］高伟亮，孙桂娟，陈力，等. 地面建筑毁伤评估技术研究［J］. 防护工程，2019，41（02）：48－53.

［152］张春红，林大全. 探析我国仿真人体模型中的仿生技术［J］. 机械，2009，36（01）：1－3，73.

［153］刘德齐. 医学仿真辐照体模应用进展［J］. 四川医学，1991（01）：44－46.

［154］王刚. 基于工业设计思想的航空安全实验假人的研究［D］. 成都：四川大学，2006.

［155］林大全，吴泽勇. 仿真人体模型技术与理工医交叉学科的发展［J］. 光子学报，2005，34（3）：146－150.

［156］蒋伟，林大全，樊庆文，等. 成都剂量体模（CDP）组织等效材料辐射等效性评价［J］. 中国测试技术，2006（06）：69－71，140.

［157］余翔，袁中凡，郭祚达. 汽车正面碰撞工艺实验假人的研制［J］. 四川大学学报（工程科学版），2002，34（3）：118－121.

［158］周筠. 面向生物医学仿真的表面重建和四面体化技术研究［D］. 长沙：中南大学，2012.

［159］张瑞军. 美国军事医学仿真训练研发史［J］. 解放军医学杂志，2008（09）：1144－1146.

［160］刘炳坤. 人体冲击动力学模型研究中的若干问题［J］. 航天医学与医学工程，1996（05）：381－384.

［161］季白桦，袁修干. 航天员活动的计算机仿真中人体动力学模型［J］. 北京航空航天大学学报，1997（05）：10－15.

［162］颜仲新，高晓东，肖明. 基于层次分析法的反舰导弹战斗部毁伤能力评估方法［J］. 兵工学报，2015，36（S2）：83－89.

［163］杨腾，赵捍东. 激光武器对武装直升机等效靶的毁伤研究［J］. 科技创新与生产力，2014（10）：64－67.

［164］陈良才，宋玲. 等效模拟理论与容器试压等效模拟分析［J］. 氮肥设计，1995（02）：19－22.

［165］Farrand T．Magness L．Burkins M．Definition and uses of RHA equivalences for medium caliber targets［J］．19th International Symposium of Ballistics,

2001：1159 – 1165.

[166] 洪雪. 拉格朗日 – 欧拉框架下间断有限元方法的分析及其应用 [D].
合肥：中国科学技术大学，2021.

[167] 孙江龙，杨文玉，杨侠. 拉格朗日、欧拉和任意拉格朗日 – 欧拉描述
的有限元分析 [C] //第二十一届全国水动力学研讨会暨第八届全国水
动力学学术会议暨两岸船舶与海洋工程水动力学研讨会文集，2008：
173 – 178.

[168] Sulsky D，Chen Z，Schreyer H L. A particle method for history – dependent
materials [J]. Computer Methods in Applied Mechanics and Engineering，
1994，118：179 – 196.

[169] 周双珍. 人体冲击响应的物质点法数值模拟技术研究 [D]. 北京：清
华大学，2012.

[170] 朱世鸿，林川，周康源，等. 生物体组织的超声等效材料 [J]. 生物医
学工程学杂志，1990，7（1）：24 – 26.

[171] 梁平，王文权，徐义博，等. 汽车碰撞假人皮肤的制备及其力学性能测
试 [J]. 吉林大学学报：工学版，2019，49（1）：192 – 198.

[172] 余翔，袁中凡，郭祚达，等. 汽车正面碰撞工艺实验假人的研制 [J].
四川大学学报：工程科学版，2002，34（3）：118 – 121.

[173] 张春红，林大全. 探析我国仿真人体模型中的仿生技术 [J]. 机械，
2009，36（1）：1 – 3.

[174] 曹立波，余志刚，白中浩，等. 中国假人模型与 HybridⅢ假人模型碰撞
响应的差异 [J]. 中国机械工程，2009，20（3）：370 – 374.

[175] 刘世宇，陆伟，张晓军，等. 脂肪干细胞和纤维蛋白胶快速构建人工皮
肤修复创面的研究 [J]. 实用口腔医学杂志，2009，25（6）：
769 – 773.

[176] 谢晓繁，贾赤宇，付小兵，等. 表皮干细胞分离和鉴定的研究进展
[J]. 感染 炎症 修复，2005，6（1）：42 – 44.

[177] 《中国组织工程研究与临床康复》杂志社学术部. 组织工程皮肤研究的
临床应用：表皮与支架材料及其他 [J]. 中国组织工程研究与临床康
复，2010，14（2）：306 – 308.

[178] 朱堂友，伍津津，胡浪，等. 复方壳多糖皮肤替代物的制备 [J]. 中华
创伤杂志，2002，18（10）：625 – 626.

[179] 李静，伍津津，鲁元刚，等. 复合壳多糖人工皮肤移植真皮再构建的初
步研究 [J]. 中国组织工程研究，2003，7（4）：572 – 573.

[180] 魏刚强，孙少艾，徐刚. 烧伤创面外用人工皮肤的研究与临床应用 [J]. 中国组织工程研究与临床康复，2008，12（19）：3725 – 3728.

[181] 琚海燕，王坤余，苏德强，等. Ⅰ型胶原基生物材料的应用研究 [J]. 西部皮革，2007，29（10）：29 – 34.

[182] 汪浩. 壳聚糖基生物医用材料研究新进展 [J]. 云南中医中药杂志，2006，27（4）：55 – 57.

[183] 王坤余，但卫华，李志强，等. 3D – SC 人工皮肤材料体外降解性能研究 [J]. 中国修复重建外科杂志，2005，19（8）：658 – 661.

[184] 田建广，夏照帆. 生物合成支架材料的研究进展 [J]. 中华烧伤杂志，2003，19（S1）：75 – 78.

[185] 石桂欣，王身国，贝建中，等. 皮肤组织工程 – 细胞支架的构筑及其生物相容性评价 [J]. 北京生物医学工程，2002，21（3）：222 – 225.

[186] 杨运，周燕，华平，等. 添加剂对活性人工皮肤胶原海绵支架材料的影响 [J]. 功能高分子学报，2004，17（3）：396 – 400.

[187] 曹成波，宋国栋，刘宗林，等. 新型胶原基人工皮肤模型的建立 [J]. 现代化工，2005，25（1）：64 – 66.

[188] 孙坚，李明珠，徐军. 壳聚糖膜的降解性及生物反应性研究 [J]. 同济大学学报：医学版，2002，23（3）：236 – 237.

[189] 高珊，赵莉，崔磊，等. 壳聚糖 – 明胶支架材料的制备及性能研究 [J]. 组织工程与重建外科杂志，2005，1（6）：316 – 318.

[190] 房瑞，许零，陈欣，等. 组织工程皮肤支架材料和种子细胞的研究进展 [J]. 中国组织工程研究与临床康复，2009，13（47）：9329 – 9333.

[191] 陈克，高洁，何浩然，等. 基于虚拟试验场技术的汽车侧面碰撞仿真分析 [J]. 中国工程机械学报，2010，8（4）：449 – 454.

[192] 谢驰，陈爽，蔡鹏，等. 仿生皮肤材料的力学性能测试与分析 [J]. 功能材料，2013，44（1）：132 – 135.

[193] Sekiguchi N, Komeda T, Funakubo H, et al. Microsensor for the measurement of water content in the human skin [J]. Sensors & Actuators B Chemical, 2001, 78 (1 – 3): 326 – 330.

[194] Gennisson J L, Baldeweck T, Tanter M, et al. Assessment of elastic parameters of human skin using dynamic elastography [J]. IEEE Transactions on Ultrasonics, Ferroelectrics, and Frequency Control, 2004, 51 (8): 980 – 989.

[195] Jeffrey E, Bischoff E M A, Karl Grosh. Finite element modeling of human

skin using an isotropic, nonlinear elastic constitutive model [J]. Journal of Biomechanics, 2000, 33 (6): 645 – 652.

[196] 谢驰, 刘念, 林大全, 等. 人体皮肤等效材料弹性性能的测试方法研究 [J]. 生物医学工程学杂志, 2007, 24 (1): 219 – 221.

[197] Markus Böl A E E, Kay Leichsenring, Christine Weichert, et al. On the anisotropy of skeletal muscle tissue under compression [J]. Acta Biomaterialia, 2014, 10 (7): 3225 – 3234.

[198] Van Loocke M, Lyons C G, Simms C K. A validated model of passive muscle in compression [J]. Journal of Biomechanics, 2006, 39 (16): 2999 – 3009.

[199] Richler D, Rittel D. On the testing of the dynamic mechanical properties of soft gelatins [J]. Experimental Mechanics, 2014, 54 (5): 805 – 815.

[200] Kwon J, Subhash G. Compressive strain rate sensitivity of ballistic gelatin [J]. Journal of Biomechanics, 2010, 43 (3): 420 – 425.

[201] Subhash G K, Mei J, Moore R, et al. Non – newtonian behavior of ballistic gelatin at high shear rates [J]. Experimental Mechanics, 2012, 52 (6): 551 – 560.

[202] Janzon B. Soft soap as a tissue simulant medium for wound ballistic studies investigated by comparative firings with assault rifles AK 4 and M16A1 into live, anesthetized animals [J]. Acta Chirurgica Scandinavica Supplementum, 1982, 508: 79 – 88.

[203] 柳森, 李毅. Whipple 防护屏弹道极限参数试验 [J]. 宇航学报, 2004, 25 (2): 205 – 207.

[204] 刘坤, 吴志林, 徐万和, 等. 3 种小口径步枪弹的致伤效应 [J]. 爆炸与冲击, 2014, 34 (5): 608 – 614.

[205] 曾鑫, 周克栋, 赫雷, 等. 非侵彻条件下猪体和明胶靶内压力衰减试验研究 [J]. 振动与冲击, 2014, 33 (8): 96 – 99.

[206] Capek I. Nature and properties of ionomer assemblies II [J]. Advances in Colloid and Interface Science, 2005, 118 (1 – 3): 73 – 112.

[207] 张广照, 江明. 离聚物的缔合与络合 [J]. 高分子通报, 1999, 3: 67 – 72.

[208] 吴婷, 文秀芳, 皮丕辉, 等. 互穿网络聚合物的研究进展及应用 [J]. 材料导报, 2009, 23 (9): 53 – 56.

[209] Eisenberg A, Hird B, Moore R B. New multiplet – cluster model for the mor-

phology of random ionomers [J]. Macromolecules, 1990, 23 (18):
4098 – 4107.

[210] Peron J, Edwards D, Haldane M, et al. Fuel cell catalyst layers containing short – side – chain perfluorosulfonic acid ionomers [J]. Journal of Power Sources, 2011, 196 (1): 179 – 181.

[211] Gennes P G D. Chain Polymers. (Book Reviews: Scaling Concepts in Polymer Physics) [J]. Science, 1980, 208: 1140 – 1141.

[212] Shahinpoor M, Kim K J. Ionic polymer – metal composites: I. Fundamentals [J]. Smart Materials & Structures, 2001, 10 (4): 819 – 833.

[213] Li J Y, Nemat – Nasser S. Electromechanical response of ionic polymer – metal composites [J]. Journal of Applied Physics, 2000, 87 (7): 3321 – 3331.

[214] Shahinpoor M. Micro – electro – mechanics of ionic polymeric gels as electrically controllable artificial muscles [J]. Journal of Intelligent Material Systems and Structures, 1994, 6 (3): 307 – 314.

[215] Jiang Y L, Nemat – Nasser S. Micromechanical analysis of ionic clustering in Nafion perfluorinated membrane [J]. Proceedings of SPIE – The International Society for Optical Engineering, 2000, 32 (5): 303 – 314.

[216] Lian H, Wei C, Qian L, et al. A shape memory polyurethane based ionic polymer – carbon nanotube composite [J]. RSC Advances, 2017, 7: 46221 – 46228.

[217] Lian Y, Liu Y, Jiang T, et al. Enhanced electromechanical performance of graphite Oxide – Nafion nanocomposite actuator [J]. Journal of Physical Chemistry C, 2010, 114 (21): 9659 – 9663.

[218] Sugino T, Kiyohara K, Takeuchi I, et al. Actuator properties of the complexes composed by carbon nanotube and ionic liquid: the effects of additives [J]. Sensors & Actuators B Chemical, 2009, 141 (1): 179 – 186.

[219] Lei Zu, Li Yueting, Lian Huiqin, et al. The enhancement effect of mesoporous graphene on actuation of Nafion – based IPMC [J]. Macromolecular Materials & Engineering, 2016.

[220] Li Yueting, Lian Huiqin, et al. Enhancement in mechanical and shape memory properties for liquid crystalline polyurethane strengthened by graphene oxide [J]. Polymers, 2016.

[221] Lian Huiqin, Li Shuxin, Liu Kelong, et al. Study on modified graphene/

butyl rubber nanocomposites. I. Preparation and characterization [J]. Polymer Engineering & Science, 2011, 51 (11): 2254 – 2260.

[222] Baughman R H, Zakhidov A A, Heer W. Carbon nanotubes—The route toward applications [J]. Science, 2002, 297 (5582): 787 – 792.

[223] Fukushima T, Aida T. Ionic liquids for soft functional materials with carbon nanotubes [J]. Chemistry – A European Journal, 2007, 13 (18): 5048 – 5058.

[224] Ali E Aliev J O, Mikhail E Kozlov, Alexander A Kuznetsov, et al. Giant – stroke, superelastic carbon nanotube aerogel muscles [J]. Science, 2009, 323 (5921): 1575 – 1578.

[225] Foroughi J, Spinks G M, Wallace G G, et al. Torsional carbon nanotube artificial muscles [J]. Science, 2011, 334 (6055): 494 – 497.

[226] Guo W, Liu C, Sun X, et al. Aligned carbon nanotube/polymer composite fibers with improved mechanical strength and electrical conductivity [J]. Journal of Materials Chemistry, 2012, 22: 903 – 908.

[227] Lv S, Dudek D M, Yi C, et al. Designed biomaterials to mimic the mechanical properties of muscles [J]. Nature, 2010, 465 (7294): 69 – 73.

[228] 郑学斌, 刘宣勇, 丁传贤. 人体硬组织替代材料的研究进展 [J]. 物理, 2003, 32 (3): 159 – 164.

[229] 王莉丽, 王秀峰, 丁旭, 等. Ti/HA 生物复合材料的研究进展 [J]. 材料导报, 2012, 26 (17): 80 – 82.

[230] 程灵钰, 张升, 魏青松, 等. 激光选区熔化成形不锈钢与纳米羟基磷灰石复合材料的组织及力学性能 [J]. 中国有色金属学报, 2014, 24 (6): 1510 – 1517.

[231] Miao X. Observation of microcracks formed in HA – 316L composites [J]. Materials Letters, 2003, 57 (12): 1848 – 1853.

[232] Okazaki Y, Rao S, Ito Y, et al. Corrosion resistance, mechanical properties, corrosion fatigue strength and cytocompatibility of new Ti alloys without Al and V [J]. Biomaterials, 1998, 19 (13): 1197 – 1215.

[233] Daisuke Kuroda M N, Masahiko Morinaga, Yosihisa Kato, et al. Design and mechanical properties of new β type titanium alloys for implant materials [J]. Materials Science and Engineering: A, 1998, 243 (1 – 2): 244 – 249.

[234] Niinomi M, Hattori T, Morikawa K, et al. Development of low rigidity β – type titanium alloy for biomedical applications [J]. Materials Transactions

2002, 43 (12): 2970 - 2977.

[235] Bonfield L. Osteoblast behaviour on HA/PE composite surfaces with different HA volumes [J]. Biomaterials, 2002, 23 (1): 101 - 107.

[236] 罗庆平, 刘桂香, 杨世源, 等. 磷酸单酯偶联剂改性羟基磷灰石/高密度聚乙烯复合人工骨材料的制备和性能 [J]. 复合材料学报, 2006, 23 (1): 80 - 84.

[237] Huang S, Kechao Zhou, Wu Zhu, et al. Effects of in situ biomineralization on microstructural and mechanical properties of hydroxyapatite/polyethylene composites [J]. Journal of Applied Polymer Science, 2006, 101 (3): 1842 - 1847.

[238] Fang L, Leng Y, Gao P. Processing and mechanical properties of HA/UHM-WPE nanocomposites [J]. Biomaterials, 2006, 27 (20): 3701 - 3707.

[239] 李敬. 仿生人工骨材料 PLA - nHA 熔融沉积的数值模拟及实验研究 [D]. 哈尔滨: 哈尔滨工业大学, 2016.

[240] 李立新, 林大全, 任成君. 辐射等效人工骨功能材料的设计及其实现 [J]. 四川大学学报: 自然科学版, 2002, 39 (2): 294 - 298.

[241] Barker T M, Earwaker W, Lisle D A. Accuracy of stereolithographic models of human anatomy [J]. Journal of Biomechanics, 2010, 38 (2): 106 - 111.

[242] 吴永辉, 李涤尘, 卢秉恒, 等. 基于 RP 的组织工程细胞外基质——载体制造问题研究 [J]. 国际生物医学工程杂志, 2001, 24 (3): 102 - 107.

[243] Landere R P A, Hubner U. Fabrication of soft tissue engineering scaffolds by means of rapid prototyping techniques [J]. Journal of Materials Science, 2002, 37 (15): 3107 - 3116.

[244] 贺健康, 李涤尘, 卢秉恒, 等. 复合型人工半膝关节制造方法研究 [J]. 中国机械工程, 2006, 17 (S1): 227 - 229.

[245] Wiria F E, Leong K F, Chua C K. Modeling of powder particle heat transfer process in selective laser sintering for fabricating tissue engineering scaffolds [J]. Rapid Prototyping Journal, 2010, 16 (6): 400 - 410.

[246] 戎帅, 滕勇, 张春浩, 等. 基于 3D 打印技术的腰椎多节段峡部裂个性化手术治疗 [J]. 中国矫形外科杂志, 2013, 21 (21): 2222 - 2226.

[247] Xiong Z Y Y, Wang S, et al. Fabrication of porous scaffolds for bone tissue engineering via low - temperature deposition [J]. Scripta Materialia, 2002, 46 (11): 771 - 776.

［248］ Wang X Y Y, Pan Y, et al. Generation of three – dimensional hepatocyte/gelatin structures with rapid prototyping system ［J］. Tissue Engineering, 2006, 12（1）: 83 – 90.

［249］ Yan Y, Xiong Z, Hu Y, et al. Layered manufacturing of tissue engineering scaffolds via multi – nozzle deposition ［J］. Materials Letters, 2003, 57（18）: 2623 – 2628.

［250］ Shim J L J, Kim J Y, et al. Bioprinting of a mechanically enhanced three dimensional dual cell – laden construct for osteochondral tissue engineering using a multi – headtissue/organ building system ［J］. Journal of Micromechanics and Microengineerin, 2012, 22（8）: 85014.

［251］ 林山, 尹庆水, 张余, 等. 数字化珊瑚羟基磷灰石人工骨的制备及性能研究 ［J］. 中国矫形外科杂志, 2010, 21（24）: 2082 – 2086.

［252］ 袁梅娟, 徐铭恩, 胡金夫, 等. 基于股骨三维重建及计算机辅助低温沉积制造研究 ［J］. 生物医学工程学杂志, 2012, 17（23）: 202 – 206.

［253］ Jeong Joon Yoo, Hee Joong Kim, Sang – Min Seo. Preparation of a hemiporous hydroxyapatite scaffold and evaluation as a cell – mediated bone substitute ［J］. Ceramics International, 2014, 40: 3079 – 3087.

［254］ Inzana J A, Olvera D, Fuller S M, et al. 3D printing of composite calcium phosphate and collagen scaffolds for bone regeneration ［J］. Biomaterials, 2014, 35（13）: 426 – 434.

［255］ Gao G, Schilling A, Yonezawa T, et al. Bioactive nanoparticles stimulate bone tissue formation in bioprinted three – dimensional scaffold and human mesenchymal stem cells. ［J］. Journal of Biotechnology, 2014, 9（10）: 1304 – 1311.

［256］ 金光辉, 孙晓飞, 夏琰, 等. 选择性激光烧结法构建纳米羟基磷灰石与聚己内酯复合材料人工骨支架 ［J］. 第二军医大学学报, 2015, 36（12）: 1289 – 1294.

［257］ 筏义人, 李凤香. 人工脏器和高分子材料 ［J］. 国际生物医学工程杂志, 1991, 14（5）: 272 – 278.

［258］ 赵桦萍, 白丽明, 陈伟. 用于制造人工脏器的高分子材料 ［J］. 化学教育, 2004, 25（5）: 6 – 9.

［259］ 诸洪达, 樊体强, 武权, 等. 辐射防护用参考人研究的新进展 ［J］. 中国辐射卫生, 2007, 16（3）: 364 – 366.

［260］ Lasser E C, Farr R S, Fujimagari T, et al. The significance of protein binding of contrast media in roentgen diagnosis ［J］. Am J Roentgenol Radium Ther Nucl Med, 1962, 87: 338 – 360.

［261］ 李士骏. 电离辐射剂量学 ［M］. 北京：原子能出版社, 1981.

［262］ 平飞. 人工肾与中空纤维 ［J］. 产业用纺织品, 1987, 5: 52 – 53.

［263］ 张纪蔚. 人工血管性能要求和研究现状 ［J］. 中国实用外科杂志, 2007, 27 (7): 560 – 561.

［264］ 白坚石. 血液代用品的研究及其评价 ［J］. 中国输血杂志, 2001, 14 (5): 313 – 315.

［265］ 王春玲, 修瑞娟. 人工血液代用品及其应用进展 ［J］. 国外医学（输血及血液学分册）, 2005, 28 (3): 260 – 263.

［266］ 梁正协, 袁中凡, 林大全. 生物仿真材料硬度测试系统的研究 ［J］. 中国测试技术, 2003, 29 (5): 282 – 288.

［267］ 戴敏, 雷经发, 袁中凡. 基于振动冲击响应法的生物力学等效仿真软质材料的力学性能测试与分析 ［J］. 四川大学学报：工程科学版, 2011, 43 (5): 240 – 246.

［268］ Ní Annaidh A, Bruyère K, Destrade Michel et, al. Characterization of the anisotropic mechanical properties of excised human skin ［J］. Journal of the Mechanical Behavior of Biomedical Materials, 2012, 5 (1): 139 – 148.

［269］ Nie X, Song B, Ge Y, et al. Dynamic tensile testing of soft materials ［J］. Experimental Mechanics, 2009, 49 (4): 451 – 458.

［270］ 雷经发, 陈爽, 袁中凡, 等. 生物力学等效软质材料弹性模量静态测试方法的分析与探讨 ［J］. 生物医学工程学杂志, 2013, 30 (2): 316 – 319.

［271］ Saraf H, Ramesh K T, Lennon A M, et al. Mechanical properties of soft human tissue under dynamic loading ［J］. Journal of Biomechanics, 2007, 40 (9): 1960 – 1967.

［272］ Pervin F, Chen W W, Weerasooriya T. Dynamic compressive response of bovine liver tissues ［J］. J Mech Behav Biomed Mater, 2011, 4 (1): 76 – 84.

［273］ 安保林, 赫雷, 周克栋, 等, 低速枪弹对有生目标作用效果的试验研究 ［J］. 弹道学报, 2010, 22 (3): 78 – 80, 102.

［274］ 黄文润. 液体硅橡胶 ［M］. 成都：四川科学技术出版社, 2009.

［275］ 刁岫. 新型硅橡胶的制备与性能研究 ［D］. 济南：山东大学, 2011.

［276］ 王维相, 翁亚栋. 国外涂覆织物制品的应用与发展 ［J］. 世界橡胶工业, 2010, 37 (9): 44 – 47.

[277] 李举平. 橡胶涂覆织物用涂胶机涂布单元设计 [J]. 特种橡胶制品, 2022, 43 (01): 50-52.

[278] 于成明. 关于涂覆织物制品技术进步的思考 [J]. 中国橡胶, 1999 (15): 8-12.

[279] 赵春会. 锦纶经编增强橡胶复合材料的制备及力学性能研究 [D]. 上海: 东华大学, 2014.

[280] 金洁琼. 人工关节材料 UHMWPE 与 PEEK 及 CFR-PEEK 对磨试验研究 [D]. 太原: 中北大学, 2022.

[281] 窦艳丽, 张天琪, 姚卫国, 等. 可膨胀石墨阻燃半硬泡聚氨酯材料的性能 [J]. 高分子材料科学与工程, 2017, 33 (01): 50-56.

[282] 王宁宁. 聚醚醚酮及其复合物在口腔颌面部骨缺损修复方面的实验研究 [D]. 长春: 吉林大学, 2022.

[283] 陈平, 刘胜平, 王德中. 环氧树脂及其应用 [M]. 北京: 化学工业出版社, 2011.

[284] 苏航, 郑水蓉, 孙曼灵, 等. 纤维增强环氧树脂基复合材料的研究进展 [J]. 热固性树脂, 2011, 26 (4): 54.

[285] 邵象清. 人体测量手册 [M]. 上海: 上海辞书出版社, 1985.

[286] 侯志鹏. 基于双 snake 模型的人体头骨厚度测量的研究 [D]. 天津: 天津科技大学, 2011.

[287] 俞东郁, 白利赞. 长春地区现代人下颌骨的测量与观察 (一) 下颌骨测量 [J]. 延边医学院学报, 1980 (04): 1-7.

[288] 俞东郁, 白利赞, 池亨根. 长春地区现代人颅骨的测量与观察 (二) 面颅测量 [J]. 延边医学院学报, 1981 (01): 8-16.

[289] 俞东郁, 池亨根, 白利赞. 长春地区现代人颅骨的测量与观察 (三) 颅腔容积 [J]. 延边医学院学报, 1981 (01): 17-26.

[290] 俞东郁, 金龙九. 长春地区现代人下颌骨的测量与观察 (四) 几个部的形态观察 [J]. 延边医学院学报, 1982 (02): 10-16.

[291] 胡兴宇, 肖洪文. 僰人颅骨的测量研究 [J]. 解剖学杂志, 1999 (04): 357-361.

[292] 温变英, 陈雅君. 高分子材料加工 [M]. 北京: 中国轻工业出版社, 2016.

[293] 沈新元. 高分子材料加工原理 [M]. 北京: 中国纺织出版社, 2014.

[294] 陈瑞. 新型 DOPO 阻燃剂在双酚 A 型环氧树脂中的应用 [D]. 武汉: 武汉工程大学, 2019.

[295] 葛燕梅, 董信, 周彦林. 阻燃成炭剂二甲基硅氧基双笼环磷酸酯的合成 [J]. 精细化工, 2014, 31 (11): 1390 – 1393.

[296] 高慧妍. 环氧树脂泡沫的制备 [D]. 沈阳: 沈阳工业大学, 2014.

[297] 张艺会. 聚磷酸铵阻燃改性环氧树脂 – 玻纤复合材料性能研究 [D]. 上海: 东华大学, 2019.

[298] 张娟, 王晓刚, 常红彬. 环氧玻璃钢的制备与测试 [J]. 科技资讯, 2008 (13): 73.

[299] 方静. IPDI 型和 HMDI 型全水聚氨酯软质泡沫的研究 [D]. 武汉: 武汉理工大学, 2014.

[300] 黄文润. 液体硅橡胶 [M]. 成都: 四川科学技术出版社, 2009.

[301] 童英. 加成型有机硅导热灌封胶的制备与性能研究 [D]. 成都: 西南科技大学, 2015.

[302] 秦永刚, 李艳松. 新一代智能化假人 [J]. 安全技术, 1998 (5): 17 – 18.

[303] 李宏光. 汽车实车碰撞试验 [J]. 世界汽车, 2004 (2): 20 – 24.

[304] 林大全. 万死不辞的英雄替身——模拟人 [J]. 科学中国人, 2002 (10): 20 – 22.

[305] 徐军, 陶开山. 人体工程学概论 [M]. 北京: 中国纺织出版社, 2002.

[306] 丁玉兰, 郭钢, 赵江洪. 人机工程学 (修订版) [M]. 北京: 北京理工大学出版社, 2002.

[307] 郭凤艳, 安学锋. 企业统计学 [M]. 北京: 经济管理出版社, 2001.

[308] 方兴, 桂宇晖, 熊文飞, 等. 数字化设计表现 [M]. 武汉: 武汉理工大学出版社, 2003.

[309] 王刚, 周兵, 林大全, 等. 安全假人的外形设计与计算机模拟 [J]. 计算机应用技术, 2006 (5): 21 – 26.

[310] 王海杰. 人体系统解剖学 [M]. 5 版. 上海: 复旦大学出版社, 2021.

[311] 郝章来, 吴丽君. 聚醚醚酮的生产应用及发展前景 [J]. 化工新型材料, 2004, 32 (4): 43 – 44.

[312] 崔小明. 特种工程塑料聚醚醚酮的开发与应用 [J]. 工程塑料应用, 2004, 10: 63 – 66.

[313] 刘孝波, 钟家春. 高性能特种工程塑料的发展与功能化研究 [J]. 塑料工业, 2010, 38 (S0): 42 – 46.

[314] 李玉芳. 特种工程塑料聚醚醚酮 (PEEK) 的开发与应用 [J]. 国外塑

料，2004，22（11）：38−41.

［315］ Fan J P, Tsui C P, Tang C Y, et al. Influence of interphase layer on the overall elasto−plastic behaviors of HA/PEEK biocomposite［J］. Biomaterials，2004，25（23）：5363−5373.

［316］ Fan J P, Tsui C P, Tang C Y. Modeling of the mechanical behavior of HA/PEEK biocomposite under quasi−static tensile load［J］. Materials Science and Engineering：A，2004，382（1−2）：341−350.

［317］ 张钰. 聚醚醚酮仿生人工骨3D打印热力学仿真及实验研究［D］. 长春：吉林大学，2014.

［318］ Tofail S A M, Koumoulos E P, Bandyopadhyay A, et al. Additive manufacturing：Scientific and technological challenges，market uptake and opportunities［J］. Materials Today，2017：S1369702117301773.

［319］ 龙得洋. 桌面级FDM工艺参数研究［D］. 上海：上海工程技术大学，2015.

［320］ 陈智勇. 3D建模和3D打印技术［M］. 西安：西安电子科学技术大学出版社，2021.

［321］ 卢秉恒，李涤尘. 增材制造（3D打印）技术发展［J］. 机械制造与自动化，2013（4）：1−4.

［322］ 徐勤飞. 熔融沉积3D打印聚醚醚酮树脂层间增强改性研究［D］. 长春：吉林大学，2022.

［323］ Turner B N, Strong R, Gold S A. A review of melt extrusion additive manufacturing processes：I. Process design and modeling［J］. Rapid Prototyping Journal，2014，20（3）：192−204.

［324］ 覃铭坚. 基于组件技术的快速成型软件系统开发［D］. 西安：西安科技大学，2007.

［325］ 孔改荣. 熔融挤压堆积快速原型机的设计及理论研究［D］. 北京：北京化工大学，2002.

［326］ Chen Zhangzi, Huan Xu, Ning Haiyang, et al. Temperature−dependent optical response of phase−only nematic liquid crystal on silicon devices［J］. Chinese Optics Letters，2016，11：89−93.

［327］ 陈骥. 基于FDM原理的PEEK人工骨增材制造技术基础研究［D］. 上海：上海交通大学，2020.

［328］ 杨震. 基于3ds Max的人体软组织器官建模与仿真研究［D］. 西安：第四军医大学，2015.

［329］张春红，林大全. 探析我国仿真人体模型中的仿生技术 ［J］. 机械，
　　　 2009，36（1）：1－3.

［330］袁中凡，林大全，周兵，等. 直升机防坠毁试验假人的研制与标定
　　　 ［J］. 四川大学学报，2007，39（2）：160－163.

［331］王文权，李文茉，梁平，等. 汽车碰撞假人皮肤的制备及其力学性能
　　　 测试 ［J］. 吉林大学学报：工学版，2019，49（1）：192－198.

索　引